관광학개론

강익준 편저

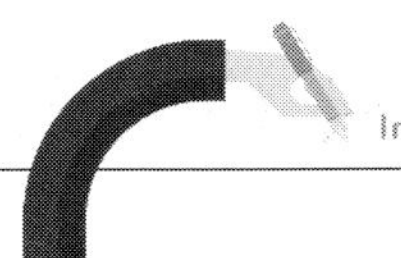

Preface

개정판을 내면서

현대의 관광활동은 과거와 같이 일부 특수층이나 유한층의 물이 아닌 모든 사람들이 누릴 수 있는 자유권, 기본권으로 이해할 수 있습니다. 따라서 관광의 개념과 본질도 시대에 따라 변하고 있고, 관광사업 활동도 다양해지며 그 효과 역시 점차 확대되고 있습니다. 이와 같은 관광환경의 변화에 따라 모든 나라들도 관광산업을 국가 전략사업으로 적극 육성하며 정책적인 배려를 아끼지 않고 있습니다. 우리나라의 관광환경은 1961년 발아기 상태에 있는 관광여건을 개선하고 관광사업의 진흥을 목적으로 제정·공포된 관광사업진흥법이 그 기틀을 마련하기에 이르렀습니다.

그 후, 1975년 관광기본법의 제정과 올림픽 및 월드컵 개최 등을 계기로 관광선진국으로 도약하는 발판을 마련하였습니다. 또한 1962년부터 실시된 관광종사원 자격시험 제도는 유능한 민간 외교관을 육성한다는 목적으로 현재까지 많은 유자격 종사원을 배출해 왔습니다. 관광종사원 자격시험 과목 가운데서도 많은 수험생들에게 탈락의 원인을 제공하는 관광학개론은 광범위한 내용과 정립되지 않은 교재, 출제범위가 넓어 전공을 하지 않은 수험생들에게는 생소한 과목이고 어려운 관문이 아닐 수 없습니다.

그러나 본 교재는 다년간에 걸친 현장에서의 강의 경험과 기존 교재의 문제점, 출제문제 분석 등을 통하여 나름대로 수험생들에게 꼭 필요하다고 인정되는 내용을 요약·정리한 합격의 지름길이 될 수 있는 책이 되도록 최선의 노력을 다했습니다.

본 교재는 제1편에서 관광학 이론을 요약·정리하였고, 제2편에서 관련 필수용어를 첨부하였으며, 제3편에서는 적중예상문제와 해설, 기출문제를 정리하여 학원 교재용 뿐만 아니라 독학으로 시험을 준비하는 수험생들에게도 도움이 될 수 있도록 구성하였습니다.

끝으로 본 교재가 출간되기까지 물심양면으로 도와주신 삼영서관 사장님 이하 여러분에게 깊은 감사를 드리며, 원고정리와 교정 등을 도와준 학생들에게도 감사를 전합니다. 끝으로 멀리서 미수(米壽)를 맞이하신 아버님 그리고 아내의 고마움도 잊을 수 없습니다.

저자 강익준

Contents

제 6 장 | 여행업

제**❷**편 관광용어해설

Introduction
to
Tourism

제**❸**편 문제 총정리

Introduction
to
Tourism

Introduction to Tourism

제1편
관광학개론

제1장 ● 관광의 개념

제 1 절 관광이란?

1. 관광의 조건

관광의 본질은 사람의 이동이며 생활환경을 일시적으로 이동시키려 하는 변화의 욕구를 기원으로 한다.

1) 이동조건

    ① **이주(Migrant)** – 가) 일상생활권을 떠난다.

                      나) 다시 안 돌아온다.

    ② **관광(Tourism)** – 가) 일상생활권을 떠난다.

                      나) 다시 돌아온다 → 일시적 이동과 체재

                      다) 레크리에이션 수반

2) 이동거리

관광의 정의를 생각할 때 이론상으로는 관계없다. 그러나 실제상 그리 멀지 않은 근거리는 보통 여행이라 하지 않는다.

   예 대저택의 주인이 자기의 넓은 정원을 산책한다든가 관광버스 기사, 유람선 승무원, 스튜어디스 등의 이동은 생활권을 떠나지 않는 것이기 때문에 관광이라고 하지 않는다.

3) 이동기간

경제협력개발기구(OECD : Organization for Economic Cooperation and Development)는 "인종 이나, 성별, 언어, 종교 여하를 막론하고 외국에 입국하여 일국의 영역 내에서 24시간 이상 6개월 미만의 체재자를 통념상 국제관광객이라 하고 3개월 이하의 체류자는 일시방문객(Temporary Visitor), 24시간 미만의 여행자를 당일관광객 (Excursion)이라 하여 관광객과 구별하고 있지만, 통계상의 약속으로 편의상 정하고 있고 24시간이 지나지 않았다고 관광객으로부터 제외할 이유가 없다. (교통의 고속화로 당일 관광이 가능하다)

또 1933년 *The tourist movement*(관광객이동론)를 저술한 영국 에든버러(Edinburgh) 대학 교수인 오글리비(Oglivie)는 "관광이란 1년이 넘지 않는 기간 동안 집을 떠나 있을 것"이라 하여 기간에 제한을 두었다. 그러나 1년이 넘는 기간일지라도 독일의 문호 괴테가 이탈리아에서 (1786년부터 1788년까지 1년 반이나) 고대와 르네상스 미술을 찾아다닌 것은 명백한 여행이다.

2. 관광의 어원

	동 양	서 양
어 원	① 중국 : 주나라시대의 「역경」 (주역이라고도함) 가운데 "관국지광, 이용빈우왕"이라는 문구에서 관광이라는 기원을 볼 수 있다. ② 한국 : 가) 신라시대 최치원이 쓴 「계원필경」에서 "관광 6년"이라는 어휘 사용 나) 1115년 고려 예종 11년 「고려사절요」에서 "관광상국"이라고 기록 "선진국을 관광하여 문물제도를 시찰하는 것"이라고 함 다) 1385년 정도전의 「삼봉집」에서 "관광집"이라는 어휘 사용 라) 1396년 조선 태조가 한성의 북부지역을 관광방으로 정함 마) 1780년 정조 4년 박지원의 「열하일기」에서 "위관광지상국래"라는 어휘 사용 바) 1910년 유길준의 「관광약기」 ③ 일본 : 1855년 네덜란드 정부가 일본에 보낸 배의 이름인 관광환(觀光丸)에서 유래	① 영국 : 라틴어의 Tornus(회전)가 짧은 기간 동안의 여행을 뜻하는 Tour로 변했고 파생어로써 Tourism이란 말이 1811년 *sporting magazine*이란 영국의 스포츠 월간잡지에서 처음 사용되었음 ② 독일 : Fremdenverkehr라는 외국인의 이동을 의미 ③ 미국, 캐나다 : NON-immigrant 즉 이민자가 아니라는 의미로 1930년대에 사용
어 의	● 타국의 광화를 보기 위해 여러 나라를 순회하는 이동의 개념 ● 견문의 확대 : 토지, 풍습, 제도, 문물의 관찰 ● 치국대도 : PR을 위한 치국대도	● 견문 확대(Expansion cf knowledge) ● 위락욕구의 충족
행동의 형태	● 정적 ● 내용적] 행동의 목적	● 동적 ● 소비적, 경제적 행위] 행동의 상태
Tourism의 도입	● 19C 중엽 유럽 지역 국가들의 제국주의 정책으로 인한 아편전쟁에 의해서(1842)	―

3. 관광과 인접용어의 개념

관광과 관련된 유사용어는 여행 · 위락 · 여가 · 놀이 등이 있다.

1) 여행(Travel)

오늘날의 여행은 관광과 거의 같은 개념으로 이해할 수 있으나 여행이란 일상생활권을 벗어나는 이동현상만을 특징으로 삼고 목적이나 동기를 전제로 하지 않는다. 이런 면에서 위락적 목적을 가지고 있는 관광과 다른 점이라 할 수 있으며, 여행은 관광의 필요조건이지 충분조건은 아니라고 할 수 있다.

〈여행과 관련된 영어의 용어〉

구분	내용
Tour	Travel보다는 단기적이며, Trip보다는 장기적인 주유여행으로 Travel에 비해 고가이며, 의도적인 구경으로 선택적 · 자기후생적인 성격이 강한 여행을 의미함
Travel	비교적 장거리 또는 외국여행으로 주로 의도적인 구경이며, 소액의 경비로 실시하는 것이 특징임
Trip	짧은 여행을 의미하는데 상용 또는 유람여행 등 목적 · 기간 · 수단에 관계없이 하는 일반적인 여행을 포함하며, 교통수단 및 이용횟수를 단위로 한 성격이 강함
Journey	의무적 · 비자기후생적인 의미를 포함하는 육상여행을 뜻하는데 목적 · 기간 · 수단에 관계없는 여행을 뜻하는 일반적 의미로서 Tour보다 의미가 강함
Excursion	짧은 유람여행으로 단체할인의 주유여행, 소풍, 당일관광여행 등을 말함
Cruise	선박을 이용하여 각지를 순항하며 즐기는 여행
Voyage	해로 또는 항로로 여행하는 비교적 긴 여행
Expedition	특별한 목적을 갖고 실시하는 탐험 · 조사 · 원정여행 등을 말함
Jaunt	하이킹 등 가정이나 직장을 떠나서 즐기는 비교적 기간이 짧고 가벼운 형태의 여행
Junket	여행경비를 여행자 본인이 부담치 않는 시찰 · 답사 등의 여행으로 특히 시찰 따위의 공공경비로 실시하는 호화여행, 카지노 여행 등
Sightseeing	이동개념이 없는 의도적 또는 무의도적으로 가볍게 하는 여행
Picnic	야외에서 식사를 함께하며 즐기는 소풍, 들놀이
Hiking	장거리 보행여행
Pilgrimage	순례, 성지여행 등

※ 각종 자료를 참고하여 재구성함

2) 위락(Recreation)

① 생활의 변화를 추구하는 인간의 기본적 욕구를 충족시키는 개인이나 집단에 의해서 스스로 우러나서 하는 자발적인 활동을 말한다.

② 위락은 관광보다 육체적 또는 정신적 회복이라는 목표가치 추구력의 정도가 더 크다.

③ 여가가 시간이라면 위락은 활동이다.

④ 그렇기 때문에 위락의 본질적 요소는

　가) 할 만한 가치가 있어야 하고 (Worth-While)

　나) 여가시간에 이루어져야 하며 (Leisure Time)

　다) 사회적으로 용납되는 행위로서 (Socially-accepted)

　라) 스스로 우러나서 행하여야 하며 (Voluntary)

　마) 만족을 느낄 수 있어야 한다. (Satisfaction)

〈위락과 관광의 관계〉

구분	위락	관광
대상선택	거주지로부터 이용대상의 시간적 · 공간적 범위가 제약 받는다	공간적 이용대상의 선택범위가 광역적이다
시간	비교적 짧다	중 · 장기적이다
시설의 질	시설의 질이 비교적 낮은 수준	시설의 질이 비교적 고급수준
주요 성격	후생적 대상이고 사회적 목적이 우세하며 재생 · 사회편익이 우선이다	경제행위의 대상이고 자유 · 내적 만족, 개인 목적이 우선이다
시장범위	일반적으로 거리의 한계성을 지니고 있다 (일상생활권 내 활동)	일상생활권을 탈피한 범위가 무제한적인 활동이다

자료 : 김광득, 「현대여가론」, 백산출판사, 1990, 27쪽 참고

3) 여가 (Leisure)

① 여가의 어원

가) Leisure : 라틴어로 '허가받는다'

나) Skole : 희랍어로 '학습·연습'

다) Loisir : 프랑스어로 '여가'의 뜻으로 소비가능시간에서 노동시간과 노동 부속시간 및 생리적 필수
시간을 뺀 자유시간을 의미한다.

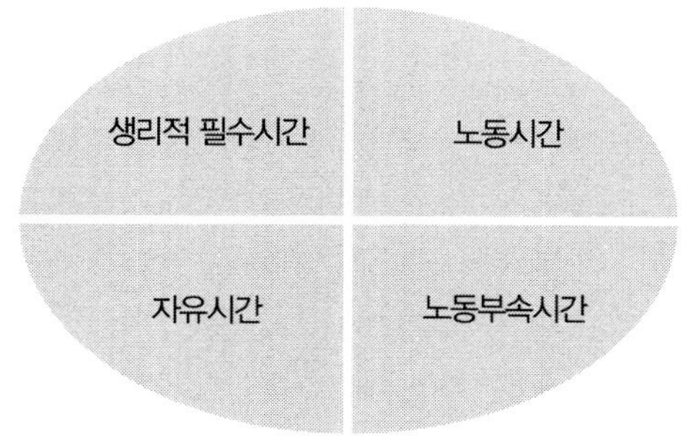

② 여가의 개념

가) 시간적 개념

여가의 시간적 개념은 인간의 일상생활 시간에서 노동시간, 노동 부속시간, 생리적 필수시간 등을
제외한 개인의 자유시간 또는 잉여시간을 지칭하는 개념이다.

나) 활동적 개념

시간적 개념의 바탕 위에서 여가를 활동으로 보는 개념이다.

다) 상태적 개념

여가의 시간적, 활동적 개념이 객관적인 개념이라면 상태적 개념은 주관적·질적인 개념으로서
여가를 존재의 상태로 인정하는 개념이다.

라) 제도적 개념

여가의 본질을 노동·결혼·교육·정치·경제 등 한 시대의 사회제도나 가치와의 관련성에 따른
개념이다.

마) 통합적 개념

위에 기술한 모든 개념을 통합하는 입장으로 각각의 개념을 결합시킨 개념이다.

③ 여가의 종류

프랑스의 여가학자인 듀마즈디에(J. Dumazedier)는 여가란 '휴식', '기분전환', '자기개발'의 세 가지
기능을 가진 활동의 총칭이며 "여가란 개인의 직장·가정·사회에서 부과된 의무로부터 해방되었을
때 휴식, 기분전환을 위하여 혹은 이득과는 관계없는 지식과 능력의 배양, 자발적인 사회적 참가, 자

유로운 창조력의 발휘를 위하여 오로지 임의적으로 행하는 활동의 총체이다"라는 정의를 내렸고, 현대에 와서는 여가의 종류도 다양하게 나타나게 되었다.

가) 통상적 여가(Square Leisure) : 가족·학교·직장·교회 등 기존 조직사회의 질서를 존중하여 전통적 방법을 통하여 추구하는 여가행위를 말한다.

나) 준여가(Semi Leisure) : 여가행위 속에 의무성·목적성·상업성 등 비여가적인 요소가 내포된 여가

다) 수동적 여가(Passive Leisure) : 대중들의 여가행위로서 여가를 자기 소속집단 조직과 자신의 목적의식으로 연결시키는 여가행위 또는 준여가를 말한다.

라) 능동적 여가(Active Leisure) : 상위 엘리트 계층들과 같이 여가를 수단으로 이용하지 않고 그 자체를 즐기는 여가행위

※ 여가 공포증(Leisure Phobia)
휴가 중이거나 휴무 중에도 즐기지 못하는 무감증 상태로서 시간의 소비에 대한 적응부족이나 불안감이 관광 자체를 노동부담으로 느끼게 하는 심리거부반응을 지칭한다.

④ 관광과 여가의 관계

가) 관광은 여가의 산물이다.

나) 휴식적인 것, 교양·취미에 관한 것, 스포츠와 야외활동, 사교와 사회봉사활동, 관광여행 등이 여가의 활동인데 이 중에서 관광은 그 시간적 길이나 사람들의 기대를 자극하는 점에서 가장 중요한 여가활동이다.

다) 일상의 생활권으로부터 떠나서 이질적인 자연문화환경에서 이루어지는 여가활동이라는 점에서도 최대의 특징을 가지고 있다.

라) 관광은 어느 정도의 여유 있는 시간과 비용을 필요로 하나 휴식, 기분전환, 자기개발과 같은 여가의 기능 내지는 목적을 일시에 모두 달성할 수 있기 때문에 효과도 최대로 거둘 수 있다.

〈여가와 위락의 관계〉

구분	여가	위락
범위	포괄적 활동 범주	한정적 활동 범주
조직	비조직적	조직적
목적	개인적 목적 우세	사회적 목적 우세
개념	자유시간 그 자체	자유시간 내의 활동
강조점	자유·내적 만족 강조	재생·사회적 편익 강조

자료 : John R. Kelly, "Work and Leisure : A Simplified Paradigm," *Journal of Leisure Research*, No. 4, 1972, 26쪽.

4) 놀이 (Play)

놀이는 경쟁정신과 탐험정신을 결합한 것으로 쾌락과 자기표현 중 무조건적인 요구를 반영하는 여가 내에서 행해진 활동이라 할 수 있다.

카이로와(Roger Caillios)는 놀이를 "인간의 본능이며 동시에 문화의 근원으로 규정지으면서 그 특징을 다음의 6가지로 제시하고 있다.

① 자유로운 활동 (Free)

② 일상생활과 격리된 활동 (Seperate)

③ 과정 및 결과의 불확실성 (Uncertain)

④ 비생산적 활동 (Unproductive)

⑤ 규칙의 지배 (Governed by rule)

⑥ 가상성 (Make believe)

4. 여러 학자들의 관광개념 규정

1) H. Schulern(독)

1911년 최초로 관광을 "일정한 지구, 주 혹은 타국에 들어가 체재하고 그리고 다시 되돌아가는 외국인의 유입, 체재 및 유출이라고 하는 형태를 취하는 모든 관광현상과 그 현상에 직접 결부되고 있는 모든 사상 그 가운데서도 특히 경제적인 모든 사상을 표현한 개념을 뜻한다"라고 정의하였다.

2) Artur Börmann(독)

1931년 「관광론」에서 "관광이란 기분전환, 위락, 업무 등의 목적을 위하여 정주지를 일시적으로 떠나는 여행의 총체개념이다." (단, 업무상의 여행에는 정기적으로 하는 통근은 미포함)

즉 관광은 일시 여행이고, 여행은 정주지에서 떠나는 행위로서 일시적 체재와 이동을 강조 →
일시여행설

3) F. W. Oglivie(영)

1933년 「관광객이동론」에서 관광을

① 귀국할 의사를 가지고 그 주거를 일시적으로 떠날 것

② 1년간을 초과하지 않는 기간만 거주지를 떠날 것

③ 여행 중 소비되는 돈은 반드시 그의 거주지에서 취득할 것

즉 다시 돌아올 예정으로 관광소비를 하는 것이라고 정의했다. → 귀환예정 소비설

4) Robert Glücksmann(독)

1935년 「일반관광론」에서 "관광이란 어떤 지역에 있어서의 일시적인 체재와 그 지역 주민들 간의 제 관계의 총화이다"라고 정의했다.

5) W. Hunziker & K. Krapf(스)

1942년 공저인 「일반관광론개요」에서 "관광이란 외국인의 체재 중에서 얼마동안의 계속적이고 일시적일지라도 주된 영리활동을 실행할 목적으로 정주하지 않는 한 그 외국인의 체재로 인하여 발생하는 제 관계 및 현상의 총체개념이다"라고 하였다.

6) 이노우에 만주죠(일)

1961년 「관광교실」에서 "관광이란 인간이 일상생활에서 떠나 다시 돌아올 예정으로 이동하며 정신적 위안을 얻는 것이다. 즉 정신적 위안이 바로 관광의 본질이며 관광의욕이란 것은 정신적 위안을 구하는 마음이다"라고 했다.

7) P. Bernecker(오)

1962년 「관광론」에서 관광을 가리켜 "우리들은 상용상 혹은 직업상의 여러 이유들에 관계없이 일시적이면서도 자유의사에 따른 전지라는 사실과 결부된 제 관계 및 제 결과를 관광이라 한다"고 했다.

8) J. Médecin(프)

1966년에 "관광이란 사람이 기분전환을 하고 휴식을 칙하며 또한 인간활동의 새로운 제 국면이나 미지의 자연풍경에 접함으로써 그 경험과 교양을 넓히기 위하여 여행을 한다든가 정주지를 떠나서 체재함으로써 성립하는 여가활동의 일종이다"라고 정의를 내렸다.

9) 쓰다 노보르(일)

1969년 「국제관광론」에서 누구나 이용하기 쉬운 개념규정으로서 "관광이란 사람이 일상생활권을 떠나서 다시 돌아올 예정으로 타국이나 타지역 문물제도 등을 시찰하고 풍경 등을 감상·유람할 목적으로 여행하는 것"이라고 정의를 내렸다.

10) 국제관광전문가협회(AIEST)

관광이란 생업과의 계속적인 관련 없이 돌아올 예정으로 외지를 여행하고 체재함에 따라 일어나는 모든 관계 또는 모든 현상의 총체이다.

11) A.E. Pöschl(독)

1962년 「관광과 관광정책」에서 관광을 인류의 이동현상으로 규명.

5. 관광객의 개념 규정

1) 경제·경영적 정의(Economic & Business definition)

① 관광자를 문화의 전파자나 외지문화를 대변해 주는 사자 또는 현지 자원문화의 파괴자 등으로 보기보다는 하나의 경제단위 즉 고객으로 이해한다.

② Mcintosh : 관광은 여행자를 유인하고 수송하고 숙식시키며 그리고 그들의 욕구와 욕망에 영합하는 과학이며 사업이다.

③ Lundberg : 관광은 관광객의 교통, 접대, 급식 및 여흥에 관한 사업이다.

2) 통계·기술적 정의(Statistical and Technical definition)

① 관광주체인 관광자에 대한 것으로 주로 이들을 여행목적, 여행거리, 체재기간 등 3요소에 대한 범역 설정을 통해 시도

② UN의 정의

가) 미국 : 캐나다에서 온 방문객으로 6개월 미만 체재자와 멕시코에서 온 방문객으로서 3일 이하 체재자는 관광자 범주에서 제외한다.

나) 호주 : 보수를 받는 직업에 종사하든 안 하든 1년 미만 체류자는 모두 관광자로 인정한다.

다) 인도 : 파키스탄, 방글라데시 등 인접 특정국 출신자는 관광객에서 제외한다.

※ 국제연합(UN)은 1967년을 국제관광의 해(International Tourist Year)로 지정했으며 "관광은 모든 사람들 그리고 모든 나라의 정부가 찬양하고 권장할 가치가 있는 기본적이면서도 가장 바람직한 인간활동이다"라고 정의했다.

③ ILO정의 : 국제 노동기구(International Labour Organization)

현대적 의미로서의 관광객의 정의는 1936년 국제연맹(League of Nations)의 국제노동기구에서 개최된 국제회의에서 유급휴가제를 사회제도로 채택하면서부터 시작되었다고 하겠다. 즉 이 회의에서 채택된 사항은 국제연맹 통계전문위원회의 보고서로 작성되었고, 1937년 12월 22일에 개최된 국제연맹회의에 제출된 동 보고서에는 "국제관광 통계의 통일성을 보장하기 위하여 원칙상 관광객(Tourist)이란 용어는 24시간이나 또는 그 이상의 기간 동안 거주지가 아닌 다른 나라를 여행하는 사람을 의미하는 것으로 해석되어야 할 것이다"라는 관광객의 정의가 정식으로 해석되었다. 이 정의의 특징은 통계상의 통일성을 기하기 위하여 관광객으로 볼 수 있는 자와 없는 자를 구별한 것이라 볼 수 있다.

가) 관광객으로 볼 수 있는 자

　　a. 위락목적이나 가정상의 이유, 또는 건강상의 이유로 여행하는 자

　　b. 회의참석을 위하여 여행하는 자

　　c. 사업상의 목적으로 여행하는 자

　　d. 해상여행 도중에 기항하는 자(이 경우에는 24시간 이내의 체재도 포함된다)

나) 관광객으로 볼 수 없는 자

   a. 약정의 유무에 관계없이 직업에 종사하거나 사업활동에 종사하기 위하여 입국하는 자

   b. 정주하기 위하여 입국하는 외국인

   c. 기숙사나 또는 기술학교에서 생활하는 유학생과 청소년

   d. 국경지대의 주민과 한 국가에 주소를 두고 인접한 국가에서 직업에 종사하는 자

   e. 24시간 이상을 소요하게 되더라도 체재하지 않고 통과하는 여행자

④ OECD의 정의

1960년 12월 4일 프랑스의 파리에서 결성을 보게 된 경제협력개발기구(OECD：Organization for Economic Cooperation and Development)는 관광을 동 기구가 추구하는 여러 경제적 목표에 일치할 수 있는 한 분야로 인식하게 됨으로써 정책조정과 관광에 따른 영향을 회원국의 통계방법을 개선하기 위한 목적으로 삼아 관광위원회(Tourism Committee)를 설치하여 우선적으로 관광객에 대한 정의를 설정하게 되었다. OECD의 정의에서는 관광객을 국제관광객(International Tourists)과 일시방문객(Temporary Visitors)으로 구분하여 규정하고 있는데 그 내용은 다음과 같다.

가) 국제관광객 : 인종이나 성별·언어·종교에 관계없이 자국을 떠나 외국의 영토 내에서 24시간 이상 6개월 이내의 기간 동안 체재하는 자

나) 일시방문객 : 24시간 이상 3개월 이내의 체재자

또한 OECD는 국제관광은 각국의 출입절차라든가 관세, 검역 또는 국가의 안전보장의 관점에서 국내관광과는 달리 번거로움이 뒤따르게 되는바 이 같은 번거로움을 해소하고 가맹국이 행정상의 절차를 완화함으로써 국제관광 왕래의 촉진을 도모하기 위하여 1965년「국제관광촉진을 위한 행정상의 편의공여에 관한 이사회의 결정과 행정상의 절차에 관한 이사회의 권고」를 채택하여 그 실행을 요구하였다.

⑤ IUOTO의 정의 : Travel이란 표현을 최초로 공식 사용한 기관

1963년 로마에서 국제관설관광기구연맹인 IUOTO(International Union of Official Travel Organization)의 발기에 의해 UN국제회의가 87개국 대표가 참석한 가운데 열렸다. 그 회의에서 ㉠ 자국민의 outbound를 제한해서는 안된다. ㉡ 국민관광을 최초로 장려하자는 논의가 있었고 개념 정의도 '관광을 목적으로 여행하는 자'라고 해석하고 원칙적으로 관광객의 개념정의를 다음과 같이 규정하고 있다.

가) 관광객으로 볼 수 있는 자

   a. 위안·가정사정·건강상의 이유로 해외에 여행하는 자

   b. 회의에 출석하기 위해 또는 과학·행정·외교·종교·스포츠 등의 대표자 또는 수행원의 자격으로 여행하는 자

   c. 상용목적으로 여행하는 자

d. 선박으로 각지에 순회 중 입국하는 자

e. 일국의 교육기관에 견학 및 시찰 목적으로 입국하는 자 등이다.

나) 관광객으로 볼 수 없는 자

a. 계약 유무를 막론하고 취직 또는 영업을 하기 위해 내방하는 자

b. 일국에 거주할 목적으로 입국하는 자

c. 국경지대에 거주하면서 인접국에 수시로 출입국하는 자

d. 24시간을 경과할지라도 일국에 체재하지 않고 통과하는 여행자

〈UNWTO의 여행자 분류〉

(1963년 WTO 로마회의에서 규정)

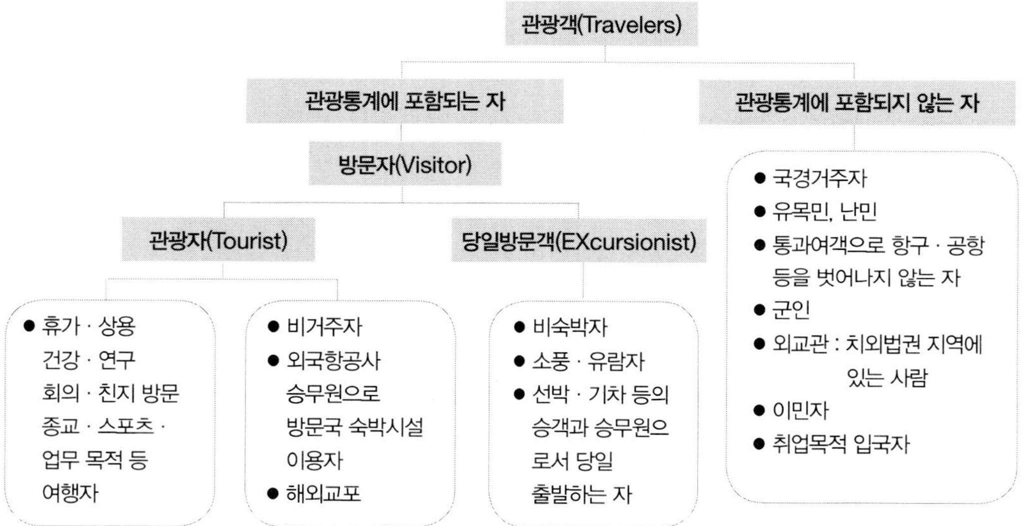

⑥ IMF의 정의

국제통화기금 국제수지편람에서는 여행자의 유형을 업무여행자, 학생 및 연수생, 당일관광객, 기타 여행자 등으로 구분하고 있다. 출입국여행을 분류함에 있어서 그 기준을 방문의 제1차적 목적에 두어야 한다. 즉 어떤 사람의 여행목적이 한 가지 이상일 경우에는 그 여행을 있게 하는 직접적인 동기를 파악하여 그것을 여행목적으로 한다.

가) 여행(Travel)

여행은 여행자로 정의되는 개인이 어떤 경제 내에 체재하는 동안 사용하고 소비하기 위해 그 경제로부터 획득한 모든 재화 및 용역을 가리킨다.

나) 여행자(Travelers)

여행자란 자기의 거주지가 아닌 경제 내에서 1년 미만 체류하는 사람을 의미하여 그 여행목적이

㉠ 군사기지 주둔 또는 다른 정부 주재원과 합루 ㉡ 가족, 고용원으로서 ㉠항과 동반, ㉢ 여행 지역경제의 거주자인 어떤 실체(Entity)를 위해 직접적인 생산활동을 영위하지 않는 경우를 말한다.

⑦ 국내관광객의 개념은 한국관광공사의 한 연구에 의하면 정주지 생활영향권을 중심으로 우리나라 군(郡)의 평균 반경인 16km를 일상생활권으로 보고, 16km를 벗어나는 경우를 국내관광객의 거리적 요건으로 하였다.

6. 관광의 효과

1) 관광사업의 긍정적 효과

관광사업은 경제적 효과는 물론 사회·문화적 효과 그리고 환경적 효과, 국가안보적 효과 등으로 나눌 수 있고 또한 국내적 효과와 국제적 효과 등으로도 나눌 수 있다.

① **경제적 효과** : 경제적 효과는 관광객이 관광지에서 직접 지출한 경비가 창조하는 소득을 1차 효과라 하고, 직접지출의 경과로서 일어나는 간접지출 및 곤광객의 소비결과로 얻어진 소득의 재소비인 유발효과를 2차 효과라 한다.

가) 관광사업은 서비스업의 특성 때문에 높은 외화가득률로 국가경제 및 국제 수지개선에 기여한다.

$$※ \text{외화가득률} : \frac{\text{국제관광수입} - (\text{국제관광선전비}+\text{면세품구입가격})}{\text{국제관광수입}} \times 100$$

나) 관광사업은 국민소득증대에 기여한다.

※ 관광승수 : 관광객의 소비지출이 관광대상국가 또는 지역에 소득 또는 고용을 누증적으로 창출시키는 배수로서 관광소비로 인하여 지출될 화폐는 당초 지출된 이후 1년간 약 3.2~4.3회 가량 회전을 하는 것으로 미국 상무성과 PATA가 공동으로 가맹국을 대상으로 실시한 조사보고서에서 분석되고 있다. 이것을 Checky Report라고 한다.

$$M = \frac{1}{1 - \text{한계소비성향}}$$

다) 관광사업은 조세수입증대에 기여한다.

※ 조세부담효과 공식

$$T = E \times 3.2 \times \frac{10}{100} \quad (T:\text{세금}, E:\text{관광수입}, \frac{10}{100} : \text{조세부담률}, 3.2 : \text{승수})$$

라) 관광사업은 고용증대에 기여한다.

마) 경제적 효과 분석방법

- 산업연관분석 (I-O 분석)
- 비용편익분석
- 승수분석

② **사회적 효과** : 국제친선 도모, 민간외교의 폭 확대, 국토개발의 균형유지, 사회구조 변화, 가족의 현대화, 레크리에이션 효과 등

③ **문화적 효과** : 상호국가의 국정 · 제도 · 산업 등을 견문함으로써 외국의 문화수준에 관한 인식을 더욱 높이고 무역을 증진시키고 역사유적 등을 보존 · 보호하는 효과를 말한다.

④ **환경적 효과** : 관광개발과 관련된 환경적 요소 즉 물리적 특수성, 사적 및 기념비 등의 보존, 보호와 자연보호 등의 효과 등을 포함한다.

⑤ **국가안보적 효과** : 분단된 국가의 현실을 인식하게 하며 국제사회에서 지지를 받게끔 한다는 점 등은 국가안보적 측면에서 관광의 역할이 막중하다.

2) 관광사업의 부정적 효과

① **경제적 부정 효과** : 물가상승, 경제의 종속화, 고용의 불안정성(비수기), 기반시설 투자에 대한 위험 부담

② **사회적 부정 효과** : 범죄율 상승, 소비패턴 변화, 원시마을 파괴, 가족구조 파괴, 주민의 양극화

③ **문화적 부정 효과** : 토착문화 소멸(문화혼합현상 : 현지문화, 관광자문화, 수입문화), 관광객에 의한 유적지 파괴(Vandalism), 문화의 상품화와 타락, 관광객들에 의한 현지인들의 전시효과 (Demonstration Effect)

3) 관광사업의 국내적 효과와 국제적 효과

① 국내적 효과

가) 경제성장에의 기여와 일반 물가수준에 미치는 효과

나) 국민소득의 증대 효과

다) 조세수입 증대에 대한 기여 효과

라) 고용과 노임 및 근로의욕의 증진에 대한 효과

마) 국내자원의 이용에 대한 효과

바) 지역격차의 시정에 대한 효과

사) 타산업에의 자극에 대한 효과

아) 환경보전효과와 국가안보적 효과

② 국제적 효과

가) 높은 외화가득률로 국제수지개선에의 기여 효과

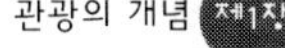

나) 관광객의 상호왕래로 국민교양 향상에 대한 효과

다) 국제사회의 상호이해와 국제친선의 증진에 대한 효과

라) 민간외교의 촉진과 한국의 선전, PR로 국위선양에의 기여 효과

마) 국가 간의 경제교류증대와 국제무역의 진흥 및 문화교류로 민족문화의 창달효과

바) 세계평화의 수호에 대한 효과

제 2 절　관광의 역사

1. 서양 관광의 역사

서양 관광의 역사는 기원전 5C경 역사가인 헤로도투스(Herodotus)의 기록에 의하면 고대 이집트에서 신전순례 목적으로 관광이 존재했다고 기술하고 있으나 본격적인 관광은 고대 그리스와 로마시대부터라고 할 수 있다.

1) 고대 그리스의 관광

그리스 관광은 해안도시나 에게해의 여러 섬을 방문하는 형식이 많았지만 관광동기는 체육·요양·종교라고 볼 수 있다.

① **체육** : 기원전 776년 고대 올림피아경기 참석

② **요양** : 반도로부터 요양 목적으로 온천지역인 델로스(Delos)섬을 방문

③ **종교** : 아테네의 제우스신전, 델피의 아폴로신전 등에 참배 목적(Hospitality)

2) 고대 로마시대의 관광

로마시대에는 관광이 일부 상류계급에 한해 한정적으로 이루어졌음을 알 수 있지만 사통팔달로 뻗어 있는 도로 및 해상교통망의 발전으로 한층 성행했다는 기록이 남아 있다.

① **관광동기**

- **종교** : 로마신을 모시는 신전참배 목적(대신(大神)인 주피터, 미의 여신인 비너스 등)

- **식도락(Gastronomia)** : 각 지방에서 생산되는 프도주를 마시면서 식사를 즐기는 여행

- **요양** : 식도락 등으로 인해 비만형인 사람과 성인병 치료목적으로 온천으로 요양

- **예술관광** : 요양객을 위한 연극 공연, 카지노 개설 및 황제의 별장, 이집트의 피라미드 등 유적과 명소를 찾는 본격 관광

- **등산** : 신전참배 등 종교적 목적을 달성키 위해 또는 화산과 관련된 연구목적(알프스 산베르나디

노에 있는 유피테르신전, 시칠리아섬의 에트나 화산 등)

② 로마시대 관광의 발전 요인

가) 치안유지가 잘되어 안심하고 여행을 할 수 있었다.

나) 전략적인 이유로 도로정비가 잘되어 해상교통망까지 연결되었다.

다) 물물경제에서 화폐경제로 전환되어 편리하게 여행할 수 있었다.

라) 학문의 발달로 지식수준이 높아졌고 미지의 세계에 대한 동경심이 증대되었다.

마) 그리스어 및 라틴어의 공용어 사용

바) 외국인 보호를 위한 법적 체계가 정비되었다.

사) 관광사업의 등장 : 포피나(식당 겸 숙박시설), 타베르나(간이식당), 관청에서 발행하는 증명서가 있어야 숙박이 가능했던 맨션(Mansion) 등과 교통수단으로 2륜 마차인 키시움(Cisium), 포장과 침대가 붙은 4륜차인 카루카도르, 미토리아 등 여러 종류가 있다.

3) 중세유럽의 관광

① 관광의 암흑기

5세기에 로마제국이 붕괴되면서 치안이 문란해지고 도로가 파괴되었으며, 화폐경제에서 물물경제로의 역행현상이 일어나는 등 중세의 유럽사회는 혼란상태에 빠져 관광여행은 자취를 감추었다.

② 십자군 원정

유럽에서 관광이 부활된 계기는 1096년부터 1270년까지 계속된 십자군의 원정이었다. 장기적인 원정으로 육로 및 해로의 개발은 물론 십자군의 종교심과 동방문물에 대한 지식과 관심을 높이게 되었고 이슬람교도들로 하여금 기독교도의 예루살렘 순례를 인정케 할 수 있었으므로 중세를 통해서 종교관광의 최고 목적지가 되는 데 기여하였다.

③ 중세유럽 관광의 특징

중세유럽의 관광은 유럽사회가 로마교황을 정점으로 한 기독교 문화공동체였던 만큼 종교관광이 성황을 이루었으며, 가족단위의 성지순례 형태를 취하였는데 수도원이나 교회가 숙박시설의 기능을 하였다.

4) 근대유럽의 관광

중세에서 산업혁명에 이르기까지 쇠퇴했던 관광열기는 산업혁명의 진전과 관광사업 · 관광관련 사업의 발생 및 발전에 의하여 관광이 점차적으로 회복하는 기회가 되었다.

① 15~16세기 대항해 시대를 거치면서 신대륙 발견 등으로 여행증가 및 원거리 무역활동의 확대

② 문예부흥기를 맞이하여 괴테, 바이런 등 저명한 문호 · 사상가 · 시인 등이 잇달아 여행하였고 그들의 기행문 등이 관광여행의 자극제가 되었다.

③ 봉건제도의 붕괴로 인한 여행자유화 및 종교개혁

④ 교통기관의 발달과 경제활동의 활성화에 의한 소득의 증대 및 인적 교류의 확대

※ 교양관광의 시대 : 18C 후반부터 19C에 이르러 여행의 대혁신을 초래하게 된 계기는 교통혁명에 의한 선박 및 철도의 발달 등으로 영국의 국내여행에서 유럽대륙으로 여행 범위가 확대되었고, 유럽의 귀족·시인·문호들이 지식과 견문을 넓히기 위해 유럽의 여러 나라를 순방 했던 대이동이 이루어지는데 이를 그랜드 투어(Grand Tour)의 시대라고도 한다.

- 1829년 : 카를 베데커(K. Baedecker)의 여행안내서 (*Rhein Land*)
- 1840년 : 영국의 쿤나드사가 최초의 증기기선에 의한 영업 시작
- 1845년 : 토머스 쿡(Thomas Cook)이 'Thomas Cook & Son. LTD'라는 세계 최초의 여행사 설립
- 1849년 : 존 머리(John Murray)의 여행편람 (*The Hand Book of London*)
- 1880년 : 프랑스 파리에 Ritz Hotel 출현 (체인호텔의 효시)

※ 근대 미국에서는 '터번(Tavern)'이라는 숙박시설이 보급되었는데 이 터번은 유럽에서 술을 파는 옛날 주점이었으나 그 후 목로주점으로 바뀌었다가 요리와 음료를 제공하고 침실을 구비하여 숙박시설로서의 기능을 발휘하게 되었으며, 1908년어는 스타틀러(E. M. Statler : 1863~1928)가 Buffalo Statler Hotel을 설립하여 '커머셜 호텔(Commercial Hotel)'시대를 만들었다.

5) 현대의 관광

① 현대 관광의 발전

2차 세계대전 후의 선진국에서는 관광의 저변확대와 함께 대량의 대중에 의한 관광의 시대, 이른바 대중관광(Mass Tourism)의 시대를 맞이하게 되었는데 대중관광이 발전하게 된 배경은 다음과 같다.

가) 교통수단의 발달

나) 노동시간 단축에 따른 자유시간의 증대

다) 관광에 대한 의식의 변화

라) 가처분 소득의 증대

마) 매스컴의 발달로 인한 풍부한 정보

바) 교육기회의 증가

② 현대 관광의 형태

가) 대중관광(Mass Tourism)

대중관광이란 여가시간을 이용하여 많은 관광객들이 짧은 시간 안에 잘 알려진 지역 즉 유명관광지로 이동하여 그곳의 관광자원을 큰 규모로 소비하는 것을 의미하는 즉 일반 대중이 자연발생적으로 관광행위에 참여하는 대규모 관광을 말한다.

나) 복지관광(Social Tourism)

복지관광이란 국민관광이라고도 하는데 저소득층 국민 대중의 정서함양과 보건향상을 위하여 여

가선용으로 관광을 권장하고, 이를 실현하기 위한 방법으로 국가가 정책적으로 국민에게 편리하고 저렴한 가격으로 관광에 참여할 수 있도록 관광기회를 부여하는 정책적 · 사회복지적 의미를 가진 관광여행을 말한다.

〈대중관광과 복지관광의 비교〉

구분	대중관광(Mass Tourism)	복지관광(Social Tourism)
역사적 배경	태고시대	제2차 세계대전 이후
대상	남녀노소 전 계층	여행의 소외계층(저소득층 · 노동연령층 등)
주도자	전체적 사회구성원	국가 · 정부 · 지방자치단체 및 공공기업
발생과정	자연발생적	인위적 · 정책적 · 제도적
성격	자의적 관광	타의적 관광
경비	자기 경비	남의 경비

6) 유럽관광의 발전단계

① 자연발생적 관광사업의 시대(Tour의 시대)

- 시기 : 고대 그리스, 로마시대 − 1830년대 말까지
- 관광객층 : 특권층(귀족, 승려, 무사), 일부 부유층의 평민
- 관광동기 : 종교적인 이유
- 조직자 : 교회
- 조직동기 : 신앙심의 향상

② 서비스적 관광사업의 시대(Tourism의 시대)

- 시기 : 1840년대 초부터 2차 세계대전
- 관광객층 : 특권층과 일부 부유층의 평민
- 관광동기 : 지식욕
- 조직자 : 기업, 정부
- 조직동기 : 이윤추구

③ 개발조직적 관광사업의 시대(Mass&Social Tourism의 시대)

- 시기 : 제2차 세계대전 이후
- 관광객층 : 일반국민(국민관광)
- 관광동기 : 교양과 오락
- 조직자 : 민간기업, 공공단체, 국가

- 조직동기 : 이윤추구, 국민후생의 증대
- 특징 : ① 유럽의 Social Tourism의 운동이념 ― 재정적으로 빈약한 계층의 특별지원
  - ② 공적인 시설의 확충 : National lodge(국민숙사), Youth Hostel, 휴가 Camp와 휴가촌
  - ③ 일본은 공적 관광 레크리에이션 지구를 17개 유형으로 설치·운영하고 있고, 미국은 신체장애자와 노인들을 위한 정책에 역점을 두고 있다.

④ 새로운 관광사업의 시대(New Tourism의 시대)

- 시기 : 1990년대 이후
- 관광객층 : 일반대중과 전국민
- 관광동기 : 관광의 생활화
- 조직자 : 개인, 가족
- 조직동기 : 개성추구, 특정한 주제

7) 새로운 관광형태

① New Tourism

관광수요의 다양화 및 관광형태의 다변화에 따라 국제 관광형태는 급속하게 변화하고 있다. 세계화와 지역주의의 가속화, 정보통신기술의 영향력 확대 등으로 해외여행이 보편화되고 있고 자연친화적이고 문화체험관광을 중시하는 새로운 관광패러다임의 출현과 지속가능한 관광에 대한 국가적 관심이 증대되면서 기존 대량관광에 대한 반작용과 환경보전에 대한 인식 확산으로 새롭게 나타난 관광형태를 New Tourism이라 한다.

② 대안관광(Alternative Tourism)

대안관광이란 대량관광 행위로 인해 관광지의 자연과 자원훼손, 생태계의 파괴 등 환경에 대한 영향과 사회·문화적인 부정적 영향을 최소화하려는 것으로 사회적으로 책임성 있고 환경을 의식하는 새로운 형태의 관광을 말한다. 따라서 '대규모 관광' 외에 모든 것을 포괄하는 것을 '대안관광'이라 할 수 있는데 3E 즉 'Education(교육), Entertainment(기분전환), Excitement (자극)'를 추구하는 것이 주된 목적으로서 다음과 같이 다양한 형태로 발전하고 있다.

〈대안적 관광성장 요인〉

구분	요인
수요	인구의 고령화 가족구조 변화, 1인가구 증가 건강과 환경에 대한 관심 고조 고소득, 생활수준 향상, 고학력화 높은 기대심리
공급	관광시장에서 공급의 수요에 대한 증가 현상
기술	정보기술 및 교통수단의 발달
제도	유명 관광지에서의 교통 혼잡 증가 테러예방 조치가 가져온 불편함

가) 녹색관광(Green Tourism) : 도시인들이 농촌·산촌·어촌에서 휴가를 보내면서 향토음식을 즐기고 들녘과 방목지, 숲에서의 휴양 체험을 통하여 그 지역의 고유한 풍물거리를 실제 접하고 즐기는 체재형 여가활동을 말한다.

나) 생태관광(Eco Tourism) : 생태관광은 환경을 고려하지 않는 무분별한 관광개발과 과도한 관광활동으로 인한 자연훼손보다는 어떤 지역에서 발견된 문화적 유산뿐만 아니라 야생 동·식물 그리고 그 경관을 연구하거나 감상하려는 특수한 목적을 가지고 비교적 훼손이 덜 된 자연지역을 방문하여 보존·보호하면서 실시하는 자연보호관광을 말한다.

다) 지속가능한 관광(Sustainable Tourism) : 지속가능한 관광이란 환경보호와 보전을 고려하면서 적정개발을 통해 관광자원의 지속성을 보장하여 관광객에게 관광경험의 질을 미래에도 지속적으로 제공하며, 관광개발과 활동으로 지역주민에게 경제적 이득을 제공하는 관광을 말한다.

라) Neo Tourism : Neo Tourism은 사회적 패러다임 변화에 따른 기존 관광개발의 폐해와 한계를 극복하기 위한 새로운 관광개발이념으로 지속가능한 개발을 통한 자연환경의 보전과 활용의 생태적 이념과 인간중심의 삶의 질 추구를 통한 새로운 관광수요 다변화에 대응하기 위한 한국관광공사의 독자적 개발철학을 총칭하는 개발전략이다.

마) 연성관광(Soft Tourism) : 질적인 개념으로서 경제·사회·생태적인 면까지 고려하여 자연을 보존하고 보호함으로써 균형발전 도모를 목적으로 하는 관광이다.

바) 스포츠관광(Sports Tourism) : 스포츠 행사·훈련·관람 또는 요트나 사이클링과 같이 개인이 혼자하는 스포츠를 즐기기 위한 관광이다.

사) 종교관광(Tourism for Religious Reasons) : 종교축제·성지순례 또는 교회·사찰순례· 템플스테이·수도원 방문을 목적으로 하는 관광을 말한다.

아) 민족관광(Ethnic Tourism) : 민족관광은 순수 이국적인 사람들의 문화내용과 상이한 생활방식

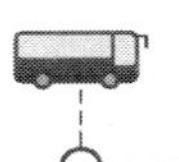
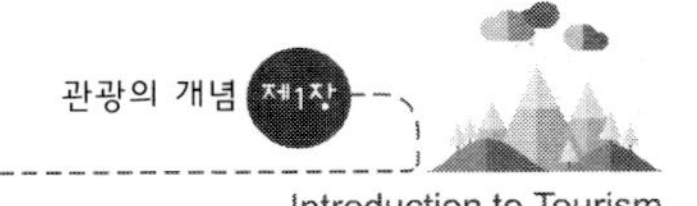

등을 보고자 하는 목적의 여행을 의미한다. 종족생활체험관광이라고도 한다.

자) 문화관광(Cultural Tourism) : 옛 모습을 간직한 전통가옥이나 수직물 또는 우마차와 농경도구 및 수공예품 등과 더불어 인류의 기억 속에 남아서 사라져가는 독특하거나 향토색이 짙은 생활방식의 발자취를 경험하고 경우에 따라서는 직접 참여하기 위한 관광을 말한다.

2. 한국 관광의 역사

1) 해방 전(고대 ~ 1945년)

- 통일신라 후기에 신라인이 패권을 장악하고 활약했던 당시 청해진(지금의 완도)에 청해관을 설치하여 상인들을 유숙시키고 접대하는 숙박시설로서의 기능을 했다.
- 고려시대에는 사신들의 숙소로 신창관(新倉館)을 운영하였다.
- 조선시대에는 평민계층이 사월초파일의 연등행사, 오월오일의 단오, 유월유두일 등의 특정일에 한하여 일시적 관광이 이루어졌고, 나랏일이나 외국에서 오는 사신들의 숙식을 해결하기 위해 태평관, 북평관, 왜관 등을 설치하였다.
- 1888년 : 인천에 최초의 서양식 숙박시설인 대불호텔이 세워짐(객실 11실)
- 1899년 : 노량진 ↔ 제물포 간 경인선 개통
- 1902년 : 손탁호텔 출현
- 1905년 : 경부선 개통
- 1906년 : 경의선 개통
- 1912년 : 부산 철도호텔, 신의주 철도호텔(Station Hotel)
- 1912년 : 일본교통공사(JTB) 한국지사 설립
- 1914년 : 조선호텔 설립(4층 65실 규모)
- 1915년 : 금강산호텔
- 1925년 : 평양 철도호텔
- 1929년 : 여의도 ↔ 울산 간 정기항공노선 개설
- 1936년 : 조선항공회사(KNC) → 한국인에 의한 최초의 항공회사, 반도호텔 설립

2) 해방 후(1945년 ~ 현재)

- 1945년 : 일본교통공사(JTB)가 '조선여행사'로 개칭
- 1948년 : 대한민국항공사(KNA). 최초의 외국인 관광단 내한(Royal Asiatic Society)
- 1949년 : NWA가 시애틀–동경–서울 간 첫 취항. '조선여행사'가 '대한여행사'로 개편
- 1950년 : 서울교통공사 설립 → 국내여행 알선업의 효시
- 1952년 : 한 · 대만 항공협정으로 CAT 대만 ↔ 서울 취항

- 1953년 : 근로기준법 제정 연 12일간 유급휴가제 보장
- 1954년 : 교통부 육운국에 관광과를 처음으로 설치
- 1957년 : 교통부가 IUOTO에 가입
- 1961년 : 관광사업진흥법 제정(8.22)
- 1962년 : 한진상사가 KNA를 인수. 통역안내원 자격시험 실시. 국제관광공사 설립
- 1963년 : 교통부 육운국 관광과가 관광국으로 승격. 워커힐 개관
- 1964년 : KAL이 오사카 ↔ 서울 간 첫 취항, 일본의 해외여행 자유화
- 1965년 : PATA 제14차 총회 개최. 관광호텔 종사원 자격시험제도 실시. 한일국교 정상화
- 1966년 : 'Kauffman Report' 최초의 외국인 전문가에 의한 관광지 진단
- 1967년 : 최초의 국립공원으로 지리산 지정. UN이 '국제관광의 해'로 정함
- 1970년 : 최초의 도립공원 금오산 지정. 경부고속도로 개통. 관광호텔 등급제 적용
- 1974년 : Boeing Report '한국관광개발 조사보고서' 제출.
- 1975년 : 경제장관 간담회에서 관광산업을 국가적 전략사업으로 지정
- 1978년 : 외래관광객 100만 명 돌파. 자연보호헌장 선포
- 1979년 : WTO에서 '세계 관광의 날' 제정(9. 27). 제28차 PATA 총회 개최
- 1980년 : 제주도를 입국사증 면제지역으로 지정
- 1981년 : 대학생 단기 해외연수 시작
- 1982년 : 국제관광공사가 한국관광공사로 명칭 변경. 야간통행금지 해제
- 1983년 : 제53차 ASTA총회 서울 개최. 50세 이상 국민의 관광목적 해외여행 자유화, 해외여행 200만 원 예치금 제도
- 1988년 : 올림픽 개최. 외래 관광객 200만 돌파(2,340,462명), 40세 이상 국민의 해외여행 확대
- 1989년 : 해외여행 완전 자유화
- 1991년 : 외래관광객 300만 돌파(3,196,340명)
- 1992년 : 한 · 중 수교. 한—대만 단교
- 1993년 : 대전 EXPO 개최(8.7~11.7). 일본인 대상 무사증 입국허용
- 1994년 : Visit Korea year. PATA 제43차 총회 개최. 관광특구제도 시행, 한국 → 중국관광목적 여행 시작
- 1995년 : 광주 비엔날레 창설
- 2000년 : ASEM회의 개최. 외래 관광객 500만 명 유치
- 2001년 : 한국 방문의 해. 세계관광기구(UNWTO) 총회
- 2002년 : 월드컵 한 · 일공동 개최. 부산 아시안게임
- 2004년 : PATA 제53차 총회(제주)
- 2005년 : 한 · 일 방문의 해(한일국교정상화 40주년 기념). 해외여행객 1,000만 명 돌파. 외래관광객 600만 명 유치
- 2007년 : 제주 ASTA총회 개최. 문화관광부에 관광산업본부 설치

- 2008년 : 문화체육관광부로 개명. 2012년 여수세계박람회 개최 확정(BIE 144차 총회)
  관광산업 선진화 원년 선포. 2010년~2012년 민간주도 한국 방문의 해 선포
- 2009년 : 외래관광객 700만명 돌파(11월)
- 2010년 : 한국 방문의 해(2010년~2012년) 시작. G20정상회의 개최
- 2011년 : 2018년 평창동계올림픽 유치. 대구세계육상선수권 개최. UNWTO총회 개최
- 2012년 : 여수세계박람회 개최(5월~8월), 외래관광객 1,000만명 돌파. 한·중 교류의 해
- 2013년 : 외래관광시장이 일본 중심에서 중국시장으로 전환
- 2014년 : 외래객 1,400만 명 돌파. 한-러 무비자협정 발효, 크루즈관광 증가
- 2015년 : 한국인 중국방문의 해, 이태리 밀라노EXPO개최
- 2016년 : 중국인 한국방문의 해, "2016~2018 한국 방문의 해 캠페인"
- 2017년 : 중국의 한한령으로 중국관광객이 감소, 방한 외국인관광객이 전년대비 22.7% 감소
- 2018년 : 평창동계올림픽 개최

제 3 절　관광의 수요 및 공급요소

1. 관광의 구성요소

관광주체 : 관광객
(Tourism Subject)

관광객체 : 관광대상　　　　　관광매체 : 관광사업
(Tourism Object)　　　　　　(Tourism Media)

① **관광자원**

유형 : 자연, 인문(문화, 산업, 사회)

무형 : 인적, 비인적

문화적 : 유형문화재, 무형문화재, 기념물,
민속자료 등

② **관광시설**

㉠ Infra Structure : 항만, 주차장, 공항, 통신
시설 등의 기반 시설

㉡ Super Structure : 여행, 행정, 숙박 시설,
레크리에이션 시설 등

① **시간적 매체** : 숙박시설, 휴게시설, 관광객 이용
시설 및 편의시설 등

② **공간적 매체** : 교통수단(항공, 기차, bus), 도로,
운송시설

③ **기능적 매체** : 여행업, 안내, 선전, 관광행정 등

2. 관광현상의 5요소와 관광계획론 : Clare. A. Gunn

1) 인간 : 관광객

2) 교통 : 수송조직

3) 매력성 : 관광자원조직

4) 정보 및 지도

5) 서비스 및 시설물(식당시설, 판매시설, 휴식시설)

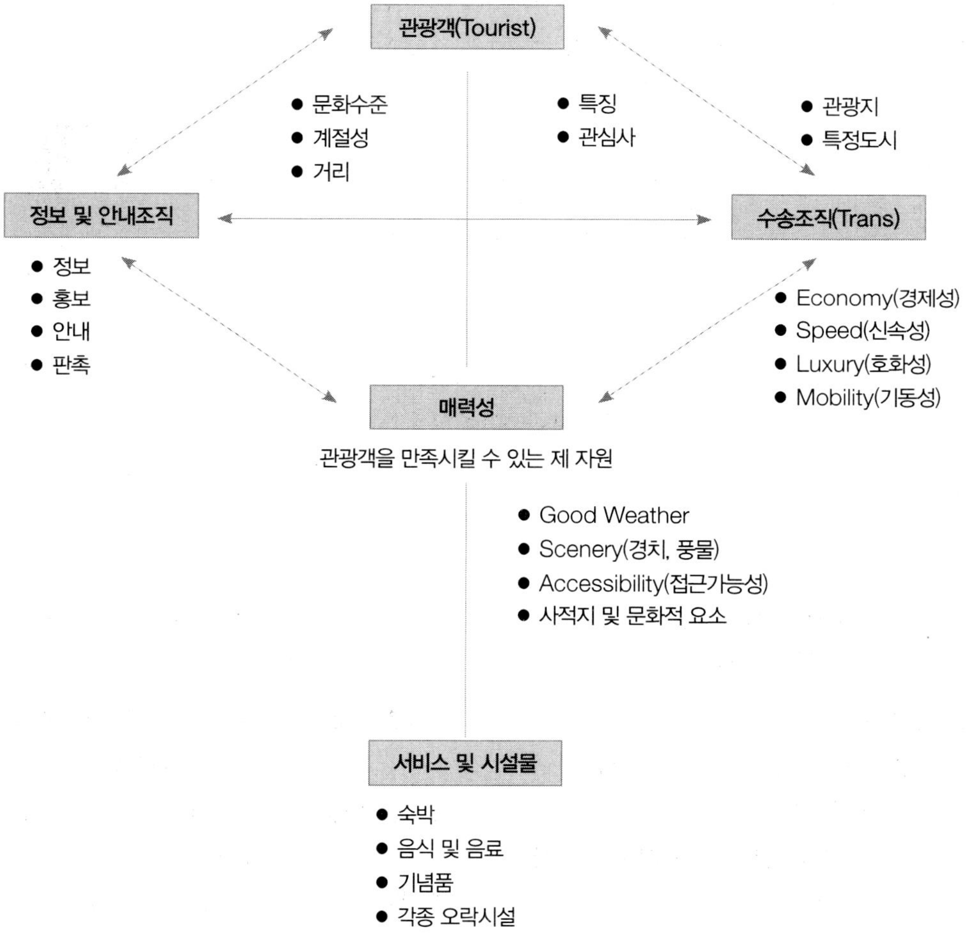

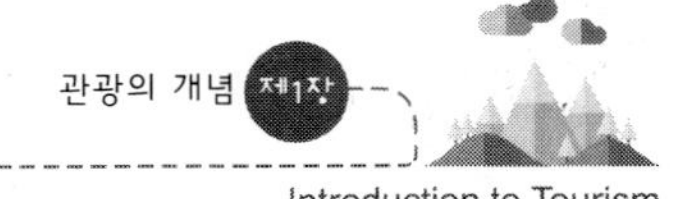

3. 관광의욕(욕구)과 관광동기

1) 인간의 욕구

A. H. Maslow의 욕구구조 5단계

인간의 욕구발생 상태는 심리적 작용에 의해 발생하는 강도에 의해서 단계적으로 나타나게 되는데 이 단계적 욕구유발을 매슬로는 5단계로 나누었다. 관광의욕은 5단계인 자기실현욕구 단계에서 가장 많이 나타난다.

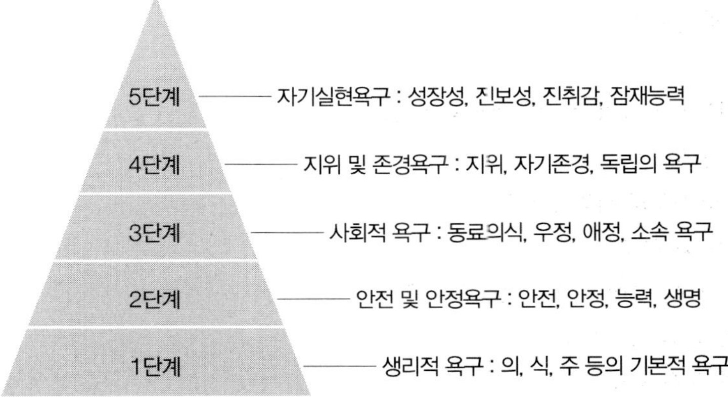

2) 관광수요

관광수요란 관광의욕을 가진 관광객들이 일정기간 동안 가능한 모든 가격 범위 내에서 구매하려는 상품이나 서비스의 양과 관광객이 지불하게 되는 가격들의 관계를 보여주는 예정표(Schedule)를 말한다.

① 관광수요 예측의 필요성

가) 관광정책 수립 시 중요한 기초자료로 활용

나) 관광객들에게 제공하는 시설물 공급계획과 관광객들에 의하여 파생될 수 있는 영향들에 대한 대책수립에 기본자료 제공

다) 관광자원과 자원관리의 문제점을 분석하는 데 활용

라) 관광투자에 대한 예산규모 결정

마) 관광상품 가격결정

바) 마케팅 전략 수립 시 자료로 활용

② 관광수요유형

- 유효수요(Effective Demand) : 욕망과 화폐 지불 능력이 있는 현실성이 있는 수요
- 잠재수요(Latent Demand) : 사정이 허락하면 유효수요화 할 수 있는 수요
- 유도수요(Induce Demand) : 광고·선전·교육 등을 통해 이용을 유도시킬 수 있는 수요

③ **관광수요 유발요인**

가) 잠재수요자로부터 발생되는 요인

- 영향권 지역 내의 인구수 및 지역적 분포형태
- 인구의 사회적 · 경제적 특성(연령 · 성별 · 직업 · 가족의 크기 · 인종 · 교육 등)
- 인구의 평균 소득 및 여가시간의 분포
- 여행에 대한 경험 · 지식수준 · 기호 등

나) 관광대상에 발생되는 요인

- 관광자원의 매력성
- 수용능력
- 주변의 대안적 관광지 유무와 대체성의 정도
- 관광지의 성격 · 기후 · 날씨 등
- 관광공급 국가군의 해외여행 정책
- 출입국 제도와 절차

다) 잠재 수요자와 관광대상 사이에 발생되는 요인

- 거리적 입지조건 및 소요시간
- 여행 시의 만족 정도
- 관광대상지 방문 시 여행경비
- 광고 · 선전의 정도 및 여행사의 지명도

④ **관광수요 예측방법**

가) 정성적 예측방법(Qualitative Methods)

정성적 수요예측방법은 질적 예측방법으로서 관광수요를 결정짓는 여러 요인이 불안전하거나 시계열이 존재하지 않거나 신뢰성이 낮을 때, 필요한 정보가 부족할 때 예측자의 주관적인 경험을 바탕으로 미래의 가상형태를 결정하는 방법이다. 주로 장기미래 수요예측에 이용된다.

㉮ 역사적 예측방법(Historical Analysis)

과거의 비슷한 사례나 상황을 참고하여 미래에 대한 판단을 도출하는 방법이다.

㉯ 전문가패널(Panel of Experts)

분임토의 형식이거나 위원회 토의방법을 의미하며 JAM이라고도 표현한다.

㉰ 델파이기법(Delphi Technique)

1960년 Rand연구팀이 개발한 방법으로서 장기미래 수요예측을 위해 전문가 집단을 구성하여 몇 차례의 설문지가 오가면서 전문가들의 의견들이 수렴되어 전문가 집단의 의견일치를 통해 합의점을 찾게 되는 방법이다.

㉱ 시나리오 모델(Scenario Model)

주로 중장기 예측을 위해 예측가가 가상시나리오를 만들어 외연적 · 질적 변수들을 반영하는 기법이다.

㉪ 집행부 의견 수렴법(Executive Opinion Method)

민간부문에서 관광사업에 오랜 경험을 쌓은 실무진의 의견을 종합하여 미래수요를 예측하는 방법이다.

나) 정량적 수요예측방법(Quantitative Forecasting Methods)

정량적 수요예측방법은 수량을 기본으로 하는 계량적 모델을 과거에 대한 정보와 과학적인 통계분석에 따른 수치를 가지고 미래수요를 예측하는 방법이며 단기 미래 수요예측에 이용된다.

㉮ 회귀분석법(Regression)

주어진 자료를 통해 변수(사회현상이나 자연현상) 간의 함수관계를 밝히고 이 함수관계를 이용하여 독립 변수값에 대응되는 종속변수의 값을 예측 또는 설명하는 분석방법으로서 인과관계 분석법이라고도 한다.

㉯ 시계열분석법(Time Series Analysis)

시계열이란 자료를 시간 순서에 따라 나열하는 통계계열을 의미하는데 이 자료에 의한 분석방법을 말한다.

㉰ 중력모형(Gravity Model)

중력모형은 출발지와 목적지의 인구를 바탕으로 얻어진 여행횟수와 전체 인구 및 두 지역 간의 거리에 의해 수요를 예측하는 방법이다.

㉱ 개재기회모형(Intervening Opportunity Model)

관광발생량은 출발지나 도착지 간의 거리 및 관광자원분포 등에 의해 규정된다고 보는 모형이다.

3) 관광의욕(욕구)과 관광동기

① 관광을 하고자 하는 마음이 관광의욕이며 일시적으로 일상생활로부터 벗어나려고 하는 의욕이고 동시에 Recreation을 추구하려는 의욕. 다시 말하면 관광행동을 일으키게 하는 심리적인 원동력을 일반적으로 관광의욕이라 하고 관광행동으로 나타나게 하는 힘을 관광동기라 한다.

② 관광의욕을 결정하게 하는 인자 → 여가, 건강상태, 기후, 관광지와의 거리, 교통, 소득, 모방성, 선전, PR 등

조건	결정요인	제약요인
비용조건	자유재량적 소득이 있다	자유재량적 소득이 없다
시간조건	여가시간이 있다	여가시간이 부족하다
신체조건	건강상태 양호	건강이 좋지 못한 경우
이동조건	이동의 조건(Right of movement)	어린이, 노약자
정보조건	관광사업자, 촉진자 친구, 친척의 여행담 등이 많은 정보 제공	관광목적지에 대한 정보 부족 목적지 선택과 접근방법의 부족

③ Glücksmann(독) : 「일반관광론」

　　가) 관념적 ┌ 심적 원인 : 조용한 곳, 교우심, 신앙심
　　　　　　　└ 정신적 원인 : 견문의 확대, 지식욕구, 환락욕구

　　나) 물질적 ┌ 신체적원인 : 건강, 요양욕구
　　　　　　　└ 경제적 원인 : 구매, 판매, 쇼핑, 업무욕구

④ **전중회일(일)**

　　가) 관광욕구는 관광객 측에서 볼 때는 여행을 하려는 심적 동기가 여러 가지가 있을 수 있으나 한마디로 말하면 일상생활에 변화를 주고 혹은 생활의 내용을 풍부하게 하려는 인간적 행동에서 일어나는 일이 많다.

　　나) 내생적 요인 : 관광자원, 관광매체(교통기관, 여행사) → 관광사업 성립의 기초를 이룸

　　　　외생적 요인 : 정치, 경제, 사회적 요인

　　다) 관광욕구와 동기의 분류

● 심정적 동기 ┌ 사향심
　　　　　　　├ 교유심
　　　　　　　└ 신앙심

● 정신적 동기 ┌ 지식욕구
　　　　　　　├ 견문욕구
　　　　　　　└ 환락욕구

● 신체적 동기 ┌ 치료욕구
　　　　　　　├ 보양욕구
　　　　　　　└ 운동욕구

● 경제적 동기 ┌ 매물욕구
　　　　　　　└ 상용목적

⑤ **Mariotti의 관광동기**

"관광을 하고자 하는 욕망은 인간에게는 거의 본능적이며 이주민의 커다란 움직임과 각 종족의 주요한 중심지 형성 등은 대개 그런 욕망에 의해서 이루어진 것이다."

● **견학관광** : 대상업 중심, 명승, 고적
● **스포츠관광** : 자동차여행, 비행, 승마대회

- 교화적 관광 : 수학여행, 고고학적 여행
- 종교적 관광 : 순례여행, 교회, 절 등 방문
- 예술적 관광 : 연주여행, 음악회
- 상업적 관광 : 상품 품평회, 박람회, 시장, 출장판매
- 보건적 관광 : 온천, 요양

⑥ 베르네커(P. Bernecker)의 분류

- 요양적 관광
- 문화적 관광(견학, 수학여행, 성지 순례)
- 사회적 관광(친목여행, 신혼여행)
- 체육관광(스포츠 관람, 경기 참여)
- 정치적 관광(정치적 행사 및 관광)
- 경제적 관광(견본시, 쇼핑 등)

⑦ Mcintosh와 Dichter

가) Ernest Dichter박사(미국의 동기조사연구소 소장)가 1967년 10월 스리랑카에서 열린 국제관광 세미나 주제논문을 바탕으로 구체적인 관광동기를 분류하여 체계화하였다.

- 모험심의 고양(Encouragement for adventure)
- 새로운 자아의 발견(The discovery of a new self)
- 여행 후의 효과(The after effect of travel)
- 새로운 여행자는 문화탐구자(The new travellers is a cultural adventurer)
- 편견의 타파(Break down prejudices)
- 타국을 아는 방법(How to see a country)
- 여행은 대화(Travel is a dialogue)
- 새로운 철학의 탐구(A search for new philosophy)
- 진기함, 신기함(Uniqueness)

나) Mcintosh의 관광심리의 동기 : 즐거움(Pleasure), 행태의 배움(learned Behavior), 경험(Experience)을 스스로 창조하는 것으로서 근본적인 관광동기를 4가지로 분류

- 신체적 동기 : 휴식, 경기에의 참여, 해수욕 등
- 문화적 동기 : 다른 고장이나 국가를 여행하여 음악, 미술, 민속, 종교 등 문화적 행사를 알고자 하는 동기
- 사회적 동기 : 일상적인 생활을 떠나 친구나 친지 혹은 새로운 사람들을 만나기 위한 욕망
- 지위 향상적 동기 : 개인의 발전 및 존경심과 관련된 욕구의 발로이다.

⑧ **관광적 동기**

가) 교육문화적 동기

● 타지역 사람들의 문화유산과 일상생활의 모습을 시찰하기 위해

● 진기하고 아름다운 특수한 자연풍경을 감상하기 위하여

● 사회의 변화상을 보다 잘 알고 이해하기 위해서

● 특별한 관광용품 전시회와 박람회 및 교육, 문화행사에 참가하기 위해서 등의 동기

나) 휴양 · 오락동기

● 일상생활로부터 떠나고 싶어하는 해방욕구를 충족시키기 위해

● 즐거운 시간을 보내면서 정신적 위안을 얻기 위해

● 멋진 recreation시설과 관광시설 이용에 의한 즐거움을 맛보기 위해

● 여행 중 쾌락을 갖고 싶고 여행 후 쾌감을 갖고 싶은 동기

다) 망향적 동기

● 과거에 자기와 가족이 살고 있었던 곳과 고향에 가고 싶어하는 동기

● 친척과 친구가 살고 있는 곳에 가고 싶어하는 동기

라) 기타의 동기

● 기후적 동기(피서, 피한)

● 건강유지적 동기(건강회복유지, 건강적 자연환경 추구)

● 운동동기(각종 대회의 시합과 운동경기 관람)

● 경제적 동기(shopping 및 타지역 체재를 통한 생활비의 절감)

● 모험적 동기(미지세계, 인간과의 접촉 및 체험 회득)

● 종교적 동기(신앙심)

● 자기 관련적 동기(자기 능력의 확인, 독립심의 습득)

● 역사적 동기(역사를 알고 이해하고 참가하기 위함)

● 사회적 동기(새 시대와 미지의 새 세상의 동태파악)

마) **관광목적지 선정을 위한 관광행동 요인**

a. 제1factor(제1요인)

● 따뜻하고 온화한 기후를 가진 곳

● 각종 관광시설이 갖추어진 곳

● 아름다운 자연경관이 펼쳐진 곳

● **Hospitality**산업이 왕성한 곳

● 여행비용이 싼 곳

b. 제2factor(제2요인)

● 풍습, 습관이 매력적이어야 한다.

- 기후의 연교차가 적을 것(한서의 차가 적은 곳)
- 역사적 문화유산이 특이하고 매력적인 것
- 매력적인 향토음식이 개발되어 있을 것

c. 제3factor(제3요인)

- 토착적인 관광기념품의 구입이 가능할 것
- 이국정서가 풍길 것
- 역사적인 유래가 깃들어 있을 것
- 특별한 recreation시설이 있을 것

⑨ McGregor의 X이론과 Y이론

맥그리거는 인간의 소극적인 측면을 X이론이라 하였고, 보다 적극적인 측면을 Y이론으로 제시하여 관광욕구를 설명하였다.

⑩ 관광욕구에서 관광행동까지의 전개과정 및 작용을 도시하면;

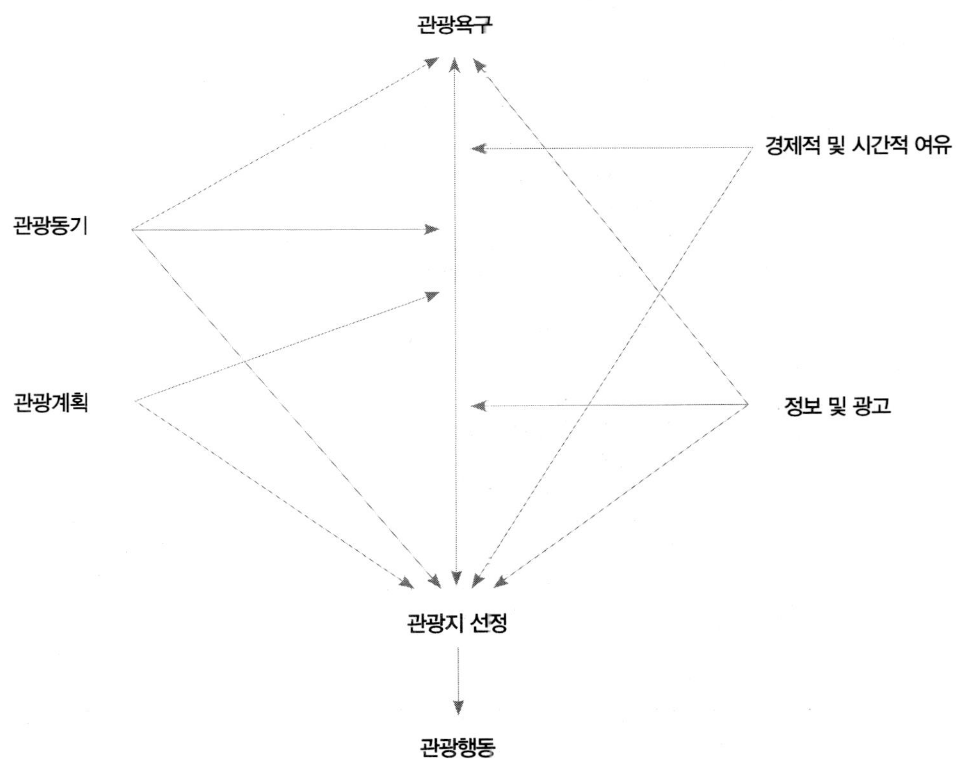

4. 관광행동의 동향과 그 확대요인

1) 관광행동의 단계변화

① 노는 관광

② 쉬는 관광 : 후진국

③ 보는 관광 : 중진국

④ 움직이는 관광 : 선진국

2) 관광행동의 확대요인

① Siegfried는 관광이 현대의 필연적인 사회현상으로 되어가고 있다고 했다.

② 관광의 발전 및 동향에 끼칠 제 요인

제 요인	확대요인
경제적	● 각국의 국민소득의 증대(Disposal income), GNP의 증가, 엥겔계수의 변화 ● 산업구조 변화 ● 소비지출구조 변화 ● 생활수준의 향상
사회적	● technological progress(인간이동의 가속화) ● 인구의 도시집중화(산업화, 도시화, 공해 탈출) ● 자유시간의 증가(Paid Holiday의 증대) ● 취업구조의 변화 ● Social Security System(사회보장제도 확대) ● 고령 인구의 증가와 평균수명 연장
문화적	● 교육기회의 증대 ● Mass com.의 발달 ● 정보의 풍부성 ● 정보에 대한 흥미의 증대 ● 지식에 대한 욕구 ● 다양한 지역문화 축제의 개최
심리적	가) 내적요인 ● 태도(Attitude) ● 지각(Perception) ● 학습(Learning) ● 동기(Motivation) ● 성격(Personality) 나) 외적요인 ● 역할과 가족영향 ● 준거집단 ● 사회계층 ● 문화와 하위문화

3) 스탠리 플로그(Stanley Plog)의 성격 구분과 관광행동 유형

① **안전지향형**(Psychocentries) : 사고중심형

② **중간지향형**(Midcentries) : 중간형

③ **새로움추구형**(Allocentries) : 행동중심형

〈사이코그래픽스에 의한 관광행동의 유형〉

사이코센트릭형(Psychocentric)	알로센트릭형(allocentric)
● 친근성 있는 관광여행 목적지를 선호 ● 관광목적지에서 평범한 행동을 추구 ● 어느 정도의 긴장완화를 위해 유흥거리가 있는 장소를 선택 ● 자동차드라이브로 도착 가능한 목적지 선호 ● 대규모 숙박시설, 가족 중심 형태의 레스토랑 및 쇼핑시설을 선호 ● 가족적인 분위기를 선호하고, 이국적인 분위기를 배제할 친숙한 유흥을 선호함 ● 관광여행 일정과 제공될 서비스 내용이 미리 계획되어 있는 패키지 투어에 참가하기를 좋아함	● 관광객들이 많이 방문하지 않는 관광목적지를 선호 ● 타인이 방문하기 전에 새로운 경험을 하고자 함 ● 새롭고 신기한 장소를 선택 ● 항공기로 도착 가능한 목적지 선호 ● 상당수준의 음식이 제공되거나 초현대식이거나 체인화된 대규모의 호텔이 아닌 곳과 일반 관광객들에게는 매력이 거의 없는 장소를 선호 ● 새로운 사람들을 많이 접할 수 있고 외국문화를 접할 수 있는 선술집 같은 장소를 즐김 ● 운송수단과 숙박시설은 사전에 준비된 것을 이용하고 목적지에서의 행동은 자유스럽게 할 수 있는 소위 반제품(half made tour)에 참여하기를 선호함

자료 : Stanley Plog, 1982, 117쪽

4) S. Freud의 관광행동 유형

① **id(원초자아)** : 쾌(快) 관광의 주동기

② **ego(자아)** : 관광의 합리적인 의사결정을 내리는 데 이용되는 성격

③ **Super ego(초자아)** : 성격의 3차 과정으로서 교육적 · 문화적 관광동기가 목적인 상태

5) push-pull 요인

① push – 여행동기 등 여행을 가지 않을 수 없는 관광객의 내적 요인(아노미현상, 건강, 호기심, 쾌락추구, 스포츠 참여 및 관람, 정신적 또는 종교적 요인들)

② pull – 관광객체에 의한 매력이나 유인성 때문에 관광을 가게 되는 외적 요인(문화적 · 민속적 경관, 역사적 자료, 각종 건축물, 자연경관, 놀이공원 등)

5. 관광객의 의사결정 과정

1) 인간의 의사결정과 관광행동의 단계

자극(Stimuli) → 동기유발(Motivation) → 태도결정(Attitude) → 관광행동(Behavior) → 재방문욕구

2) 관광객 의사결정 유형

① **일상적 의사결정(Routine decision-making)** : 평소의 습관에 의존하여 관광결정을 매우 빠르게 하는 결정

② **충동적 의사결정(Impulsive decision-making)** : 신속한 관광행동 의사결정

③ **광역적 의사결정(Extensive decision-making)** : 정보수집이나 대안의 평가와 탐색에 심사숙고 후 결정

3) 관광객 의사결정 과정

① **제1단계** : 관광을 하고자 하는 욕구와 필요성을 느낀다.

② **제2단계** : 관광에 필요한 정보수집을 하고 평가를 한다.

③ **제3단계** : 관광목적지 · 형태 · 교통수단 · 숙박시설 등을 선택 · 결정하게 된다.

④ **제4단계** : 관광에 대한 준비와 실제 관광활동을 말한다.

⑤ **제5단계** : 만족 · 불만족에 대한 평가를 한다.

제 4 절   여행철학과 관광윤리

1. 여행철학

1) 여행소득

① 애국심의 생성 : 향토애

② 독립성이 강해짐

③ 대인관계가 원만

④ 계획성이 생성

⑤ 겸손해진다

⑥ 인내력이 강해진다

⑦ 항상 긴장하고 육체적 운동의 계속으로 심신이 건강

⑧ 새로운 것에 대한 견문의 확대

⑨ 호기심이 강해지고 탐구의욕이 높아짐

⑩ 여행 중에 생긴 여러 사건들이 추억으로 남아 풍부한 인생을 향유할 수 있다.

2) 여행폐단

① 유랑성의 생성

② 태만해진다

③ 자유 아닌 방종으로 무질서

④ 비굴해지기 쉽다. 계획과 준비 부족으로 구걸조성의 요인

⑤ 허례를 하기 쉽다.

⑥ 태만은 불결을, 무질서는 심신의 건강을 해친다.

2. 관광윤리

1) 관광객의 윤리

① 관광객이 인간으로서 지켜야 할 공중도덕

② 관광지 내에서는 행동면에서 남에게 피해를 주지 않을 것

③ 문화재, 시설, 비품을 훼손시키는 일은 없어야 되고, 폐기물 · 오물을 함부로 버리지 않는 것

2) 관광의 윤리성

① 관광종사원의 윤리관

가) 관광객들의 기분을 결정적으로 좌우하는 요인 : 접객 태도

나) 종사원들이 예의 바르고 품위 있는 언어와 태도, 언동이 올바르게 익혀지도록 해야 함

(No Tipping is our Pride)

다) 관광종사원의 금지행위

a. 관광객으로부터 부당한 요금을 수수하거나 계약을 위반하는 행위

b. 관광객에게 물품의 판매, 기타·알선과 관련하여 판매업자 및 기타 관계인으로부터 금품을 수수하는 행위

c. 자격증을 타인에게 대여하는 행위

d. 기타 관광진흥을 저해하는 행위

② **관광기업인의 윤리관**

　가) 관광업체 간의 과다한 판촉활동 → Dumping

　나) 기업가의 정신 : 기업의 사명을 의미

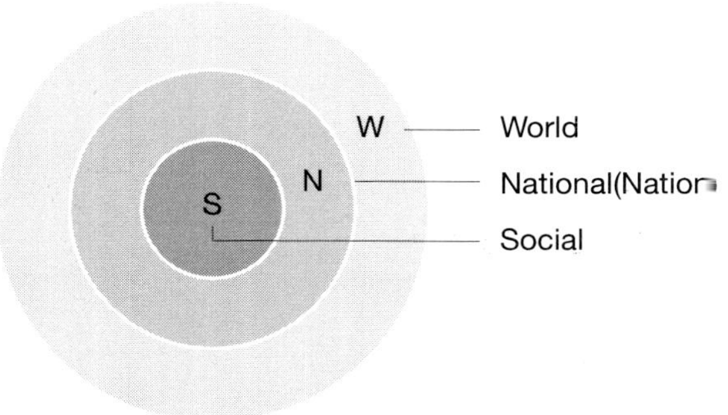

다) 관광사업자의 금지행위

　　a. 관광사업을 경영함에 있어 사위 기타 부정한 방법을 사용하는 행위

　　b. 관광과 관련되는 시설을 경영하는 자로부터 부당한 수수료나 금품을 수수하는 행위

　　c. 관광사업과 관련하여 계약이나 약관을 위반하는 행위

　　d. 관광사업자 상호 간의 과당경쟁을 하는 행위

　　e. 기타 관광진흥을 저해하는 행위

제2장 · 관광학의 성립

1. 초기의 관광연구

초기의 관광연구는 이탈리아에서 19세기 말부터 20세기의 1920년대까지 미국인의 관광 증가로 인한 대미 관광 선전 강화로 수입을 증대하기 위해 시작되었는데 여기에는 다음과 같은 논문이 있다.

1) L. Bodio(이탈리아 정부통계국) - 1899년 : 관광에 관한 최초의 연구논문

"이탈리아에 있어서 외국인의 이동 및 그곳에서 소비되는 소요비용에 대하여"

2) A. Nicefore(니체훼로) - 1923년

"이탈리아에 있어서의 외국인 이동"

3) R. Benini(베니니) -1926년

"관광객 이동의 계산방법의 개량에 대하여"

2. 관광론의 발전

1) Mariotti : 1927년 「관광경제강의」

① **외국인의 이동** : 관광

② **목차** : 서론, 이탈리아의 관광 사정, 관광통계, 선전, 통신, 직업교육, 호텔산업, 지역발전과 치료, 체재 및 관광을 위한 기지, 여행알선업, 관광흡인 중심지의 이론

③ **관광활동**

- 능동적인 관광 → 관광객의 이동을 촉진하기 위하 자극이 될 수 있는 활동
- 수동적인 관광 → 관광객을 관광지에서 받아들일 수용태세와 환경조성을 위한 활동

④ **연구방법상**

- 정태적인 관광 → 여행경제 → 선전 · 조직(통신 · 운수 · 요금 등) → 통계조사

- 동태적인 관광 → 체재경제 → 지역의 평가 → 호텔기업 → 직업교육

⑤ 관광산업과 관광정책

⑥ 관광흡인 중심지의 이론

- 자연적 제 조건(예술적, 고고학적, 풍토적, 보건적)
- 인위적 제 조건(시설, 위안, 호텔, 조직 등)

2) Robert Glücksmann(독) : 1935년 「일반관광론」

① 경제적인 측면뿐만 아니라 사회적인 측면에서도 규명

② "관광학은 관광의 기초, 원인, 수단 및 영향 등을 극히 광범위한 범위에 걸쳐 연구하는 분야"라고 하면서 "지리학 · 광천, 요양학 · 기상학 · 의학 · 심리학 · 국민경제학 · 사회학 및 경영경제학과 같은 여러 학문분야까지도 관광론의 범위 내에 내포하고 있는 것이다"라고 주장하였다.

③ **관광정책** : 하나의 종합적이고 체계적인 단순한 정책으로만 생각하지 않고 정치 · 문화 정책 · 사회정책 · 영업정책 · 상업정책 · 교통정책 등과 같이 복합적임을 시사하였다.

④ **관광의 원인**

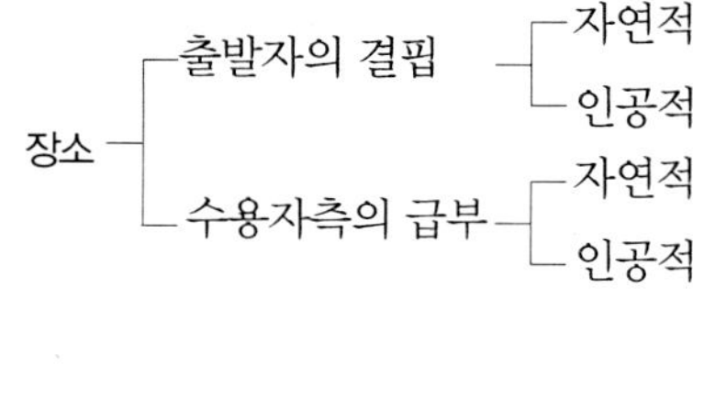

3) Artur Börmann(독) : 1931년 「관광론」

① 관광객의 이동에 영향을 미치는 주원인은 그 관광의 상태, 경제적 · 정치적 정세와 이에 따른 제 대책 그리고 관광산업의 조직과 관리상태 및 이에 대한 대책 등이다.

② 서론, 관광의 개념과 구성, 관광의 결정요인, 관광통계, 관광시설, 일반관광정책, 부록 등

③ **관광의 결정요인**

일반결정요인
- 자연상태 : 지리적 조건, 기상조건
- 경제 · 정치상태 : 국민소득, 통화상태, 경기변동, 물가수준

특수결정요인
- 시설 : Hotel, Casino
- 행사 : 박람회, 축제(Festival), 대학 강좌
- 기타 : 선전, 행정

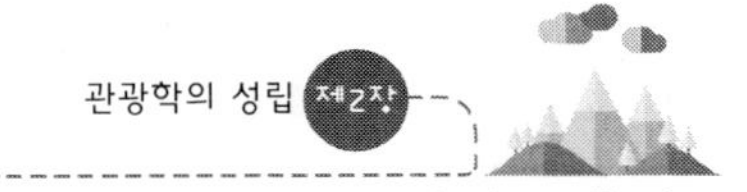

4) 아이다 쇼우지(일) : 1974년 「관광학 연구」

"관광학이라는 명칭은 편의상의 명칭이고 그의 본질은 관광경제학, 관광경영학, 관광심리학 등 많은 관광에 관한 학문을 총괄해서 편의상 관광학이라 부르는 것이며, 또 관광현상은 단순히 경제현상뿐만 아니라 사회현상으로서도 파악할 수 있는 것이다."

5) Hunziker와 Krapf(스) : 1942년 「일반관광론개요」

① "관광은 광의로서나 혹은 본래의 의미로서는 외래관광객의 체재기간 중에 계속적이거나 혹은 일반적으로 조금도 영리활동을 실행할 목적으로 정주하지 않는 한 그 외래관광객의 체재로 인하여 발생하는 제 관계 및 제 현상의 총체개념이다."

② **관광의 형태분류**

- 개인 자신을 지탱해 가기 위한 여행으로서의 관광
  - 이주 · 보양과 요양여행, 직업여행
- 종족을 유지하기 위한 여행으로서의 관광
  - 신혼여행, 성묘관계로서의 여행
  - 친척방문을 위한 여행
- 개인발전을 목적으로 한 여행으로서의 관광
  - 위락목적의 여행
  - 연구 및 교육목적의 여행
  - 종교적 근거에 따른 신앙목적의 여행

③ 관광론을 이념적으로는 사회학을 중심으로 구상한 것 같으면서도 자연과학의 제 부문을 보조수단으로 응용한 것 같은 종합문화과학으로서의 방향을 시사하였고, 또 실제로는 그것을 경제학적으로 취급하는 개별과학으로서의 유용성을 인정했다.

④ **목차**

Ⅰ. 기초론 : 「관광」이란 무엇인가, 인간과 인간의 접촉에 의한 관광, 관광자원개발(관광대상)

Ⅱ. 기능론 : 관광과 국민후생, 기술과 관광, 문화와 관광, 관광과 사회문제, 정치와 관광, 경제적 범주로서의 관광(10항)

- ㉠ 경제적 관찰의 한계와 대상
- ㉡ 관광에 있어서의 가격형성
- ㉢ 관광수요
- ㉣ 관광공급
- ㉤ 관광과 국제 수지
- ㉥ 대외경제에 있어서 관광
- ㉦ 국내경제에서 본 관광
- ㉧ 관광의 숙명으로서의 경기변동
- ㉨ 관광정책
- ㉩ 선전

⑤ Krapf는 1954년 「관광소비」에서 그의 경제학적 분석을 한층 더 상세히 했다.

⑥ Hunziker는 1943년 「과학적 관광론의 체계와 주요문제」에서 관광론의 방법론적인 전개를 시도했다.

3. 관광론과 관광학

1) Robert Glücksmann(독) : 관광론은 사회과학의 하나일 뿐 아니라 자연과학 등과 관련되어 있는 종합문화과학적 입장에서의 관광학으로 보았다.

2) A. Mariotti(이) : 응용과학으로서의 관광론을 수립했으며 Artur Börmann(독)은 여기에 이론적인 것을 부과했다. 또, Hunziker와 K. Krapf는 이념적으로는 종합문화과학으로 인정하면서도 기술적 으로는 개별과학으로서의 경제학에 속한다고 보았다.

3) 학(學)은 논(論)과 같은 단적인 지식의 집합체보다는 한층 더 체계적인 법칙적 인식을 내용으로 하기 때문에 제2차 세계대전 이후 관광연구는 관광학으로 발전하였다.

제 2 절　관광학과 인접학문

1. 관광학의 성격 및 효용

1) 관광학의 목적의식은 실천을 이념으로 하고 있음

→ 실증적이라고 하는 것은 기술적이며 실용적이라고 하는 것이 아니라 실증을 통해서 과학적이고 객관 적이어야 함을 뜻함

2) 종합문화과학 또는 개별과학에 기초를 둔 관광학이든 간에 관광에 관한 원리 · 원칙 · 법칙을 추출 → 실천을 이념으로 함

3) W. Hunziker(스) :「관광학과 그의 응용」

① 관광학은 관광이 지니고 있는 고도의 다양성을 내포한 본질 이념에 도움을 준다.

② 관광학은 관광직업교육을 위해 필요한 관광론(관광직업교육론) 정립에 도움이 된다.

③ 관광학은 경제정책상 혹은 경영정책상의 제 문제를 해결하는데 도움이 된다.

2. 관광학의 체계

1) P. Bernecker(오스트리아) : 1962년「관광연구」

① 관광원론(Grundlagenlehre des Fremdenverkehrs, 1962)

② 관광관계론(Beziehungslehre des Fremdenverkehrs)

③ 관광정책(Fremdenverkehrs Politik)

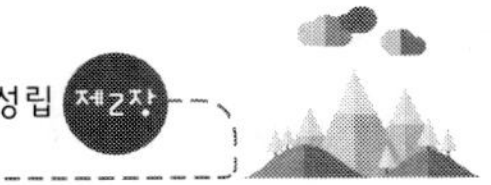

2) 관광원론의 구성

① 관광개념과 종류 및 형태분류

가) 개념(3)

- 규범적 개념
- 실체적 개념
- 보편적 개념

나) 종류(6)

- 보양관광(예 : 전지요양)
- 문화적 관광(교양여행)
- 사회적 관광(신혼여행)
- 체육관광(스포츠 참가)
- 정치적 관광(제관식 참가)
- 경제적 관광(관광용품 전시장 견학)

다) 형태분류(9)

- 출발지에 의한 분류(국내관광·국제관광)
- 국제수지 계산상의 효과에 의한 분류(正의 관광과 負의 관광)
- 금융상의 분류(자기자금, 융자금, 차입금)
- 체재기간에 의한 분류(장기체재객, 단기체재객)
- 계절에 의한 분류(춘, 하, 추, 동)
- 숫자상에 의한 분류(개인관광·단체관광)
- 교통수단의 종류에 의한 분류(철도여객, 항공여객)
- 여행 준비와 실시기관에 의한 분류(여행알선업 이용의 유무)
- 관청의 영향력 정도 여부에 의한 분류(여행상의 제한의 유무)

② 관광주체

가) 개념과 한계

나) 관광욕구의 형성과 동기

다) 관광주체의 계획(통계)

③ 관광객체

가) 개념과 한계

나) 관광지

다) 제1차 업무범위의 관광경영(호텔업, 여행알선업 등)

라) 제2차 업무범위의 관광경영(식당, 상업)

3) 관광의 정의

"우리들은 상업상 혹은 직업상의 여러 이유에 근거하지 않고 일시적 또는 자유의사에 의한 이동이 사실과 결부된 제 관계 및 제 결과를 관광이라 명명한다."

4) P. Bernecker의 관광주체론

"관광주체는 인간이다. 인간은 그들의 욕구, 소망, 기대 및 관념들을 실현시키는 동안에 취득하게 되는 관광비라고 하는 총체적인 경제현상으로 볼 때 비로소 관광은 종합현상의 일부로서의 관광주체가 된다. 관광주체라는 개념은 무엇보다도 먼저 관광에 있어서의 적극적인 역할을 담당하는 사람을 포함하게 된다. 그러나 관광주체의 개념은 또한 역할을 할 수 없는 주체까지도 포함하고 있는 것으로서 후자가 곧 관계를 발생케 하고, 그리고 급부를 받게끔 준비해 줄 수 있기 때문이다."

5) A. Bertolino(이탈리아)

"대학에 있어서의 관광학"이란 논문에서 관광주체로서의 역할을 2개의 기본적인 측면으로 논했다.

① 정신적 질서와 경제적 질서

② 관광은 다른 나라 주민들의 습관이나 감정 및 사상과의 마주침이다.

③ 관광객의 역할 → "일상생활에서 사소하고 흔히 있는 지구상의 민족 사이의 상호무지로 인하여 발생되는 오해 · 편견 · 의혹 · 공포 등을 제거하고 상호친숙해지며 국제수교상 큰 성과를 올리는 위대한 대화는 우리들 인간 공동사회에 유도해야 할 사상과 감정의 씨를 뿌려주는 좋은 기회가 된다."

3. 응용과학으로서의 관광학

1) P. Bernecker의 개별과학의 입장

① **사회과학** : 경제학, 경영학, 법학, 사회학, 국민관광

② **자연과학** : 지리학, 조경학, 건축학, 도시공학

2) 관광경제학

① K. Krapf(스위스) : 1954년 「관광소비」

경제학적 분석을 통한 경제사상과 관광의 관계와 관광수요의 성질을 연구했다.

② M. Troisi(이탈리아) : 1955년 「관광과 관광수입의 경제이론」

관광을 "휴식과 기분전환의 필요, 치료의 필요 혹은 종교적 감정 또는 그 연구로 하여금 발생하는 필요 등을 만족시키는 것만을 목적으로 하여 개인이 어떤 장소로부터 다른 장소로 일시적으로 이동하는 것을 포함한다"라고 정의했으며, 그는 주로 관광제 및 관광용역의 수요와 공급의 성질을 해명했다.

*생산업자들은 어떤 국내가격 혹은 어떤 나라의 화폐교환율에 따라서 일정량의 관광제와 관광용역을 국내 혹은 외국인 구매자들에게 판매하려고 한다. 그것이 바로 공급을 형성한다.

3) 관광경영학

① W. Hunziker(스위스) : 1959년 「관광경영론」 → 「관광경영과 그의 조직」

② 「관광경영」 → "그에 적합한 생산수단을 계속적으로 결합시킴으로써, 관광제와 용역을 경제적인 방법으로 제공함을 목적으로 하는 경제단위를 가리키며 하나의 특수경제 혹은 개별경제"라고 규정했다.

③ 체재경영

가) 제1차적 체재경영

- 숙박경영 : Motel, Hotel, 여관, 여인숙, 휴가촌, 스키하우스, 캠프, 종교적 합숙소, 정치적 국민숙사, 공익적 숙박소
- 치료 및 건강시설
- 기숙학교
- 오락경영
- 특수 서비스 급부경영

나) 제2차적 체재경영

- 특수제조경영
- 특수상업경영

④ 여행경영

여행 및 체재를 위해서 급부를 수반한 경영

⑤ 관광경영의 위치

총체현상으로서의 관광		
경제적 범주로서의 관점		
	관광경제	관광경영
	기업범위	경영범위
공통의 특징	동일경제단위, 생산수단의 계속적 결합	동일경제단위, 생산수단의 계속적 결합
차별적 특징	인식대상 : 외부에의 제 관계	인식대상 : 경영내부의 사건
	목적 : 수익획득에 의한 재산유지(조달 · 판매)	목적 : 급부의 제공(생산)
	회계과목 : 자본, 비용, 수익, 이익(손실)	회계과목 : 경영상의 필요자산 원가급부가치, 경영성과
	기업성과의 척도 : 자본의 수익성	경영성과의 척도 : 급부제공의 경제성

4) 관광사회학

① H. J. Knebel(독) : 1960년 「근대관광에 있어서의 사회적 구조변화」

방법론적 서언이라는 부분에서 "우리들은 다른 방면으로부터 중심에 이르는 정신과학적인 측면에 접근하기 위하여 경험적 소재에서 구성하려고 하며, 어떤 기술까지에도 도달하려고 시도하고 있는 것이고 그것은 사회적인 의미에 있어서는 관광객의 형태의 변화, 그리고 또 개인적인 여러 목적을 무시하고 있는 것이 두드러지게 나타난 것이다. 그 때문에 M. Weber이래 독일이나 근년에 와서는 미국의 사회학에 있어서도 그 같은 입장을 확립한 이념형의 방법이 응용의 문제가 되는 것이다"라고 역설했다.

② A. E. Pöschl(독) : 1962년 「관광과 관광정책」

사회경제학의 범주에 포함하며 「관광의 발전법칙」을 소개했다.

- 제1법칙(발전의 교체법칙)

  E. Wagemann의 "앞을 향한 발전은 그 활동범위 내에서 일정한 순서로 교체하는 성과를 내포한다"라는 이론을 응용하여 관광의 발전은 선형으로 뻗어나가는 것이 아니라, 최신 신시설의 도입 등에 따라서 계단형의, 그리고 폭발적으로 전개되어 가는 것이다.

- 제2법칙(관광에 있어서의 동력과 원심력의 법칙)

  도시와 농촌을 두 개의 극으로 생각하고 도시가 크면 클수록 사람을 흡입하는 중력이 강하고, 또한 반대로 주민이 농촌으로 일시적이나마 도피하려는 원심력도 강해지며 이 같은 두 개의 작용은 끊임없이 상호교차하고 있다.

- 제3법칙(한계생산력의 법칙)

  현대관광의 본래의 목적이라 할 수 있는 요양목적은 여러 가지 요소의 결합에 의해서 달성되는 것이며, 이 같은 결합방법이 전체적인 인상으로는 요양을 위한 체재의 재생효과에 결정적인 영향을 주고 그곳에 한계원리에 따른 '한계생산력'의 최적 결합점이 문제가 된다.

5) 관광입지론

① H. Todt(독) : 1965년 「여행목적지의 공간적 질서에 대하여」

② P. Defert(프) : 1966년 「관광입지론」

가) 관광입지론의 전개(J. G. V. Thünenn의 농업입지론, E. M. Hoover의 공업입지론의 무의미를 주장)

- 농업 및 공업입지의 경우에는 수송비에 영향을 줄 만큼 대량생산물의 입지가 문제였으나, 관광지의 경우는 수송비 이외에도 다른 요소(텔렉스 · 전화료)가 중요하다.
- 관광입지는 자연결정론을 따라야 한다.
- 19C 입지론은 현대와는 달라서 교통수단도 다양화되었고 철도수송만 가지고는 관광입지를 이해할 수 없다.
- 관광입지의 경우에는 거리라는 것이 관광객에게 주는 '심리적 감가'를 고려하지 않으면 안된다.

- 농업 및 공업입지론에서는 이동하는 것이 상품인데 관광입지론에서는 상품은 이동하지 않고 사람이 이동한다.
- 관광입지는 완전경쟁이라는 것과는 거리가 멀고 독점에 가까운 시장을 형성한다.

나) 관광입지론의 원리

원리1〉 한 지역의 등질공간에 위치하는 단일지역 시장이 주어졌다고 하면 그 주변의 입지 중요도는 거리에 반비례한다.

원리2〉 동일하게 중요성을 가진 복수지역시장이 주어지고 그들의 자원(R_1, R_2, R_3 등)으로부터 같은 거리에 위치하는 것이라 한다면 본래의 입지중요도는 R_1, R_2, R_3 등의 근원적인 가치의 함수가 된다.

원리3〉 이질적인 중요성을 가진 복수의 지역시장과 동거리에 위치하는 복수의 관광자원에 대해서는 개개의 자원에 관한 본래의 입지중요도는 개개의 지역시장에 유입하는 관광객의 잠재적인 크기에 의존한다.

원리4〉 한 등질공간 가운데서 균질이면서 또한 동등한 거리를 가진 지역시장에 있어서는 본래 동질의 자원에 관한 입지중요도는 설비가 지니는 제 요소에 의존한다.

원리5〉 다른 사정(거리, 지역시장, 위치의 가치·설비)의 동등한 입지의 발전은 주어진 한 기지(station)에 의해서 이미 얻어진 기성의 중요도에 비례한다.

6) 국민관광학

① 현대관광이라는 단계에 있어서는 국민관광이 가장 지배적인 사회형태이다.

② 관광학이 국민관광학으로 연구 발전되어야 한다는 것은 즉 관광학이 역사과학이라고도 할 수 있다.

제 3 절 관광과 심리학

1. 관광심리학

1) 관광심리학은 관광욕구, 관광동기 등의 분석을 중심으로 한 관광객의 심리를 연구하고 구명하는 학문이다.

2) 외래관광객을 장기간 체류시키면서 관광비를 관광지에서 즐겁게 소비할 수 있도록 하는 관광객의 심리적 동향과 소비성향을 심리학적으로 분석하고 그의 구명을 위한 연구

3) 관광연구에 대한 기본적인 사고방식의 분석

① A. Mariotti : 경제학적 측면에서 주장하면서 이동과 체재라고 하는 사상의 분석을 중심으로 관광객의 심리적 동태를 파악·기술하였다.

② R. Glücksmann : "관광학이란 것은 단순한 학문이 아니고 지리학, 생물학, 기후학 등의 자연과학 계통의 것과, 경제학·사회학 그리고 심리학을 포함한 사회과학 계통의 제 과학과도 관련이 깊은 총괄적인 학문"이라 주장했다.

③ A. Börmann : "인간이 여행을 하는 사실 그 자체보다는 인간이 A나라에서 B나라로 이동하는 이유는 무엇인가의 규명이 더욱더 중요하다"고 주장했다.

2. 관광심리와 관광객

1) 관광에 관한 심리학적 탐구

① 관광심리에 관한 탐구

관광(여행)을 여가활동의 한 형태로서 파악하는 사고방식 → 사회심리, 고객심리 등

② 관광심의 탐구(Desire for Sightseeing)

여행방식과 이동에 대한 사고방식 등의 여행형태 → 문화사적 고찰·문화인류학적 연구방법(교통지리학)

③ 관광으로 야기되는 제 문제에 대해서의 심리학적 탐구

고객심리와 service맨의 심리를 비롯해서 관광사업의 각 분야에서 활용되고 있는 심리학적 탐구 → service업의 경우 인사관리와 marketing(판촉)

④ 인간의 변화욕구와 그의 충족을 위한 위락심리

인간은 생활의 변화에 따라 활력을 보유하고 창조성을 개발하게 되며, 긴장으로부터의 해방감, 복잡한 사회생활 속에서의 고독감으로부터의 해방심을 갖고 위락 충족을 위해 또는 인간성 회복을 위해 노력하려 한다.

2) 발견과 창조의 위락심리

① 발견의 기쁨(Discovering Pleasure)

→ 미지의 세계를 아는 기쁨

② 노고의 즐거움(Comfort of Efforts)

→ 고생, 불편도 참고 견디어 이를 즐거움으로 삼음

→ 마음속의 깊은 인상으로 간직한다.

③ 여행을 자유롭게 짜는 즐거움(Planning Pleasure for Free Excursion)

→ 관광객 자신의 자유로운 일정에 의한 여행

④ **클럽 관광의 즐거움(Pleasure of Club Sightseeing)**

→ 마음이 맞는 친구끼리의 여행

⑤ **피부로 느끼는 즐거움(Feeling Pleasure)**

→ 오감을 이용한 이국적 정서와 국민의 생활문화를 이해

⑥ **경험을 풍부하게 쌓는 즐거움(Obtaining Pleasure of Experience)**

→ 견문확대뿐만 아니라 타국에서의 인간의 경험을 쌓는다.

⑦ **시야의 확대와 타국인과의 교류의 즐거움(Pleasure for The Expanded Knowledge and New Friends)**

● 타국 및 자국주민과의 동질성 및 이질성 발견

● 가치관의 다양성

⑧ **창조성 발휘의 즐거움(Pleasure for Creative Activities)**

→ 인간의 심리는 무엇인가를 창조(자의에 의한 행동·자기나라의 개성 개발 등)

⑨ **관광활동의 요소**

● 이동의 즐거움 – 등산, 하이킹, 여행

● 체류의 즐거움 – 해수욕, 온천, 각종 운동경기대회

● 획득의 즐거움 – 낚시, 채집, 수렵

● 동계스포츠 – 스키, 스케이트

● 경기합숙 – 육상, 구기

● 수상스포츠 – boat, 요트, 풀장 수영

● 창작활동 – 스케치대회

● 게임 – 활쏘기, 골프, 볼링, 경마

● 유희기구 – 유원지 시설

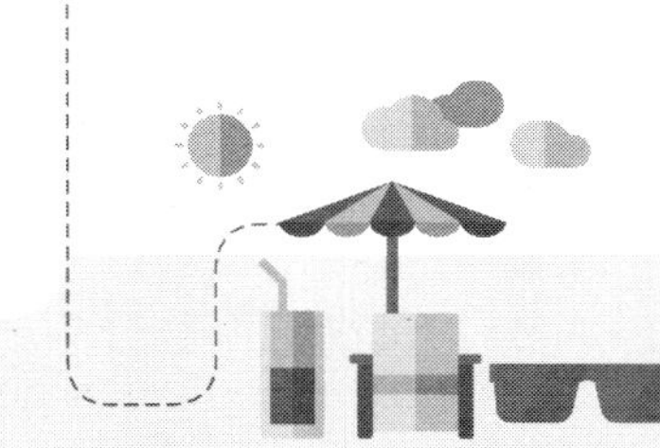

제3장 • 관광자원의 개발

제 1 절 관광대상이란?

관광대상이란 관광욕구를 충족시키는 관광동기나 관광행동의 대상물을 말한다. 따라서 관광대상은 욕구충족의 기능과 관광객 유인기능이 있어야 하고 관광시설과 관광자원으로 구분할 수 있다.

1. 관광시설

1) 관광시설이란?

관광자원을 관광대상으로 기능화 시키기 위한 시설을 가리키기도 하고 그 자체 관광자원으로서 관광자원과 같은 관광객 유인력을 갖기도 한다.

2) 관광시설의 분류

① 이동관계시설
② 체재 및 접객관계시설
③ 정보관계시설
④ 관광레크리에이션 시설

2. 관광자원(Tourism Resources)

1) 관광자원

관광대상 가운데 소재부분을 가리키고 관광자원개발이라는 인위적 작용에 의해 실제 이용할 수 있는 기능적 가치가 있는 것을 말한다. 따라서 관광자원은 관광객으로 하여금 관광의욕을 일으키게 하는 모든 관광대상물로서 이는 관광객에게 매력성과 유인성을 동반한 것이라야 한다.

2) 관광자원의 특성

① 관광객의 욕구나 동기를 일으키는 매력성을 지니고 있다.
② 관광객을 끌어들이는 유인성이 있다.
③ 개발을 통하여 관광대상이 된다.

④ 자연과 인간의 상호작용의 결과이다.

⑤ 범위와 대상이 자연·인문·유형·무형 등 무한하다.

⑥ 사회구조와 시대에 따라 가치를 달리한다.

⑦ 보전·보존·보호를 필요로 한다.

3) 관광자원의 분류

관광자원은 어떤 특정한 것이 아니라 일상적으로 접할 수 있으며 또 누구나 관람하고 감상할 수 있는 자원으로서 매우 다양한 것이다.

관광자원을 크게 나누면 자연현상 그대로가 곧 자원이 되는 자연적 자원과 다듬고 만든 인위적 방법을 사용하거나 인공적 수단을 투입하여 자원으로서의 가치를 갖는 인공적 자원으로 대별할 수 있다.

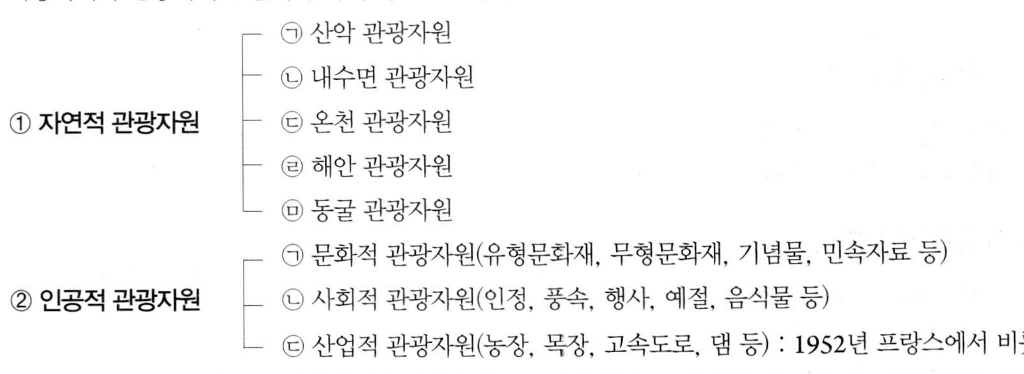

※ 관광자원을 2대 분류할 경우는 자연적 관광자원과 인공적 관광자원으로 분류할 수 있으나 4대 분류할 경우는 자연적 관광자원, 문화적 관광자원, 사회적 관광자원, 산업적 관광자원으로 구분하는 것이 일반적이나 학자에 따라서 레크리에이션 자원, 복합 관광자원 등으로 추가 구분하기도 한다.

문화재의 구분

Ⅰ. 유형문화재

유형문화재는 건조물, 고문서, 회화, 조각, 공예품 기타의 문화적 소산으로서 우리나라의 역사상 또는 예술상 가치가 큰 것과 고고학적 자료가치가 큰 것을 말한다.

1) 국보 : 유형문화재 중 인류문화의 견지에서 그 가치가 높은 자원으로서 국민의 보물이 되는 자원

- 국보 1호 : 숭례문
- 국보 4호 : 고달사지 승탑
- 국보 2호 : 원각사지 10층 석탑
- 국보 5호 : 보은 법주사 쌍사자 석등
- 국보 3호 : 북한산 신라 진흥왕 순수비
- ※ **국보지정기준** : (ㄱ) 보물 중 특히 역사적, 학술적, 예술적 가치가 큰 것

    (ㄴ) 보물 중 제작연대가 오래되고 특히 그 시대의 대표적인 것

    (ㄷ) 보물 중 제작의장이나 제작기술이 특히 우수하여 그 유례가 적은 것

    (ㄹ) 보물 중 형태, 품질, 제재, 용도가 현저히 특이한 것

    (ㅁ) 보물 중 특히 저명한 인물과 관련이 깊거나 그가 제작한 것

2) 보물 : 건조물, 고문서, 회화, 조각, 공예품, 기타의 유형의 문화적 소산으로서 우리나라의 역사상 또는 예술상 가치가 큰 것으로 이에 준하는 유형문화재

- 보물 1호 : 흥인지문
- 보물 2호 : 옛 보신각 동종
- 보물 3호 : 서울 원각사지 대원각사비

II. 무형문화재

연극 · 음악 · 무용 · 공예기술 기타 무형의 문화적 소산으로서 역사상 · 예술상의 가치가 큰 것을 말하는데 그중에서 특히 중요한 것을 중요 무형문화재로 지정하고 그 기능 보유자를 인간문화재로 지정하고 있다.

1) 중요 무형문화재

- 제1호 : 종묘제례악
- 제2호 : 양주별산대놀이
- 제3호 : 남사당놀이
- 제4호 : 갓일
- 제5호 : 판소리

III. 기념물

1) 패총, 고분, 성지, 요지, 그 밖의 유적으로서 역사상 · 예술상 · 학술상의 가치가 큰 것 중에서 중요한 것을 사적이라 한다.

- 사적 1호 : 경주 포석정지
- 사적 2호 : 김해 봉황동 유적
- 사적 3호 : 화성

2) 정원, 계곡, 해안, 산악 그 밖의 경승지로서 특히 예술상, 관상상의 가치가 큰 것을 말하는데 이 가운데 중요한 것을 명승이라고 한다.

- 명승 1호 : 명주군 청학동 소금강
- 명승 2호 : 거제 해금강
- 명승 3호 : 완도 정도리의 구계등

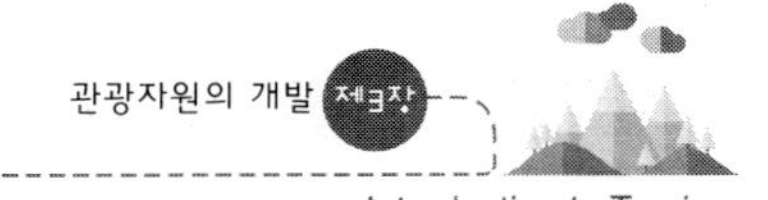

3) 식물, 동물 및 지질, 광물 등을 가리키는데, 이 가운데서 특히 중요한 것을 천연기념물이라 한다.

- 천연기념물 1호 : 대구 도동 측백나무숲
- 천연기념물 8호 : 서울 재동 백송
- 천연기념물 53호 : 진도의 진도견

4) 자연적 풍경지에 역사의 자취, 즉 사적을 같이한 것을 사적 및 명승이라 한다.

Ⅳ. 민속자료

민속자료라 함은 의·식·주·생업·신앙·연중행사 등어 관한 풍속관습과 이에 사용되는 의복, 가구, 가옥, 그 밖의 물건으로서 국민생활의 추이를 이해하는 데 불가결한 것

Ⅴ. 매장 문화재

지하나 해저에 매장되어 있는 문화재로서 이것은 발굴되어 지상에 나오면 개개의 성격에 따라서 유형문화재, 민속자료 또는 기념물(유적) 등으로 취급되어 분류된다.

〈문화재 지정 현황〉

(2018년 12월 31일 기준)

구분		서울	부산	대구	인천	광주	대전	울산	세종	경기	강원	충북	충남	전북	전남	경북	경남	제주	기타	계
국가지정문화재	국보	165	5	3	1	2	2	2	0	11	11	12	28	8	21	54	13	0	0	338
	보물	717	48	72	28	13	12	8	2	163	81	94	131	95	185	340	163	8	0	2,160
	사적	68	6	9	18	2	1	5	0	69	18	19	50	39	45	101	52	7	0	509
	명승	3	2	0	1	1	0	0	0	4	25	10	3	7	21	15	12	9	0	113
	천연기념물	11	7	2	14	2	1	3	1	19	42	23	17	32	61	67	44	49	64	459
	국가무형문화재	30	5	0	5	1	0	0	0	11	3	4	4	8	15	9	14	4	31	144
	중요민속문화재	41	2	6	0	3	2	2	1	22	11	21	24	14	38	93	12	8	0	300
	소 계	1,035	75	92	67	24	18	20	4	299	91	183	257	203	386	679	310	85	95	4,023
시도지정문화재	유형문화재	405	188	83	68	29	57	36	13	299	61	311	188	232	237	458	819	36	0	3,620
	무형문화재	49	25	17	29	20	24	5	3	68	30	28	52	80	57	48	39	21	0	595
	시도기념물	39	51	17	65	24	47	46	11	183	81	136	161	115	192	154	261	128	0	1,711
	시도 민속문화재	34	19	4	2	9	2	1	0	12	4	20	28	35	40	156	21	82	0	469
	문화재자료	68	103	53	25	30	59	30	13	177	44	90	314	156	242	567	665	10	0	2,746
	소 계	595	386	174	189	112	189	118	40	739	420	585	743	618	768	1,383	1,805	277	0	9,141
합 계		1,630	461	266	256	136	207	138	44	1,038	611	768	1,000	821	1,154	2,062	2,115	362	95	13,164

자료 : 문화재청

3. 관광자원 개발

관광개발은 관광자원을 정비해서 일반관광에 이용하게 하는 것으로서 아래와 같은 내용이 포함되어야 한다.

1) 목적

① Recreation Area를 제공하여 국민보건 향상과 정서 함양을 위함

② 지역경제 개발 및 국가산업 발전에 기여

③ 관광기업 활동의 확대

2) 방법 : 자연경관을 정비하고 관광객에게 여행 편의를 제공하는 것으로,

① **관광자원 자체의 개발** : 자연적 · 인공적 자원을 포함해서 환경조성, 정비 등을 망라

② **기반시설의 개발** : 교통시설, 통신시설, 상 · 하수도 시설 등

③ **부대시설의 개발** : 각종 숙박시설, 전망시설, 기타 위락시설 등

④ **해외시장의 개척 및 선전** : 각종 홍보수단 이용

3) 조건

① 지리적 조건

② 자연적 조건

③ 사회적 조건

4) 개발방향

① 점적 개발에서 선적 개발로 전환되어야 한다.

② 원상보전을 원칙으로 한다.

③ 대규모를 지양하고 소규모의 집약적 개발이 이루어져야 한다.

④ 해양 여가 자원개발을 확대해 나간다.

※ 관광자원 가운데서도 특히 자연적 자원이나 문화적 자원은 자연적 파괴나 인위적 파손을 입기 쉽다.

5) 관광개발의 목표

① **국가** : 관광객의 효과와 국민경제적 효과를 포함한 종합적 효과를 추구

② **지방자치단체** : 경제효과를 위주로 한 지역의 관련산업 발전 및 진흥을 목표로 관광소비 증대에 전적인 의존도가 강하다.

6) 관광개발의 주체

① 국가기관에 의한 개발

② 민간기업에 의한 개발

③ 국가기관과 민간기업에 의한 공동개발(제3sector)

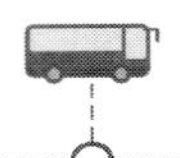

④ 공공기관에 의한 공동개발

7) 개발기간에 따른 분류

① **단기계획** : 1~5년 기간목표

② **중기계획** : 5~10년 기간목표

③ **장기계획** : 10~20년 기간목표(전략계획 또는 미래지향적 계획)

4. 관광개발계획

관광개발계획이란 과거와 현재를 바탕으로 관광현상에 대한 과학적이고 합리적이며 객관적인 타당성을 겸비한 미래에 대한 기준과 개발을 목표로 인간이 수행하는 과정을 말한다.

1) UNWTO의 관광계획 접근단계에 의한 분류

① 거시적 단계계획(Macro-Phase planning)

② 과정적 단계계획(Transitional-Phase planning)

③ 미시적 단계계획(Micro-Phase planning)

2) UNWTO의 관광수용력 유형

① 물리적 수용력

② 경제적 수용력

③ 사회적 수용력

④ 하부시설 수용력

3) 관광계획의 단계에 의한 분류

① 구상계획

② 기본계획

③ 실시계획

④ 사업계획

⑤ 관리계획

4) 관광계획의 이념

① 공익성

② 민주성

③ 효율성

④ 형평성

⑤ 지역성

⑥ 문화성

5. 관광자원 분석

1) 관광자원의 잠재력 평가분석

① 자원위주의 잠재력 평가기법

가. 자원에 기초한 접근법(Resource-based Approach)

나. 생태학적 접근법(Ecological Approach)

다. 지리적 접근법(Mapping Method)

② 이용자 위주의 잠재력 평가기법

가. 수요에 기초한 접근법(Demand-based Approach)

나. 표준치 접근법(Standards Approach)

다. 혁신적 접근법(Innovative Approach)

라. 자원이용가치 접근법(Resource Value Approach)

마. 선호요인 접근법(Preference Factor Approach)

2) 관광자원 분석기법

① 망분석법(Mesh-Method)

② 임의지점법(Random Point Method)

③ 직감적 기법(Intuition Method)

3) 관광자원 관리방안

① 거점개발방식

② 모형문화센터

③ 자연휴식년제

④ 가격차별화

⑤ 사전예약제

⑥ 휴가시기 변경

4) 독시(Doxey)의 관광개발과 관광지 주민의 반응단계

① 도취단계(행복감의 단계)

② 무관심단계

③ 분노의 단계

④ 적대의 관계

⑤ 최종단계

6. 자연보호

1) 자연보호(Protection of Nature, Naturschutz)란?

자연을 원상대로 보호 · 보전하는 것을 뜻한다.

2) 자연보호의 사상은 18세기 후반부터 중부 유럽에서 싹트기 시작하였는데, 그중 특히 독일에서는 자연보호의 선구자들이 나와 자연보호의 기초시대를 구축하였다.

3) 콘벤츠

1900년 자연보호에 관하여 자연과학적 입장에서 연구한 "천연기념물의 위기와 그 보전에 관한 제안"이라는 보고서를 정부에 제출했다(천연기념물 관계보호의 창시자).

4) 한국

● 1967년 공원법 제정(법률 제1809호)

● 1978년 10월 5일 자연보호헌장 제정

5) 독일

● 1902년 경관적으로 뛰어난 자연환경의 보존에 관한 법률 제정

● 1904년 독일 향토 보호 연맹 결성

● 1906년 국립 천연기념물 관리 연구소 창설 : 콘벤츠 초대 회장

● 1919년 바이마르 헌법에서 "자연기념물 및 경관의 보호와 관리는 국가의 의무이다"라고 규정

● 1961년 4월 20일 녹색헌장 공포

6) 스위스

● 1909년 각 주가 연합한 '자연보호연맹' 창립

● 1913년 스위스에서 비롯된 자연보호운동은 유럽의 여러 나라가 참가한 국제조직의 결성을 촉진시켰다.

7) 영국

● 1895년 '자연 · 문화보호국민협회'라는 민간단체 조직

● 1904년 "국립공원 및 전원수용법" 제정

● 1907년 "National Trust Act" 제정

8) 국제자연보호연합(IUCN)

① 제2차 세계대전 후 국제연합 UNESCO의 후원하에 1948년 '국제자연보호연합(IUPN)'이 결성되었고, 그 후 1956년 이 연합은 영문명칭을 International Union of Conservation of Nature and Natural Resources(IUCN)로 개칭하였다.

② IUCN의 구체적인 활동
- 자연보호에 관한 교육 및 인식 보급
- 자연보호에 관한 연구 조사
- 자연보호를 위한 학술 및 기술자료의 제공
- 자연보호에 관한 각종 국제협력
- 경관계획, 토양과 물의 보전 등에 관한 생태학의 발전 등을 주사업으로 추진
- 자연자원의 균형적 이용 도모

7. 지속가능한 개발

1) 지속가능한 관광개발의 개념

자연·문화자원을 고갈시키거나 환경을 훼손하지 않고 적정개발을 통해 관광자원의 지속성을 보장하여 관광객에게 관광경험의 질을 미래에도 지속적으로 제공하며 관광개발과 활동으로 지역주민에게 경제적 이득을 제공하는 관광개발의 새로운 형태를 말한다.

2) 지속가능한 관광개발의 목적

① 지역사회의 삶의 질을 향상시킨다.
② 방문자 또는 관광객에게 양질의 경험을 제공해야 한다.
③ 지역사회나 관광객이 공존하는 환경의 질을 유지한다.
④ 관광산업·환경지지자·지역사회의 요구를 균형있게 수용한다.
⑤ 현세대와 미래세대의 이용과 향유를 위한 형평성을 존중한다.

3) 지속가능한 관광의 국제동향

① 1960년 : IUOTO 제15차 회의에서 환경의 중요성에 대한 회원국가들의 인식을 촉구
② 1987년 : 세계환경 및 개발위원회(WCED)에 제출된 '브룬트란트 보고서(Our Common Future)' 에서 개념 정의
③ 1989년 : 헤이그선언(관광에 대한 의회 간 회의에서 자연과 관광의 상호의존관계 강조)
④ 1990년 : 캐나다 밴쿠버에서 "지속가능한 개발에 관한 글로브 90회의"
⑤ 1992년 : 유엔환경개발회의(환경과 개발에 관한 리우선언)

⑥ 1995년 : 스페인 란자로테에서 WTO · UNEP · UNESCO · EU 공동주최로 '지속가능한 관광 헌장(Charter for Sustainable Tourism)' 채택

⑦ 1996년 : UNWTO의 발리선언(관광개발과 지역주민과의 관계 강조)과 여행 및 관광산업의 의제 21(Agenda 21 for Travel & Tourism Industry) 채택

⑧ 1997년 : UNWTO와 몰디브 정부의 지속가능한 관광에 대한 말레선언 채택

⑨ 1999년 : 유엔지속가능개발위원회(UNCSD)에서 지속가능한 관광을 특별과제로 선정

⑩ 2002년 : 지속가능한 개발을 위한 요하네스버그선언

4) 지속가능한 관광유형

① 책임관광(Responsible Tourism)

② 생태관광(Eco-Tourism)

③ 녹색관광(Green Tourism)

④ 연성관광(Soft Tourism)

⑤ 지역관광(Local-level Tourism)

⑥ 구역 · 지구(Zoning) 설정

⑦ 천연보호구역 지정

⑧ 수요억제 마케팅 활용

⑨ 토착관광(Indigenous Tourism)

⑩ 작은집(Cottage Tourism)

⑪ 소규모관광(Small-scale Tourism)

⑫ 통제된 관광(Controlled Tourism)

1. 국립공원제도

1) 미국

① 국립공원제도를 세계에서 최초로 창설한 것은 미국인데, 1872년 Yellowstone National Park(총면적 8,900km²로서 미국 최대, 세계 제2의 규모)가 세계 최초의 국립공원으로 지정되었다.

② 1890년에는 Yosemite National Park, 1919년에는 Grand Canyon National Park(디즈니월드, 자유의 여신상과 함께 미국의 3대 관광대상으로 불림)가 지정되었다.

③ 1916년 중앙관리기관으로서 국립공원국(National Park Service)을 설치하였다.

2) 캐나다

미국의 뒤를 이어 1887년에 Rocky Mountains Park(후에 Banfiff National Park로 개칭)를 지정하였고, 1907년에 지정된 Jasper National Park는 세계 최대의 규모이다.

3) 우리나라의 자연공원제도

자연공원은 자연자원과 유적, 휴양자원 등 공원자원을 포함하고 있는 수려한 자연경관지를 보존함과 동시에 합리적 이용을 도모함으로써 국민의 보건휴양 및 정서생활의 향상을 기하고 후손에게 영구히 승계시키기 위하여 지정한 일정구역으로서 국립공원, 도립공원, 군립공원으로 구분되어 있다.

① 국립공원

우리나라에서의 국립공원 운동은 1962년 미국 시애틀에서 사상 최초로 개최된 세계국립공원회의에 우리나라 대표가 참석한 것이 그 계기가 되었다. 1967년 자연경관지를 보호하고 국민의 보건·휴양 및 정서생활의 향상에 기여함을 목적으로 공원법(법률 제1809호)이 제정·공포되고 국토건설종합계획법에 의한 국토건설종합계획심의회의 심의를 거쳐 1967년 12월 29일 지리산을 한국 최초의 국립공원으로 지정하였다.

국립공원은

첫째, 우리나라의 풍경을 대표할 만한 수려한 자연의 대풍경일 것

둘째, 자연의 환경이 보건향상에 기여하고 다수인의 이용에 적합할 것

셋째, 국민의 교양문화의 향상을 위한 자료가 풍부할 것 등의 제 요건을 갖추고 있어야 한다.

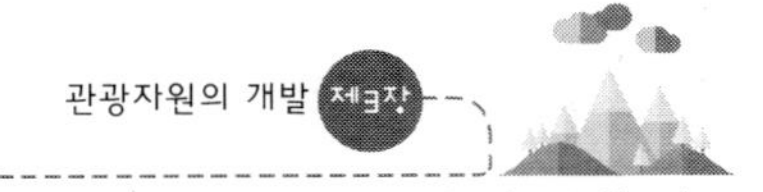

〈국립공원 지정현황〉

(2019년 6월 30일 기준)

지정순위	공원명	위치	공원구역		비고
			지정년월일	면적(km²)	
1	지리산	전남 · 전북, 경남	1967.12.29	483.022	
2	경주	경북	1968.12.31	136.550	
3	계룡산	충남, 대전	1968.12.31	65.335	
4	한려해상	전남, 경남	1968.12.31	535.676	해상 408.488
5	설악산	강원	1970. 3.24	398.237	
6	속리산	충북, 경북	1970. 3.24	274.766	
7	한라산	제주	1970. 3.24	153.332	
8	내장산	전남, 전북	1971.11.17	80.708	
9	가야산	경남, 경북	1972.10.13	76.256	
10	덕유산	전북, 경남	1975. 2. 1	229.430	
11	오대산	강원	1975. 2. 1	326.348	
12	주왕산	경북	1976. 3.30	105.595	
13	태안해안	충남	1978.10.20	377.019	해상 352.796
14	다도해상	전남	1981.12.23	2,266.221	해상 1,975.198
15	북한산	서울, 경기	1983. 4. 2	76.922	
16	치악산	강원	1984.12.31	175.668	
17	월악산	충북, 경북	1984.12.31	287.571	
18	소백산	충북, 경북	1987.12.14	322.011	
19	변산반도	전북	1988. 6.11	153.934	해상 17.227
20	월출산	전남	1988. 6.11	56.220	
21	무등산	광주, 전남	2013. 3. 4	75.425	
22	태백산	강원, 경북	2016. 8.22	70.052	
계	22개소			6,726.298	육지 : 3,972.589(58.6%) 해면 : 2,753.709(41.4%) ※ 국토면적의 3.9% (육상면적 기준)

자료 : 환경부

국립공원의 지역분포

설악산
북한산
오대산
치악산
태백산
소백산
월악산
계룡산
속리산
주왕산
태안해안
가야산
변산반도
덕유산
경주
내장산
무등산
지리산
월출산
한려해상
다도해상
한라산
0 40 80km

② 도립공원

도립공원은 특별시·광역시·도 내의 자연경관을 대표할 만한 지역 중 국립공원을 제외한 자연경관
지로서 지리산이 국립공원으로 지정된 지 3년 후인 1970년 6월 1일 경상북도의 금오산을 최초의 도
립공원으로 지정한 이래 29개소의 도립공원이 지정되었다.

〈도립공원 지정현황〉

(단위 : ㎢)

지정순위	공원명	위치(시·군별)	면적	지정일
1	금오산	경북 구미(20.86), 칠곡(7.94), 김천(8.49)	37.262	1970. 6. 1
2	남한산성	경기 광주(23.409), 하남(8.841), 성남(4.718)	35.166	1971. 3.17
3	모악산	전북 김제(28.442), 완주(10.335), 전주(6.290)	43.309	1971.12. 2
4	덕산	충남 예산(20.671), 서산(0.353)	19.859	1973. 3. 6
5	칠갑산	충남 청양(32.946)	31.059	1973. 3. 6
6	대둔산	전북 완주(35.342), 충남 논산(16.384), 금산(8.386)	59.933	1977. 3.23
7	마이산	전북 진안(17.221)	17.220	1979.10.16
8	가지산	울산(30.199), 경남 양산(61.069), 밀양(14.161)	104.354	1979.11. 5
9	조계산	전남 순천(27.250)	27.250	1979.12.26
10	두륜산	전남 해남(33.39)	33.390	1979.12.26
11	선운산	전북 고창(43.7)	43.683	1979.12.27
12	팔공산	대구(35.365), 경북 칠곡(29.753), 군위(21.858), 경산(9.520), 영천(29.172)	125.668	1980. 5.13
13	문경새재	경북 문경(5.494)	5.53	1981. 6. 4
14	경포	강원 강릉(6.865)	1.689	1982. 6.26
15	청량산	경북 봉화(41.09), 안동(8.38)	49.470	1982. 8.21
16	연화산	경남 고성(22.26)	21.847	1983. 9.29
17	고복저수지	세종 연서(1.949)	1.949	1990.1.20
18	천관산	전남 장흥(7.594)	7.94	1998.10.13
19	연인산	경기 가평(37.371)	37.691	2005. 9.15
20	신안증도 갯벌	전남 신안(12.824)	162.000	2008. 6. 5
21	무안갯벌	전남 신안(37.123)	37.123	2008. 6. 5
22	마라해양	제주 서귀포	49.755	1997. 8.23 (2008. 9.19)
23	성산일출해양	제주 서귀포	16.156	1997. 8.23 (2008. 9.19)
24	서귀포시립해양	제주 서귀포시	19.540	1999. 1. 5 (2008. 9.19)
25	추자	제주 제주시	95.292	2000. 8.31 (2008. 9.19)
26	우도해양	제주 제주시	25.863	2000. 8.31 (2008. 9.19)
27	수리산	경기 안양(2.544), 안산(0.116), 군포(4.302)	6.963	2009. 7.16
28	제주 곶자왈	제주 서귀포시 대정읍	1.547	2011.12.30
29	벌교 갯벌	전남 보성	23.068	2016. 1.28
계	29개소	−	1,141.576	−

자료 : 환경부, 2018년 12월 31일 기준

도립공원의 지역분포

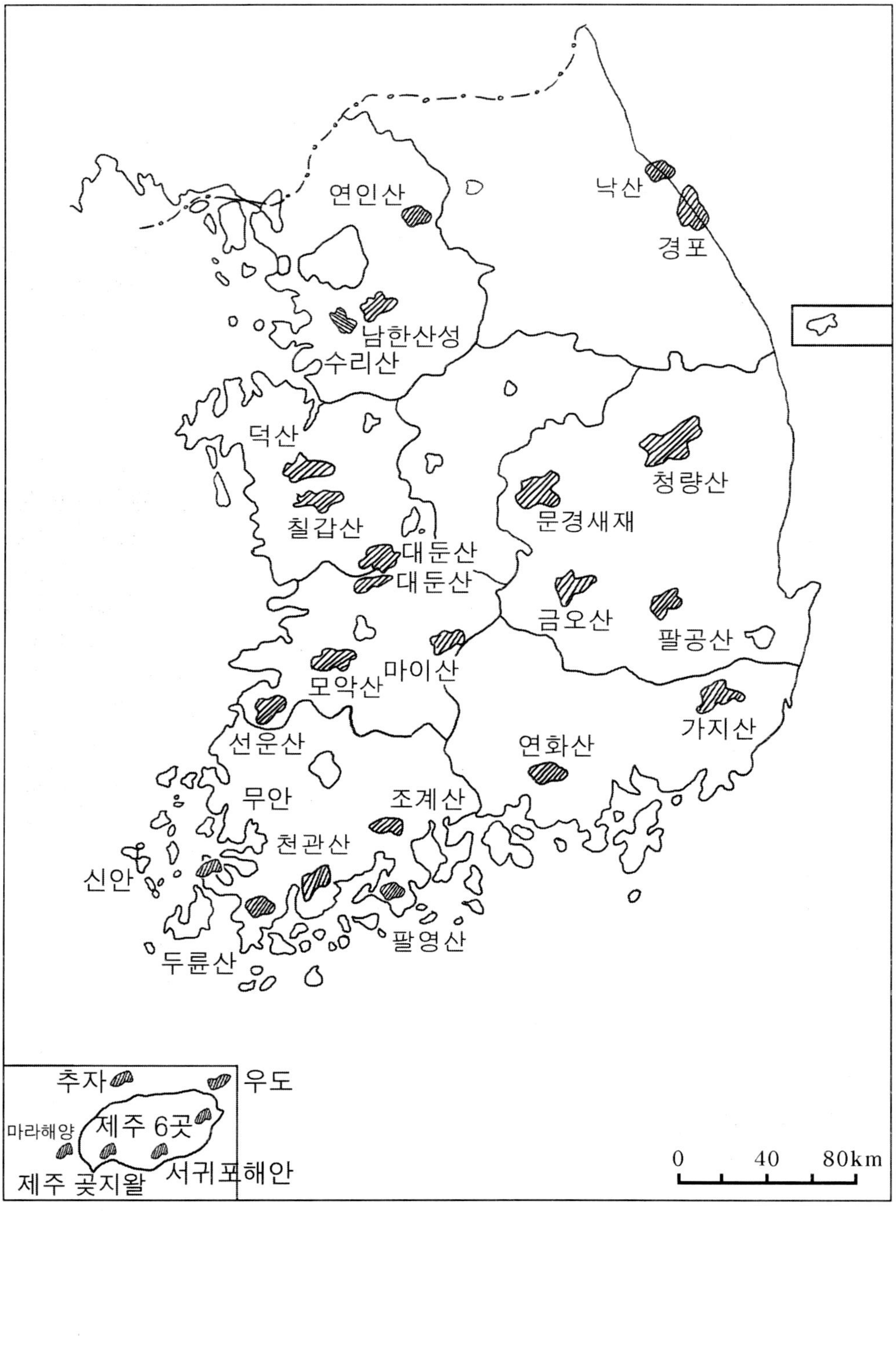

연인산
낙산
경포
남한산성
수리산
덕산
청량산
문경새재
칠갑산
대둔산
대둔산
금오산
팔공산
마이산
모악산
가지산
선운산
연화산
무안
조계산
천관산
신안
팔영산
두륜산
추자
우도
마라해양
제주 6곳
제주 곶지왈
서귀포해안
0
40
80km

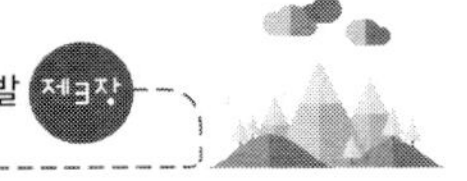

③ 군립공원

군립공원은 시 · 군의 자연경관을 대표할 만한 국립공원 및 도립공원 이외의 수려한 자연경관지로 2018년 12월 31일 기준 27개소가 지정되었다.

〈군립공원 지정현황〉

(단위 : km²)

지정순위	공원명	위치(시 · 군별)	면적	지정일
1	강천산	전북 순창군 팔덕면	15.800	1981. 1. 7
2	천마산	경기 남양주시 화도읍, 진천면, 호평면	12.461	1983. 8.29
3	보경사	경북 포항시 송라면	8.510	1983.10. 1
4	불영계곡	경북 울진군 울진읍, 서면, 근남면	25.595	1983.10. 5
5	덕구온천	경북 울진군 북면	6.275	1983.10. 5
6	상족암	경남 고성군 하일면, 하이면	1.344	1983.11.10
7	호구산	경남 남해안 이동면	2.839	1983.11.12
8	고소성	경남 하동군 악양면, 화개면	3.134	1983.11.14
9	봉명산	경남 사천시 곤양면, 곤명면	2.645	1983.11.14
10	거열산성	경남 거창군 거창읍, 마리면	3.271	1983.11.17
11	기백산	경남 함양군 안의면	2.013	1983.11.18
12	황매산	경남 합천군 대병면, 가회면	21.784	1983.11.18
13	웅석봉	경남 산청군 산청읍, 금서 · 삼장 · 단성	17.960	1983.11.23
14	신불산	경남 울산시 울주군 상북면, 삼남면	11.585	1983.12. 2
15	운문산	경북 청도군 운문면	16.173	1983.12.29
16	화왕산	경남 창녕군 창녕읍	31.283	1984. 1.11
17	구천계곡	경남 거제시 신현읍, 동부면	5.871	1984. 2. 4
18	입곡	경남 함안군 산인면	0.995	1985. 1.28
19	비슬산	대구 달성군 옥포면, 유가면	13.382	1986. 2.22
20	장안산	전북 장수군 장수읍	6.274	1986. 8.18
21	빙계계곡	경북 의성군 춘산면	0.880	1987. 9.25
22	아미산	강원 인제군 인제읍	3.164	1990. 2.23
23	명지산	경기 가평군 북면	14.027	1991.10. 9
24	방어산	경남 진주시 지수면	2.588	1993.12.16
25	대이리	강원 삼척시 신기면	3.664	1996.10.25
26	월성계곡	경남 거창군 북상면	0.650	2002. 4.25
27	병방산	강원 정선군 정선읍	0.500	2011. 9.30
계	27개소		234.662	

자료 : 환경부, 2018년 12월 31일 기준

2. 관광지 개발

1) 주요 관광단지

관광단지라 함은 관광객의 다양한 관광 및 휴양을 위하여 각종 관광시설을 종합적으로 개발하는 관광거점지역으로서 시·도지사가 지정한 곳을 말한다.

① 경주 보문관광단지

경주 보문관광단지 개발은 경주지역을 우리나라의 대표적인 사적관광지로 조성하기 위하여 신라 고도 경주시내 곳곳에 산재하고 있는 귀중한 문화재의 보존발굴사업과 함께 경주관광종합개발사업의 일환으로 국제수준의 관광단지를 조성하고자 1973년부터 개발 중에 있다. 관광단지의 위치는 경주시 신평동 및 천군동 일대이며 단지 면적은 8.006㎢이다.

② 제주 중문관광단지

제주도의 독특한 자연경관과 지리적 조건을 활용하여 국제적인 휴양지로 개발하고자 1978년부터 제주도종합개발계획에 의하여 단계별로 제주도 서귀포시 색달동, 중문동, 대포동 일대에 국내·외 관광객을 위한 국제수준의 관광단지를 조성하고 있다. 정부는 기반시설 건설에 일부 투자하고, 한국관광공사는 개발사업의 주체가 되어 사업을 추진하고 있으며, 숙박시설, 상업시설 등은 민간자본을 유치하여 개발하고 있다.

개발면적은 1985년 3월 7일 제주도 특정지역 종합개발계획에 의거하여 3.47㎢로 확정되었으나 1996년 8월 실지적에 의한 개발면적과 천지연 계곡 등 보전지역을 포함하여 총 개발면적을 3.562㎢로 변경하였다.

③ 평창 용평관광단지

평창 용평관광단지는 해외자본 유치에 의한 국제적인 관광단지 조성과 동계스포츠 시설 완공으로 외국인 관광객의 유치를 확대하고, 레저 및 문화활동에 직접 참여하는 관광형태 변화를 수용하며 국민의 여가활동 공간을 제공하기 위해 추진되고 있다.

④ 해남 화원관광단지

해남 화원관광단지는 전국토의 균형발전을 도모하고 서남해안의 해상관광자원을 활용한 대단위 휴식공간을 조성하며, 한·중 수교에 따른 서해안시대 개막에 대비하여 국제적 수준의 거점관광단지로 조성하고자 2011년 개발 완료를 목표로 한국관광공사가 개발 중이다. 동 사업은 1991년 11월에 기본계획을 수립하여 1992년 10월에 관광단지 지정과 1994년 6월 조성계획 승인을 획득하여 2006년 6월 토지매입을 완료하고 기반조성 공사가 85% 진척되었으며 골프장 27홀 공사를 착공하여 추진 중에 있다.

⑤ 평창 봉평관광단지

평창 봉평관광단지는 산악자원과 동해안의 해안관광자원의 연계가 가능한 입지조건 및 지역 특색을 살려 외국인관광객 및 국민여가행태 변화에 따른 지역관광거점 기능을 수행하고자 민간자본에 의하여 개발되고 있다.

⑥ 원주 오크벨리관광단지

원주 오크벨리관광단지 개발사업은 국민이 여가를 이용하여 스포츠, 레크리에이션, 휴양, 기업연수, 교양·문화 등 다양한 활동을 할 수 있는 공간을 제공하기 위하여 종합적인 기능을 갖춘 리조트로 개발하는 사업이다.

⑦ 감포 관광단지

감포 관광단지 개발사업은 경주관광종합개발계획에 의거, 경주 보문관광단지와 연계하여 상호보완 기능의 해안관광단지를 개발하는 사업으로, 변화하는 관광행태에 부응하는 국민휴식공간을 조성하여 지역개발을 촉진하고 주민소득을 증대하는데 그 목적이 있다.

⑧ 김천 온천관광단지

김천 온천관광단지 개발은 온천자원을 이용하여 우리 고유의 특성을 갖춘 세계적 종합온천관광단지로 개발하여 지역 균형발전 및 주민소득 증대에 기여할 목적으로 추진되고 있다.

⑨ 홍천 비발디파크 관광단지

홍천 비발디 관광단지는 국제적인 관광단지 조성과 수도권 배후 휴양관광단지 육성으로 관광객의 유치를 확대하고 레저 및 문화활동에 참여하는 관광형태의 변화를 수용하여 국민의 여가활동 공간을 제공하기 위해 추진되고 있다.

⑩ 동부산관광단지

동부산관광단지는 남해안 관광벨트의 중추적인 기능을 수행하는 관광거점으로서 해운대관광특구와 연계한 사계절 체류형 관광단지를 조성하고자 국책사업으로 추진하고 있다.

⑪ 안동 문화관광단지

안동 문화관광단지는 경북 북부 11개 시·군에 산재해 있는 유교문화 자원을 개발하는 유교문화권 관광개발사업의 일환으로, 경북 북부권을 대표하는 숙박중심휴양거점으로 조성하기 위해 안동시와 경북관광개발공사가 주체가 되어 본 사업을 추진하고 있다.

⑫ 화양 관광단지

화양 관광단지는 다도해의 아름다운 해안과 섬들을 한눈에 내려다볼 수 있는 남해안의 중심부 전남 여수시에 위치하여 남해안의 풍부한 해양자원과 연계된 해양 리조트 및 복합 관광단지로 개발될 예정이며 주요 도입시설에는 호텔, 마리나, 세계민속촌, 골프장(36홀), 스포츠전지훈련센터, 케이블카 등이 있다.

⑬ 횡성 두원관광단지

횡성 두원관광단지는 강원도 특유의 산악지형을 이용한 산악형 관광휴양지로서 수도권과 중부권의 관광수요를 분산·흡수할 수 있는 수도권 배후 관광휴양거점으로 육성하고자 한다. 2009년 스노보드 세계선수권대회 및 동계올림픽 등 국제적인 행사유치와 외국인 관광객의 방문증대를 위하여 관광산업의 발전과 지역경제 활성화를 촉진시키고자 한다.

⑭ 평창 대관령알펜시아관광단지

제4차 국토종합계획의 국제적인 종합리조트 및 수도권배후 휴양관광지, 동계스포츠밸리, 휴양리조트 조성을 실현하고, 동계올림픽 및 바이애슬론 등 국제대회의 성공적 유치 및 개최를 위한 동계스포츠 경기시설 설치를 도모하고자 총력을 기울이고 있다.

⑮ 광주 어등산관광단지

어등산관광단지는 광주시가 굴뚝없는 고부가가치 산업으로 급부상하고 있는 관광산업을 적극적으로 육성하기 위하여 광산구 어등산 일원에 빛과 예술을 주제로 예향의 이미지를 최대한 살려 대규모 관광단지를 조성하는 곳으로, 앞으로 광주를 체류형 관광도시, 국내 어느 도시에도 뒤지지 않는 매력있는 관광도시가 될 수 있도록 할 계획이다.

⑯ 성산포 해양관광단지

제주특별자치도에서는 제주특별법에 의거 2006년 1월 사면이 바다로 둘러싸인 제주도에 해양관광거점을 조성하고자 성산일출봉, 섭지코지(드라마 올인 촬영지), 성산포항 등 관광자원 및 해양 관광인프라를 갖추고 있는 서귀포시 성산읍 일대 4.177km²중 0.748km²를 관광단지로 지정하여 해양관광단지 개발사업을 추진하고 있다.

⑰ 송도 관광단지

인천광역시는 연수구 동춘동과 옥련동 일대 총 2.113km² 부지를 2008년 8월 관광단지로 지정하였으나 인천국제공항과 송도 국제도시를 잇는 인천대교, 고속도로의 연결된 개발여건이 변화됨에 따라 2011년 4월 면적이 축소되어(0.907km²) 호텔, 골프장, 쇼핑시설 등 도심형 체류시설 관광단지로 조성할 계획이다.

⑱ 록인제주 체류형 복합관광단지

제주특별자치도는 메디컬스파, 관광호텔, 연수원 등의 기능이 통합된 세계적 수준의 체류형 복합관광단지를 조성하여 21세기 친환경적인 고부가가치 휴양관광산업을 육성하고자 서귀포시 표선면 일대 0.523km²에 체류형 복합관광단지 개발사업을 추진하고 있다.

〈관광단지 지정 현황〉

(2019년 6월 30일 기준)

시·도	지정개소	관광단지명
부산	1	오시리아((구)동부산)
인천	1	강화종합리조트
울산	1	강동
광주	1	어등산
경기	2	평택호, 안성 죽산
강원	15	알펜시아, 원주 오크밸리, 휘닉스파크, 평창 용평, 웰리힐리파크, 홍천 비발디파크, 라비에벨((구)무릉도원), 신영, 설악한화리조트, 고성 델피노골프앤리조트, 원주 더네이처, 양양국제공항, 횡성 드림마운틴, 원주 플라워프루트월드, 원주 루첸
충북	1	증평 에듀팜 특구
충남	2	골드힐카운티리조트, 백제문화
전북	1	남원드래곤
전남	6	해남 오시아노, 여수 경도, 여수 화양, 고흥우주해양, 진도 대명리조트, 여수 첼린지파크
경북	5	보문, 감포, 안동문화, 김천온천, 마우나오션
경남	2	창원구산해양, 거제 남부
제주	9	중문, 신화역사공원, 제주헬스케어타운, 팜파스종합휴양, 성산포해양, 예래휴양형주거, 록인제주, 애월국제문화복합단지, 프로젝트 ECO
합계	47개	

자료 : 문화체육관광부

2) 안보 관광지 : 6·25 전적지 및 접전지역 주변에 잘 보전된 자연경관 및 전적지를 관광자원으로 개발·활용함으로써 전후세대들에게는 올바른 역사의식을 함양하는 장으로 활용하고 우리나라를 방문하는 외래 관광객들에게는 관광경험을 제공하려는 것이다.

3) 관광특구

외국인 관광객의 유치촉진 등을 위하여 관광활동과 관련된 관계법령의 적용이 배제되거나 완화되고, 관광활동과 관련된 서비스·안내체계 및 홍보 등 관광여건을 집중적으로 조성할 필요가 있는 지역으로서 시·도지사가 지정한 곳을 말한다.

관광특구 지정요건(시행령 제56조의2)은 문화체육관광부령이 정하는 상가·숙박·공공편익시설, 휴양·오락시설 등의 요건을 갖추고 외국인 관광객의 수요를 충족시킬 수 있는 지역으로 당해 지역의 최근 1년간 외국인 관광객이 10만 명(서울특별시는 50만 명) 이상(문화체육관광부장관이 고시하는 통계 전문기관의 통계)이어야 하며, 임야·농지·공업용지·택지 등 관광활동과 관련이 없는 토지가 관광특구 전체면적의 10%를 초과하지 않아야 한다.

〈관광특구 지정 현황〉

(2019년 6월 30일 기준)

시·도	특구명	지정 지역	면적(㎢)	지정시기
서울(6)	명동·남대문·북창·다동·무교동	중구 소공동, 회현동, 명동 일원	0.87	2000.3.30 (변경 2012.12.27)
	이태원	용산구 이태원동, 한남동 일원	0.38	1997.9.25
	동대문 패션타운	중구 광희동, 을지로 5~7가, 신당1동 일원	0.58	2002.5.23
	종로·청계	종로구 종로 1~6가, 서린동, 관철동, 관수동, 예지동 일원, 창신동 일부 지역(광화문 빌딩~숭인동 4거리)	0.54	2006.3.22
	잠실	송파구 잠실동, 신천동, 석촌동, 송파동, 방이동	2.31	2012.3.15
	강남	강남구 삼성동 무역센터 일대	0.19	2014.12.18
부산(2)	해운대	해운대구 우동, 중동, 송정동, 재송동 일원	6.22	1994.8.31
	용두산·자갈치	중구 부평동, 광복동, 남포동 전지역, 중앙동, 동광동, 대청동, 보수동 일부지역	1.08	2008.5.14
인천(1)	월미	중구 신포동, 연안동, 신흥동, 북성동, 동인천동 일원	3.00	2001.6.26
대전(1)	유성	대전 유성구 봉명동, 구암동, 장대동, 궁동, 어은동, 도룡동	5.86	1994.8.31
경기(4)	동두천	동두천시 중앙동, 보산동, 소요동 일원	0.40	1997.1.18
	평택시 송탄	평택시 서정동, 신장 1·2동, 지산동, 송북동 일원	0.49	1997.5.30
	고양	고양시 일산 서구·동구 일대	3.94	2015.8.6
	수원 화성	경기도 수원시 팔달구, 장안구 일대	1.83	2016.1.15
강원(2)	설악	속초시, 고성군 및 양양군 일부 지역	138.10	1994.8.31
	대관령	강릉시, 동해시, 평창군, 횡성군 일원	428.3	1997.1.18
충북(3)	수안보온천	충주시 수안보면 온천리, 안보리 일원	9.22	1997.1.18
	속리산	보은군 내속리면 사내리, 상판리, 중판리, 갈목리 일원	43.75	1997.1.18
	단양	단양군 단양읍·매포읍 일원(2개읍 5개리)	4.45	2005.12.30
충남(2)	아산시 온천	아산시 음봉면 신수리 일원	3.71	1997.1.18
	보령해수욕장	보령시 신흑동, 응천읍 독산·관당리, 남포면 월전리 일원	2.52	1997.1.18
전북(2)	무주 구천동	무주군 설천면, 무풍면	7.61	1997.1.18
	정읍 내장산	정읍시 내장지구, 용산지구	3.45	1997.1.18

시·도	특구명	지정 지역	면적(㎢)	지정시기
전남(2)	구례	구례군 토지면, 마산면, 광의면 신동면 일부	78.02	1997.1.18
	목포	북항, 유달산, 원도심, 삼학도, 갓바위, 평화광장 일원(목포해안선 주변 6개 권역)	6.9	2007.9.28
경북(3)	경주시	경주 시내지구, 보문지구, 불국지구	32.65	1994.8.31
	백암온천	울진군 온정면 소태리 일원	1.74	1997.1.18
	문경	문경시 문경읍, 가은읍, 마성면, 농암면 일원	1.85	2010.1.18
경남(2)	부곡온천	창녕군 부곡면 거문리, 사창리 일원	4.82	1997.1.18
	미륵도	통영시 미수 1·2동, 봉평동, 도남동, 산양읍 일원	32.90	1997.1.18
제주(1)	제주도	제주도 전역(부속도서 제외)	1,809.56	1994.8.31
13개 시·도 31개소			2,639.48	

자료 : 문화체육관광부

4) 국민관광지

① 국민관광지란?

국민복지관광정책의 일환으로 일반 국민들이 저렴한 비용으로 여가를 즐기고 휴식할 수 있도록 일정한 지역을 정부 차원에서 개발 조성하는 관광지

② 선정 기준

가) 자연경관이 수려하고 인접 관광자원이 풍부하여 관광객이 많이 이용하고 있거나 이용할 것으로 예상되는 지역

나) 교통수단의 이용이 가능하고 이용객의 접근이 용이한 지역

다) 개발 대상지가 국·공유지 내이거나 가급적 사유지 및 농경지작물 등이 적고 타 법령에 의한 개발 제한요인이 적거나 완화되어 개발이 가능한 지역

라) 기타 관광정책상 국민관광지로 개발하는 것이 필요하다고 판단되는 지역

5) 관광지

관광지는 관광자원이 풍부하고 관광객의 접근이 용이하며 개발 제한요소가 적어 개발이 가능한 지역과 관광정책상 관광지로 개발하는 것이 필요하다고 판단도는 지역을 대상으로 한다. 이곳에 관광객의 관광활동에 필수적인 진입도로, 주차장, 상·하수도, 식·음료대, 공중화장실, 오수처리시설, 관리사무소, 관광지 안내도 등 기반시설과 야영장, 어린이 놀이시설, 청소년수련시설, 체력 단련장, 샤워·탈의장, 물품보관소 등 편익시설을 공공사업으로 추진하고 그 외 이용관광객의 편의를 위한 운동·오락시설, 휴양·문화시설, 숙박시설, 상가시설 등은 민간자본을 유치하여 개발하는 사업이다. 정부에서는 주 40시간 근무제의 본격적인 시행과 국민소득 증가에 따른 관광수요 증가에 맞추어 관광지를 특화하여 개발함으로써 아름답고 쾌적한 환경을 조성함은 물론 관광을 통하여 국민의 삶의 질을 향상시키는 복지관광정책의 일환으로 활용하고 있다.

정부는 자연적 또는 문화적 관광자원을 갖추고 관광 및 휴식에 적합한 지역을 대상으로 관광지를 지정하여 공공 · 편의시설, 숙박 · 상가시설 및 운동 · 오락시설, 휴양 · 문화시설, 녹지 등을 유치 · 개발하고 있다.

〈전국 관광지 지정 현황〉

(2019년 6월 30일 기준)

시 · 도	지정개소	관광지명
부산	5	태종대, 금련산청소년수련원, 해운대, 용호씨사이드, 기장 도예촌
인천	2	서포리, 마니산
경기	14	대성, 용문산, 소요산, 신륵사, 산장, 한탄강, 산정호수, 공릉, 수동, 장흥, 백운계곡, 임진각, 내리, 궁평
강원	41	춘천호반, 고씨동굴, 무릉계곡, 망상해수욕장, 화암약수, 고석정, 송지호, 장호해수욕장, 팔봉산, 삼포 · 문암, 옥계, 맹방해수욕장, 구곡폭포, 속초해수욕장, 주문진해수욕장, 삼척해수욕장, 간현, 연곡해수욕장, 청평사, 초당, 화진포, 오색, 광덕계곡, 홍천온천, 후곡약수, 어흘리, 등명, 방동약수, 용대, 영월온천, 어답산, 구문소, 직탕, 아우라지, 유현문화, 동해 추암, 영월 마차탄광촌, 평창 미탄마하 생태, 속초 척산온천, 인제 오토테마파크, 지경
충북	22	천동, 다리안, 송호, 무극, 장계, 세계무술공원, 충온온천, 능암온천, 교리, 온달, 수옥정, 능강, 금월봉, 속리산레저, 계산, 괴강, 제천온천, KBS제천촬영장, 만남의광장, 충주호체험, 구병산, 레인보우 힐링
충남	25	대천해수욕장, 구드래, 신정호, 삽교호, 태조산, 예당, 무창포, 덕산온천, 곰나루, 죽도, 안면도, 아산온천, 마곡온천, 금강하구둑, 마곡사, 칠갑산도림온천, 천안종합휴양, 공주문화, 춘장대해수욕장, 간월도, 난지도, 왜목마을, 남당, 서동요역사, 만리포
대구	2	비슬산, 화원
전북	21	남원, 은파, 사선대, 방화동, 금마, 운일암 · 반일암, 석정온천, 금강호, 위도, 마이산회봉, 모악산, 내장산리조트, 김제온천, 웅포, 모항, 왕궁보석테마, 백제가요정읍사, 미륵사지, 오수의견, 변산해수욕장, 벽골제
전남	28	나주호, 담양호, 장성호, 영산호, 화순온천, 우수영, 땅끝, 성기동, 회동, 녹진, 지리산온천, 도곡온천, 도림사, 대광해수욕장, 율포해수욕장, 대구도요지, 불갑사, 한국차소리문화공원, 마한문화공원, 회산연꽃방죽, 홍길동테마파크, 아리랑마을, 정남진 우산도−장재도, 신지명사십리, 해신장보고, 운주사, 영암 바둑테마파크, 사포
경북	32	백암온천, 성류굴, 경산온천, 오전약수, 가산산성, 경천대, 문장대온천, 울릉도, 장사해수욕장, 고래불, 청도온천, 치산, 용암온천, 탑산온천, 문경온천, 순흥, 호미곶, 풍기온천, 선바위, 상리, 하회, 다덕약수, 포리, 청송 주왕산, 영주 부석사, 청도 신화랑, 울릉개척사, 고령 부례, 회상나루, 문수, 예천삼강, 예안현
경남	21	부곡온천, 도남, 당항포, 표충사, 미숭산, 마금산온천, 수승대, 오목내, 합천호, 합천보조댐, 중산, 금서, 가조, 농월정, 송정, 벽계, 장목, 실안, 산청전통한방휴양, 하동 묵계(청학동), 거가대교
제주	15	돈내코, 용머리, 김녕해수욕장, 함덕해안, 협재해안, 제주남원, 봉개휴양림, 토산, 묘산봉, 미천굴, 수망, 표선, 제주여성테마파크, 제주돌문화공원, 곽지
합계	228	

자료 : 문화체육관광부

6) 관광지 리모델링 사업

문화체육관광부는 관광목적지로서의 자원성은 있으나 시설노후화 및 관광콘텐츠·프로그램 등이 미흡하여 매력도를 상실한 기존 관광지에 대하여 업그레이드 모델을 제시하고, 획일화된 관광지 조성·개발·이용행태 등을 지양하여 관광지 특성에 맞는 정비·관리·운영· 홍보 및 연계관광지 개발, 관광 프로그램 다양화 등 발전적인 대책을 마련하기 위하여 2005년도부터 '관광지 리모델링 사업'을 시범사업으로 추진하고 있다.

7) 광역권 관광개발

광역관광권이란 인접한 2개 이상의 시·도 관할구역의 전부 또는 일부가 동일한 특성을 가진 자연·문화·역사자원 등이 있어 연계 개발하고 관리하는 것이 자원의 개발·이용·관리 측면에서 특히 필요하다고 인정되는 지역이다.

① 남해안 관광클러스터 조성　　② 지리산권 광역관광개발
③ 서해안권 광역관광개발　　　④ 동해안권 광역관광개발
⑤ 관광레저기반 구축　　　　　⑥ 3대 문화권 문화생태 관광기반 조성
⑦ 한반도 생태평화벨트 조성　　⑧ 중부내륙권 광역관광개발 사업
⑨ 서부내륙권 광역관광개발 사업

8) 한국형 생태관광 모델사업

한국형 생태관광 모델사업은 2008년 12월 문화체육관광부와 환경부가 공동으로 「생태관광 활성화 방안」의 6대 추진전략 사업에 포함하여, DMZ 등 우수 생태·문화·역사자원 보유지역을 대상으로 한국형 생태관광 세계화 모델을 창출하기 위해 생태계 보전계획, 인프라 설치, 프로그램 개발, 홍보 등에 대한 지원·육성 사업이다.

〈한국형 생태관광 모델사업지 지정 현황〉

대상지			주요 자원
경기	파주	DMZ	서부 DMZ(UNESCO 생물권 보전지역)
강원	화천	DMZ	동부 DMZ(PLZ 관광개발계획 연계지역)
	평창	화석/동굴	마하 생태관광지(지표운동과 석회수 용식작용으로 형성된 백룡동굴, 생태계 보고인 동강)
충남	태안	해안자원	신두리 해안사구(국내 최대 규모의 사구)
	서산	철새도래지	천수만(가창오리 등 멸종위기종 300여 종 400만 마리가 찾아오는 동북아 최대 철새 기착지)
경북	영주	산/강	소백산 자락길(수려한 자연경관과 유교문화를 엿볼 수 있는 지역)
	울릉	섬	울릉도, 독도(울릉도 나리분지와 성인봉·독도)

대상지			주요 자원
경남	창녕	내륙습지	우포늪(약 1억 4천 년 전 생성된 원시 늪으로 습지보호지역, 람사르 협약)
전북	진안	산/강	고원 마실길 · 데미샘(진안 데미샘, 아름다운 산천을 걸으며 지역별 특성이 있는 고원마실길)
전남	순천	연안습지	순천만(세계 5대 습지 중의 하나로 철새서식지 습지보호지역, 대중 관광지)
제주	제주	섬	거문오름, 생물권보전지역(세계자연유산)

자료 : 문화체육관광부, 2016년 12월 31일 기준

9) 도시관광 활성화

문화체육관광부는 관광잠재력을 지닌 도시지역에 대한 최소한의 인프라 조성과 지역테마와 연계한 관광 콘텐츠 개발 및 연계 기반 조성을 통해서 도시지역의 관광매력도를 높이기 위한 도시 관광 활성화 사업을 추진하고 있다. 2018 올해의 관광도시로 인천 강화 · 공주를 2019년 올해의 관광도시는 전남 강진군, 경기 안산시, 울산 중구를 선정하여 육성 지원 중에 있다.

10) 관광레저도시 개발

기업도시의 한 유형으로 추진되고 있는 관광레저도시(관광레저형 기업도시)는 특정지역에 다양한 관광 레저시설을 유기적으로 배치하여 계획적으로 조성된 공간으로서 정주 기능이 없는 기존 관광단지와는 달리 자족적 생활공간 기능을 포함하고 있는 새로운 신도시를 말한다.

〈관광레저도시 개념〉

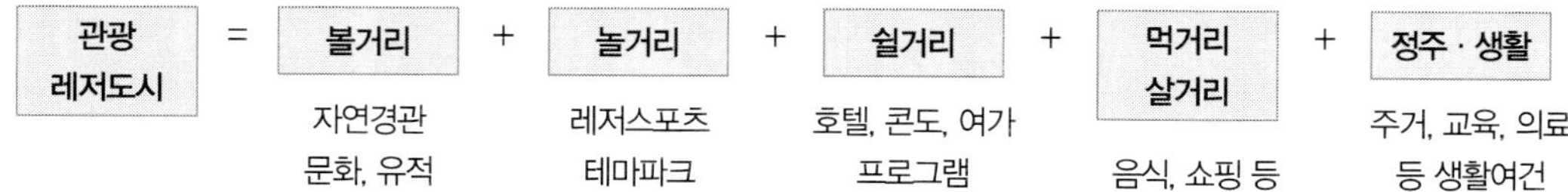

2005년 4월 15일 기업도시 시범사업에 5개 지역(충남 태안, 경남 사천, 전남 영암 · 해남, 전북 무주, 전남 광양 · 경남 하동)이 신청하여 3개 지역(무주, 태안, 영암 · 해남)이 시범사업 지역으로 선정되었다. 이 중 태안은 2006년 12월 19일에 개발계획 승인, 2007년 9월 14일에 실시계획이 승인되어 2007년 10월 24일 기업도시 6개 시범사업 중 가장 먼저 착공되었다. 무주는 2007년 9월 21일에 개발계획이 승인되어 2008년 상반기 현재 실시계획을 수립 중에 있다. 또한, 서남해안(영암 · 해남)은 2007년 11~12월 개발계획이 승인 신청되어 현재 개발계획 승인을 위한 제반 행정절차가 진행 중에 있다. 한편 무주는 최근의 경제침체 등으로 인해 실시계획 진행을 하지 못하고 개발계획을 해제(2011.1.25)하였다.

11) 대한민국 테마여행 10선 사업

정부는 내 · 외국인이 다시 찾는 분산형 · 체류형 선진관광지 육성을 위하여 10개 권역, 39개 지자체의

지역 특화관광명소를 중심으로 부족한 사항에 대한 종합적 개선, 지역 및 관광명소 간 연계 구축을 지원하는 '대한민국 테마여행 10선' 사업을 2017년부터 추진하고 있다.

〈'대한민국 테미여행 10선' 추진 지자체 및 권역〉

권역	권역 명칭	지자체
1	평화역사이야기여행	인천, 파주, 수원, 화성
2	드라마틱강원여행	평창, 강릉, 속초, 정선
3	선비이야기여행	대구, 안동, 영주, 문경
4	남쪽빛감성여행	거제, 통영, 남해, 부산
5	해돋이역사기행	울산, 포항, 경주
6	남도바닷길	여수, 순천, 보성, 광양
7	시간여행101	전주, 군산, 부안, 고창
8	남도맛기행	광주, 목포, 담양, 나주
9	위대한 금강역사여행	대전, 공주, 부여, 익산
10	중부내륙힐링여행	단양, 제천, 충주, 영월

12) 생태·경관보전지역

생태 · 경관보전지역은 「자연환경보전법」에 따라 ① 자연상태가 원시성을 유지하고 있거나 생물다양성이 풍부하여 보전 및 학술적 연구가치가 큰 지역, ② 지형 또는 지질이 특이하여 학술적 연구 또는 자연경관의 유지를 위하여 보전이 필요한 지역, ③ 다양한 생태계를 대표할 수 있는 지역 또는 생태계의 표본지역, ④ 그 밖에 하천 · 산간계곡 등 자연경관이 수려하여 특별히 보전할 필요가 있는 지역으로서 자연생태 자연경관을 특별히 보전할 필요가 있는 지역을 환경부장관이 지정하며, 시 · 도지사는 생태계보전지역에 준하여 보전할 필요가 있다고 인정되는 지역을 '시 · 도 생태 · 경관보전지역'으로 지정한다.

2018년 현재 국가가 지정한 생태 · 경관보전지역은 지리산 등 9개 지역(247.947㎢)이며, 시 · 도 생태 · 경관보전지역은 한강 밤섬 등 24개 지역(37.764㎢) 등 총 33개 지역 285.711㎢이다.

〈생태 · 경관보전지역 지정 현황〉

(2018년 12월 기준)

지역명	위치	면적(㎢)	특징	지정일자
환경부 지정: 9개소, 243.690㎢				
지리산	전남 구례군 산동면 심원계곡 및 토지면 피아골 일원	20.20	극상원시림(구상나무 등)	1989.12.29

지역명	위치	면적(㎢)	특징	지정일자
섬진강 수달서식지	전남 구례군 문척면, 간전면, 토지면 일원	1.834	수달 서식지	2001.12.01
고산봉 붉은박쥐서식지	전남 함평군 대동면 일원	8.78	붉은박쥐 서식지	2002.05.01
동강유역	강원 영월군 영월읍, 평창군 미탄면 정선군 정선 · 신동읍 일원	79.176	지형 · 경관 우수, 희귀 야생동식물 서식	2002.8.9. ('18.4.30 확대)
왕피천 유역	경북 울진군 서면, 근남면 일원	102.841	지형 · 경관 우수, 희귀 야생동식물 서식	2005.10.14 (2013.07.17)
소황사구	충남 보령시 웅천읍 소황리, 독산리 일원	0.121	해안사구, 희귀 야생동식물 서식	2005.10.28
하시동 · 안인사구	강원도 강릉시 강동면 하시동리 일원	0.235	사구의 지형 · 경관 우수	2008.12.17
운문산	경북 청도군 운문면 일원	26.394	경관 및 수달, 하늘다람쥐, 담비, 산작약 등 멸종위기종 서식	2010.09.09
거금도 적대봉	전남 고흥군 거금도 적대봉 일원	8.365	멸종위기종과 특정야생동물 서식	2011.01.07

자료 : 환경부

3. 관광개발기본계획

1) 수립배경

문화체육관광부가 매 10년마다 수립하는 관광개발기본계획은 관광지 · 관광단지 등 관광자원 개발을 추진함에 있어 전국적이고 장기적인 안목에서 개발계획을 수립하여 국제관광의 여건변화, 국민관광의 질적 · 양적 성숙 등에 원활히 대응할 수 있도록 하기 위한 것이다.

2) 제1차 관광개발기본계획(1992~2001년)

관광자원을 효율적으로 개발 · 이용 · 관리 · 보전하고 관광객의 다양하고 새로운 관광욕구를 충족시키기 위하여 관광자원의 특성 · 교통권 · 지역실정 등을 감안하여 다음과 같이 전국을 5대 관광권 24개 소관광권으로 권역화하여 각각의 권역별 개발구상을 제시하였다.

또한 관광루트를 체계적으로 설정함으로써 관광활동이 보다 편리하고 쾌적하게 이루어지도록 주요 관광지 또는 관광 명소 간을 연계하는 관광루트를 표준화하였다. 이에 따라 전국적으로는 육로 9개, 해상 3개, 항공 18개 등 모두 30개의 관광루트가 설정되었으며, 중부권에 4개, 충청권에 3개, 서남권에 3개, 동남권에 3개, 제주권에 2개 등 모두 15개의 권역 내 관광루트를 설정하였다.

문화체육관광부는 관광개발사업을 효율적으로 추진하기 위하여 문화체육관광부, 지방자치단체, 한국관광공사 및 민간부문의 역할을 분담하도록 하였다. 문화체육관광부에서는 관광개발기본계획을 총괄·조정하며, 시·도에서는 권역별 관광개발계획을 수립하여 이에 따른 당해 지역의 관광단지, 관광지 개발사업을 추진하고 있다.

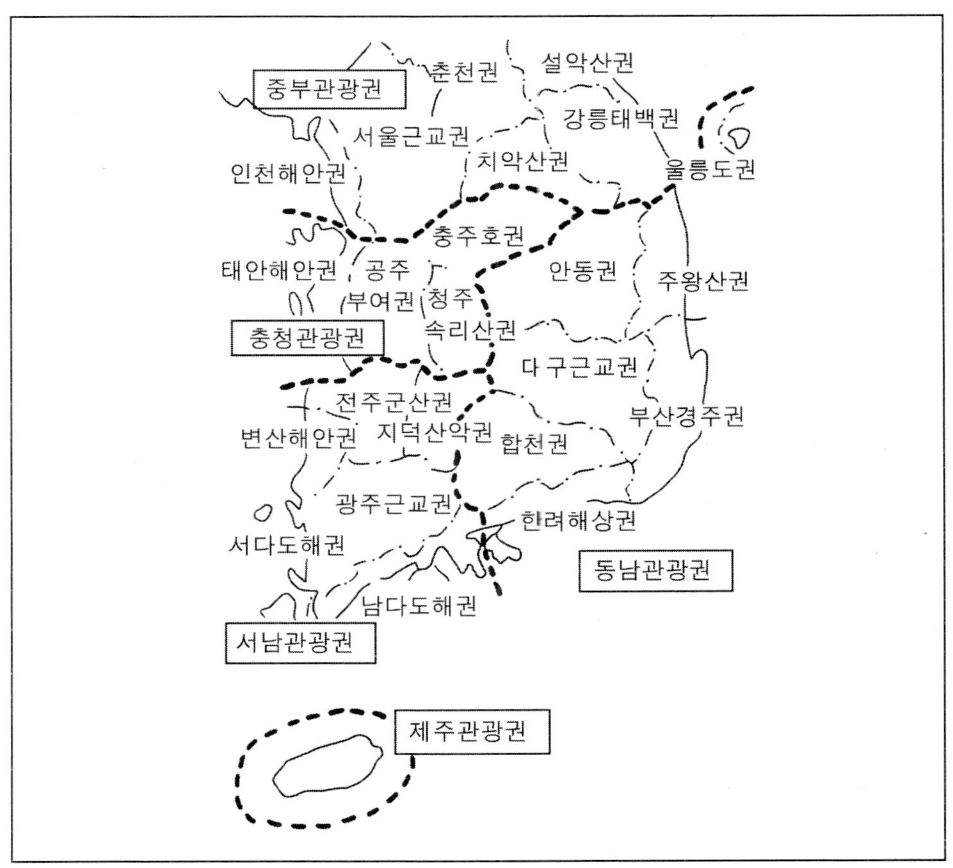

3) 제2차 관광개발기본계획 (2002~2011년)

① 계획 개요

‘제2차 관광개발기본계획(2002~2011년)’은 지난 ‘제1차 관광개발기본계획(1992~2001년)’ 수립 이후 급변하는 환경변화에 대응하는 새로운 비전과 전략을 제시하며, 21세기 지식정보사회에 맞는 고부가가치형 관광산업 구조를 구축하고 선진적 문화관광사회 육성에 적극 기여하기 위해 전국 관광개발의 기본방향을 미래지향적으로 제시하는 계획이다.

이 계획은 '21세기 한반도 시대를 열어가는 관광대국 실현'이라는 비전하에 이를 달성하기 위해 국제경쟁력 강화를 위한 관광시설 개발 촉진, 지역특성화와 연계화를 통한 관광개발 추진, 문화자원의 체계적 관광자원화 촉진, 관광자원의 지속가능한 개발 및 관리 강화, 지식기반형 관광개발 관리체계 구축, 국민 생활관광 향상을 위한 관광개발 추진, 남북한 및 동북아 관광협력체계 구축 등 7대 개발전략을 제시하였다.

또한 기존 5대권 24개발소권 체제하에서 그간 제기되어 왔던 관광권역과 집행권역의 불일치로 인한 계획의 실천성 미흡을 개선하기 위하여 관광권역의 구분을 16개 광역지방자치단체를 기준으로 재설정하고 각 관광권역별 관광개발기본방향을 제시하였다.

이 계획에서 제시하는 관광권역별 관광개발 방향을 기초로 각 지방자치단체별로 제3차 권역관광개발계획(2002~2006년)을 시행하였고 2008년 현재 제4차 권역계획을 수립하여 시행 중에 있다.

시 · 도 관광권역별 개발방향

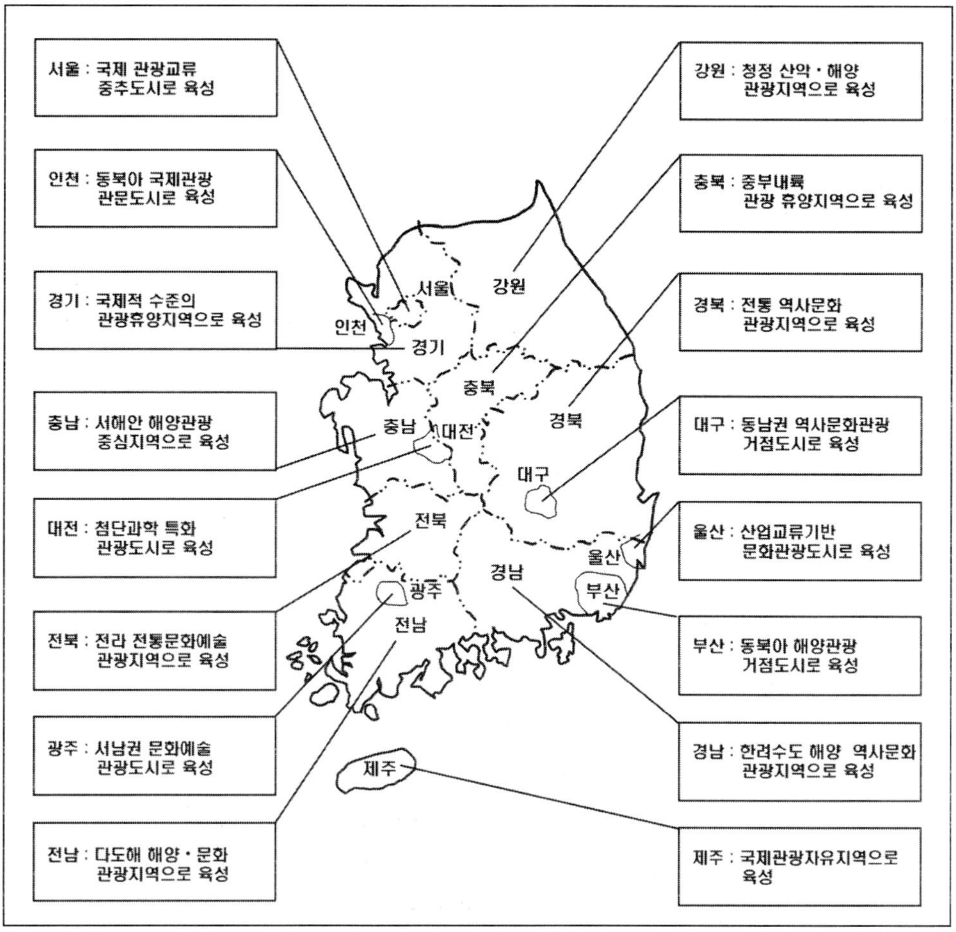

② **전략별 추진계획**

　가) 국제경쟁력 강화를 위한 관광시설 개발 촉진

　나) 지역 특성화와 연계화를 통한 관광개발 추진

　다) 문화자원의 체계적 관광자원화 촉진

　라) 관광자원의 지속가능한 개발 및 관리 강화

　마) 지식기반형 관광개발 관리체계 구축

　바) 국민 생활관광 향상을 위한 관광개발 추진

　사) 남북한 및 동북아 관광협력체계 구축

4) 제3차 관광개발기본계획 (2012~2021년)

① **계획 비전 및 목표**

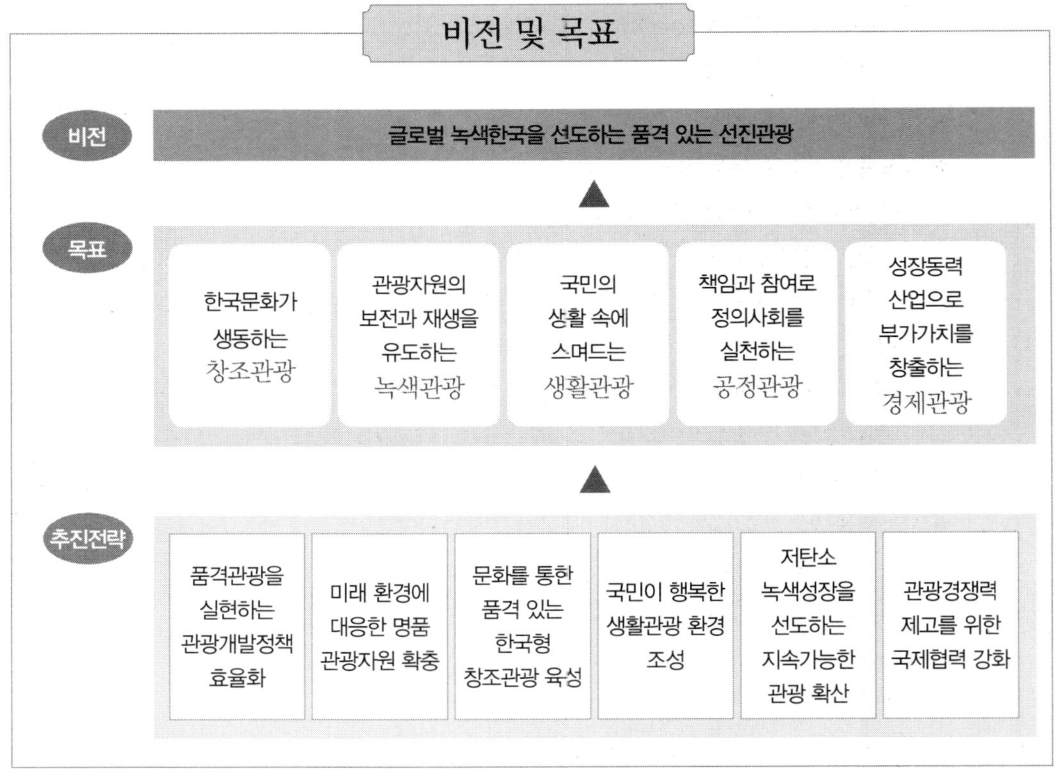

② **3차 관광개발기본계획의 「관광권역」 설정**

- 제3차 관광개발 기본계획서에서는 기초생활권, 16개 시 · 도, 광역경제권, 초광역개발권 등 국토 계획의 위계를 반영한 지역 관광발전 전략을 도입
- 16개 시 · 도 관광권과 광역관광권을 계획권역으로 설정
  - 5+2 광역경제권 체계를 '광역관광권'으로 수용하여 계획권역 설정
    * 5+2 광역경제권 : 수도권, 충청권, 호남권, 대 · 경권, 동남권, 강원권, 제주권
  - 16개 시 · 도는 권역계획의 수립단위로 존치하여 행정적 집행력 확보
- 초광역 관광벨트를 설정하여 계획권역을 기능적으로 연계하고 보완
  - 해안을 중심으로 동 · 서 · 남해안 관광벨트를 설정
    * 서해안 관광벨트(수도 · 충청 · 호남), 동해안 관광벨트(강원 · 대구경북 · 부울경), 남해안 관광벨트(부울경 · 호남)
  - 접경지역 및 내륙 자원의 연계성을 확보하고 통합적으로 관리하기 위해 접경지역 및 내륙관광 벨트 설정
    * 접경 : 한반도 평화생태 관광벨트(수도 · 강원)
    * 내륙 : 백두대간 생태문화 관광벨트, 강변 생태문화 관광벨트

③ **광역관광권 추진전략**

- **수도관광권** : "미래를 선도하는 동북아 관광허브"
  - 경쟁력 있는 도시관광 육성으로 동북아 국제관광 허브화
  - 한류, MICE 등 고부가가치 복 · 융합관광 육성
  - 미래형 해양관광사업 육성 및 국제수준의 테마파크 조성
- **충청관광권** : "과학기술과 관광이 결합된 융합관광의 거점"
  - 과학 비즈니스벨트와 연계한 미래형 과학관광 거점화
  - 첨단 BIO 산업과 자연환경이 결합된 한국형 의료관광 육성
  - 내포−백제−중원문화권을 연결하는 역사문화관광루트 조성
- **호남관광권** : "아시아를 대표하는 문화관광 중추지역"
  - 전통과 현대문화가 조화된 아시아 대표 문화관광축 설정
  - 새만금 · 서남해안을 연계, 국제 수준의 해양관광명소 육성
  - 호남 고유의 문화관광자원(음식, 국악, 한지 등) 브랜드화
- **대구 · 경북관광권** : "3대 문화 역사관광의 거점"
  - 3대 문화권을 중심으로 역사문화 관광컨텐츠 육성
  - 백두대간 및 동해안을 연계한 녹색관광 실현
  - MICE 산업 및 지역산업 연계형 산업관광 육성

- 부·울·경 관광권 : "해양레저·크루즈관광 중추지역"
  - 동북아 크루즈 관광의 허브 구현
  - 남해안의 해양자원을 활용, 경쟁력 있는 해양·휴양관광 육성
  - 산·강·바다가 어우러지는 생태관광 연계벨트 조성
- 강원관광권 : "생태·웰빙관광 및 동계스포츠의 게카"
  - 평창–강릉–속초권 연계 글로벌 관광벨트 구상
  - 동해안과 백두대간을 연계하는 생태관광 거점 구축
  - DMZ와 주변지역을 평화·생명·웰빙관광으 세계적 명소화 추진
- 제주관광권 : "글로벌 경쟁력을 갖춘 자연유산관광 및 MICE 산업의 중심"
  - 유네스코 자연유산의 관광자원화 및 브랜드화
  - 고부가가치 관광사업 육성 및 지역 고유산업 쿡·융합
  - 지역 고유 농수산물을 활용한 음식·쇼핑관광 육성

④ 초광역 관광벨트 추진전략

㉮ 동·서·남해안 관광벨트

- 동해안의 자연환경과 문화자원을 결합한 '동해안 관광벨트'
  - 설악권, 경주권 중심 동해권 국제관광거죤 조성
  - 동해 청정해안과 백두대간을 연계한 휴양·헬스케어 관광 육성
- 역사문화와 해양레저를 융합한 '서해안 관광벨트'
  - 인천–태안–새만금–목포 연결 해양관광네트워크 구축
  - 경인 아라뱃길 연계루트 개발을 통한 해양레저관광 활성화
- 남해 다도해안을 연계하는 '남해안 관광벨트'
  - 해안권–제주–중·일 등 근해 및 세계 주요지역을 연결하는 국제크루즈 항로를 개설하고 국제선사 유치 및 관광상품 개발
  - 남중권(여수·순천·광양·사천·하동·남해)을 중심으로 동서통합 및 지역발전 거점 육성

㉯ 접경지역·내륙 관광벨트

- 남북접경지역을 중심으로 '한반도 평화생태 관광벨트'
  - 지역문화유산, 생태지역과 민통선 내 마을을 연계한 체류형 관광 활성화
  - DMZ 일원을 유네스코 생물권보전지역으로 지정 추진
- 내륙하천 및 수변환경을 활용한 '강변생태문화 관광벨트'
  - 강별 특성에 따른 차별화된 관광자원화
  - 4대 강변에 조성된 자전거도로와 생태 길을 활용하여 강변 마을과 주변 관광자원을 연계하는 강변 생태문화관광 클러스터 조성

● 백두대간의 자연문화콘텐츠를 연계한 '백두대간 생태문화 관광벨트'
  – 트레킹길, 탐방로의 단절구간을 연결하여 백두대간 숲길을 완성하고, 초광역벨트(3대 해안권·접경벨트)의 탐방로와 연계
  – 산촌문화 관광자원화 및 커뮤니티 활성화

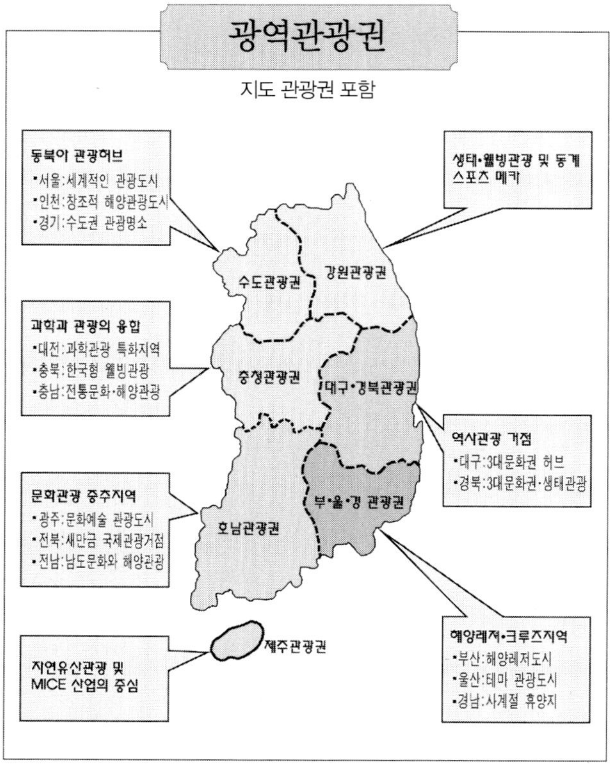

자료 : 문화체육관광부

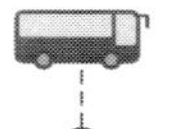
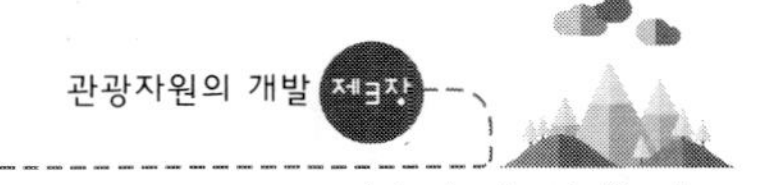

4. 관광권과 관광루트

1) 관광권(觀光圈)

관광권의 일반적인 개념은 관광자원을 효율적으로 관리 · 보전 · 개발하여 관광객의 관광동기 충족을 보다 용이하게 하기 위해 합리적으로 적정화한 지역이라 할 수 있다. 따라서 일정지역을 단위로 한 관광권은 관광자원의 동질성 및 고유성을 형성하여야 되며 국토의 전반적인 공간질서 면에서는 상호 유기적인 연계성을 확보하여 관광자원을 보다 다양하게 조성하여야 한다.

① 권역설정의 전제조건

    가) 목적의 명확성

    나) 규모의 적정화

    다) 시한성 및 변천성

    라) 관광권 내의 기후

    마) 관광권 주변지 주민의 관습, 가치관 등

② 권역설정기준

    가) 관광자원의 가치

    나) 관광자원의 지역대표성

    다) 주변지역의 토지이용유형

    라) 산업시설 여부

    마) 이용상의 편리 여부

    바) 거주자수

2) 관광루트(Route)

관광루트는 특별한 경우를 제외하고는 방향성이 없다. 따라서 관광루트는 관광코스와는 달리 여행의 전개과정이 아니므로 진행방법이 없이 관광course의 지점과 지점을 연결하는 관광객 이동의 통로라 할 수 있다. 관광루트는 관광객의 관광동기를 충족시킬 수 있도록 설정되어야 하며, 관광권 상호 간의 유기적 연결을 용이하게 할 수 있도록 형성되어야 한다.

이러한 관광루트의 설정기준으로는

가) 지역의 결합, 통일을 용이하게 할 것

나) 루트 주변의 경관 및 휴게소

다) 공항과의 근접성

라) 고속도로와 포장도로와의 근접성

마) 관광지 상호 간의 목적별 관광 Route의 조성 등을 들 수 있다.

제4장 · 관광사업 경영

제 1 절 관광사업의 기초이론

1. 관광사업의 발전

1) 자연발생적인 기생형 관광사업

- 시기 : 고대부터 19C 중엽
- 경영유형 : 기생형 관광사업
- 주요기업 : 우마차, 노새, 당나귀, 목조선, 주막 등
- Gastronomia : 포도주를 마셔가며 식사를 즐기는 식도락의 습관(로마시대)
- 미식생활은 여러 가지로 부작용을 낳게 하여 온천요양을 필요로 할 만큼 비만인과 위장병 환자가 늘어나 요양관광이라는 새로운 형태의 관광이 유행
- 간이식당 타베르나(Taverna)와 식당 겸 숙박시설인 포피나(Popina)가 각지에 세워짐(로마시대)

2) 서비스적인 매개형 관광사업

- 시기 : 19C 중엽부터 제2차 세계대전까지
- 경영유형 : 매개형 관광사업
- 주요기업 : 철도, 증기기선, 호텔, 여관, 여행알선업체 등
- 최초의 철도 개통(1825년 영국)과 증기선의 취항(1840년대) 등
- 스타틀러(E. M. Statler)와 부머(L. Boomer) 등 호텔경영자의 창의와 노력으로 미국의 호텔이 대형화 내지 대중화했고 근대화되기 시작했다.

3) 조직적인 개발형 관광사업

- 시기 : 제2차 세계대전 이후부터 현재까지
- 경영유형 : 개발형 관광사업
- 주요기업 : 철도, 선박, 항공기, 자동차, 호텔, 여행알선업체, 기타 관광관련 기관
- Social Tourism과 Mass Tourism현상
- Social Tourism의 구체적 조치로서 ① 철도나 항공요금의 운임할인제도 ② 관광비용 지원제도

③ 국민휴가계획 ④ 유스호스텔, 국민휴가촌, 국민기숙사의 건설
● 수동적 · 소극적 입장에서 능동적 · 적극적인 수요개발 현상

2. 관광사업의 정의 및 구성

1) 관광사업의 정의

① **전중희일** : 관광사업이란 "관광왕래를 유발하는 각종 요소에 대한 조화적 발달을 도모함과 동시에 그의 일반적인 이용을 촉진함에 따라 경제적 · 사회적 효과를 노리기 위해 알선, 선전 등을 행하는 조직적인 인간활동이다."

② **정상만수장** : 관광사업이란 "관광왕래에 대처하고 이것을 수용 또는 촉진하기 위해 행해지는 모든 인간활동의 총체이다."

③ **글뤽스만** : "일시적 체재지에 있어서 외래자와 그 지역 사람들과의 제 관계의 총체이다."

④ **일본 교통공사의 관광사전** : "관광현상이 가져온 여러 가지 효과를 인정하고 관광현상에 따른 일부의 요소를 조직화하여 훈련을 실시하고 그 체계를 정비하게 됨으로써 국가번영과 인류복지증진에 크게 기여하는 다목적이고 총체적인 활동"

2) 관광사업의 구성

관광사업을 광의로 해석하면 관광사업을 구성하는 요소에는 네 가지가 있다.

① 주체인 관광객과 이들을 공급하는 관광시장

② 객체인 관광객을 유인하는 관광대상

③ 매체인 교통기관과 호텔, 모텔 등의 관광숙박업, 음식, 운동, 오락, 휴양 등의 관광객 이용시설업 등의 관광기업과 서비스가 포함되어 있다.

④ 관광사업 추진기관인 정부나 지방공공단체, 공익법인 등이다.

〈관광사업의 구조〉

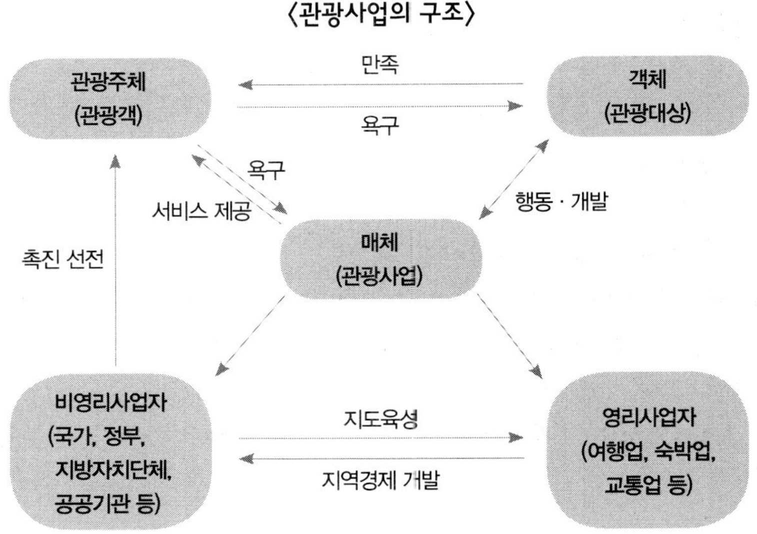

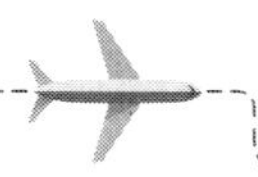

또한 관광사업의 주체는 공적기관인 정부와 지방공공기관 그리고 영리를 목적으로 하는 민간기업이다. 여기서 공적기관이 실행하는 사업을 관광행정이라 하고 민간기업의 사업을 관광경영이라 한다.

〈관광사업의 종류〉

3. 관광사업의 특징

1) 복합성

관광여행을 출발시로부터 귀착하기까지 그것이 완결되는 전 과정에서 관광기업의 개입을 생각해 보면 여러 관련업종의 복합으로 이루어지고 있음을 쉽게 알 수 있다.

그중에서도 여행알선업, 교통업, 숙박업은 빼놓을 수 없는 기간업종을 형성하고 있는데 이 같은 산업적 측면과 관광기업과의 관련에서 보면 관광기업경영은 복합성을 가진다고 할 수 있다.

2) 입지 의존성

① **불연속 생산활동** : 관광기업은 대체적으로 관광객의 내방에 따라 비로소 경제활동을 개시하게 되는데 관광객은 관광지의 입지조건 여하에 따라 소비계층이 다르고 또한 관광객의 내방은 계절별, 월별, 주별, 시간별 등에 따라 변동의 차가 매우 심하며 관광여행은 그 성격상 관광객의 임의적인 행동에 의해 좌우된다.

② **생산·소비의 동시완결형** : 관광기업은 순간생산, 순간소비의 형태를 기본적 특질로 하고 있다. 그렇기 때문에 저장이 불가능하며 경영상의 탄력성이 없다. 이러한 경영상의 취약점을 극복하기 위해서 예약판매제도, 특별회원제, 단체 및 비수기할인제 실시, 다양한 부대시설의 운영, 월부여행제도 등을 실시하여야 한다.

③ **노동·시설률의 상승** : 관광기업의 대형화·고급화 추세에 따라 노동장비율이 높아져 가는 경향이 뚜렷하다.

3) 공익성과 수익성

관광기업은 여러 관련업종의 복합체로 성립되는 특성을 지니고 있기 때문에 사적관광기업이라 할지라도 경영에 있어서 공익목적을 달성하는 사명을 띠게 된다. 따라서 관광기업은 자기 회사의 수익성만을 목적으로 한 경영이 허용되지 않는다. 다시 말하면 관광의 목적은 관광객의 위락적 요소와 정신적·문화적 가치추구에 있다. 또한 관광사업에 있어서 공익적 측면은 사회문화적 측면과 경제적 측면으로 나눌 수 있다.

4) 변동성

① **사회적 요인** : 폭동, 정치적 불안, 전염병, 사회상황의 변화, 분쟁 등 여행객들에게 불안을 주는 요소
② **경제적 요인** : 내외의 경제, 환율인상, 운임인상 등
③ **자연적 요인** : 기후, 지진, 폭풍 등의 파괴적 자연현상 등

5) 양면성

① **수동적** : 관광자원개발 보호, 관광시설을 설치·정비하는 것
② **능동적** : 여행상품개발, 관광객 유치 선전

6) 서비스성

관광사업은 관광객에 대하여 서비스를 제공하는 영업을 중심으로 구성되어 있기 때문에 무형의 서비스가 가장 중요하다. 따라서 서비스의 제공은 관광사업종사자뿐만 아니라 지역 주민과 국민의 친절과 건전한 서비스 제공이 필수적이기 때문에 관광에 대한 인식을 적극적으로 계몽시켜야 한다.

7) 매체성

일반적으로 관광사업은 주체인 관광객과 객체인 관광대상과를 결합시키는 매체를 제공한다.

8) 경립성

각각의 관광지는 관광자원을 그 기반으로 하여 특색을 갖고 관광지를 형성하고 있다. 따라서 관광객 유치에 있어서는 항상 이웃의 관광지끼리는 경합상태에 있다고 말할 수 없다. 장거리 여행이나 외국여행 등에서 일개소 또는 한 국가만을 방문하는 여행은 흔치 않다. 따라서 인근 관광지는 각각 독자의 존재이유를 주장하면서도 완전한 경쟁상태를 형성하는 것이 아니고 오히려 매력있는 관광루트를 형성하여 집단적인 이익을 향유하는 특수성이 인정된다.

9) 지역성

관광사업은 원칙적으로 지역단위로 행해지고 지역에 따라 그 특징이 달라질 수 있다. 관광공급도 사회적 및 경제적 환경에 따라 다르기 때문에 지역사업으로서의 특성을 갖는다.

10) 다면성

관광사업은 그 관련범위가 자연·문화·사회·교육·정치·경제·역사·지리 등 대단히 광범위하고 다각적인 성격을 갖는다.

 관광사업 경영

1. 관광교통업

1) 관광교통업의 정의

교통업이란 수송수단을 써서 사람 또는 재화를 장소적으로 이동시키는 서비스를 상품으로 하여 판매하고 이윤을 추구하는 사업을 말하며 민간기업만이 아니고 국가나 지방공공단체가 운영하는 공영사업을 포함한다.

관광의 대중화는 교통수단의 발달과 근대적 교통업의 성립을 전제로 하여 실현되었다고 할 수 있다. 또한 교통업은 관광사업 가운데서 중심적 위치를 차지하고 있을 뿐만 아니라 관광개발에 있어서도 그 주도성을 발휘하고 있어 관광과의 관계는 더욱 밀접해져 가고 있다.

2) 교통업의 기본적 성격

① **무형재** : 교통용역은 즉시재 또는 무형재라 한다. 왜냐하면 교통서비스는 생산되고 있는 순간에 소비되지 않으면 실효를 거둘 수 없다. 다시 말하면 생산즉 소비, 소비즉 생산의 성격을 띠고 있기 때문에 생산된 재화의 저장이 불가능하다.

② **수요의 편재성** : 교통수요는 시간적·지역적으로 커다란 파동을 일으킨다. 또한 성수기와 비수기의 편재성도 강하게 나타난다.

③ **자본의 유휴성** : 교통수요가 시간적·지역적으로 편재하고 있다는 것은 성수기를 제외하면 적재력이 항상 남아돌아간다는 것이다. 즉 자본의 유휴성이 크다는 것이다.

    ※ **교통수단의 3대요소** : 도로, 운반용구, 동력

④ **독점성** : 일정한 노선을 확보하고 있는 교통사업은 당초부터 자연적 독점형태의 성격을 띠고 있다. 그 때문에 대체 교통기관이 달리 없을 경우에는 운임이 크게 인상되었다 해서 그 교통기관을 이용하지 않을 수 없다.

3) 관광과 교통시설 종류

교통이란 사람(또는 화물·정보)의 왕래를 말하고 그 장소적 이동을 뜻한다. 또한 교통시설(Traffic

Facilities)은 관광의 본질적 요소 가운데 하나인 '이동'을 담당하는 것이므로 관광과는 밀접 불가분의 관계를 맺고 발전해 왔다.

이런 관광교통시설로는

① 관광객의 거주지로부터 관광지에 이르는 여객수송을 맡고 있는 일반교통수단

② 관광지에서 유람적인 여객수송과 관광객 수송을 맡고 있는 특수교통수단으로 나눌 수 있는데 이러한 내용을 구분하여 보면 철도운송업, 해운업, 항공업, 육상운송업 등으로 나눌 수 있다.

가) 철도운송업

㉮ 철도는 육상교통의 가장 대표적인 수송수단으로서 세계 각국의 관광사업 발전에 크게 기여하였고 산업혁명 이후 관광객의 왕래에 중요한 역할을 맡아왔다. 그러나 최근에 와서 항공기와 자동차의 현저한 발달로 인하여 이용률은 급속하게 둔화되고 있고 장거리여행은 항공기에, 단거리여행은 자동차에 여객을 빼앗기고 있다.

㉯ 사양산업 양상을 보이고 있는 철도를 철도의 전철화, 스피드화, 객차설비의 개선, 열차편성의 개혁, 서비스의 향상, 철도여객의 급식개선 등과 고속쾌적을 실현하기 위하여 각국에서 개발연구가 진행되고 있다.

㉰ 주유권(Round Ticket)과 Economic Coupon의 발매, 각종 운임할인제도 실시 등을 통하여 철도의 관광이용을 촉진시키고 있다.

㉱ 관광목적을 위한 철도로는 등산철도와 유람철도 등이 있고 산악관광과 자연관광을 위한 것으로 모노레일(Monorail), 강색철도(Cable Car), 보통 삭도(Rope Way), 특수삭도(Ski Lift)등이 있는데 이 같은 관광객용 철도는 일반철드에 비해 수송량의 획득범위는 한정되어 있고 여객수입 이외에 별도의 화물수입 등이 없으며 경기변동이나 기후 등에 의해 크게 영향을 받는 등 경제적으로 많은 위험을 안고 있다.

㉲ 각국의 철도 승차권

● Amtrak : 미국 교통부가 주주로 있는 국립철도회사의 마케팅 명칭이다.

● Britrail pass : 영국, 스코틀랜드, 웨일스를 여행할 수 있는 승차권

● 유로패스 : 프랑스, 독일, 이탈리아, 스위스, 스페인과 인접한 4지역 중 최대 2개 지역권까지 선택할 수 있는 맞춤 패스로, 이 패스는 유레일 선택패스와 동일한 혜택과 특전이 있다.

● 코레일 pac : 우리나라를 방문한 외국관광객을 위해 만든 철도종합관광 상품으로 코레일 pac 한 장으로 서울의 특급호텔을 이용할 수 있으며 서울역에서 새마을호 특실을 이용하여 관광할 수 있는 패키지 상품이다.

● 한일공동승차권 : 한국에서 일본까지 KTX − 부관훼리 − 일본철도를 이용해서 7일간 여행할 수 있는 티켓이다.

● 유레일패스 : 유럽 28개국에서 국철 및 일부 사철을 정해진 기간 동안 무제한 이용할 수 있는 특별할인 철도 탑승권으로 매우 저렴하고 편리한 정기열차 승차권이다.

- Japan Rail pass : 외국에서 일본에 오는 관광객에게 판매하는 것으로 일본철도를 자유롭게 탈 수 있는 패스이다.

※ **인류사상 최초의 철도개통** : 1825년 영국에서 스톡턴−달링턴 간에 최초 개통

우리나라의 철도 : 1899년 9월 18일 제물포−노량진 간 개통(33.2㎞)

나) 해운업

㉮ 19C 초에 증기기관의 발명이 선박에 응용되고 그에 따라 선박의 발달은 급속하게 진전하기 시작하였고 그 후 19C 후반에 들어서서 대서양에서는 각 선박회사 간의 치열한 경쟁이 일어났고 그 결과 정기선의 운행, 선박의 설비, 속력, 서비스의 향상을 보게 되었다.

㉯ 19C 후반부터 20세기 전반에 이르는 시기에 선박의 발달과 함께 대서양에서는 미국인의 유럽관광여행이 급증하였고 선박제조기술의 혁신은 화물과 승객의 승용선으로부터 고급객선의 시대로 들어서게 되었다.

㉰ 20C 전반에는 선박이용의 국제관광여행이 착실하게 증가하여 여객선으로서는 최고의 호황시대를 맞이하게 되었다. 그러나 1950년 이후에는 항공기의 제트화에 따른 스피드화, 운임의 저렴화, 대형화에 따른 대량고속수송혁명에 의하여 일반여객의 선박이용은 크게 감소되었고 따라서 취항 여객선의 감소도 불가피하게 되어 국가 간의 여객운송기관으로서의 역할은 줄어들었다.

㉱ 반면에 호화롭고 여유있는 선박여행은 승선하는 그 자체가 관광성이 높기 때문에 재평가를 받기 시작하였고 앞으로도 고급관광객을 대상으로 한 관광전용선으로서 새로운 형태로 번창할 것으로 기대되는데 그렇게 하기 위하여서는

㉠ 기계진동과 파도에 의한 동요를 최소한으로 줄이기 위한 기술적 개량과 대형화 · 스피드화를 실현하여 쾌적성과 고속성을 증대시켜야 하며

㉡ 외관의 미장, 선내설비의 고급화, 오락 · 운동시설의 완비, 그 밖의 양질의 서비스 제공 등에 따른 호화성과 오락성을 모두 갖추도록 하여야 하며

㉢ 각종 안전대책에 따른 절대 안전성의 확립을 도모해야 한다.

다) 항공업

㉮ 항공업은 국제수지의 개선, 외국과의 경제적 · 정치적 관계의 긴밀화 그리고 국위의 선양이라는 관점에서 각국이 그 나라의 국제노선을 가진 항공회사를 지원 · 육성해 왔다. 특히 현대 관광은 관광객의 대량수송이라는 측면과 밀접한 관계를 유지하면서 발전해 왔는데 항공운송이 차지하는 비중은 이런 점에서 매우 중요하기 때문에 항공운송업무에 관한 사항은 여행업과 관련시켜 다음 장에서 구체적으로 알아보도록 한다.

※ HST(초음속 여객기 : High Supersonic Transport)

SST(초음속 여객기 : Supersonic Transport)

CTOL(보통 이 · 착륙기 : Conventional Take-off and Landing Plane)

STOL(단거리 이·착륙기 : Short Take-off and Landing Plane)

VTOL(수직 이·착륙기 : Vertical Take-off and Landing Plane)

라) 육상운송업

㉮ 육상운송업의 주된 수단은 자동차 운송업이다. 자동차 운송업은 관광에 있어서의 목적지까지 수송과 관광대상물이 있는 관광지에서의 유람수송이 최대장점이다.

㉯ 제2차 세계대전 후 자동차 교통의 눈부신 발달은 과거 철도시대에서는 볼 수 없었던 새로운 관광형태인 'Fly and Drive'가 유행하였고 신관광지의 성쇠, 신숙박시설의 번창, 주차장 정비 등의 문제를 관광사업에 안겨주었다.

㉰ 현대의 육상운송은 정기운송사업에 의하고 있으나 관광부분에 있어서는 1930년 미국에서 렌터카 사업이 번창하여 편리한 시스템이 채용되고 있고 그 이용도가 매우 높다.

렌터카 사업이 미국에서 성공한 이유는

첫째, 항공여행의 대중화에 따른 항공여행과의 결합

둘째, 고속도로 발달과 도로정비가 잘되었고

셋째, 편리한 장소에서의 반환이 가능하도록 하는 시스템구축 등을 들 수 있다.

※ 세계의 대형 렌터카 : Hertz, Avis, National, ABC

㉱ 자동차로 인한 관광여행의 발전은 필연적으로 모텔(Motel)의 발전을 비롯하여 침실, 조리실, 화장실을 구비한 소형가옥을 관광지에 자동차로 끌고 다니는 가족여행용 트레일러 하우스(Trailer House), 다수인의 숙박·식사시설을 갖춘 대형버스 로텔(Rotel), 오토 캠프장(Auto Camping Ground) 등의 발전을 가져왔다.

제5장 • 숙박업

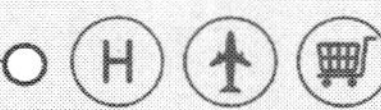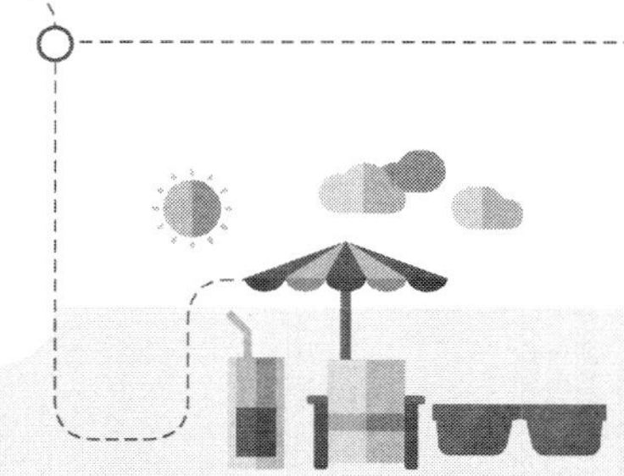

1. 숙박업의 정의

숙박업이란 숙박시설의 건설과 경영을 목적으로 하는 상업활동을 말하며 숙박시설은 여행자에게 주로 숙박과 음식에 관계되는 서비스를 제공함으로써 목적지에서의 체재를 가능케 하는 시설을 말한다.

숙박시설에는 Traditional Accommodation(전통적 숙박시설)과 Supplementary Accommodation(보조적 숙박시설)으로 나눈다.

1) 전통적 숙박시설 : 호텔, 모텔, 펜션, 유스호스텔 등

2) 보조적 숙박시설 : Cottage, Cabin, 방갈로 등

3) 숙박업의 발전과정 : Hotel Industry － Hotel & Motel Industry － Lodging Industry － Hospitality Industry

2. 관광숙박업의 발전요인

1) 대중관광시대의 도래로 관광에 대한 양적, 질적 변화의 심화 및 이로 인한 관광 숙박수요의 증가
2) 관광사업과 연계된 관련 제 산업의 발달에 기인한 관광숙박업의 지속적인 발전 가능성 증가
3) 숙박업에 종사하는 사람들의 창의와 연구에 의한 경영기법 및 기술혁신에 따른 관광숙박업의 효율적 관리, 운영기법도입 등으로 요약될 수 있다.

3. 관광숙박업의 종류

관광숙박업의 종류는 지역별, 국가별 특수성에 따라 상이하며, 또한 다른 명칭으로 불리기도 한다. 현재 우리나라에서 구분하고 있는 관광숙박업의 종류는 관광진흥법 제3조와 동 시행령 제2조 2항에서 분류한 것과 같이 관광호텔업, 수상관광호텔업, 한국전통호텔업, 가족호텔업, 호스텔업, 소형호텔업, 의료관광호텔업 및 휴양콘도미니엄업 등으로 나누고 있는데, 관광진흥법에서 규정하고 있는 각 숙박업별 내용은 다음과 같다.

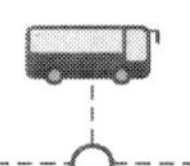
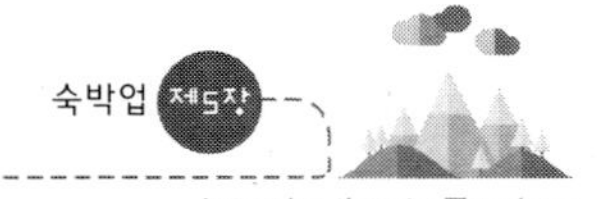

1) 관광호텔업 : 관광객의 숙박에 적합한 시설을 갖추어 이를 관광객에게 이용하게 하고 숙박에 부수되는 음식 · 운동 · 휴양 · 공연 · 오락 또는 연수에 적합한 시설 등을 함께 갖추어 이를 관광객에게 이용하게 하는 업

2) 수상관광호텔업 : 수상에 구조물 또는 선박을 고정하거나 계류시켜 놓고 관광객의 숙박에 적합한 시설을 갖추거나 부대시설을 함께 갖추어 이를 관광객에게 이용하게 하는 업

3) 한국전통호텔업 : 한국전통의 건축물에 관광객의 숙박에 적합한 시설을 갖추거나 부대시설을 함께 갖추어 이를 관광객에게 이용하게 하는 업

4) 가족호텔업 : 가족단위 관광객의 숙박에 적합하도록 숙박시설 및 취사도구를 갖추어 이를 관광객에게 이용하게 하거나 숙박에 부수되는 음식 · 운동 · 휴양 또는 연수에 적합한 시설을 함께 갖추어 이를 관광객에게 이용하게 하는 업

5) 호스텔업 : 배낭여행객 등 개별 관광객의 숙박에 적합한 시설로서 샤워장, 취사장 등의 편의시설과 외국인 및 내국인 관광객을 위한 문화 · 정보 교류시설 등을 함께 갖추어 이용하게 하는 업

6) 소형호텔업 : 관광객의 숙박에 적합한 시설을 소규모로 갖추고 숙박에 딸린 음식 · 운동 · 휴양 또는 연수에 적합한 시설을 함께 갖추어 관광객에게 이용하게 하는 업

7) 의료관광호텔업 : 의료관광객의 숙박에 적합한 시설 및 취사도구를 갖추거나 숙박에 딸린 음식 · 운동 또는 휴양에 적합한 시설을 함께 갖추어 주로 외국인 관광객에게 이용하게 하는 업

8) 휴양콘도미니엄업 : 관광객의 숙박과 취사에 적합한 시설을 갖추어 이를 당해시설의 회원 · 공유자 및 기타 관광객에게 제공하거나 숙박에 부수되는 음식 · 운동 · 오락 · 휴양 · 공연 또는 연수에 적합한 시설 등을 함께 갖추어 이를 이용하게 하는 업

<h3 align="center">〈시 · 도별 관광숙박업 현황〉</h3>

(2018년 12월 31일 기준)

업종별		지역	서울	부산	대구	인천	광주	대전	울산	경기	강원	충북	충남	전북	전남	경북	경남	제주	합계
관광숙박업	호텔업	관광호텔업	330	81	21	78	12	16	14	124	46	21	17	29	38	41	50	126	1,044
		전통호텔업	–	–	–	3	–	–	–	–	1	–	–	1	2	1	–	1	9
		가족호텔업	20	1	–	4	–	1	1	12	14	2	4	5	10	3	20	62	159
		호스텔업	81	65	2	58	1	–	–	11	7	2	3	7	196	19	23	163	638
		소형호텔업	9	2	–	2	–	–	–	3	2	–	1	2	2	2	1	4	33
	휴양콘도미니엄업		–	5	–	2	–	–	–	17	75	8	15	6	9	15	16	60	228
	계		440	154	23	147	13	17	15	170	145	33	40	50	257	81	110	416	2,111

자료 : 문화체육관광부

제 **2** 절 호텔경영론

1. 호텔의 기본 개념

1) 호텔의 어원

호텔의 어원은 '융숭한 대접'을 뜻하는 라틴어의 Hospitalis라는 형용사의 중성어인 '순례자나 참배자, 나그네를 위한 숙소'를 뜻하는 Hospitale에서 출발하였으며 이 Hospitale가 고대, 중세의 프랑스어로 Hostel이 되어 근래의 영어로 받아들여졌으며 'S'의 음이 사라져 현재 영어와 불어의 Hotel로 쓰이게 되었다. 중세에 있어서 Hostel은 숙박의 장소, 기숙사, 대저택의 의미로 각각 사용되었는데 현재 '호스텔'은 숙소의 의미를 따서 Youth Hostel은 청소년을 위한 저렴한 숙박시설로, Hotel은 숙박시설의 의미로 Inn보다 고급 숙박시설로 굳어지게 되었다. Inn은 14C 영어의 동사로 '숙박시킨다'라는 의미로 사용되다가 숙박시설 자체를 표현하는 명사로 바뀌어 오늘날까지 사용되게 되었다. 또한 'Hospitale'는 고대, 중세 불어로 'Hospital' 현재 불어 및 영어의 'Hospital'로 변형되어 병원을 가리키는 말로 변형되어 사용되고 있어 'Hospitale'는 'Hote' 'Hospital(병원)' 'Hostel(숙소)' 등의 파생어를 만든 것이다.

이와 관련되는 용어는 'Hospitalis'가 영어의 'Hospitality' 불어의 'Hospitalite'로 변형되어 '환대'를 뜻하게 되어 미국에서 '호스피탤리티 산업(Hospitality Industry)'이라는 말이 보편화되고 있는데 이는 숙박, 음식, 사교클럽 등의 세 가지 산업으로 구성되어 있는 것을 말한다. 우리말로 주인, 부인이라고 해석되는 'Host, Hostess' 등도 모두 맥락을 같이하는 단어들이다.

※ Hospital−Hostel−Inn−Hotel

2) 호텔의 개념

기업으로서의 호텔은 이익을 목적으로 숙박과 음식물을 생산하여 판매하는 곳으로서, 사적 시설이 아닌 사회공공에 기여하는 사회적 시설인 동시에 정해진 특정한 사람들만을 고객으로 하는 것이 아닌 불특정다수의 일반대중을 대상으로 하는 영업체이다. 그러나 아직까지도 어떤 부문에서는 숙명적인 가사적 성격을 벗어나지 못하고 있는 곳도 있으나 이제는 관리자의 경영능력과 자본시설을 바탕으로 객실, 식음료, 그리고 서비스를 상품으로 하여 하나의 기업으로 성장해 가고 있다.

이러한 호텔을 일반적으로 정의하면 '일정한 지불능력이 있는 사람에게 객실과 식사를 제공할 수 있는 시설을 잘 훈련되고 예의 바른 종업원이 조직적으로 봉사하여 그 대가를 받는 기업'이라고 할 수 있다. 따라서 본질을 따져보면,

① 영리를 목적으로 한다.

② 숙식을 제공할 수 있는 시설을 갖춘다.

③ 종업원의 서비스를 상품으로 판매하는 가사적인 기업이라 할 수 있다.

3) 호텔의 역사적 발전과정

① Inn의 시대

- 시기 : 고대 – 중세
- 특징 : 이 시기의 숙박시설은 쾌적성보다 수면·음식·재산의 보호에 관계된 최저한도의 시설을 제공하였으며 이용객층은 주로 종교여행자들이었다.
- 주요 숙박시설 : 맨션(Mansion), 카라반서리(Caravansary)

② 그랜드(Grand) 호텔 시대

- 시기 : 19C 중엽
- 특징 : 상류계급의 세련된 생활양식을 기초로 호화스런 시설과 서비스를 포함한 숙박기능 및 부유층의 사교장 역할을 하였다.
- 주요 숙박시설 : Grand Hotel, Ritz Hotel 등

③ Commercial 호텔 시대

- 시기 : 19C 중엽 – 20C 초
- 특징 : 일반대중을 대상으로 한 숙박시설의 건설과 경영을 목표로 호텔의 사업적 측면을 강조하는 상업적 숙박업으로 발달하였다.
- 주요 숙박시설 : Statler Hotel

④ New age 호텔 시대

- 시기 : 20C 중엽 이후
- 특징 : 교통수단의 발달과 여행패턴의 변화 등으로 경영과 서비스측면에서 다양한 형태의 호텔로 출현하였다.
- 주요 숙박시설 : Chain 호텔, Motel, Resort 호텔, 콘도미니엄, Budget 호텔 등

4) 각국 호텔의 발전사

① 독일

가) 1807년에 Baden Baden에 세워진 독일 최초의 호텔 바디셰 호프(Der Badische Hof)

나) 1874년 Berlin에 세워진 카이저 호프(Caiser Hof)

다) 1876년 라인강변에 세워진 프랑크푸르트 호프(Frankfurt Hof)

② 프랑스

가) 1850년 파리에 건립된 프랑스 최초의 그랑 호텔(Le Grand Hotel)

나) 1855년 나폴레옹 3세의 창안에 의해 세워진 루버 호텔(Hotel du Louver)

다) 1870년에 세계에서 가장 화려한 호텔로 등장한 그랜드 내셔널 호텔(Hotel Grand National)

라) 1880년에 세자르 리츠(Cesar Ritz)에 의해 세워졌고 체인 호텔의 효시가 된 리츠 호텔(Ritz Hotel)

마) 1912년 휴양지 칸에 세워진 호텔 네그레스코(Hotel Negresco)

③ 미국

가) 1794년 뉴욕에 세워진 미국 최초의 City Hotel은 객실 73실로서 1829년까지의 35년간을 미국 호텔산업의 제1차 황금기라 한다.

나) 1829년 보스턴에 등장한 트레몬트 하우스(Tremont House)는 호텔에 Lobby를 구비, 지배인제도 채용, 프랑스 요리 소개 등 호텔경영자들에게 많은 영향을 줬기 때문에 근대 호텔 산업의 원조라 한다.

다) 1893년 뉴욕에 세워진 월도프 애스토리아 호텔(Waldorf Astoria Hotel)은 지배인 퓨마가 'Waldorf Manual'을 작성했고 근대적인 호텔회계를 확립했다.

라) 1908년 버팔로 시에 세워진 스타틀러 호텔(Statler Hotel)은 호텔의 혁명왕인 스타틀러(E. M. Statler)가 'A Room and a Bath for a Dollar and a Half' 즉 "1.5$로 욕실이 달린 객실을 이용할 수 있다"는 슬로건을 내세우면서 많은 기술과 서비스 개선으로 호텔업계의 제일로 부상하였다. 이 융성기를 미국 호텔산업의 제2차 황금기라 한다.

마) 1919년 뉴욕의 펜실베이니아 호텔(Pennsylvania Hotel)은 22층에 2,200실을 보유하여 당시 세계 제일의 호텔이었다.

바) 제2차 세계대전 후 미국에는 쉐라톤(Sheraton)과 힐튼(Hilton)이라는 2대 호텔체인이 전 호텔업계를 2등분하는 세력으로 등장하게 되었다. 쉐라톤의 창업자는 어니스트 핸더슨(Earnest Handerson)이고, 힐튼의 창시자는 콘라드 힐튼(Conlard N. Hilton)이다.

※ Hilton의 호텔 경영

a. 체인화 이론 즉, 매니지먼트 콘트랙트(Management Contract)를 완성했다.

b. 힐튼은 호텔산업을 국제적인 사업활동으로까지 끌어올리는 데 있어서 절대적인 업적을 남겼다.

c. 호텔 스페이스의 유효 이용이라는 점에서 혁신적인 큰 업적을 남겼다.

d. 호텔 경영에 있어서 계수관리와 종업원에 대한 시간 연구성과에 따른 철저한 능률주의를 실천하였다.

사) 모텔의 등장

현대 미국의 숙박업계에 있어서 힐튼을 능가할 만한 기업을 든다면 그것은 모텔업계의 Holiday Inn일 것이다. 이 홀리데이 인의 창업자 케몬스 윌슨(Kemmons Wilson)은 현대에 있어서 숙박산업의 최대의 기업가라고 할 수 있다.

※ 윌슨의 Motel 경영

a. 홀리데이 인 성공의 배경에는 미국인의 여행형태가 모토리제이션의 영향으로 일변했다는 점이다.

b. 홀리데이 인은 현재 Motor Hotel로 불리고 있는, 주차장을 구비한 고급호텔을 처음부터 목표로 했던 것은 아니고 스타틀러와 마찬가지로 저요금 전략을 철저하게 고수한 점도 경영의 특징이다.

c. 윌슨의 저요금 숙박시설 경영의 경영비결(Know-How)을 들 수 있다.

d. 홀리데이 인 성공에 크게 작용한 것은 윌슨 자신의 인간으로서의 성실성과 투철한 경영이념을 들지 않을 수 없다.

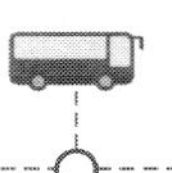
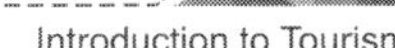

아) 항공회사가 호텔경영에 크게 진출하고 있다.

예를 들면 PAN AM항공회사의 Inter Continental Hotels, TWA의 Hilton International, 아메리카 항공의 America Hotel 등

자) 하워드 존슨의 Lodge 경영

외식산업에서 성장한 기업이 숙박산업분야에 진출한 대표적인 예로서 숙박산업에는 하이웨이 레스토랑에 병설하는 형태로 1945년에 진출하여 체인망을 구축해 나갔는데 하워드 존슨 모터로지(Howard Johnson Motor Lodge)로 부르고 있다.

차) 매리엇(Marriott)의 다각경영

매리엇의 사업내용을 보면

a. 외식산업에서의 사회활동이 고급레스토랑으로부터 드라이브 인까지 비행기의 기내식과 학교, 병원, 기업 내 급식에 이르까지 매우 다양하다.

b. 리조트 개발과 레저랜드의 개발, 그리고 크루징(Cruising)선의 운항을 경영하는 등 레저산업, 관광산업에의 진출이 괄목할 만하다.

카) 리조트 호텔(지중해 클럽)의 경영

a. 지중해 클럽(Club Mediterranee)은 1975년 현재 세계 각지에서 76개소의 '휴가촌'을 체인경영하고 있는 세계 최대의 리조트 호텔(Resort Hotel)회사이다.

b. 이 지중해 클럽은 1950년 벨기에 사람인 볼리츠(Gerard Bilitz : 수상스키 챔피언으로 유명한 스포츠맨)에 의하여 창설되었다.

c. 스포츠의 종류로는 테니스, 승마, 펜싱, 수상스키, 스킨다이빙, 낚시, 요가, 유도 등으로 각각 GO(Gentle Organizer : 친절한 지도원의 뜻)가 지도를 해준다.

5) 우리나라의 호텔 발전사

① **1888년** : 인천에 세워진 3층 건물인 대불호텔

② **1902년** : 정동(이화여중 자리)에 세워진 손탁호텔(Sontag Hotel)은 최초의 근대 서양식 호텔로서 객실, 가구, 장식품, 악기, 의류 및 요리가 모두 서양식으로 등장했으며 프랑스요리가 처음으로 제공되었다.

③ **1909년** : 구 이화여고 정문 앞에 세워진 하남호텔

④ **1912년** : 부산역에 벽돌 2층의 건물로 세워진 부산철도호텔

⑤ **1912년** : 신의주역사 2층에 신의주 철도호텔이 세워졌다.

⑥ **1914년** : 서구식 형태의 숙박시설의 개념을 가진 지하 1층 지상 4층의 조선호텔

⑦ **1936년** : 상용호텔의 효시를 이룩한 반도호텔

⑧ **1963년** : 휴양지 호텔로 건립된 워커힐 호텔은 현재 미국 쉐라톤 호텔과 객실 254개의 프랜차이즈 경영계약으로 운영되고 있다.

⑨ 그 후 1966년의 세종호텔을 비롯 1970년에 접어들면서 미국관광객의 현저한 증가추세에 발맞추어 코리아나호텔, 롯데호텔, 하얏트호텔, 신라호텔 등 대규모 호텔들이 등장하였다.

2. 호텔기업 경영의 특수성 및 경영조직

1) 호텔기업의 특수성

① 일시적 최초 투자비율이 높다

호텔은 거대한 시설 자체가 상품으로서의 가치를 가지고 판매되는 것이므로 건물을 세우고 내부시설 및 비품, 집기 등을 완비해 놓아야만 완전한 상품의 구실을 하게 되어 자연히 최초의 투자가 설립 당시 가장 높은 것이다.

② 자본의 회전율이 낮다

㉠ 자본의 회전율 $= \dfrac{\text{매상고}}{\text{자본}} \times 100$

㉡ 자기자본의 회전율 $= \dfrac{\text{매상고}}{\text{자기자본}} \times 100$

③ 고정자산의 구성비율이 높다

기업으로서의 호텔은 일반적으로 타기업이 건물이나 시설과 같은 고정자본보다는 현금이나 상품과 같은 유동자본의 비중이 높은 데 비해, 고정자산에 대한 투자액이 70~80%로서 가장 높은 비중을 차지하게 된다.

④ 건물 및 시설의 노후화가 빠르다

호텔시설은 시설 자체가 하나의 상품이므로 일반 타시설보다는 수명이 짧다는 특성이 있다. 즉 시설의 이용빈도에 따라 쉽게 마모되기 때문에 시설의 노후화가 조기에 이루어진다는 것이다.

⑤ 인적 자원에 대한 의존성이 높다

호텔 서비스는 규격화 · 자동화된 기계설비에 의존하기가 매우 어렵다. 이는 천차만별의 고객과 각종 상황에 대처할 수 있는 능력이 필요하기 때문으로 고객을 만족시켜 줄 수 있는 인적 서비스의 의존성이 높다.

⑥ 연중무휴의 상품이다

호텔은 1일 24시간 연중무휴로 계속 인적 · 물적 '서비스'를 판매하는 기업이다.

⑦ 수지균형의 고율성

호텔은 타기업에 비해 수지균형상 수익분기점이 높다. 즉 호텔은 건물과 시설 투자가 70~80%를 차지하고 있어 자본회전율이 낮고 시설의 조기노후화로 감가상각비의 부담이 높으므로 자연히 수지균형점이 타기업보다 높아지므로 경영합리화를 이루기 어렵다는 것이다.

⑧ 호텔경영의 3요소

현대호텔 경영의 특징적인 것으로 '3S'라고 부르는 3가지 기본적인 요소가 있다. 즉 '서비스(Service), 세일즈(Sales), 사이언스(Science)'가 그것이다.

⑨ 비보관성 상품이다

호텔상품은 수요와 공급이 동시에 완결되는 상품이므로 보관이 불가능하다는 특성을 갖는다는 것이다.

⑩ 비신축성 상품이다

호텔상품은 양적, 시간적 제약을 많이 받는 신축성이 적은 상품이다. 객실수에 맞추어 투숙객을 수용해야 하고 식음료 부문에서 약간의 신축성이 있다고 하지만 타기업에 비하면 시간 및 장소의 제약으로 매상고 제약도 심하게 된다.

⑪ 비전매성 상품이다

호텔상품은 일정한 장소 내에서만 호텔이라는 가치재를 생산, 판매하는 것이므로 다른 장소에 시장성이 좋다고 하여 이동하면서 판매할 수 없는 상품이다.

⑫ 계절성 상품이다

휴양지 호텔(Resort Hotel)은 성수기(On Season)와 비수기(Off Season)의 격차가 심해 수요공급의 조화가 적절하게 이루어지지 않고 있다.

⑬ 공공성 상품이다

호텔상품은 이윤추구에만 급급할 수 없는 요인 즉, 국가적 차원에서 국제적 위신을 지켜야 하는 공공성을 갖고 있는 상품이다.

⑭ 다인자성 상품이다

호텔상품은 인적 '서비스', 물적 '서비스', 시스템(System)적 '서비스', 정보적 '서비스', 금융적 '서비스' 등의 제 인자가 결합되어 판매되는 다인자성 상품이다.

2) 호텔의 경영조직

① 조직의 기본유형

가) Line Organization

관리자와 노무자 사이의 관계가 하나의 직선처럼 연결되어 있고 직접 상사에 대해서만 책임을 지고 권한을 행사할 수 있는 부문관리조직

나) Functional Organization

경영기능의 수평적 분화를 명확히 하고 그의 전문화에 의한 관리자의 분업상 이익을 확보하기 위한 조직

다) Line & Functional Organization

Line조직의 지휘·명령의 통일성을 유지하고 조정의 원리를 확보하는 반면, 수평적 분화에 의한 책임과 권한을 확립하여 위임의 원리를 충분히 받아들이려는 조직

라) Staff Organization

경영활동의 원만한 업무수행을 돕고 각 부문 간의 조정을 도모하여 최고 경영자를 보좌하기 위한 조직

마) Line & Staff Organization

Line조직의 결정·명령·집행에 관한 것과 Staff조직의 조언, 권고, 자문, 서비스를 상호 보완·의존하는 관계의 조직형태

② **호텔의 조직**

호텔의 조직은 일반적으로 서비스부문은 Line조직, 관리부문은 Staff조직으로 구성하는데 호텔의 규모나 성격에 따라 달라질 수 있다. 또한 호텔 조직을 부문화하고 지배인 제도에 따른 조직, 판매, 기획 부서를 강화시키고 작업을 표준화하여 책임제를 확립하고 보고제도를 확립해야 한다.

가) 호텔 조직의 기본구성

a. Front of House(현관·객실부문)

b. Back of House(식음료부문)

c. Entertainment and Banquet Dept.(오락·연회부문)

d. Management and Executive Dept.(관리부문)

나) 기본구성을 세분화하면 다음과 같다.

a. Front Office Dept.(현관부문)

b. House Keeping Dept.(객실관리부문)

c. Restaurant Dept.(식당부문)

d. Entertainment and Banquet Dept.(오락·연회부문)

e. Kitchen Dept.(주방부문)

f. Accounting Dept.(회계부문)

g. Engineering Dept.(기술부문)

h. Management and Executive Dept.(관리부문)

3. 호텔의 분류

1) 숙박기간에 의한 분류

① 트랜시엔트 호텔(Transient Hotel)

1일 내지 2일 정도의 단기 상용 숙박객이 많이 이용하며 교통이 편리한 장소에 위치하여야 한다.

② 레지덴셜 호텔(Residential Hotel)

주택식의 호텔로서 적어도 일주일 이상의 체재객을 대상으로 한다.

③ 퍼머넌트 호텔(Permanent Hotel)

'레지덴셜 호텔'과 같은 부류에 속하지만 이것은 좀 상이한 '아파트'식의 장기체재객을 전문으로 하는 호텔이다.

2) 숙박목적에 의한 분류

① 커머셜 호텔(Commercial Hotel)

전형적인 상용호텔을 일컫는데 일명 '비즈니스 호텔(Business Hotel)'이라 하여 도시 중심의 대부분의 호텔들이 이 부류에 속할 것이다.

② 리조트 호텔(Resort Hotel)

상용 호텔과는 달리 휴양과 레크리에이션의 목적으로 이용되는 호텔이다.

③ 컨벤셔널 호텔(Conventional Hotel)

회의를 유치하기 위한 매머드 호텔(Mammoth Hotel)로서 대형화는 물론 대회의장 및 주차장의 설비가 완비되어야 하고 연회실과 전시장 등이 대규모로 확보되어야 한다.

④ 아파트먼트 호텔(Apartment Hotel)

장기체재객용의 호텔로 '레지덴셜 호텔' 부류에 속한다.

⑤ 클럽 호텔(Club Hotel)

클럽 호텔은 어떤 단체의 회원만이 이용할 수 있으며 대체로 비영리적인 호텔로서 회원들이 출자하여 운영하며 회원들의 회비로 경영하므로 일반인에게는 공개하지 않는다.

3) 장소적 요인(입지조건)에 의한 분류

① 메트로폴리탄 호텔(Metropolitan Hotel)

대도시에 위치하면서 수천 개의 객실을 보유할 수 있는 '매머드 호텔(Mammoth Hotel)'의 무리를 일컫는다.

② **시티 호텔(City Hotel)**

관광지의 호텔, 또는 휴양지 호텔(Resort Hotel)과 대조적으로 불리는 호텔로서 도시중심지의 호텔 등을 총칭한다.

③ **다운타운 호텔(Downtown Hotel)**

이 호텔은 도시의 '비즈니스센터'와 '쇼핑센터' 등의 중심가에 존재하는 호텔로 교통의 편리라든지 손님이 왕래하기에 불편함이 없어야 하겠지만, 지금은 도시중심의 교통의 번잡과 공해라든지 지가의 앙등과 주차장의 문제 등으로 이런 호텔들의 발전에 많은 영향을 받고 있는 실정이다.

④ **서버반 호텔(Suburban Hotel)**

도시를 벗어난 한가한 교외에 건립된 공기 좋고 주차가 편리한 교외호텔이다.

⑤ **컨트리 호텔(Country Hotel)**

교외라기보다는 산간에 세워지는 호텔로 '마운틴 호텔(Mountain Hotel)'이라고도 부를 수 있다.

⑥ **에어포트 호텔(Airport Hotel)**

공항 근처에 위치하면서 비행기 사정으로 출발 및 도착이 지연되어 탑승을 기다리는 손님과 승무원들이 이용하기에 편리한 호텔을 말한다. 최근에는 이를 에어텔(Airtel)이란 약칭으로 부르기도 한다.

⑦ **터미널 호텔(Terminal Hotel)**

철도역이나 공항, 터미널 또는 버스터미널 근처에 위치한 호텔을 말한다.

⑧ **비치 호텔(Beach Hotel)**

해변에 위치한 피서객과 휴양객을 위한 숙박시설이다.

⑨ **시포트 호텔(Seaport Hotel)**

공항 호텔과는 달리 성행하고 있지는 않지만 항구 근처에 위치하고 있어 여객선의 출입으로 인한 선객과 선원들이 이용하기에 편리한 호텔이다.

⑩ **하이웨이 호텔(Highway Hotel)**

고속도로변에 위치한 호텔로서 고속도로를 이용하는 사람들이 주로 투숙하는 호텔이다.

4) 규모에 의한 분류

① **스몰 호텔(Small Hotel)**

객실수가 25실 이하인 소형호텔을 말한다.

② **에버리지 호텔(Average Hotel)**

객실을 25실에서 100실까지 보유할 수 있는 호텔을 말한다.

③ **어보브 에버리지 호텔(Above Average Hotel)**

객실을 100실에서 300실까지 확보할 수 있는 중형 호텔들을 칭한다.

④ 라지 호텔(Large Hotel)

호텔의 규모가 객실 300실 이상을 보유하는 대형호텔, 즉 우리나라의 특등급 관광호텔들이 이에 속한다고 할 수 있다.

5) 숙박시설에 의한 형태

① 모텔(Motel)

모텔이란 글자 그대로 자동차여행자들이 주로 이용하는 '모터리스트 호텔(Motorist Hotel)'로서 그 특징은 다음과 같다.

가) 건전한 호텔로서의 인상을 준다

일반호텔은 번거로움과 불편을 주고 사생활(Privacy)의 노출이 많지만, 모텔은 행동이 자유롭고 객실이 밀실로 되어 있어 원하지 않는다면 종업원과도 접촉할 기회가 적다.

나) 숙박비가 저렴하다

영업의 형태가 '셀프 서비스(Self Service)' 제도라서 인건비가 적게 든다.

다) 주차가 편리하다

주차의 무료는 물론, 넓은 공지에 주차는 임의대로 할 수 있고, 출입문이 옥외로 향하고 있어 차와 같이 객실을 이용하기에 매우 편리하다.

라) 옥외부대시설의 활용이 용이하다

'레저'의 효과를 극대화시켜 줄 수도 있고 매상고의 증가에도 많은 영향을 줄 수 있다.

마) No Tip제도이다

모텔은 '셀프 서비스' 제도이기 때문에, 또한 종업원의 접촉이 별로 없어서 '팁'을 따로 지불할 필요가 없다. 손님은 '팁'으로부터 완전히 해방될 수 있는 것이다.

바) 객실예약이 불필요하다

고속도로를 주행하다 보면 모텔 부근의 전광판에 객실 있음(Vacant), 혹은 객실 없음(No Vacant)이라는 네온사인으로 표시되어 있어 운전자는 예약할 필요없이 객실을 이용할 수 있다.

사) 이용과 행동이 자유롭다

식당출입에 있어 정장이 필요없고 단체로 투숙할 경우에는 한 사람의 이름으로 등록하고, 실료는 미리 지불하고 퇴숙(Check-Out)할 때에는 언제나 자유롭게 나갈 수 있다.

② 유스호스텔(Youth Hostel)

유스호스텔은 넓은 의미로 '소셜 투어리즘(Social Tcurism)'의 한 분야로 청소년들의 많은 여행을 흡수시키기 위한 제도의 시설로서, 즉 문자 그대로 청소년들의 여행을 제도적으로 뒷받침하고 실제로 현실화시키며 발전시키고자 하는 의도에서 생겨난 숙박시설이다.

그 지도 원칙을 열거하여 보면 다음과 같다.

가) 인종, 종교 및 언어의 구별이 없다.

나) 저액의 통일요금제도이다.

다) 젊은이에게 우선권을 부여한다.

라) 한 국가에 한 개의 조직만을 승인한다.

마) 회원증제도이다.

바) Parent라고 하는 관리인이 관리감독한다.

※ 1932년 국제유스호스텔연맹이 네덜란드에서 발족했고 우리나라에는 1967년 한국유스호스텔연맹이 발족되었다.

③ 콘도미니엄(Condominium)

해안 휴양 숙박시설의 일종인 콘도미니엄(분양 호텔, Condominium)은 개인(관광객) 거주 아파트로서 개인이 소유하지만 그 관리와 시설 서비스는 일개 독립된 회사에 의해서 제공된다. 특이한 점은 객실 소유자인 개개인들이 사용하지 않을 때는 회사(호텔)가 이들 방을 타인에게 임대해 줄 수 있으며 세제상 특전과 소유주 부재 시에도 회사가 잘 관리해 주고 있으므로 근년에 와서 서구 및 미주에서는 인기를 끌고 있다.

가) 기간제 이용소유권(Time-Sharing Owner Ship)

콘도미니엄의 한 유니트를 여러 사람의 소유주가 구입하게 되고, 기간별로 소유하게끔 되어 있으며, 자기가 구입한 기간 동안 그 소유주는 유니트를 이용할 수 있다.

나) 휴가권 개념(Vacation License Concept)

유니트의 소유권은 구매하는 것이 아니라 고객은 장기 사용권을 보장받게 되는 제도

다) 공간은행(Space Bank)

콘도미니엄 유니트의 소유자가 기간제 이용 소유권으로 구입한 콘도미니엄 유니트의 기간을 교환하여 사용하게 되어 있는 것

④ 플로텔(Flotel)

해상의 호화 호텔이라 할 수 있는 여객선 또는 카페리(carferry) 같은 플로팅(Floating) 호텔을 말한다.

⑤ 버젯모텔(Budget Motel)

버젯모텔이란 저렴한 요금으로 시설이 좋은 객실을 이용하도록 만든 실비모텔로서 고객의 대상이 가족여행시장으로 구성되어 있다.

버젯모텔은 요금이 싼 이점을 가지고 휴가나 휴양, 그리고 쾌락을 추구하는 여행자들의 유망한 시장이라 볼 수 있는데 특히 미국의 플로리다(Florida)와 하와이(Hawaii)와 같은 주요관광지에 위치하고 있다.

버젯모텔은 몇 가지의 특징적인 경영방법을 채택하고 있는데

가) 벨맨(Bell Man)과 연회장이 없으며 룸 서비스(Room Service)가 없다.

나) 전화와 TV이용에 추가요금을 징수한다.

다) 로비(Lobby) 등 공공장소의 규모를 줄이고 건축비용을 최대한 줄이는 것 등이다.

⑥ 보텔(Boatel)

해안, 강변, 호수 등에 위치하면서 보트를 타고 여행하는 사람들이 이용하는 숙박시설로서 보트를 정박시켜 놓을 수 있는 시설이 필요하다.

⑦ 요텔(yachtel)

요트(Yacht)를 타고 여행하는 관광객들이 주로 이용하는 숙박시설이다.

⑧ 로텔(Rotel)

Road Hotel 즉 도로상에 위치하는 교통과 숙박의 양 시설을 겸한 버스로서 1966년 독일의 슈투트가르트(Stuttgart)에서 비롯되었다.

⑨ 유로텔(Eurotel)

Europe Hotel의 약자로 분양식 리조트 맨션의 수탁체인 경영형태의 숙박시설이다.

6) 요금제도에 의한 분류

① European Plan

우리나라에서 이용되고 있는 경영방식이라 볼 수 있는데 객실 요금만을 계산하는 요금제도를 말한다.

② Continental Plan

객실요금에 Continental Breakfast(대륙식 조식) 요금이 포함된다. 주로 유럽에서 많이 이용되고 있는 요금제도이다. American Breakfast(미국식 조식)가 포함된 요금제도를 Bermuda plan이라 한다.

③ Modified American Plan

객실요금에 아침식사 비용과 점심 혹은 저녁식사 비용이 포함되어 있다. 이것을 'Half Pension' 'Demi Pension' 'Semi Pension'이라 부르기도 한다.

④ American Plan

객실요금에 아침, 점심, 저녁식사 비용이 포함된 1박 3식 요금제도이다. 'Full Pension'이라고도 한다.

⑤ Dual Plan

미국식이나 유럽식 등 손님의 요구에 따라 이용되는 혼용식이다.

4. 호텔의 경영형태

1) 단독경영 호텔(Independent Hotel)

단독경영 호텔이란 개인이 호텔 하나만을 운영하는 경우나 그룹사의 경우 호텔업에 투자하여 관리인으로 하여금 단독경영을 하게 하는 형태이다. 즉 호텔 경영주가 단독적으로 수행해 나가는 것을 의미한다.

2) 체인 호텔(Chain Hotel)

2개 이상의 호텔이 하나의 그룹을 형성하여 운영할 때 연쇄경영 또는 체인경영이라 한다. 세계 체인 호텔의 발달은 1907년에 리츠 개발회사가 뉴욕 시의 리츠칼튼(Ritz-Carlton) 호텔에 리츠라는 이름을 사용하는 프랜차이즈 계약을 효시로 시작되었다. 이를 계기로 호텔산업의 발달과정에서 필연적으로 체인 호텔의 운영은 급격한 발전을 가져오게 되었다.

이런 체인 호텔은 여러 가지의 장·단점을 가지고 있는데 다음과 같다.

① 체인(Chain) 호텔 경영의 장점

가) 대량 구입으로 인한 원가 절감

나) 전문가의 양적·질적 활용

다) 공동선전에 의한 효과

라) 예약의 효율적 활용

마) 계수 관리의 적정화

바) 인용연한 연장의 효과

② 체인 호텔 경영의 단점

가) 로열티의 과다한 지급

나) 회계제도상의 불리

다) 자본주는 지분에 대한 배당

라) 경영의 불간섭

마) 자본주에게 계약 내용상 최소한의 수익이 보장되어 있지 않음

바) 자본주에게 계약 파기권이 없음

사) 부당한 인사

아) 재고 및 사장품목의 발생

자) 인건비 및 기타 경비의 과다지출

3) 체인 호텔의 종류

① 일반 체인 호텔(Regular Chain Hotel)

체인의 모회사가 소유권에 대한 지분을 보유하거나 혹은 주주로부터 호텔시설을 임차하여 운영하며

체인 본부는 경영만 책임진다. 체인 본부는 산하 각 호텔에 체인 고유의 동일성(상호, 상표, 표준화된 건축양식, 장식)을 의무적으로 적용케 하여 경영에 반영시킨다.

② 관리운영 위탁방식(Management Contract)

경영협약체인 경영협약에 의해서 호텔의 총 경영을 책임지는 것으로 호텔회사는 리스방식의 경우에 있어서와 같이 경영 주체가 되지 않고 그 시설의 관리운영만을 계약에 의해서 수탁하는 것이고 특허 계약 수수료와 특허권 사용료는 받는다.

우리나라에서는 힐튼호텔과 하얏트 리젠시호텔이 이러한 경영 형태에 속한다.

③ 프랜차이즈 호텔(Franchise Hotel)

프랜차이즈란 '특허권 사용'이란 뜻으로 이 경우의 호텔은 체인의 본부로부터 체인에 가입한 다른 일반체인의 호텔과 동일한 표지를 걸고 동형의 건물에서 같은 방식의 경영을 하고 있기 때문에 외관상으로는 구별할 수 없다. 우리나라에서는 쉐라톤 워커힐 호텔이 대표적으로 이와 같은 형태를 취하고 있다.

④ 리퍼럴(Referral) 방식

리퍼럴은 동업자 결합에 의한 경영방식으로 소매업에서 말하는 '자발적 체인(Voluntary Chain)'이며 미국에서 프랜차이즈 방식에 따라 '모텔체인(Motel Chain)'이 급성장하는 것을 보고 독립 '모텔'군이 단결하여 대항하기 위해 조직한 '체인'이다. 세계적으로는 유명한 Best Western 체인이 있다.

⑤ 임차 경영방식

임차(Lease) 경영방식은 호텔 건물을 지을만한 자금이 부족한 호텔기업이 개인 소유의 건물을 빌려서 호텔로 활용하는 방법이다.

⑥ 업무제휴 방식

업무제휴 방식이란 본부가 되는 호텔회사가 공동선전과 예약업무 등의 분야에서 몇 개의 단독호텔과 업무제휴를 맺어 하나의 체인을 구성하는 경우이다.

⑦ Co-Owner Chain Hotel

호텔기업이나 모텔 등이 주로 지방에 있는 개인투자가와의 합자에 의한 소유형식을 취하는 것이다.

1. 객실의 종류

1) Single Room

Single Bed가 설치되어 있는 객실로서 객실 면적이 13㎡ 이상이다.

2) Double Room

2인용 객실로서 Double Bed가 있고 객실 면적이 19㎡ 이상이다.

3) Twin Room

2인용 객실인데 Single Bed가 2개 설치되어 있고 객실 면적이 19㎡ 이상이다.

4) Triple Room

Twin Room에 1인이 추가하여 합숙할 수 있는 3인용 객실이다.

5) Studio Room

주간에는 소파로 야간에는 침대로 변형시켜 사용할 수 있는 다목적 Bed가 설치되어 있는 객실이다.

6) 온돌방

한국 고유의 객실로서 방바닥에 난방시설이 되어 있고 한국의 정취를 느낄 수 있는 분위기를 갖춘 방으로서 면적이 19㎡ 이상이다.

7) Suite Room

특실로서 침실과 응접실이 따로 연결되었고 호화롭게 꾸며진 면적이 26㎡ 이상인 객실이다.

8) Outside Room

전망이 좋은 객실이고 inside room과 가격 차이가 난다.

9) Inside Room

건물 안쪽에 설계되어 전망이 좋지 않은 객실이다.

10) Connecting Room

객실과 객실이 연결되어 있고 복도를 통하지 않고서도 사이에 문이 있어 출입이 가능한 객실이다.

11) Adjoining Room

객실과 객실이 서로 나란히 연결되어 있는 객실이다.

2. 객실요금의 종류

객실요금을 책정하는 문제는 가장 중요한 경영정책의 의사결정이다. 객실요금을 적정하게 책정하는 것은 판매증진을 위한 최선의 방법이며, 기업의 수익성을 향상시키는 첩경이다. 일반적으로 호텔에서 적용되는 요금은 다음과 같다.

1) 공표요금(Tariff)

공표요금은 호텔이 요금을 책정하여 주무관청의 승인을 받고 팸플릿 등에 공표한 요금이다. Published Rate 또는 Rack Rate라고도 한다.

2) 특별요금

① 무료(Complimentary Rate)

호텔의 접대객 및 판매촉진을 목적으로 하는 고객어 대하여 요금을 받지 않는 것이다. 객실요금만을 무료로 한 경우를 Complimentary On Room이라 하고, 식사대를 포함한 무료는 컴프리멘터리(Complimentary)라고 표시한다.

② 할인요금(Discount Rate)

가) 싱글 할인요금(Single Rate)

싱글요금(Single Rate)은 고객이 싱글 룸(Single Room)을 예약하고 호텔은 그 예약을 확약하였으나, 고객이 호텔에 도착 후 호텔 측의 사정으로 인하여 싱글 룸이 없을 경우에는 호텔 측이 고객에게 트윈 룸(Twin Room) 또는 다른 객실을 제공하고 그 해당 객실의 요금은 싱글요금을 적용하여 청구하는 것이다.

나) 계절별 할인요금(Season-Off Rate)

비수기(Off Season)의 경영대책으로서 호텔에서 이용률이 적은 계절에 한하여 할인해 주는 것이다.

다) 커머셜 할인요금(Commercial Rate)

특정한 기업체나 상업을 목적으로 장기 숙박하는 고객에게 일정한 율을 할인해 주는 것이다.

라) 단체 할인요금

여행알선업자와 계약을 체결하여 고객을 유치하기 위한 할인제도이다.

마) 가이드 할인요금(Guide Rate)

관광객을 안내하는 여행 안내원에게 할인혜택을 주는 것으로서 10~14명 인솔시 50% 정도 할인해 준다.

바) 가족 할인요금(Family Rate)

어린이를 동반한 부부에게 baby bed를 추가 제공하고 추가 베드요금을 적용하지 않는 요금제이다.

3) 추가 요금

① 미드나이트 차지(Midnight Charge)

객실을 예약판매 할 경우에 고객의 호텔 도착 시간이 그 다음날 새벽이거나 아침이 되면, 호텔측은 그 고객을 위하여 그 전일부터 객실을 비우고 있으므로 그 해당 객실에 대한 야간요금이다.

② 홀드 룸 차지(Hold Room Charge)

a. 숙박한 고객이 단기간의 지방 여행을 떠나고 수하물은 그대로 객실에 남겨두고 가는 것이다. 이때 그 객 실은 고객이 계속하여 사용한 것이 되므로, 실료는 고객의 청구서에 계산되고 서비스료도 가산된다.

b. 고객이 객실을 예약하고 호텔에 도착하지 않았을 때 그 객실을 유보시킨 경우에 적용되는 요금이다.

4) 분할 요금

분할 요금(Part Day Rates)은 일명 시간요금이라고도 하는데 객실을 24시간 사용치 않고 시간제로 이용할 경우 분할 지불하는 경우로서 'Part Day Use'에 따른 요금이다.

5) 취소 요금(Cancellation Charge)

예약의 일반적인 취소로 인해 부과되는 요금이다.

3. 객실요금의 산출방법

1) 평균 객실요금의 계산

평균 실료에 의거하여 객실요금을 산정하는 방법으로서 객실이용률이 낮거나 객실요금이 낮은 그룹의 호텔들이 채택하는 요금의 계산방법이다.

2) 휴버트 방식에 의한 실료계산

휴버트 방식(The Hubbart Formula)의 실료계산방법은 연간 총경비, 객실수, 객실점유율에 의하여 연간 목표이익을 계산하는 것이다. 호텔은 그 기업의 규모와 형태에 따라 다양하지만 객실요금을 산정하는 데 필요한 기본원칙은 호텔의 형태나 크기가 다른 어느 호텔에서든 적용할 수 있는 것이다.

3) 수용률에 의한 실료계산

1년간 객실비용과 수용률로서 평균 객실요금을 계산하는 방법이다.

4. 최근 객실경영의 경향

1) 객실형의 균일화

최근의 신축호텔은 Single Room이나 Twin Room의 어느 객실이든지 객실을 표준화 내지는 규격화해서 자재의 대량구입과 대량생산에서 오는 원가의 절감을 이용해 경영의 합리화에 임하고 있다.

2) 객실의 융통성

하나의 객실을 다목적으로 활용할 수 있도록 융통성 있게 설계하고 시설을 하는 경향이 나타나고 있다.

3) 객실설비의 고급화

타호텔과 경쟁하여 시설과 설비를 고급화하고 있다.

4) 객실 내에서의 상품판매 촉진

팸플릿이나 인적 자원을 이용하여 호텔 내에서 소비헝위를 할 수 있도록 적극적으로 판매촉진활동을 한다.

5) 객실용적의 농축화

건축비가 많이 투입되는 객실공간을 최대한으로 유효하게 사용할 수 있도록 해야 한다.

6) 객실형태의 적절한 배합

호텔의 위치나 성격에 따라 1인용, 2인용 객실 등을 적절하게 배합하여야 한다.

제 4 절 객실부문의 업무

객실부문은 세 개의 주요 부서로 나누어지는데 이것은 프런트 오피스(Front Office), 하우스 키핑(House Keeping), 유니폼 서비스(Uniformed Service)이다.

1. Front Office의 업무

현관사무실은 호텔에 숙박을 하기 위하여 찾아오는 도착객(Arriving Guest)을 제일 먼저 접객하는 곳이며, 고객이 숙박하는 동안의 안내소(Information Center)이고, 고객이 호텔을 출발할 때 마지막으로 송영하는 호텔 창구의 역할을 하는 곳으로 Front Office의 기본업무는 다음과 같다.

1) 고객의 영접

2) 객실의 판매 : 예약 취급, 숙박 등록 및 기록, 객실 배정

3) 고객을 위한 현금 출납

4) 고객의 귀중품 보관

5) 각종 정보 및 안내의 제공

6) 고객의 불평, 불만 취급과 해결

7) 우편물, 전보 및 고객을 위한 메시지(Message) 취급

8) 기타 고객을 위한 서비스 제공

2. Front Office의 조직

현관사무실의 인적 구성은 그 기업의 규모와 객실수, 위치, 서비스 내용에 따라 인원의 차이는 있으나 일반적으로 다음과 같은 직종의 업무를 담당하는 종사원으로 구성되어 있다.

1) 현관 지배인(Front Office Manager)

Front Office Manager는 현관사무실의 업무를 지휘, 감독, 교육, 훈련하고 고객의 접대, 고객의 불평 처리를 통제하는 책임자다.

2) 룸 클럭(Room Clerk)

룸 클럭은 사용 중에 있는 객실을 파악하고 객실을 판매하는 업무뿐만 아니라 손님의 영접, 예약업무, 객실변경 등도 주요업무의 하나이다.

3) Front Cashier

프런트 회계를 맡아서 현금 출납, 환전, 귀중품 보관 등의 업무를 한다.

4) 인포메이션 클럭(Information Clerk)

고객이 원하는 호텔 내의 제반 안내와 관광안내 등 정보를 제공하는 업무를 말한다.

5) 예약 사무원(Reservation Clerk)

Reservation Clerk은 객실예약 업무를 효율적으로 수행하기 위하여 고객의 예약상황을 예약시트(Reservation Sheet), 예약 카드(Reservation Card) 또는 예약장부에 기입해야 하며 예약장부의 기재내용은 고객의 국적, 주소, 성명, 연락처와 고객이 원하는 객실의 종류와 요금 정도, 객실수 등으로 자세하게 기입한다. 예약 Rack Slip의 운용은 가급적 아래의 요령에 의한 것이 일반적이다.

① 백색 → Regular Reservation
② 청색 → Hold Late
③ 핑크 → Special Guest
④ 붉은 Orange → Travel Agent

6) 나이트 클럭(Night Clerk)

현관의 야간업무를 총괄하여 수행하는 직원으로 나이트 클럭 1일 보고서(Daily Night Clerk Report)를 작성하고 다음날 체크 아웃(Check Out)하는 출발예정자의 객실 점검(Expected Check Out Room)을 하여 다음날 아침에 룸 클럭(Room Clerk)에게 인계한다.

7) 레코드 클럭(Record Clerk)

일반적으로 룸 클럭이 업무를 수행하나 대규모 호텔에서는 업무의 효율화를 위해 레코드 클럭을 두어 모든 객실 판매에 관한 기록을 유지토록 한다.

8) 메일 클럭(Mail Clerk)

호텔에 전달되는 편지, 전보, 메시지 등을 고객에게 전해주고 보관하는 일 등을 맡아한다.

9) 키 클럭(Key Clerk)

고객의 체재 중 열쇠를 보관하고 인도하여 주는 일이 주된 업무이다.

3. 객실 관리업무 및 조직

1) House Keeping이란?

고객이 사용할 호텔, 모텔 등 숙박업소의 객실을 관리하는 작업으로서 객실의 정리정돈 및 비품을 관리하여 객실을 상품의 가치가 있게끔 만드는 일련의 작업 또는 그 관리를 말한다.

2) House Keeper

객실관리부의 부하직원을 지휘, 통솔하고 업무계획의 작성 · 실시, 자재관리 등과 타 부서와의 긴밀한 협조를 유지하는 Manager로서의 House Keeper는 ① 객실 및 공공시설을 청소하고 메이크 베드(Make

Bed)를 하며 ② 고객이 객실에서 숙박하는 동안 고객의 재산과 생명을 보호하고 안전을 유지하며 안락한 분위기를 유지하는 데 조금도 이상이 없도록 관리하는 일을 한다.

3) Room Maid

객실에 있는 제품을 교체하고 청소를 담당하는 사람을 Room Maid 또는 Chamber Maid라 한다. 주로 여자들이 담당하게 되는데 룸 메이드 한 사람의 국제적인 1일 표준작업량은 객실 13개 정도를 청소하는 것이다.

4) House Man

객실정비와 공공장소의 청소 또는 연회의 준비, 영선 등 비교적 힘든 일을 담당하는 사람이다.

5) Linen Woman

호텔 내에서 사용되는 모든 천류를 세탁하고 보수 · 정비하는 담당자이다.

4. 현관 접객 서비스(Uniformed Service)

현관 객실부문에서 지정된 제복을 입고 근무하는 것을 유니폼 서비스라 하는데 그 구성원은 다음과 같다.

1) Door Man

호텔손님을 최초로 영접하고 최후로 환송하는 사람이다.

2) Porter

고객의 무거운 짐을 손수레로 혹은 손으로 받아 들이고 보관하고 운반하는 일 외에 손님의 요청에 의한 메시지를 전달하는 역할을 담당한다.

3) Bell Man

고객의 짐을 객실까지 운반하며 고객을 안내하여 숙박절차를 완료시켜 주고 체재 중의 모든 일을 돌봐주는 일을 담당한다.

4) Checker

일명 Cloak Room담당이라 하는데 손님의 간단한 가방, 외투 등을 잠시 보관해 주는 담당이다.

5) Lobby Boy

호텔의 공공장소인 로비를 정돈 · 청소 또는 안내를 맡는다.

6) Paging Boy

호텔구내에서 호텔의 고객이나 외부의 요청을 받고 필요한 손님을 찾아주거나 메시지를 전달하는 종사원이다.

7) Concierge

유럽의 호텔에 있는 직종으로서 로비에 프런트(front)와는 달리 카운터(counter)를 두고 고객에 대한 관광안내, 여행안내, 차표예약, 우편물의 집배, 열쇠의 관리 그 밖에 여러 가지 서비스를 한다. 포터의 직무와 거의 같으나 칸시에어즈(concierge)는 경험이 많고 권위가 있으며 칸시에어즈 협회라는 단체까지 있어 자격인정을 하고 있는 정도이다.

제 5 절 식음료경영

1. 식당의 정의

식당이란 일정한 장소에 시설을 갖추고 손님에게 음식물과 서비스를 제공하는 영업형태의 시설이다.

따라서

1) 영리를 목적으로 한 사회적 기업이다.

2) 인적 · 물적 서비스를 상품으로 한다.

3) 일정한 영업장소로서 시설을 갖춘다.

라는 3가지 구비조건을 갖추어야 한다.

2. 식당(Restaurant)의 어원

1) 1765년 프랑스에서 몽블랑거라는 식당업자가 Der Restauer라는 흰색 스프를 기력을 회복시키는 스테미너 음식이라고 하여 판매한 데서 유래

2) 프랑스 대백과 사전에 Restaurant은 수복한다 · 부흥한다 · 기력을 회복시킨다는 뜻으로 표현되어 있고 그 후에 식당이란 의미로 사용하기 시작했다.

3) 우리나라에서는 조선시대 성균관에 양재라는 유생들이 기숙사에서 식당지기가 서비스하는 식당이 출현했다.

4) 1902년 손탁호텔에 프랑스 식당이 처음 생겼고 프랑스 요리가 제공되었다.

3. 식당의 종류

식당의 종류에 있어서 그 명칭은 서비스형식에 의해서 분류되고 있는데 레스토랑(Restaurant), 다이닝 룸(Dining Room), 그릴(Grill), 카페테리아(Cafeteria), 런치 카운터(Lunch Counter), 스낵(Snack), 공장의 구내식당(Industrial Restaurant) 등이 있다.

4. 식당의 경영조직

1) 조직구성원

① 식당지배인(Restaurant Manager)

식당의 규모에 따라 식당부장, 식당과장 등으로 부를 수 있는데 식당의 총책임자이며 접객서비스, 현금출납, 식당기물관리 등 경영차원에서 종사원을 지도, 감독, 관할한다. 어떤 경우에는 식당부장 또는 과장이 주방과 주장을 포함시켜 관리운영하기도 한다.

② 식당주임(Head Waiter)

식당주임은 부지배인격으로 지배인을 보좌하며 식당운영을 직접 담당하는 접객책임자이다. 또한 식탁준비, 판매, 고객안내, 좌석배정, 주문, 요리내는 방법, 계산 등 여러 가지 전문적인 기술을 습득한 경험이 풍부한 사람이다.

③ 스테이션 웨이터(Station Waiter)

스테이션 웨이터는 업장을 몇 개의 반으로 나누어서 경영할 경우 그 반의 반장역할을 하며 웨이터, Bus Boy 등을 통솔하고 주임을 보좌한다.

④ 웨이터(Waiter)

스테이션 웨이터를 도와 서비스에 결함이 없도록 일선에서 고객서비스를 한다.

⑤ 버스 보이(Bus Boy)

어시스턴트 웨이터(Assistant Waiter)라고 하는데 경험이 짧은 실습생으로 웨이터나 스테이션 웨이터를 도와 고객서비스를 하지만 주로 잡일을 한다.

⑥ 와인 웨이터(Wine Waiter)

고객의 주문에 따라 알코올성 음료나 비알코올성 음료 등 음료만을 전문으로 서비스하는 웨이터를 말하는데 특히 Wine이나 술 등에 박식한 지식이 있어야 하며 소믈리에(Sommelier)라고도 한다.

2) 식당경영 서비스 편성

① 셰프드랑 시스템(Chef de Rang System)

국제 서비스 편성(International Service Brigade) 혹은 프렌치 서비스(French Service)라고도 하는데

가장 정중한 서비스를 제공할 수 있는 고급식당의 경영에 적합한 서비스 조직이다.

② 헤드 웨이터 시스템(Head Waiter System)

헤드 웨이터 밑에 식사 담당(Meals Waiter)과 음료 담당(Drinks Waiter)을 두어 테이블 서비스를 하는 제도이다.

③ 스테이션 웨이터 시스템(Station Waiter System)

휴양지에 위치한 계절식당이나 나이트 클럽과 같은 특수한 식당 경영에서 채택하는 제도로서 책임자인 Head Waiter가 있고 그 밑에 담당구역을 맡아서 근무하는 웨이터를 두는 것인데 원 웨이터 시스템(One Waiter System)이라고도 한다.

5. 식당경영의 특성

1) 생산 즉시 판매가 이루어진다.
2) 일반적으로 주문생산(Order-made)을 원칙으로 한다.
3) 접대(Entertainment), 분위기(Atmosphere), 맛(Taste), 위생(Sanitation) 즉 EATS를 판매하는 곳이다.
4) 시간 · 장소적 제약을 받는다.
5) 상품이 부패하기 쉽다.
6) 인적 서비스에 대한 의존도가 높다.
7) 현금판매가 원칙이다.
8) 수요예측이 곤란하다.
9) 시설 · 분위기 등 환경의 영향이 크다.
10) 메뉴의 내용에 따라 판매된다.

6. 식당의 분류

1) Service형태에 따른 분류

① Table Service Restaurant

식당에 Table과 의자를 놓고 손님의 주문에 의해서 종업원이 음식을 Service하는 식당을 말한다.

② Counter Service Restaurant

요리하는 모습을 손님이 직접 볼 수 있게 하고 그 앞에 Counter를 만들어서 손님이 Counter를 식탁으로 이용하여 식사를 할 수 있는 곳을 말한다.

③ Self Service Restaurant

손님이 직접 기호에 맞는 음식을 날라다 먹는 방식인데 Cafe Service와 Buffet Service로 나눌 수 있다.

④ Feeding

급식사업은 비영리이고 기업체, 학교, 병원, 군대 등 공익사업체 등에서 사용되고 있으며 Self Service형식이다.

⑤ 기타 Service 형태

미국 등지에서 성행하고 있는 Vending Machine Service, Auto Restaurant 등이 있다.

2) 서비스 수단에 따른 분류

① Plate Service

② Tray Service

③ Cart Service

④ Silver Service

3) 식사내용에 의한 분류

① 정식식당(Table D'hote Restaurant)

Full Course를 제공하는 식당, 즉 Set Menu를 판매하는 식당

② 일품요리식당(Á la Carte Restaurant)

손님의 요구에 따라 Menu에 나와 있는 음식을 각 Course별로 주문할 수 있는 식당

③ 뷔페식당(Buffet Restaurant)

손님이 일정한 장소에서 일정한 요금을 지불하면 기호에 맞는 음식을 선택하여 마음껏 먹을 수 있는 식당

7. MENU의 내용(Full Course)

1) Appetizer (Hors D'oeuvre)

식사 순서에서 제일 먼저 제공되는 식욕촉진제로서 주스류, Vermouth, Sherry 등 음료와 Caviar, Foie Gras 등 음식으로 나눌 수 있는데 분량이 적어야 하고 침의 분비를 촉진시켜 소화를 돕도록 짠맛, 신맛 등의 특징이 있어야 한다.

2) Soup (Potage)

본격 요리를 먹기 위한 제1의 코스로서 수프는 양이 부담을 주지 않도록 적어야 하며 영양가가 많아야

한다. 진한 스프와 맑은 스프 두 가지로 대별할 수 있다.

3) Fish (Poisson)

수프 다음이 생선코스이다. 비교적 육류보다 섬유질이 연하고 소화가 잘되나 저장에 있어 부패하기 쉽다. 이 생선코스는 정찬이 아닌 이상 생략되는 수가 많다.

4) Main Dish (Entrée)

생선요리 다음에는 앙트레(Entrée)요리를 낸다. 흔히 여기하는 Main Course로서 좀더 풍성하고 양이 많이 제공되는 육류로 만들어지는 것이 보통이다. 세계적으로 유명한 Entrée요리에는 Beef Steak, Chateaubriand, Tournedos, Filet mignon, Sirloin Steak 같은 것이 있다.

5) Roast & Salad

Roast는 가금류를 찜구이한 요리로서 Entrée 후에 먹는 것이 일반적이지만 두 가지를 다 내는 정찬인 경우 양이 많으므로 적절히 조절해야 한다. Salad는 싱싱한 야채를 주원료로 하기 때문에 Entrée와 같이 제공되기도 한다.

6) Dessert

요리의 실질적인 최종코스로서 단맛을 내는 것(Sweet)과 치즈를 재료로 한 Savoury, Fruits 등이 제공되는데 이것을 Dessert의 3요소라 한다.

7) Beverage

식사 후에 마시는 음료로서 보통 커피로 하지만 기호에 따라 홍차, 코코아 등과 알코올성 음료를 마시기도 한다.

8. 식당종사원의 기본자세

식당종사원은 깨끗하고, 예의 바르고, 신속하고, 봉사정신과 경제관념이 강해야 한다. 이런 내용을 스키치(SCEECHH)정신이라 하는데 다음과 같다.

1) Service(봉사성)

2) Cleanliness(청결성)

3) Efficiency(능률성)

4) Economy(경제성)

5) Courtesy(예절성)

6) Honesty(정직성)

7) Hospitality(환대성)

9. 음료(Drink)

1) 음료의 구분

① Soft Drink : 커피, 홍차, 코코아, 인삼차 등

② Hard Drink : 포도주, 위스키, 샴페인, 보드카 등

2) 술의 종류

① 양조주(발효주)

양조주는 곡류와 과실 등을 원료로 하여 단순히 발효에 의해 양조한 술로서 포도주, 샴페인, 맥주, 막걸리, pulque 등이 이에 속한다.

가) 포도주(Wine)

    a. 색에 의한 분류

- 적포도주 : Red Wine
- 백포도주 : White Wine
- 핑크색 포도주 : Rose Wine
- 황색포도주 : Yellow Wine

    b. 맛에 의한 분류

- 감미포도주 : Sweet Wine
- 산미포도주 : Dry Wine

    c. 알코올 첨가 유무에 의한 분류

- 강화포도주 : Fortified Wine
- 비강화포도주 : Unfortified Wine

    d. 탄산가스 유무에 의한 분류

- 발포성 포도주 : Sparkling Wine
- 비발포성 포도주 : Still Wine

    e. 용도에 의한 분류

- 식전 포도주 : Aperitif Wine(Vermouth, Sherry 등)
- 식탁용 포도주 : Table Wine(생선에는 백포도주, 고기에는 적포도주)
- 후식 포도주 : Dessert Wine(Cognac, Liqueur)

f. 산지에 의한 분류

- 프랑스 : 보르도(Bordeaux), 메독(Medoc)
- 독일 : 라인(Rhine), 모젤(Moselle), 슈타인바인(Steinwein)
- 스페인 : 세리(Sherry)
- 포르투갈 : 포트와인(Portwein)
- 이탈리아 : 베르무트(Vermouth), 치안티(Chianti), 소아베(Soave)

나) 맥주(Beer)

a. 발효균이 살균되어 병맥주로서 저장된 라거 비어(Lager Beer)

b. 발효균이 살균되지 않은 생맥주인 드라프트 비어(Draft Beer)

c. 기타 주성분이 강한 스타우트(Staut), 영국의 포터들이 즐겨 마시는 포터 비어(Porter Beer) 등
   이 있다.

② **증류주(Spirituous Liquor)**

증류주는 곡류와 과실 등을 원료로 하여 양조한 양조주를 증류방식에 의해 증류하여 강한 알코올이
함유되어 있는 술로서 일명 화주라고 한다. Whisky, Brandy, 소주, Vodka, Gin, Rum, Tequila 등
이 이에 속한다.

가) 위스키(Whisky)

a. 위스키를 산지별로 구분하면 다음과 같다.

㉠ Scotch Whisky : Malt Whisky

㉡ Irish Whisky : Malt-Grain Whisky

㉢ American Whisky : Bourbon-Corn Whisky

㉣ Canadian Whisky : Grain-Rye Whisky

나) 브랜디(Brandy)

포도주를 다시 증류하여 만든 독특한 방향과 감미가 있는 강한 알코올성 증류주로서 성숙도에 따
라 표시내용이 다르다.

- ☆ : 2~5년
- ☆☆ : 5~6년
- ☆☆☆ : 7~10년
- ☆☆☆☆☆ : 10년 이상

- VO(Very Old) : 12~15년
- VSO(Very Special Old) : 15~20년
- VSOP(Very Special Old Pale) : 25~30년
- XO(Extra Old) : 40~45년
- Extra Napoleon : 70~86년

다) 보드카(Vodka)

감자, 밀, 옥수수 등을 원료로 해서 만든 러시아와 폴란드 고유의 술로서 무취, 무미, 무색, 투명
하기 때문에 칵테일의 기주로 사용된다.

라) 진(Gin)

주정과 두송나무로 만든 술로서 네덜란드에서 개발했는데 미국에서 소비가 많은 증류주이다.

마) 럼(Rum)

사탕수수를 원료로 해서 만든 술로서 일명 해적의 술이라 한다.

바) Tequila

용설란의 수액을 발효 · 증류한 술로서 소금과 같이 마신다.

③ 혼성주(Liqueur)

혼성주는 정제된 주정에 방향성의 초목이나 과실의 향료를 섞어 향기와 감미를 첨가하고 착색료를 더하여서 만든 술이다. 아브샹트(Absinthe), 큐라소(Curasao), 베네디크틴(Benedictine) 등이 이에 속한다.

3) 칵테일(Cocktail)

칵테일은 여러 가지 양주와 향료, 과즙, 탄산음료, 계란, 다른 알코올성 음료를 적당분량 혼합해서 색 · 맛 · 향을 조화있게 만들어 마시는 혼성음료이다.

① Short Drink : 알코올에 다른 알코올을 섞은 것을 말한다.

② Long Drink : 알코올에 음료, 소다, 과즙 등 비알코올성 음료를 섞는 것이다.

제 6 절 기타의 숙박시설

1. 민박(Home Visit System)

민박이란 본래 숙식제공을 본업으로 하지 않는 민가가 방문객을 숙박시켜 영업활동을 하는 숙박시설로서 계절적, 임시적으로 영업하는 민가의 부업을 말한다.

2. 인(Inn)

유럽에서는 보통의 호텔보다 시설, 규모 등에서 비교적 규모가 작은 호텔을 말하여 왔지만 최근 미국에서 홀리데이 인을 비롯해 'Inn'의 명칭을 사용하는 훌륭한 호텔이 상당히 많이 설립되어 호텔과 다름없는 시설이 많이 생기게 되었다.

3. 펜션(Pension : 프(팡송))

프랑스어로 호텔보다 격이 낮은 숙박시설로 '여인숙 · 하숙'에 가깝지만 그중에는 호텔에 가까운 것도 있다.

4. 로지(Lodge)

일시적으로 체재하기 위해 특정기간만 개업하는 숙박시설로서 농촌에 있는 간이호텔인데 작은 가옥과 특정 시즌만 사용하는 별장 등의 뜻을 갖고 있는 전형적인 프랑스의 시골 숙박시설이다.

5. 여텔

여관과 호텔을 복합한 형식의 숙박시설로서 객실은 양식과 한식(또는 일식)을 적당히 배합하고 호텔 형식의 '서비스'를 가미할 수 있는 것이다.

6. 호스텔(Hostel)

펜션보다는 상위의 숙박시설로 스페인이나 포르투갈에서 흔히 볼 수 있는 저렴한 서민용 호텔이라 할 수 있다.

7. 여관

호텔이 등장하고부터는 전형적인 서민 숙박시설로서 애용되고 있다. 호텔의 객실이 부족한 지금은 여관의 온돌방을 순 한국식으로 개발하여 외국손님을 유치하는 데 불편이 없도록 수정 · 발전시켜야 함이 바람직하다.

8. 회관 호텔

빌딩에서 호텔과 회관의 역할을 함께할 수 있는 호텔을 말한다.

9. 산장(Hermitage)

산장은 별장과 크게 차이는 없으나 심산유곡이나 내륙관광지에 자리잡고 있다. 주로 이용자는 휴양객과 등산객, 스키어(Skier)들인데 시설도 간소하고 객실도 많이 확보하지 않은 소규모 숙박시설이다. 그러나 산간이므로 내방객이 불편함이 없도록 각종 시설(객실, 휴게소, 식당, 욕실)을 갖추고 있어야 한다.

10. 샤토(Chateau)

샤토는 일명 맨션(Mansion)이라고도 불리는데 영주나 지즈의 대저택 또는 호화저택을 지칭했으나 오늘날은 관광지에 있는 아담한 소규모의 숙박시설을 말한다.

11. 샬레(Chalet)

본래 스위스식의 농가집으로 샬레(Chalet)는 열대지방의 숙박시설의 한 형태인데 그 규모는 대체로 방갈로보다 작고 건물의 높이도 낮은 것이 특징이다.

12. 마리나(Marina)

해상 관광에 적합한 유람선(Pleasure Boat)을 위한 정박지 또는 중계항으로서의 시설 및 관리체계를 갖춘 곳을 말한다.

13. 캠핑(Camping)

야외에서 휴식과 레크리에이션 활동을 텐트(Tent)나 캐빈(Cabin)을 이용하여 야영할 수 있도록 설비되어 있는 지역으로 화장실, 수도시설, 전기시설, 오물처리장이 갖추어져 있다.

14. 빌라(Villa)

일반적으로 '별장'이라 부르고 있다. 개인이 자기 가족 전용을 위해 소유하고 있는 경우와 이를 관광객에게 개방하여 숙박시설로 제공하는 경우가 있다.
여기서는 일반관광객을 위한 숙박시설로서의 빌라를 다루고 있다.

15. 방갈로(Bungalow)

열대지방의 건축형태의 일종으로 주로 목조 2층 건물이다. 아래층은 없고 원두막처럼 생겼는데 지붕은 경사가 심하다.

16. 국민숙사

휴가촌사라고도 말하며 이것은 가족휴가 등을 즐길 수 있는 저렴한 공공 숙박시설이라 한다. 정부나 공공단체에 의하여 운영되는 '소셜 투어리즘(Social Tourism)'의 일환으로 장려되는 것이다.

17. 커티지(Cottage)

커티지는 초가 형태의 소규모 단독 숙박시설로서 1동당 1가족 등 소규모 단체객의 투숙에 적합하며 고급 숙박시설에 비해 모든 면에서 뒤떨어지나 아담하고 조용한 분위기 속에 휴양, 휴가, 레크리에이션을 즐기는 데 나름대로의 장점을 가지고 있으며 건물이 일정한 거리로 떨어져 있어서 프라이버시와 정숙함을 보장받을 수 있다.

제6장 · 여행업

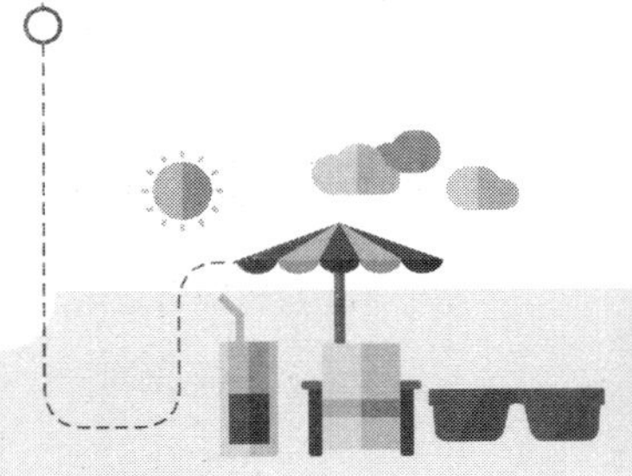

1. 여행업의 의의

여행업(Travel Agency : Travel Bureau)이란 여객의 상담에 응하여 여행지에 관한 필요한 지식을 제공하고, 여행자를 대신하여 교통편과 숙박의 예약을 하며, 그 밖에 여행에 관한 각종의 서비스를 제공하여 일정한 대가, 즉 보수를 수수하는 업무를 말한다. 이 같은 여행알선을 영업으로 하는 자를 여행알선업자, 여행사, 여행업자라고 부른다. 미주여행업자협회(American Society of Trvel Agents : ASTA)는 다음과 같이 여행업의 정의를 내리고 있다.

Agent란 일반적으로 다른 기관(이를 Principal이라 부른다)을 대신하여 제3자와 계약을 체결하고, 또한 이를 변경 내지 취소할 권한이 부여된 자를 말한다. 이곳에서 Principal이란 여행사에 의해서 대리되는 회사 혹은 개인업체로서 항공회사, 기선회사, 철도 및 버스회사, 호텔, 그 밖의 관광시설업체 등이 모두 포함된다. 동시에 여행업자는 1 내지 그 이상의 Principal로부터 의뢰를 받아 여행 및 여행에 관련되는 서비스를 제공하는 개인 또는 회사를 말한다. 다시 말하면, 여행업자는 일반여행대중과 관광의 하부구조를 구성하는 교통운수수단(항공·선박·철도 등)이나 숙박업 등의 중간에 서서 매개자로서의 역할을 담당하는 자이다.

우리나라에서는 관광진흥법에서 여행업을 일반여행업, 국외여행업, 국내여행업으로 분류하고 있는데 그 내용은 다음과 같다.

① **일반여행업** : 국내 또는 국외를 여행하는 내국인 및 외국인을 대상으로 하는 여행업(사증을 받는 절차를 대행하는 행위를 포함한다)

② **국외여행업** : 국외를 여행하는 내국인을 대상으로 하는 여행업(사증을 받는 절차를 대행하는 행위를 포함한다)

③ **국내여행업** : 국내를 여행하는 내국인을 대상으로 하는 여행업

2. 여행업의 등록기준

1) 일반여행업의 등록기준

① **자본금(개인의 경우에는 자산 평가액)** : 1억 원 이상일 것

② **사무실** : 소유권 또는 사용권이 있을 것

2) 국외여행업의 등록기준

① **자본금(개인의 경우에는 자산 평가액)** : 3천만 원 이상일 것

② **사무실** : 소유권 또는 사용권이 있을 것

3) 국내여행업의 등록기준

① **자본금(개인의 경우에는 자산 평가액)** : 1,500만 원 이상일 것

② **사무실** : 소유권 또는 사용권이 있을 것

〈여행업 등록 현황〉

(2018년 12월 31일 기준(단위 : 개소))

구분	소계	일반여행업	국내여행업	국외여행업
서울	6,375	2,749	1,008	2,618
부산	1,407	201	527	679
대구	962	118	403	441
인천	569	153	181	235
광주	632	104	245	283
대전	377	59	146	172
울산	317	45	133	139
세종	65	14	24	27
경기	2,332	503	748	1,084
강원	454	74	205	175
충북	484	58	213	213
충남	572	44	267	261
전북	614	96	253	265
전남	445	62	211	172
경북	631	56	302	273
경남	953	108	420	425
제주	1,158	349	617	192
계	18,347	4,793	5,903	7,654

자료 : 한국여행업협회

3. 여행업의 역사

1) 여행알선업의 연혁은 지금부터 160여 년 전인 1845년 영국에서 'Thomas Cook and Son, Ltd.'가 창립되어 광고를 통해 단체관광단을 모집한 데서 비롯된다.

2) Cook의 원리
   ① 관광여행은 가격에 대한 수요의 탄력성이 매우 크기 때문에 요금을 내리면 수요는 증대한다.
   ② 운송시설 · 숙박시설은 거액의 시설투자가 필요하여 고정비의 비율이 높기 때문에 이용자를 늘리면 1인당 요금이 내려가더라도 전체수입은 늘어난다.
   ③ 따라서 이상을 실현하려면 단체할인제도를 도입해야 하며, 이를 채택하면 이용자는 물론 운송업자 · 숙박업자도 만족할 만한 결실을 거둔다.
   ④ 여행상품은 무형의 서비스 상품이라는 인식하에 끊임없는 아이디어를 개발했으며, 여행상품이 표준화 · 규격화 · 전문화를 가장 먼저 실현한 근대경영의 효시라 말할 수 있다.

3) 미국 '아메리칸 익스프레스사(American Express Company)'의 설립은 1850년인데 당초는 운송업과 우편업무만을 취급하였으나 금융업과 여행업으로 사업을 확장하여 1891년에는 여행자수표(Traveler's Check : 약자로 T/C라 쓴다)제도를 본격적으로 실시하여 이에 성공을 거둠으로써 여행업자로서의 지위를 굳혔다. 특히 American Express사는 여행비용을 분할 지불하는 월부여행(Credit Tour)제도를 실시하여 새로운 관광수요를 창출해 나가고 있다. 아메리칸 익스프레스사의 월부여행은 광범한 크레디트 구매방식에 따라 전 세계적인 영업조직을 구축하여 실적을 올리고 있다.

4) PAN-American 항공회사는 1954년 'Fly Now Pay Later Plan(운임후불제)'을 실시하였다.

5) 우리나라 여행업의 시초는 1912년 일본교통공사 조선지부가 설립되었다가 해방 후 대한여행사로 개칭되면서 본격적인 여행업무가 시작되었다.

6) 이 밖에도 세계적으로 유명한 여행사로는 독일의 독일여행사(Deutsches Reiseburo), 이탈리아의 이탈리아 여행사(Compagnia Italiana Turismo)와 러시아의 국영여행사 인투어리스트(Intourist), 일본 최대의 여행사인 일본교통공사 등이 있다.

4. 여행업 경영의 특징

1) 고정자본의 투자가 적다.
2) 노동력에 대한 의존도가 높기 때문에 인간이 자본이라 할 수 있다.
3) 계절성이 강하다.
4) 제품수명 주기가 짧다.
5) 직원의 전문요원화
6) 사무실의 위치의존도가 크다.
7) 다품종 대량생산의 시스템산업이다.

8) 여행상품의 구성 소재는 단일품목으로 판매되기 때문에 부가가치 증대가 어렵고 독자적 상품조성이 곤란하다.

9) 유동자금이 생명이다.

5. 여행업의 전망

1) 소비자 욕구의 다양화 · 전문화 · 세분화 현상이 나타난다.

2) 인터넷의 발달로 여행시장의 규모 확대와 함께 인터넷 여행시장이 성장하고 있음을 알 수 있다.

3) 소비자들의 여행경험이 풍부해지고 개성화가 진전됨에 따라 개별 여행시장이 확대될 것으로 보인다.

4) 근로여성의 증가에 따라 여성들의 소비능력이 증대되고, 독신여성의 증가, 출산감소 등으로 여성들의 여행수요가 급증하고 있다.

5) 과학 및 의료기술의 발달로 평균수명 연장, 노령화사회 진전, 복지정책 등으로 실버계층의 여행객이 증가하고 있다.

6) 개별여행자의 주문에 의한 특정관심분야 및 차별화된 기획여행이 확대될 것이다.

7) 인터넷 등 정보기술이 발달하면서 항공사 · 호텔 등 공급자가 여행업자를 배제시키고 소비자와 직접 거래하는 현상이 가속화되고 있다.

8) 항공권 판매방식의 다양화와 직접 판매방식이 증가하고 있고 항공사와 호텔 등이 여행서비스 업무를 부분적으로 침해하고 있다.

제 2 절   여행의 종류

1. 여행 목적에 의한 분류

1) 겸목적 여행(소용여행)

겸목적 여행은 내용과 범위가 넓으나 크게 공용여행과 사용여행으로 나누어진다. 일반적으로 공용여행이라 함은 공무출장을 포함한 시찰 · 회의출석 목적 등이 대표적이다. 이에 반하여 사용여행은 공용여행보다는 어떤 구속이나 제약이 적은 것으로 상용 · 경조 · 연구 · 조사 · 방문 등의 목적을 가진 여행이다.

2) 순목적 여행

순목적 여행은 비교적 자유로운 여행으로 개인의 오락, 레크리에이션, 견학, 보건, 휴양상의 여행으로서 일상생활에서 벗어나 새로운 풍물을 즐기는 여행을 뜻한다.

2. 여행 규모에 의한 분류

1) 개인여행

개인여행은 일반적으로 9인 이하의 여행을 말하며 여행자의 의사에 따라 여정을 짜고 항공편 · 선박 · 기차 · 호텔 등의 예약을 대행하게 된다.

2) 단체여행

단체여행은 10인 이상의 여행을 말하며 개인여행과는 달리 모집 대상객이 희망하는 최대공약수적인 여정을 작성하여 여정에 명시된 사항을 충실히 실행한다.

〈개인 및 단체여행의 장 · 단점〉

	개인여행	단체여행
여행사	계절 변동이 적다. 안정된 수입원이다. 수익률은 낮다. 업무는 번잡하다.	계절 변동이 심하다. 불안정한 요소가 많다. 수익률은 높다. 수배업무는 일괄처리가 가능하다.
여행자	개인의 의사에 따라 자유 활동을 할 수 있다. 일정의 변경은 비교적 용이하다. 여행 중의 시간 loss가 많다. 할인이 적다. Cost가 비싸다. 수배가 번잡하다.	Group 전체의 의사에 따라 행동해야 한다. 일정의 변경은 곤란하다. 시간이 유효하게 사용된다. Group 할인특전이 많다. Cost가 싸진다. 수배는 Conductor가 해준다.

3. 기획자에 따른 분류

1) 주최여행

여행사의 기획에 의하여 여정, 여행조건, 여행비용을 미리 정하고 희망자를 일반으로부터 모집하는 단체여행을 말한다.

2) 공최여행

여행사가 단체 또는 단체의 조직자와 협의하여 여정 및 여행조건, 여행비용을 정하여 공동으로 집객하는 여행을 말한다.

3) 청부여행

개인 또는 단체를 불문하고 여행자의 희망에 따라 여정을 작성하고 이 여정에 의해서 여행조건 및 여행비용을 제시하고 여정을 청부맡아 하는 여행을 말한다.

4. 안내조건에 의한 분류

1) I.I.T

Inclusive Independent Tour의 약자이며 여행출발 시에 Escort가 첨승치 아니하고 각 관광지에서만 안내원이 나와서 관광안내 서비스를 하는 여행으로서 Local Guide System이라고도 한다.

2) I.C.T

Inclusive Conducted Tour의 약자이며 Escort가 전 여행기간을 동반하며 안내하는 방법으로 단체여행에 많은 형태이다.

5. 등급에 의한 분류

여행 내용의 등급에 의한 분류로 외국인 여행에서는 제공하는 여행 내용에 따라서 등급을 매기는 것이 보통으로 그 방법은 Agent에 따라 약간씩 다르지만 등급을 매기는 기본은 호텔 객실의 등급에 의하든가 호텔 자체의 등급에 따르는 것이 일반적이다. 등급의 호칭으로는 위로부터 Deluxe, Superior, Standard, Economy의 네 가지 Class로 나누어진다.

6. 판매형태에 의한 분류

1) 레디 메이드(Ready made)여행

주최여행 또는 정기여행이라고도 불리며 그 특색으로는 고객측으로 보면 혼자라도 참가할 수 있는 단체여행으로 값이 싸며 기획상품이라고도 한다.

2) 오더 메이드(Order made)여행

손님의 주문에 의하여 여행 알선 서비스를 제공하는 여행이다.

3) 이지 오더 메이드(Easy Order made Tour, Half made Tour)여행

기획상품과 주문상품을 복합한 중간형의 형태이다.

4) 임의관광(Optional Tour)

일정에 없는 별도의 관광 즉 선택관광이다.

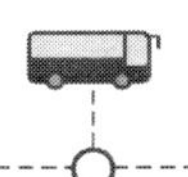

7. 숙박 유무에 의한 분류

숙박의 유무를 기준으로 해서 당일여행과 숙박여행으로 나누며, 숙박여행은 장기 숙박여행과 단기 숙박여행으로 분류된다.

8. 교통수단에 의한 분류

1) 도보여행

교통수단을 이용하지 않은 만보관광과 강보관광으로 나눈다.

2) 교통수단 이용여행

자전거 여행, 자동차 여행, 철도 여행, 선박 여행, 항공기 여행 등이 있다.

9. 출입국 수속에 의한 분류

1) 기항지상륙여행 (Shore Excursion Tour)

선박 또는 항공기가 항에 도착한 후 그 항을 출발할 때까지의 기간을 이용하여 일시 상륙의 허가를 얻어 여객이 그 항 부근의 도시, 명승지 등을 구경하는 여행을 말한다.

2) 통과상륙여행 (Over Land Tour)

선박이 한국의 어느 기항지로부터 타 기항지에 항해할 동안 통과 상륙의 허가를 얻어 행하는 여행을 말하며 동일선에 재승선할 때에 한한다.

3) 일반관광여행

항구, 공항을 불문하고 정식 입국허가를 얻고 입국한 여행을 말하며 보통 2~3일 내지 3~4일 정도가 가장 많다.

10. 여행 형태에 의한 분류

1) Package Tour

주최여행의 전형적인 형태로서 여행경비를 미리 정해 단기간에 가급적 저렴한 경비로서 명승지, 고적이나 주요 관광지를 방문하는 Tour를 말한다.

① Package Tour의 특색

가. 대규모 여행업자가 사전에 교통편 및 숙박시설을 계약하여 일시에 대량구입한 후 일련의 기획여행을 만들어서 조립상품화하는 여행상품이다.

나. Whole Saler(여행도매업자)와 Retailer(여행소매업자)의 발생

다. 가격의 저렴화 : 대량조성 · 대량판매의 원리 도입

② Package Tour 상품의 효과

가. 여행사에서 직접 개발한 상품을 팔기 때문에 적극적인 판매활동을 필요로 하며 여행사의 체질을 개선시킬 수 있다.

나. Package Tour 상품은 Off Season이나 Shoulder Season에 기획과 선전에 따라 잠재수요를 환기시키는 효과를 가지게 된다.

다. 대량조성 · 대량구매 등으로 원가절감이 가능하기 때문에 가격이 저렴하다.

라. 여행자의 입장에서는 각 여행사의 상품을 비교 · 선택할 수 있다.

마. 여행사에서 여행자들이 이용할 운송시설 또는 숙박시설 등을 사전예약하고 보유하므로 품질관리가 가능하다.

바. 대량으로 여행상품을 조성하므로 업무의 능률화를 기할 수 있어 인건비 등 제반경비를 줄일 수 있다.

2) Series Tour

동일한 형, 목적, 기간, Course로서 정기적으로 실시되는 Tour를 말한다.

3) 관광선 여행(Cruise Tour)

선박을 이용하여 실시되는 여행

4) 국제회의 여행(Convention Tour)

회의에 참석하는 참가자를 대상으로 하는 여행

5) 전세 여행(Charter Tour)

① Affinity Group Charter

② Own Use Charter

③ IT Charter 등이 있다.

6) 포상 여행(Incentive Tour)

대기업이나 단체에서 영업실적향상책의 일환으로 물품 대신 여행을 보내주는 것

7) Interline Tour

항공회사가 가맹 Agent를 초대하여 실시하는 여행

8) 시찰초대 여행(Familiarization Tour)

관광기관, 항공회사 등이 여행업자, 보도관계자 등을 초청해서 루트나 관광지, 관광시설, 관광대상 등을 시찰시키는 여행

9) Special Interest Tour

기획 테마여행

10) Budget Tour

통상요금보다 적게 제공되는 저렴한 비용의 여행

11. 여행 방향에 의한 분류

1) **Domestic Tour** : 내국인의 국내여행을 말한다.

2) **Out Bound** : 내국인의 해외여행이다.

3) **In Bound** : 외국인의 내국여행을 말하는 것이다.

12. 비자 소지 내용에 따른 분류

1) No VISA

사증 없이 여행하는 경우

2) Transit VISA

목적지를 왕복하는 도중 통과 사증을 받고 일시 여행하는 경우

3) Entry VISA

정식 사증을 받고 입국 여행하는 경우

13. Escort 유무에 의한 분류

1) **FIT(Foreign Independent Tour)** : 외국 개인 여행

2) **FET(Foreign Escorted Tour)** : 외국 첨승 여행

14. 여행코스의 유형에 의한 분류

1) 피스톤형

여행객이 목적지에 가서 그곳 목적지만 관광을 하고 다시 같은 코스로 돌아오는 반복식 여행형태이다.

2) 스푼형

정주지에서 목적지까지 가서 목적지 주변 관광지를 돌아보고 관광한 다음 같은 코스로 돌아오는 여행 형태이다.

3) 안전핀형

정주지에서 목적지까지 직행해서 목적지에서도 스푼형과 같이 주변 관광지를 돌아보고 자유로운 시간을 영유하다가 돌아올 때는 갈 때와는 다른 코스로 정주지에 돌아오는 여행형태이다.

4) 탬버린

정주지를 떠나 여러 목적지를 돌아보고 그 주위를 관광한 다음 출발코스와는 다른 코스로 정주지에 도착하는 여행형태이다.

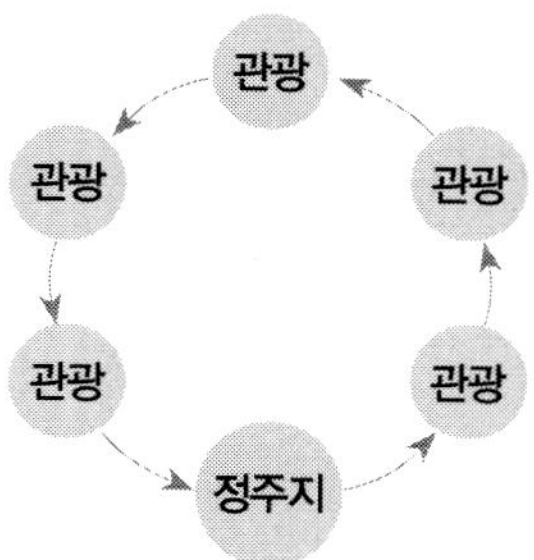

15. 여행코스의 형태

1) 편도여행(OW : One Way Trip)

2) 왕복여행(RT : Round Trip)

3) 주유여행(CT : Circle Trip)

4) 가위벌린형(OJT : Open Jaw Trip)

제 3 절　여행알선 업무의 내용과 상품의 특징

1. 여행알선 업무의 내용

1) **판매업무** : 항공권, 승차권 등의 판매, 세트 여행의 판매, 여행자 수표의 발행

2) **중개업무** : 여행상해보험의 취급, 환전

3) **수배업무** : 운송, 숙박, 기타 여행에 부수되는 시설의 알선, 계약체결 등

4) **인수업무** : 청부여행의 인수

5) **대행업무** : 해외여행에 대한 여권, 사증 등 수속절차의 대행

6) **안내업무** : 여행에 관한 정보의 제공, 문의에 응답, 국외여행 통역 안내

2. 여행업무의 조직

1) Inbound 업무조직

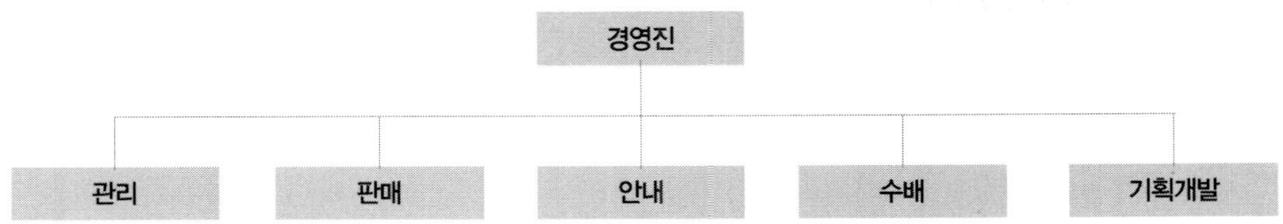

① **판매업무** : 외국인 여행의 판매계약을 체결하는 업무로서 계약서에는 다음과 같은 계약 내용을 포함시켜야 한다.

가) 여행 경비에 포함되는 비용의 범위 · 여행조건 등을 분명하게 해야 한다.

나) 서비스 제공에 대한 범위와 내용을 명확히 해야 한다.

다) 기본적 여행경비는 여행실시 전에 수령한다.

라) 여행비는 안전한 방법으로 수금해야 한다.

② **수배업무** : 정확한 수배 · 신속한 수배 · 적절한 수배, 확인의 이행, 경제성, 대안의 강구 등 수배의 기본원칙을 지켜야 한다.

③ **안내업무** : 국가별 외국어 실력을 갖추어 안내업무 지식을 몸에 익혀야 하고 성실하고 친절하게 안내를 해야 하며 민간 외교관으로서 국위를 손상시켜서는 안된다.

④ **정산업무** : 행사가 완료된 직후 행사보고서를 작성하여 경비에 대한 지출내용을 보고하는 것으로 증빙서류를 빠짐없이 첨부하고 상세한 기록과 함께 가능한 한 빠른 시간 안에 정산업무를 수행해야 한다.

2) Outbound 업무조직

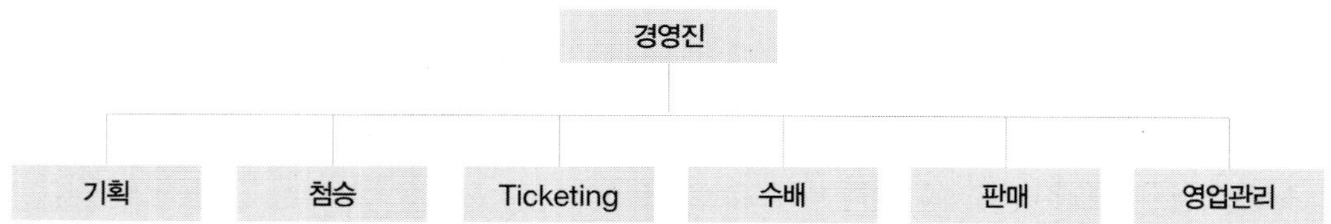

① **기획부서** : 여행상품의 개발 즉, 레디 메이드(Ready Made)상품과 오더 메이드(Order Made)상품을 기획 · 조립 · 개발 업무를 담당

② **관리부서** : 인사관리, 수입관리, 회계관리와 행정관청에 대한 제반 업무를 담당

③ **수배부서** : 숙박시설 · 식사 · 교통수단 등의 예약 및 확보 업무를 담당

④ **판매부서** : 관광상품에 대한 판매촉진 및 판매를 담당하는 부서

⑤ **첨승 및 안내부서** : 해외여행에서의 첨승과 국내여행에서의 안내를 전담하는 부서

⑥ **항공권발권(Ticketing)부서** : 해외여행에 필요한 항공권을 발행하는 업무를 담당

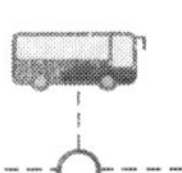
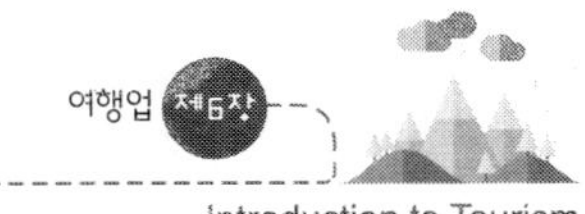

3. 여행상품의 특징

1) 눈에 보이지 않는 무형의 상품이다.

2) 순간생산, 순간소비 동시 완결형이기 때문에 재고가 없다.

3) 수요가 계절이나 요일 등에 따라 파동이 크다.

4) 모방하기 쉬운 상품이다.

5) After Service가 안된다.

6) 여러 상품이 결합됨으로써 하나의 완전한 상품으로 된다.

7) 효용면에서 개인의 차가 크다.

8) 정보에 의한 수송이 빠르다.

9) 상품의 차별화가 곤란하다.

10) 상품조성에 소비되는 설비투자가 적게 든다.

11) 통상 고액이며 단명하다.

12) 소비자의 정확한 욕구파악이 어렵다.

13) 복수의 동시소비가 불가능하다.

14) 비객관성 특징을 갖는다.

15) 여행상품의 가격결정과 만족은 상품의 품질과 가격에 대한 이용자의 지각수준을 기초로 이루어지기 때문에 비가격경쟁의 특징을 가지게 된다.

16) 한계효용체감의 법칙이 적용되지 않는다.

4. 여행상품 판매의 특징

여행업자를 영업형태에 의하면 소매업자(Retailer)와 도매업자(Wholesaler)로 나눌 수 있다. 소매업자는 직접 고객에게 판매하고 도매업자는 소매업자를 대상으로 판매하는 것이다. 따라서 여행상품은 Tour Operator가 상품을 기획하면 도매업자 → 소매업자 → 고객이라는 유통과정을 거치기도 하고 도매업자나 소매업자를 거치지 않고 소매업자나 고객에게 직접 판매되기도 한다. 그러나 인바운드인 경우는 해외 판매를 해야 되기 때문에 Tour Operator와 고객이 직접 연결되는 경우는 거의 없다. 대부분이 소매업자나 도매업자의 Agent를 통해서 판매하고 있다. 이것을 Agency Sales라고 하여 Inbound의 특징적인 판매형태가 되고 있다.

5. 여행업의 수입

여행업의 수입은

1) Principal로부터 받는 판매수수료

2) 여행자로부터 받는 대행수수료

3) 여행상품을 생산·판매하여 얻게 되는 수익

4) 대리점업으로서의 판매수수료 등으로 나눌 수 있다.

6. 여행상품 판매방법

1) 인적 판매방법

① Counter Sales(점포판매) : Walking in Guest의 방문으로 창구에서 직접 판매

② Visit Sales(방문판매) : 영업사원이 직접 고객을 찾아가서 판매하는 방법

③ 전화 Sales : 기존 고객에게 전화를 통해 판매하는 방법

④ DM(Direct Mail) Sales : 기획된 고객에게 우편을 통해 판매하는 방법

⑤ 통신(Catalog) Sales : 불특정다수의 고객을 상대로 팸플릿을 이용하여 판매하는 방법

2) 비인적 판매방법

① Mass Media(대중매체) Sales : 신문·방송 등 매체를 활용한 판매

② PC를 통한 인터넷 판매

③ 박람회·전시회 등을 통한 판매

〈여행상품의 분류도표〉

여행사의상품

1. Domestic Tours

Retailer
① 교통의 이용권(항공, 철도, 선박 등)
② Hotel의 숙박권 및 상품
③ E- 여행사의 Package 상품

Tour Operator
① 여행사가 기획조성한 것(Planning Tour)
　가) 여행사가 개발한 쿠폰
　나) 개인용으로 판매하는 Package Tour
　다) 단체용으로 판매하는 Ready Made 상품
　라) Daily Tour(정기여행)
② 고객의 주문에 의해 조성한 것(Order Made 상품)
　가) 개인으로부터의 주문
　나) 단체로부터의 주문
　다) Charter Bus의 판매

2. Inbound Tours

Retailer
① T cket
② 호화유람선(Cruise Tour)
③ 기타 Package Tour

Tour Operator
① 여행사가 기획조성한 것
　가) 개인용으로 판매하는 Package Tour
　나) 단체용으로 판매하는 Ready Made Tour
② 고객의 주문에 의하여 조성한 것(Order Made 상품)
　가) 개인의 주문
　나) 단체의 주문

3. Outbound Tours

Retailer
① 교통의 이용권(항공, 철도, 선박 등)
② 호텔이용권
③ 기타 Package Tour 판매

Tour Operator
① 여행사가 기획조성한 것
　가) 개인용으로 판매하는 Package Tour 상품
　나) 단체용으로 판매하는 Ready Made Tour 상품
② 외국여행사 또는 고객주문에 의한 상품(Order Made Tour 상품)
　가) 외국여행사의 요구
　나) 개인의 요구

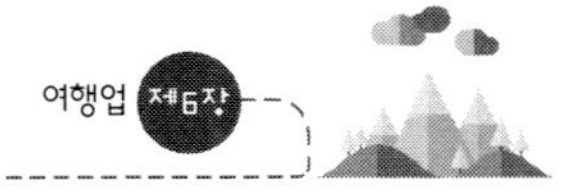

제 4 절　여행경비의 산출

1. 여행경비의 조건

다른 산업에 있어서 상품의 판매가격이 있듯이 여행에도 여행경비가 있다. 상품의 질과 상품의 가격이 구매행위를 결정하는 일반적인 경향과 마찬가지로 여행에서도 조건과 비용에 따라 고객의 욕구를 자극시킬 수 있는 것이다. 여행비용은 여행의 조건 즉 인원수, 여행일수, 행선지, 여행 내용, 여행 목적 등에 따라서 항상 변할 수가 있는데 경비의 산출근거는 크게 3가지로 나눌 수 있다.

1) 운임

운임은 항공운임과 선박운임으로 나눌 수 있다.

① 항공운임

가) 항공운임은 IATA의 운송회의에서 결정되며, 운임계산 역시 IATA에서 정하는 계산방법에 의하여 산출한다.

나) 포괄여행(Inclusive Tour)인 경우에는 보통운임보다 싼 운임이 설정되는데 IATA규칙에 의하면 포괄여행이란

- 여행형태는 왕복 또는 주유여행이어야 함
- 지상수배가 Operator에 의해 출발 전에 완료될 것
- 팸플릿에 의한 선전활동으로 여객을 공모할 것
- 출발 전에 요금이 지불완료될 것

② 선박운임

선박운임은 항공운임과 같은 통일된 Tariff가 없기 때문에 각 선박별로 운임을 계산하지 않으면 안되고 왕복할인 여부, 첨승원 할인, 단체할인 등을 특히 주의해서 계산하지 않으면 안된다.

2) 지상경비

지상경비는 통일된 Tariff가 없고 산출근거가 다양하며 내역도 많은 등 가변적인 요소가 많아서 정확히 할 수가 없다. 그렇기 때문에 Tour Organizer의 계산에 따라 이익의 폭이 결정되게 마련인데 지상경비에는 다음과 같은 내용이 포함되어야 한다.

① **숙박비(Accommodation)** : 장소, 등급, 시설 등
② **식사비(Meals)** : 식사수, 장소
③ **관광비(Sightseeing)**
④ **지상교통비(Land Transportation)** : 교통수단에 따라
⑤ **가이드(Guide)비**

⑥ 첨승원(Escort)비

⑦ 트랜스퍼(Transfer) : 공항과 호텔 간 짐을 운반할 때

⑧ 포터(Porterage) : Porterage(포터에게 지불하는 비용)

⑨ 세금(Tax) : 유흥비, 공항세 등

⑩ 서비스료

⑪ 선전비

⑫ 기타 비용

3) 기타의 비용

① 투어코스트에 포함할 비용

가) 첨승원의 운임 및 육상경비, 출장여비 등의 비용

나) Tour Organizer가 여객의 화물에 거는 보험

다) 관광지에서의 선물대

라) 출발 시 공항의 대합실을 이용하는 경우의 비용

마) 공항까지 드는 국내경비

바) 여객의 가방, 화물에 다는 꼬리표 등을 배포하는 경우의 비용

사) 여정표를 작성할 경우 선전을 행하는 경우의 인쇄비

② 투어코스트에 포함되지 않는 비용

가) 여권대

나) 사증대

다) 예방주사대

라) 임의보험료

마) 도항수속대

바) 기타 개인적인 여행비용(개인의 주대, 전화사용료, 세탁비용 등)

2. 여정관리 업무 중요내용

1) 소정의 여행서비스를 확실히 제공하도록 여행개시 전의 예약 등을 정확히 행할 것

2) 여행지에서의 여행서비스가 당초의 계획대로 이루어지도록 필요한 수속을 실시할 것

3) 당초의 여행서비스를 변경하지 않을 수 없는 사유가 발생한 경우에는 대체서비스의 수배나 그에 필요한 수속 등을 행할 것

4) 복수의 여행자가 동일행동을 하는 여정에 있어서는 집합시간이나 장소 등에 관해 필요한 지시를 할 것

3. 여정작성 시 유의사항

1) 여행자의 여행목적에 알맞은 경로와 여행지의 순서를 정한다.

2) 여행기간을 일정한 일수로 할당하여 숙박지를 정한다.

3) 예상되는 여행비용을 고려한다.

4) 식사내용은 지방색이나 계절감에 변화를 준다.

5) 여행자의 의사를 반영함과 동시에 타사와의 경합을 고려한다.

제 5 절 여객운송업무

1. 여행서류

1) 여권(Passport)

여권이란 각국 정부가 자국인 또는 국적이 없는 외국인에게 해외여행을 위해 발급하여 주는 공식서류이다.

① 여권의 목적

여권은 각국이 여권을 소지한 여행자에 대하여 자국민임을 증명(Identification)하고 여행의 목적을 표시하여 자국민이 해외여행을 하는 동안 편의와 보호에 대한 협조를 받을 수 있도록 하기 위하여 발급하고 있다.

② 여권의 종류

가) 일반여권 : 10년 복수여권, 1년 단수여권

나) 관용여권 : 공무원과 정부투자기관의 임직원으로 공무로 국외를 여행하게 되는 자나, 정부투자기관의 국외 주재원과 그 배우자 및 미혼인 직계비속도 관용여권을 받을 수 있다.

다) 외교관여권 : 대통령, 국회의장, 대법원장과 외무부 소속 공무원 기타 외무부장관이 인정하는 자와 그 배우자 및 미혼인 직계비속에게 발급하는 여권

라) 전자여권(Electronic Passport) : 국제민간항공기구(ICAO)와 국제표준화기구(ISO)에서 정한 국제표준에 의거 성명 · 여권번호와 같은 개인 신원정보와 얼굴 · 지문과 같은 바이오 인식정보를 전자적으로 수록한 여권이다.

마) Laissezpasser : UN에서 발급하는 여권

바) International Red Cross Passport : 국제적십자사에서 발급하는 여권

③ 여권의 기재내용

여권에 기재하는 사항은 여권 번호, 인적 사항, 발급일 및 유효기간, 여행 목적지, 병기된 동반자녀, 연장, 개정, 제한 등이 있는데 각 나라마다 상이하다.

2) 사증(VISA)

① 사증의 정의

사증이란 여행하고자 하는 나라로부터 입국허가를 받았다는 공문서로서 일반적으로 상대국 대사관에서 받게 된다.

② 사증의 종류

가) 입국목적에 따라 : 외교공무사증, 취업사증, 비영리 단기사증, 일반 장기사증

나) 사용횟수에 따라 : 단수사증(Single), 복수사증(Multiple)

③ 사증의 기재내용

사증의 기재내용은 일반적으로 사증번호, 발급국가의 문장표시, 사증의 종류, 사증의 유효기간, 단수 또는 복수, 사증 발급대상자 성명, 수수료 등이다.

④ 외국인 무사증 입국

가. 사증면제협정 체결국가

사증면제협정 체결국가 국민이 관광 또는 방문 독적 등으로 입국하고자 하는 경우에 한하여 사증 없이 입국이 가능하다. 단, 영리행위나 취업행위 등을 하고자 할 때에는 그에 합당한 사증을 발급받고 입국하여야 한다.

〈사증면제협정 체결국가〉

(2019년 7월 1일 현재)

주별	국가명	적용 대상여권	체류기간
아시아주	라오스	외교, 관용	90일
	말레이시아	외교, 관용, 일반	3개월
	오만	외교, 관용, 특별	90일
	몽골	외교, 관용	30일
	방글라데시	외교, 관용, 일반	90일
	쿠웨이트	외교, 관용, 특별	90일
	베트남	외교, 관용	90일
	싱가포르	외교, 관용, 일반	3개월
	미얀마	외교, 관용	90일

주별	국가명	적용 대상여권	체류기간
아시아주	아랍에미레이트	외교, 관용, 일반	30일
	우즈베키스탄	외교	60일
	이란	외교, 관용	3개월
	이스라엘	외교, 관용, 일반	90일
	인도	외교, 관용	90일
	일본	외교, 관용	90일
	중국	외교, 관용	30일
	카자흐스탄	외교, 관용	90일
		일반	30일
	아르메니아	외교, 관용	90일
	요르단	외교	90일

주별	국가명	적용 대상여권	체류기간
아시아주	키르키즈스탄	외교, 관용	30일
	캄보디아	외교, 관용	60일
	태국	외교, 관용	제한없음
		일반	90일
		선원수첩	15일
	터키	외교, 관용, 일반	90일
	투르크메니스탄	외교	30일
	타지키스탄	외교, 관용	90일
	파키스탄	외교, 관용, 일반	3개월
	필리핀	외교, 관용	제한없음
미주	과테말라	외교, 관용	90일
		일반	90일
	그레나다	외교, 관용, 일반	90일
		선원수첩	90일
	니카라과	외교, 관용, 일반	90일
		선원수첩	15일
	도미니카 공화국	외교, 관용, 일반	90일
	도미니카 연방	외교, 관용, 일반	90일
		선원수첩	15일
	멕시코	일반	90일
		외교, 관용	90일
	바베이도스	외교, 관용, 일반	90일
		선원수첩	15일
	바하마	외교, 관용, 일반	90일
		선원수첩	15일
	베네수엘라	외교, 관용	30일
		일반	90일

주별	국가명	적용 대상여권	체류기간
미주	밸리즈	외교, 관용	90일
	브라질	외교, 관용	90일
		일반	90일
	볼리비아	외교, 관용	90일
	세인트루시아	외교, 관용, 일반	90일
		선원수첩	15일
	세인트빈센트 그레나딘	외교, 관용, 일반	90일
		선원수첩	15일
	세인트키츠 네비스	외교, 관용, 일반	90일
		선원수첩	15일
	수리남	외교, 관용, 일반	3개월
	아이티	외교, 관용, 일반	90일
		선원수첩	15일
	아르헨티나	외교, 관용	90일
	앤티가 바부다	외교, 관용, 일반	90일
		선원수첩	15일
	에콰도르	외교	제한없음
		관용	3개월
	엘살바도르	외교, 관용, 일반	90일
		선원수첩	15일
	우루과이	외교, 관용 , 일반	90일
	자메이카	외교, 관용, 일반	90일
		선원수첩	15일
	칠레	외교, 관용	90일
		일반	90일
	코스타리카	외교, 관용, 일반	90일
		선원수첩	15일

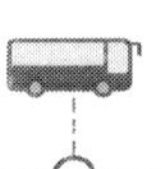

주별	국가명	적용 대상여권	체류기간
미주	콜롬비아	외교, 관용, 일반	90일
	트리니다드 토바고	외교, 관용, 일반	90일
		선원수첩	15일
	파나마	외교, 관용	90일
	파라과이	외교, 관용	90일
	페루	외교, 관용, 일반	90일
		선원수첩	15일
유럽주	그리스	외교, 관용	제한없음
		일반	3개월
	네덜란드	외교, 관용, 일반	3개월
	노르웨이	외교, 관용, 일반	90일
	덴마크	외교, 관용, 일반	90일
	독일	외교, 관용	제한없음
		일반	90일
	라트비아	외교, 관용, 일반	90일
	러시아	외교, 관용	90일
		일반	60일
	루마니아	외교, 관용, 일반	90일
	룩셈부르크	외교, 관용, 일반	3개월
	리투아니아	외교, 관용, 일반	90일
	리히텐슈타인	외교, 관용, 일반	90일
	몰도바	외교, 관용	90일
	몰타	외교, 관용, 일반	90일
	벨기에	외교, 관용, 일반	3개월
	벨로루시	외교, 관용	90일

주별	국가명	적용 대상여권	체류기간
유럽주	불가리아	외교, 관용, 일반	90일
	사이프러스	외교, 관용	90일
	스웨덴	외교, 관용, 일반	90일
	스위스	외교, 관용, 일반	3개월
	스페인	외교, 관용, 일반	90일
		선원수첩	15일
	슬로바키아	외교, 관용, 일반	90일
	아이슬란드	외교, 관용, 일반	90일
	아일랜드	외교, 관용, 일반	90일
	아제르바이잔	외교, 관용	30일
	에스토니아	외교, 관용, 일반	90일
	영국	외교, 관용, 일반	90일
	오스트리아	외교, 관용	180일
		일반	90일
	우크라이나	외교	90일
	이탈리아	외교, 관용, 일반	90일
	조지아	외교, 관용	90일
	체코	외교, 관용, 일반	90일
	크로아티아	외교, 관용	90일
	포르투갈	외교, 관용, 일반	60일
		선원수첩	15일
	폴란드	외교, 관용, 일반	90일
	프랑스	외교, 관용, 일반	90일
	핀란드	외교, 관용, 일반	90일
	헝가리	외교, 관용, 일반	90일

주별	국가명	적용 대상여권	체류기간
아프리카주	가봉	외교, 관용	90일
	라이베리아	외교, 관용, 일반	90일
		선원수첩	15일
	레소토	외교, 관용, 일반	60일
	모로코	외교, 관용, 일반	90일
		선원수첩	15일
	카보베르데	외교, 관용	90일
	모잠비크	외교, 관용	90일

주별	국가명	적용 대상여권	체류기간
아프리카주	베냉	외교, 관용	90일
	알제리	외교, 관용	90일
	앙골라	외교, 관용	30일
	이집트	외교, 관용	90일
	튀니지	외교, 관용, 일반	30일
대양주	뉴질랜드	외교, 관용, 일반	3개월
	바누아트	외교, 관용	90일

자료 : 법무부

나. 지정에 의한 무(無)사증 입국

- 국제관례, 상호주의, 국가이익 등을 종합적으로 고려하여 무사증입국 허가 대상국가를 따로 지정하고 있다.(2019년 7월 1일 현재 48개 국가)
- 관광 또는 방문 목적에 한하여 무사증 입국이 가능하며 일반적으로 30일 동안 체류할 수 있다. 단, 캐나다는 6개월, 미국 · 호주 · 홍콩 · 슬로베니아 · 일본은 90일 동안 체류할 수 있다.

〈외교, 관용, 일반여권 소지자 무사증 입국허가 대상국가〉

대륙구분	국가명
아시아	마카오(90일), 브루나이, 사우디아라비아, 오만, 일본(90일), 카타르, 타이완(90일), 홍콩(90일), 쿠웨이트(90일), 바레인
북아메리카	미국(90일), 캐나다(6개월)
남아메리카	가이아나, 아르헨티나, 에콰도르(90일), 온두라스, 파라과이
유럽	모나코, 바티칸, 보스니아 · 헤르체코비나, 사이프러스, 산마리노, 세르비아(90일), 몬테네그로, 슬로베니아(90일), 안도라, 알바니아, 크로아티아(90일)
오세아니아	괌, 나우루, 뉴칼레도니아, 미크로네시아, 사모아, 솔로몬군도, 키리바시, 피지, 호주(90일), 마셜군도, 팔라우, 통가, 투발루
아프리카	남아프리카공화국, 모리셔스, 세이쉘, 스와질란드, 보츠나와(90일)

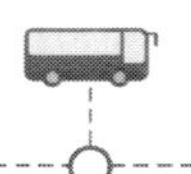

〈외교, 관용여권 소지자 무사증 입국허가 대상국가(2개국)〉

대륙구분	국가명
아시아	인도네시아, 레바논

자료 : 법무부 출입국 · 외국인 정책본부

다. 빈번 출입국자

- 대상국가

  무사증 입국이 허가되지 않은 국가 중 중국, 쿠바, 마케도니아를 제외한 모든 국가 국민

- 자격요건

  최근 2년 이내에 4회 이상 입국하였거나, 통산 10회 이상 입국한 사실이 있는 외국인

- 위 해당자 중 국내 체류기간 중 불법체류나 기타 범법사실이 없었던 외국인

  ※ 중국인은 최근 2년 이내 4회 이상 입국자나 통산 10회 이상 입국한 사실이 있는 자로 국내 체류기간 중 불법체류나 기타 범법사실이 없었던 자에 한하여 현지 공관장 재량으로 사증을 발급한다.

라. 제3국 여행 통과객

- 대상국가

  무사증 입국이 허가되지 않은 국가 중 쿠바, 마케도니아를 제외한 모든 국가 국민

- 자격요건

  - 미국, 일본, 캐나다, 호주, 뉴질랜드의 입국사증(재입국허가서 포함)을 소지하고 한국을 경유하여 미국, 일본, 캐나다, 호주, 뉴질랜드로 가는 자
  - 미국, 일본, 캐나다, 호주, 뉴질랜드에 체류 후 동 국가에서 출발한 한국행 직항노선을 이용, 한국을 경유하여 자국 또는 제3국으로 가는 자

- 허가조건

  30일 기간 내에 출국항공편이 예약된 항공권을 소지하고 미국, 일본, 캐나다, 호주, 뉴질랜드에 입국 후 불법체류 등 위법사실이 없는 자

마. 유럽여행 중국인 관광통과

- 대상자

  아래 유럽 30개국 중 1개국의 입국사증(영주권 포함)을 소지하고 최종목적지 연결항공권을 소지한 중국인

  중국 → 한국 → 유럽, 유럽 → 한국 → 중국

- 유럽 30개국

  그리스, 네덜란드, 노르웨이, 덴마크, 독일, 라트비아, 루마니아, 룩셈부르크, 리투아니아, 리히텐슈타인, 몰타, 벨기에, 스웨덴, 스위스, 스페인, 슬로바키아, 슬로베니아, 아이슬란드, 아일랜드, 에스토니아, 영국, 오스트리아, 이탈리아, 체코, 키프로스, 포르투갈, 폴란드, 프랑스,

핀란드, 헝가리

※ 아래 해당자는 제외된다.
- 유럽에서 중국으로 강제퇴거되는 자
- 단체관광협약에 의거 유럽을 여행하는 자

바. 일본인 관광/방문
- 한 · 일 양국 정부가 2006년 3월 1일부터 단기간 자국을 방문하는 상대국 국민에게 항구적으로 사증면제를 시행하기로 함에 따라, 한 · 일 인적 교류 활성화 및 상호주의에 입각하여 2006년 3월 1일부터 우리나라를 방문하는 일본인에 대하여 다음과 같이 무사증 입국을 허가한다.
- 체류기간 : 90일
- 체류활동 허용범위
  - 관광통과, 상용, 회의참석, 친지방문 등 단, 취업 또는 영리활동은 제외

사. 제주지역 무사증 입국
- 대상국가
  - 무사증 입국이 허가되지 않는 국가 중 다음 국가 국민을 제외한 외국인으로서 관광 · 통과 등의 목적으로 제주도의 공항만으로 입국하는 자
- 제주지역 무사증입국 불허국가(11개국)
  - 이란, 이라크, 수단, 리비아, 쿠바, 시리아, 마케도니아, 팔레스타인, 아프가니스탄, 나이지리아, 가나
- 체류기간 : 30일
- 허가지역 및 행동범위 : 제주도
- 허가조건
  - 허가대상자가 제주지역으로 직접 도착하는 항공기 또는 선박 등을 이용하여야 한다.

아. 재입국허가 소지자
자. APEC 경제인 여행카드 소지자
차. 국제기구발급여권(LAISSEZ-PASSER) 소지자

⑤ T.W.O.V

T.W.O.V란 Transit Without Visa의 약어로서 입국하고자 하는 국가로부터 정식비자를 받지 않았더라도 승객이 일정한 조건을 갖추고 있으면 입국하여 일정기간 동안 단기 체재할 수 있는 제도를 말한다.

일반적인 조건은

가) 제3국으로 계속 여행할 수 있는 예약확인된 항공권을 소지해야 한다.
나) 제3국으로 계속 여행할 수 있는 여행서류를 구비하고 있어야 한다.
다) 일반적으로 외교관계가 수립되어 있는 국가에만 이러한 규정이 적용된다.

라) 출입공항이 동일할 때

3) 국제공인 예방접종 증명서(International Certificates of Vaccination)

국제공인 예방접종 증명서란 Yellow Card 또는 Vaccination Card라고 부르는 콜레라, 두창, 황열병 등에 대한 예방접종을 말한다.

4) 출입국자 신고서(E/D Card)

국제선으로 여행을 하는 모든 내·외국인은 출입국 관리규정에 따라 출입국관리소에 출입국자 신고서를 작성 신고하게 되며, 출입국사열란에 확인사열을 받게 된다. 그러나 최근에는 내국인들이 출·입국 시에 E/D카드 제출을 생략하고 있다.

5) 병역관계서류

내국인 중 18세 이상 30세 미만의 남자는 병역관계 서류를 병무청 공항사무소에 제출해야 한다.

6) 출입국 세관 신고서

해외여행자는 각국이 규정하고 있는 관세법규에 따라 수하물에 대한 통관절차를 밟게 되어 있으며, 이 경우 출입국 세관 신고서를 기입·제출하게 되어 있다.

① 거주자인 여행자가 해외여행 중에 사용하고 재반입할 고가의 귀중품 등은 출국 시 세관에 신고하여 확인증을 받아두었다가 입국 시 제출하면 면세를 받을 수 있다.

② 입·출국 시 US \$10,000을 초과할 경우 세관에 신고해야 한다.

③ 입국 시의 무조건 면세대상은 주류 1병(1L 이하, 해외취득 가격 US \$400 이하), 담배 궐련 200개비, 향수 60㎖이며, 입국하는 내·외국인의 휴대품 면세한도는 600달러 이하이고, 출국 시 내국인 구매한도는 3,000달러 이하이며, 외국인은 한도가 없다.

④ 입국 시에 신고할 물품이 전혀 없는 여행자는 면세특로를 이용하고 신고 물품이 있는 여행자들은 세관검사 통로를 이용해야 한다.

7) 여행증명서(Travel Certificate)

여행증명서란 일반여권을 발급받지 못한 다음의 경우에 일회적 목적으로 발급하여 주는 서류를 말한다.

① 출국하는 무국적자

② 국외에 체류 또는 거주 중인 자로서 여권의 발급을 기다릴 시간적 여유가 없어 긴급히 귀국 또는 제3국에 여행할 필요가 있는 자

③ 국외에 거주 중인 자로서 일시 귀국 후 여권의 분실 또는 유효기간 만료 등의 사유로 여권의 발급을 기다릴 시간적 여유가 없이 거주지국으로 출국하여야 할 필요가 있는 자

④ 국제 입양자

⑤ 기타 외교부장관이 특히 필요하다고 인정하는 자

이 여행증명서는 1회의 여행 목적을 성취함으로써 그 효력이 상실되며 유효기간은 1년 이내이다.

2. 출입국 수속절차

1) 출국절차(C·I·Q)

승객이 항공여행을 하고자 공항에 나오는 경우, 여권 사증의 취득 → 항공권 구입 → 예방접종 → 탑승수속 → 세관수속 → 출국확인 → 탑승 등의 절차를 거쳐야 하는데 주요사항만 설명하기로 한다.

① 탑승수속(Check-In)

항공사 카운터에서 승객의 항공권, 여행구비서류에 대한 확인 절차와 수하물의 위탁수속절차를 말한다.

가) 수하물의 종류

㉮ 위탁수하물(Checked Baggage) : 항공사에 위탁된 수하물로서 항공사의 관리책임하에 운송되는 수하물을 말한다. 항공사마다 다르지만 무료위탁 수하물은 Weight System과 Piece System이 있다.

구분	Weight System	Piece System
적용	기타 전지역	미국 · 캐나다 착 · 발
F-Class	40kg(항공사에 따라 30kg)	● 2piece ● 3면의 합이 158cm ● 32kg/pc
Business Class	30kg	상동
Y-Class	20kg	● 2piece ● 3면의 합이 158cm ● 32kg/pc ● 2piece의 3면의 합이 270cm 초과하면 안됨
Child	성인과 동일	성인과 동일
Infant		100cm 이하 유모차 1개
휴대 수하물	3면의 합이 115cm 이하	3면의 합이 115cm 이하
국내	15kg	

㉯ 휴대수하물(Un-checked Baggage, Carry-On Baggage) : 승객이 자기의 책임하에 기내에 휴대하는 수화물로서 부피는 3면의 합이 115cm를 초과할 수 없다.

㉰ 동반수하물(Accompanied Baggage) : 승객과 수하물이 동일편으로 운송되는 수하물

㉱ 비동반수하물(Unaccompanied Baggage) : 승객의 항공편과 관계없이 운송되는 별송수하물을 말한다.

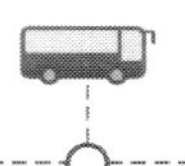

나) Baggage Pooling

2인 이상의 단체승객이 동일편·동일목적지로 여행할 경우 무료수하물 허용량은 각 개인의 무료 수하물 전체의 합과 같다.

다) 공항시설 이용료(Airport Service Charge)

국제선의 경우 출국하는 모든 승객은 공항시설 이용료를 지불해야 한다.

공항시설 이용료는 국가별로 징수하는 국가와 징수하지 않는 국가가 있는데 TIM상에 금액과 징수 여부에 관한 내용이 나와 있다.

우리나라의 공항시설 이용료 면제자는 다음과 같다.

㉮ 외교관 여권 소지자

㉯ 2세 미만의 유아

㉰ 대한민국에 주둔하는 외국의 군인 및 군무원

㉱ 국외로 입양되는 어린이 및 호송인

㉲ 당일 통과 여객 등

2) 입국절차

입국절차는 검역 → 입국확인 → 세관(Q-I-C)순으로 진행되는데, 반드시 목적지 국가에 적합하게 입국할 수 있는 정당한 VISA를 소지해야 한다.

3. 운송제한 승객(RPA : Restricted Passenger Advice)

모든 승객의 안전하고 안락한 운송을 목적으로 특정한 부루의 승객에 대하여 운송을 금지시키거나 제한하는 것을 말한다.

① 육체적 질환 환자

② 정신질환 환자

③ 신체부자유자 혹은 허약자

④ 비동반소아(Unaccompanied Minors)

⑤ 임산부(Pregnant Woman)

⑥ 맹인(Blind)

⑦ 알코올 및 마약중독자

⑧ 죄수

상기의 운송제한 승객 중 ① 전염병 환자, ② 다른 승객에게 위험한 행동을 하거나 자살의 위험성이 있는 정신질환자 ③ 질환상태가 눈에 띄어 다른 승객에게 불쾌감을 줄 환자 ④ 항공여행을 함으로써 병세가 악화되거나 생명의 위험이 있는 환자 등은 운송을 거절해야 한다. 그 외의 승객은 의사의 건강진단서, 서약서, 또는 환자의 보호자가 동반할 경우는 여행을 허락할 수도 있다.

1) Unaccompanied Minor(UM)

생후 3개월 이상 12세 미만의 유아나 소아가 성인승객을 동반하지 않고 여행하는 경우를 UM이라 한다. 생후 3개월 미만의 INF는 어느 경우에도 UM으로 여행을 할 수 없으며, UM의 항공료는 5세 이상~12세 미만은 성인요금의 50%를 내고, 3개월 이상~5세 미만은 성인요금과 동일하게 낸다.

2) Stretcher 환자

Stretcher를 이용한 환자는

① 의사나 간호사와 동반되어야 하고

② Stretcher의 장착을 위해 출발 72시간 전에 통보되어야 하며

③ Stretcher 환자(보호자 1~2명 포함)의 항공료는 Economy Class 성인편도요금의 6배를 징수하는 항공사도 있고, First Class의 성인요금 4배를 징수하는 항공사도 있다.

3) 임산부(Pregnant Woman)

임신 8개월 이내의 임산부는 특별한 사유가 없는 한 일반 정상승객과 동일하게 여행할 수 있지만 8개월이 넘는 임산부는 건강진단서, 서약서 등의 서류가 필요하다.

4) 맹인(Blind Person)

맹인이 여행 시 성인의 동반자가 있거나 맹인 인도견(Seeing Eye Dog)을 데리고 갈 경우에는 정상승객과 같이 여행이 가능하며, 인도견은 추가요금이 없이 Cabin에 탑승할 수 있다.

5) 중독환자(Intoxicated Person)

알코올이나 마약중독자의 경우는 그 증상을 판단하여 다른 승객에게 악영향을 미칠 우려가 있거나 정상적인 항공여행이 불가하다고 판단될 경우에는 탑승을 거절해야 한다.

6) 죄수(Prisoner)

죄수 운송 시에는 관계국의 법률에 의거하여 제한을 받는다.

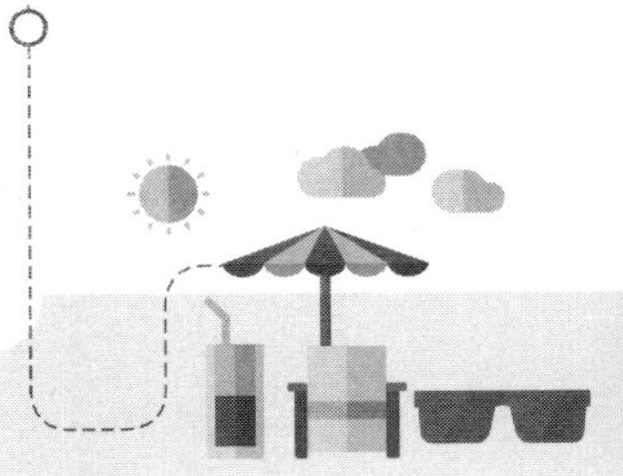

제7장 • 항공업무

1. 항공회사의 상품과 예약

항공회사의 상품이란 항공기를 이용하여 한 지점에서 다른 지점으로 이동시키는 서비스를 말하는데 생산되는 순간에 소비되지 않으면 상품의 가치가 소멸되어 버리는 시한성과 일회성의 성격을 가지고 있는 상품이다. 이런 특징 때문에 고가의 항공기를 구입해서 상품을 생산하고 그 순간 소비되지 않으면 막대한 손실이 아닐 수 없다. 따라서 상품이 생산되는 순간에 최대한 소비될 수 있도록 사전에 좌석의 판매가 예약의 형태로 이루어지도록 상품의 판매를 촉진하고 수요를 예측하여 생산의 규모를 계획하고 판매할 수 있도록 하는 것이 중요하다.

2. 예약업무의 내용

1) 여행계획에 필요한 비행편 스케줄 등의 정보를 제공하고 항공기의 좌석을 확보해 준다.
2) 항공여정 이외에 여객이 여행하면서 필요로 하는 각종 부대 서비스의 예약 및 편의를 제공해 준다.
3) 여객이 문의하는 제반 여행정보를 안내하고 항공여행에 관한 상담을 한다.
4) 회사측으로 봐서는 예약을 통하여 여객이 여정을 확정할 수 있고, 이것이 발권으로 연결되어 판매가 이루어지게 하는 판매 및 판촉수단으로 이용되고, 수요가 공급을 초과할 때는 수입의 극대화를 기하기 위하여 수요의 수입 단위를 고려한 선별예약을 실시함으로써 판매를 통제한다.
5) 예약은 탑승수속에 필요한 여객 명단을 제공하여 관련부서에 통보하고 운송의 준비에 기초자료가 되도록 한다.

3. 전산 예약시스템(CRS : Computer Reservation System)

항공예약제도를 최초로 실시한 항공사는 1921년 5월 네덜란드의 KLM항공사인데, 항공운송업계에서는 경쟁력을 높이고 효율적인 예약업무를 수행, 생산성의 제고 등을 목적으로 예약업무를 전산화하고 있다.

1964년 미국 American Airline(AA)에서 IBM과 합작으로 SABRE라는 컴퓨터 예약시스템을 개발·예약 업무를 시작한 이후 APPOLLO : 유나이티드항공(UA), PARS : 노스웨스트(NW), SYSTEM ONE : 콘티넨탈항공(CO), AXESS : 일본항공(JL), INFINI : 전일본공수(NH), AMADEUS : 에어프랑스(AF), 루프트한자(LH), GALILEO : 스위스항공(SR), 영국항공(BA), 네덜란드항공(KL) 등이 공동으로 개발하여 운용하고 있다. 대한항공의 경우 전산시스템은 KALCOS(Korean Air Lines Computer On-Line System)라 하며, KALCOS 내에서는 여객 예약, 발권 및 공항에서의 Check in과 탑재 관리를 전산화한 DCS(Departure Control System)를 비롯하여 화물영업 및 운송업무를 위한 시스템도 포함되어 있고 특히 여객예약 및 발권시스템은 TOPAS(Total Passenger Service System)라 하며, 아시아나항공(OZ)은 ABACUS 등이 있다.

4. 예약코드의 종류

1) Action Code(요청코드)

예약을 요청할 때 사용되는 코드로서 대부분 최초 예약 시 사용하는 코드이다.

2) Advice Code(응답코드)

예약을 요청하였을 때 이에 대한 응답을 코드화한 것이다.

3) Status Code(상태코드)

현재의 예약상태를 나타내 주는 코드이다.

5. 도시코드의 종류

1) 주요 국제도시·국제공항코드

도시	코드	도시	코드	도시	코드
시카고	CHI	라스베가스	LAS	마드리드	MAD
런던	LON	파리	PAR	비엔나	VIE
홍콩	HKG	오키나와	OKA	로스앤젤레스	LAX
나리타	NRT	후쿠오카	FUK	오사카	KIX
나고야	NGO	히로시마	HIJ	북경	BJS
상해	SHA	하얼빈	HRB	대련	DLC
청도	TAO	광저우	CAN	타이베이	TPE

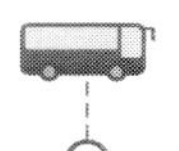
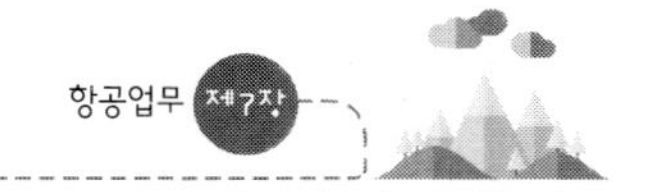

도시	코드	도시	코드	도시	코드
방콕	BKK	마닐라	MNL	싱가포르	SIN
자카르타	CGK	호치민	SGN	뉴델리	DEL
뉴욕	JFK	샌프란시스코	SFO	프랑크푸르트	FRA
로마	FCO	취리히	ZRH	밴쿠버	YVR
토론토	YYZ	(캐나다에 있는 도시는 첫 자가 Y로 시작된다.)			

2) 국내공항코드

(☆는 국제공항)

도시	코드	도시	코드	도시	코드
☆인천	ICN	☆김포	GMP	☆제주	CJU
☆부산(김해)	PUS	☆대구	TAE	광주	KWJ
사천	HIN	☆청주	CJJ	여수	RSU
원주	WJU	군산	KUV	포항	KPO
울산	USN	☆양양	YNY	☆무안	MWX

6. 항공사 코드

항공사 코드는 해당 항공사의 신청에 의해 IATA에서 지정하는데 2자 또는 3자의 문자와 숫자로 구성되고 3자로 구성되는 경우에는 모두 알파벳으로 구성되고 2자로 구성되는 경우 1자는 숫자 다른 1자는 알파벳으로 혼합 사용할 수 있고 2자만으로도 구성할 수 있다.

〈주요 항공사 현황〉

항공사	ICAO코드	IATA코드	항공사	ICAO코드	IATA코드
S7항공	SBI	S7	유피에스항공	UPS	5X
가루다인도네시아항공	GIA	GA	이란항공	IRA	IR
네덜란드항공	KLM	KL	이스라엘항공	ELY	LY
노스웨스트항공	NWA	NW	일본항공	JAL	JL
대한항공	KAL	KE	장성항공	GWL	IJ
델타항공	DAL	DL	제이드카고	JAE	JI
루프트한자항공	DLH	LH	중국국제항공	CCA	CA
말레이시아항공	MAS	MH	중국남방항공	CSN	CZ

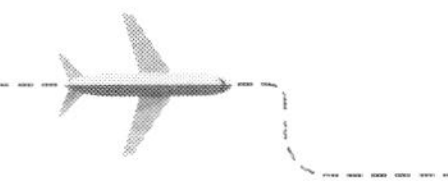

항공사	ICAO코드	IATA코드	항공사	ICAO코드	IATA코드
몽골항공	LOM	MG	중국동방항공	CES	MU
베트남항공	HVN	VN	중국우정항공	CYZ	8Y
블라디보스톡항공	VLK	XF	중국해남항공	CHH	HU
사할린항공	SHU	HZ	중화항공	CAL	CI
산둥항공	CDG	SC	카고룩스항공	CLX	CV
상하이항공	CSM	FM	카타르항공	QTR	QR
세부퍼시픽항공	CEB	5J	캐세이퍼시픽항공	CPA	CX
심천항공	CSZ	ZH	타이항공	THA	TG
싱가포르항공	SIA	SQ	터키항공	THY	TK
서던항공	SOO	9S	트레이드윈즈항공	TDX	WI
아시아나항공	AAR	OZ	폴라에어카고	POL	PO
아에로플로트항공	AFL	SU	프로그래스 멀티항공	PMT	U4
아틀라스항공	GTI	5Y	필리핀항공	PAL	PR
에미레이트항공	UAE	EK	체코항공	CSA	OK
에바항공	EVA	BR	아메리카항공	AAL	AA
에어 마카오	AMU	NX	안셋항공	AAA	AN
에어 아스타나	KZR	KC	피치항공(일본LCC)	APJ	MM
에어 인디아	AIC	AI	뉴질랜드항공	ANZ	NZ
에어 캐나다	ACA	AC	알리탈리아항공	AZA	AZ
에어 파라다이스	PRZ	AD	영국항공	BAW	BA
에어 프랑스	AFR	AF	컨티넨탈항공	COA	CO
에어 홍콩	AHK	LD	일본에어시스템	JAS	JD
오리엔트타이항공	OEA	OX	고려항공	KOR	JS
우즈베키스탄항공	UZB	HY	콴타스항공	QFA	QF
유나이티드항공	UAL	UA	스위스항공	SWR	SR
유니항공	UNI	B7	에어아시아(LCC)	AXM	AK
진에어(LCC)	JNA	LJ	이스타항공(LCC)	ESR	ZE
에어부산(LCC)	ABL	BX	티웨이항공(LCC)	TWB	TW
에어서울(LCC)	ASV	RS	제주항공(LCC)	JJA	7C

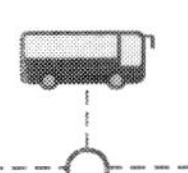

7. OAG(여객정기항공편 시각표)

1) OAG란?

OAG란 Official Airline Guide의 약자로 전세계 국내·국제선 항공사들의 정기운항시간표를 중심으로 운임 또는 통화환산표 등 여행에 필요한 정보자료가 집성된 간행물이다. 각국의 도시에 대하여 직행편이나 간단한 연대운송 서비스가 가능한 모든 도시들로부터 운송편과 요금을 명시해서 배부하고 있다. OAG는 목적지 중심으로 구성되어 있는 것이 특징이다.

2) OAG의 구성

내용의 구성과 순서는 세계판과 북미판에 약간의 차이가 있고, 일부가 매월 약간씩 변경되고 있으나 주요내용은 다음과 같다.

① 각국의 사용 통화 코드(Currency Code)

② 항공사코드, 기종코드 및 각종 코드(Abbreviations and Reference Marks)

③ 편집 후 변동사항(Stop Press)

④ 운임규정의 적용(Application of Fare Notes)

⑤ 국가별 항공여행 관련 세금 및 공항세(Local Taxes)

⑥ 무료수하물 허용량 및 초과요금(International Baggage Allowance and Rates)

⑦ GMT와 현지시간과의 관계표(International Standard Time Chart)

⑧ 주요항공별 탑승수속 소요시간 및 면세점 유무 안내(International Airport Check-In Requirements Airport Duty-Free Shops)

⑨ 항공기 기종별 제원(Aircraft Performance Statistics)

⑩ 최소항공편 연결시간(Minimum Connecting Time)

⑪ 도시 및 공항 코드 일람표(City/Airport Codes Listed Alphabetically by Code)

⑫ 항공편 운항노선(Flight Itineraries)

⑬ 목적지별 항공편 스케줄(Flight Schedule)

⑭ 항공사별 본사주소(Index of Airlines/Commuter Air Carriers/Scheduled Intra-State Air Carrier)

⑮ 항공사별 인정 크레디트카드(Carrier Acceptance of Credit Card)

⑯ 국가별 은행 휴무 및 공휴일(Bank and Public Holidays)

8. ABC(ABC World Airway Guide)

영국 ABC Travel Guide사에서 매월 발행하는 전세계 항공사의 항공편 스케줄과 항공여행관련 각종 정보를 수록한 민간정기항공 시간표로서 출발지 중심으로 구성된 것이 특징이다.

9. PNR(Passenger Name Record)

PNR이란 예약의 기록을 의미하는데 전산화된 예약 System에서 CRT를 통하여 또는 타 항공사로부터의 전문요청(Teletype Reservation Request Message)에 의하여 작성되며, 예약고객에 대한 각종 정보 즉 여객의 이름 · 여정 · 연락처 · 호텔예약 및 기타 사항이 종합적으로 컴퓨터 내에 기록된 것이다.

제 2 절　항공권의 내용

1. 항공권이란?

항공권은 항공여행을 하려는 고객과 항공수송을 담당하는 항공사 간의 계약서로써 사용되는 운송증표류이다.

1) 운송증표 종류

① 여객항공권/수하물(Passenger Ticket and Baggage Check)

② 지불증(Miscellaneous Charges Order, MCO)

③ 초과수하물표(Excess Baggage Ticket)

④ 무임항공권/수하물표(Trip Pass and Baggage Check)

⑤ 여객/수하물 단체항공권(Collective Ticket For Passenger and Baggage)

2) 여객항공권 종류

① 일반항공권(Manually Issued Ticket, MIT)

② 전산항공권(Transitional Automated Ticket, TAT)

③ 은행결제항공권(Bank Settlement Plan Ticket, BSP)

④ 지역결제항공권(Area Settlement Plan Ticket, ASP)

3) 항공권의 구성

① **심사표(Audit Coupon)**

항공권의 첫 번째 항공표로써 수입관리부 보고용이다.

② **발행자표(Agent Coupon)**

항공권을 발행한 장소에서 보관용으로 사용하는 항공표이다.

③ **탑승표(Flight Coupon)**

여객이 여행할 때 사용하는 항공표로서 공항에서 탑승 시 회수해서 수입관리부에 보고용으로 사용한다.

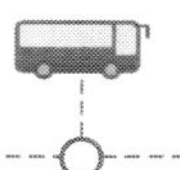

④ **여객표(Passenger Coupon)**

여객이 탑승표와 함께 소지하는 항공표로서 여행종료 시까지 여행객이 휴대용으로 사용한다.

4) 항공권 기재내용

① 성명
② 여정
③ 도중체류
④ 예약기록
⑤ 무료수하물 허용량
⑥ 운임수준
⑦ 적용운임
⑧ Tour Code
⑨ 유효기간
⑩ 운임
⑪ 지불형태
⑫ 연결항공권
⑬ 재발행 항공권
⑭ 발행일자, 장소 날인
⑮ 운임계산
⑯ 편도예정의 운임계산
⑰ 이서/제한사항

2. 지불증(MCO : Miscellaneous Charges Order)

손님이 미리 항공회사에 입금한 임의액에 대하여, 항공여행과 관련하여 발생되는 제반 경비에 사용할 수 있도록 항공사나 대리점이 발행하는 운송증표로서, 손쉽게 발행되며 어느 항공사에서나 널리 통용되는 이유로 지불증의 사용량이 점점 늘고 있다.

1) 지불증 구성

① **심사표(Audit Coupon)**

지불증을 구성하고 있는 첫 번째 표로서 제반사항을 기록한 후 수입관리부에 보고용으로 사용한다.

② **발행자표(Agent Coupon)**

지불증을 발행한 장소에서 보관용으로 사용하는 표이다.

③ **교환표(Exchange Coupon)**

항공여행과 관련된 제반 경비의 지불목적으로 사용되는 표로서 교환표에 기재된 금액에 해당되는 서비스가 제공된다.

④ **여객표(Passenger Coupon)**

여객이 교환표와 함께 소지하는 표로서 지불증 사용 완료 시까지 여객이 휴대용으로 사용한다.

2) 지불증 종류

① **단일 교환표 지불증** : 지불증의 사용목적이 발행 당시 정해져 있는 경우로 정해진 목적에만 사용할 수 있는 지불증을 말한다.

② **복수 교환표 지불증** : 지불증 발행 당시 사용목적이 구체적으로 정해져 있지 않을 경우로 여행도중 발생될 수 있는 제반 경비에 대한 지불목적으로 사용되는 지불증이다.

3) 지불증 사용목적

① 여객의 제반 운송비용

② 초과 수하물 요금

③ 화물로 발송되는 수하물 요금

④ 포괄여행의 지상편의 비용

⑤ 대여 자동차 비용

⑥ 상위등급 이용 시 비용

⑦ 추가운임 비용

⑧ 세금

⑨ 적치용 금액

⑩ 환불

⑪ 호텔시설 이용 비용

⑫ 선불제(PTA) 판매

⑬ 특정여객의 별도시설 사용료(산소, 구급차 등)

⑭ 침대 등급 이용 비용

⑮ 기타(예약이나 예정 변경 수수료)

4) 지불증 주요기재 내용

① 성명

② 발행목적

③ 액면금액

④ 액면금액 기재방법

⑤ 지불증 사용방식

⑥ TO/AT, 예약, 잔액

5) 기타 사항

① MCO의 유효기간은 발행일로부터 1년이다.

② MCO는 송금목적으로 사용될 수 없다.

③ MCO는 발행 항공사나 MCO에 지정된 항공사 또는 이서받은 항공사만이 사용가능하다.

④ MCO의 환불은 최초 발행 항공사만이 할 수 있다.

⑤ 한 장의 MCO나 여러 장의 MCO를 합한 금액이 USD 10,000 또는 이에 상응하는 금액보다 많을 경우 발행 항공사의 승인이 있어야 받을 수 있으며 교환 쿠폰에 승인 사본이 첨부되어야 한다.

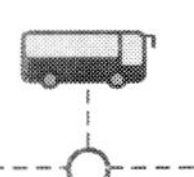

⑥ 여행사에서는 발행 공사의 승인 없이 타 항공사 항공권을 MCO로 재발행할 수 없다.

⑦ Amount In Letters난의 금액과 Amount In Figures난의 금액이 상이할 경우 Amount In Letters난의 금액이 우선한다.

⑧ 각각의 교환용 쿠폰 금액의 합이 Amount In Letters난의 금액과 일치하는지를 확인해야 한다.

⑨ 기재사항의 변경이 불가하며, 변경흔적이 있는 MCO를 발행 항공사의 승인 없이 접수할 수 없다.

⑩ 승객용 쿠폰없이 교환 쿠폰을 접수할 수 없다.

⑪ 특정 목적으로 각각의 교환 쿠폰마다 지정된 금액을 가지고 있는 MCO가 실제 필요 금액과 차이가 있을 경우 MCO를 받는 항공사는 추가 차액을 받거나 차액을 MCO로 발행하여 환불할 수 있도록 조치한다.

⑫ MCO의 인출식 방법 사용 시 쿠폰 순서로 사용하고 전액 사용 후 남는 불필요한 쿠폰은 VOID라 기재한 후 함께 절취한다.

3. 선불제(PTA : Prepaid Ticket Advice)

PTA란 타지역에 거주하고 있는 여행자를 위하여 항공운임을 사전에 지불하고 타지역에 거주하고 있는 여행자에게 항공권을 발급하여 주는 제도를 말한다.

4. 항공권의 유효기간

항공권의 유효기간은 보통 운임의 경우 출발일이 확정되어 있으면 출발일로부터 1년간이고, 출발일이 확정되지 않은 항공권은 예약란을 'OPEN'으로 발권하지만 그 항공권의 유효기간은 발행일로부터 1년간 유효하다. 또 왕복항공권인 경우 돌아오는 편의 유효기간은 여행개시일로부터 1년이다.

제 3 절 항공운임

1. 운임의 적용상 분류

1) 정상 운임(Normal Fares)

일등 운임과 이등 운임으로 구분되어 있으며, 연중 유효한 일반적인 운임이다.

2) 특별 운임(Special Fares)

특별 운임은 정상적인 운임 이외의 모든 운임을 말하는데 연령이나 신분에 따라 적용되는 할인 운임 (Discount Fares)과 판매촉진을 위해 만들어진 판촉 운임(Promotional Fares)으로 구분할 수 있다.

① 할인 운임(Discount Fares)

가) 유아(Infant)운임

나) 소아(Child)운임

다) 비동반 소아(Unaccompanied Minor)운임

라) 학생(Student)운임

마) 개별선원(Individual Seaman)운임

바) 단체선원(Group Seaman)운임

사) 성직자(Clergy)운임

아) 이민(Emigrant)운임

자) 군인(Military)운임

차) 여행 안내원(Tour Conductor)운임

카) 대리점 직원(Sales Agent)운임

타) 환자(Stretcher)운임

② 판촉 운임(Promotional Fares)

가) 개별회유(Excursion)

나) 단체포괄여행(GIT)운임

다) 태평양 기성 단체(Affinity Group)운임

라) 태평양 비기성 단체(Non-Affinity Group)운임

3) 공시 운임(Published Fares)

Tariff상에 설정된 운임으로 두 지점 간의 최단운임이며 다른 운임에 비해 우선적용 원칙이 있다.

4) 직행 운임(Direct Fares)

어느 두 구간 사이의 최단운임으로 공시 운임과 일치된 의미를 갖게 되는 경우가 많으나 여행의 방향에 따라 동일 지점 간에도 직행 운임은 상이하게 된다.

5) 여정 운임(Through Fares)

출발지와 목적지 간의 전체 운임으로 실제 경유되는 모든 여정을 고려하여 계산된 운임이다.

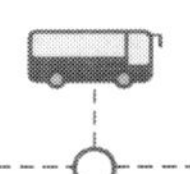
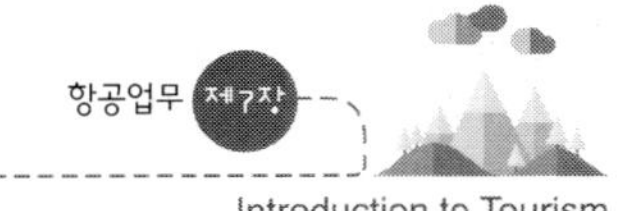

2. 성립기관에 의한 분류

1) IATA 운임

IATA의 운송회의 및 우편투표 등에 의해 협의 채택된 운임이다.

2) Non-IATA 운임

IATA 운임 이외의 운임을 말하며 거의 두 나라 간 협정운임으로 성립한다.

3. 운임의 지리적 분류

1) 제1운송회의 지역(TC 1)

북남미 대륙 및 인근 부속도서, 중앙아메리카, 버뮤다, 서인도제도, 캐리비언군도, 하와이군도

2) 제2운송회의 지역(TC 2)

유럽 대륙(러시아 일부 포함) 및 인근 부속도서, 아일랜드, 아프리카 대륙 및 인근 부속도서, 이란을 포함한 아시아 대륙 일부, 중동 전 지역

3) 제3운송회의 지역(TC 3)

아시아 대륙 및 인근 부속도서(이란 및 일부 지역 제외), 동인도 제국, 호주, 뉴질랜드 및 인근 부속도서, 태평양상 제 군도(하와이군도 제외)

4. Tariff의 종류

1) Air Tariff

British Airways를 중심으로 5개 항공사가 공동 제작하여 만든 가장 방대한 내용을 수록하고 가장 많은 항공사 간에 통용하는 Tariff이다.

2) ATPCO Passenger Tariff Set

미국 및 캐나다 지역의 국내선 여객 운임과 여정 및 관련 규정을 수록한 Tariff이다.

3) OAG Tariff

미국 민간항공국(US CAB)이나 캐나다 운송위원회(CTC)에 운임이나 규정의 등록 업무를 대행하고 있는 OAG 회사에서 운임과 규정을 인쇄 · 배포하고 있는 책자를 말한다.

4) APT(Airline Passenger Tariff)

Scandinavian Airline System과 Swiss Air가 제작하여 주로 Area 2지역 항공사들이 사용하고 있는 Tariff

5) PTSM(Passenger Tariff & Sales Manual)

대한항공 영업관리부에서 배포 · 관리하고 있는 여객 운송 및 판매 지침서이다.

6) PTN(Passenger Tariff Notice)

PTSM에 언급되지 않은 여객운임 및 관련 규정이 수록된 대한항공 직원들이 사용하기 편리하게 제작된 KAL Tariff이다.

7) 전산발권 시스템(Topas Ticketing System)

대한항공의 전산시스템에 수록되어 있는 대한항공 운임시스템을 말한다.

그 밖에 How much : 프랑스 항공, PT(Passenger Tariff) : 독일항공, PTM(Passenger Tariff Manual) : 이탈리아 항공 등이 있다.

5. 운임의 기축통화

IATA는 운임표시 단위로 미국 달러와 영국 파운드의 두 가지를 사용하고 있는데 운송지역에 따라 표시화가 다르다. 즉 제1운송지역 내 및 발 · 착의 운임은 모두 미국 달러(USD)로 표시하고 그 밖의 운송지역 발 · 착의 운임은 영국 파운드(UKL)로 쓰고 있다. 이들 통화를 기축통화라 한다. 또한 IATA 항공회사가 환율변동 등의 불편을 해결하기 위해 현실의 운임을 공시하는 단위 및 운임 계산상의 기술적인 단위로써 추상적인 단위를 채용하게 되었는데, 이것을 NUC(Neutral Unit of Construction)와 ROE(IATA Rates of Exchange)라 한다.

6. 거리제도(Mileage System)

항공운임에 대한 기본적인 계산방식은 두 지점 간에 설정된 공시 운임으로 여행할 수 있는 허용거리와 승객의 여정에 따라 항공권을 가지고 실제 여행할 거리를 비교하는 방식으로 운임 계산을 하는데 이것을 거리제도라 한다. 이 거리제도에 의해 운임을 계산하기 위해서는 다음 세 가지 요소가 필요하다.

1) 최대허용거리(Maximum Permitted Mileage, MPM)

Air Tariff에는 두 지점 간의 공시 운임이 설정되어 있으며, 이 공시운임으로 여행할 수 있는 최대 허용거리가 명시되어 있다. 일반적으로 최대 허용거리는 실제거리보다 15% 정도의 추가 거리가 포함되어 있다.

2) 발권 구간거리(Ticketed Point Mileage, TPM)

승객이 여정에 따라 여행할 때 이용한 구간거리로서 이 구간거리를 모두 합하면 발권 구간거리가 된다.

3) 초과거리 할증(Excess Mileage Surcharge, EMS)

목적지까지의 허용거리보다 발권 구간거리의 합이 많아지는 경우에 공시운임을 초과분만큼 할증하여 할증운임을 받게 된다.

제 4 절　항공운송사업

1. 항공운송사업의 구성요소

항공운송사업도 다른 교통시스템의 구성요소와 마찬가지로

1) 교통기관으로서 항공기(Air Craft)

속도, 탑재력, 연료 소모량, 항공기 정비의 용이성 및 부품조달의 용이성

2) 공항(Terminal, Airport)

기후, 도시와의 접근성, 시설

3) 항공노선(Route, Road, Track)

노선구조, 노선권

등의 세가지 요소로 결정된다.

2. 항공수송 경제성의 3요소

1) 생산성

항공기가 생산하는 운송서비스의 양을 말한다.

2) 운송수입(운임)

수송서비스를 통해 얻어지는 항공기의 수입이다.

3) 수송원가(소요경비)

직접경비 · 간접경비 · 고정비 · 변동경비 등을 포함한 소요경비를 말한다.

3. 항공기의 생산성

1) 항공기의 속도(Speed)

출발에서 도착까지 운항 시 평균속도인 구간속도이다.

2) 탑재력(Pay load)

항공기에 탑재할 수 있는 여객과 화물의 총량을 말한다.

3) 가동률(Utilization)

항공기가 하루에 몇 시간 비행하고 있는가를 나타내는 비율을 말한다.

4. 항공기 가동률에 영향을 주는 요소

1) 노선거리의 장·단　　　2) 구간속도　　　3) 정비소요시간　　　4) 지상조업시간

5. 항공운송사업의 발전요인

1) 항공기의 성능이 비약적으로 발달하였다.

2) 안전하고 빠른 항공노선이 개발되었다.

3) 새로운 국제관계의 성립

4) 경제성장에 따른 여가의 증대, 소득증대 등

5) 관련 교통수단의 발달

6) 효율적이고 대규모인 공항건설

6. 항공운송사업의 특성

1) 고속성　　　2) 안전성　　　3) 서비스성　　　4) 정시성

5) 쾌적성　　　6) 노선개설의 용이성　　　7) 경제성　　　8) 공공성

9) 자본집약성　　　10) 국제성

7. 항공운송의 종류

1) 사업형태에 의한 분류

항공운송사업의 종류는 운항 형태의 정시성의 관점에 의하여 정기 항공운송과 부정기 항공운송으로 나눌 수 있다.

2) 항공운송 객체에 의한 분류

탑승 수요에 의하여 운송객체는 여객 항공운송, 화물 항공운송, 항공우편운송으로 나눌 수 있다.

3) 운송지역에 의한 분류

운송의 범위가 국경을 넘느냐 넘지 않느냐에 따라 국내 항공운송과 국제 항공운송으로 분류된다.

8. 항공운송상품의 특성

1) 소멸성(Perishability) : 비저장성

2) 품질관리가 어렵다.

3) 불량품에 대한 교환기능이 부족하다.

4) 공급의 한계성

5) 자유경쟁의 상품이다.

6) 상품구성의 복합성

7) 계절성

9. 항공운송사업의 경영형태

항공운송사업은 각국의 정책에 따라 여러 가지의 조직형태를 이루고 있는데, 크게 나누면 3가지로 구별할 수 있다.

1) 국가에서 경영하는 형태

2) 공사 등과 같은 정부·유관기관에서 경영하는 형태

3) 민간인이나 정부 등에 의한 주식회사 형태

10. GTR(Government Transportation Request : 정부 항공운송 의뢰제도)

1) 정의

국가가 자국산업 보호정책의 일환으로 국가예산으로 집행되는 제반항공운송 관련 사항을 자국적 항공사에 직접 의뢰하는 제도

2) 도입배경

① 국가예산절감

② 외화유출방지

③ 자국적기 보호육성과 국적항공사 서비스 혁신

3) 운송의뢰 대상

- 입법 · 사법 · 행정부 소속 공무원
- 정부투자 · 재투자 · 출연보조기관 임직원

4) 혜택

- 출발 2일 전 개인 및 출발 7일 전 단체 무조건 예약 보장
- 공무여행자 F−Class 승객용 탑승수속창구 이용
- 무료수화물 1인당 10kg 추가 허용
- 모든 문제 최우선 처리

제 **5** 절　항공기구의 발전

1. 항공기구의 역사

1) 시카고 회의(Chicago Convention : 시카고조약) : 1944년 9월

① **주요의제**

　가. 국제민간항공조약 제정

　나. 국제민간항공기구(ICAO) 설치

　다. Cabotage 적용

　라. 하늘의 자유확립

- 제1자유 : 타국의 영공을 무착륙으로 횡단할 수 있는 자유

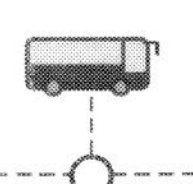

- 제2자유 : 기술적 이유 즉, 급유 또는 정비와 같은 운송 이외의 목적을 위해 상대국에 착륙할 수 있는 자유
- 제3자유 : 자국에서 타국으로 여객, 화물, 우편물 등을 수송할 수 있는 자유
- 제4자유 : 상대국에서 자국으로 여객, 화물, 우편물 등을 수송할 수 있는 자유
- 제5자유 : 자국의 항공기가 타국에서 여객이나 화물, 우편물 등을 탑재한 후 제3국으로 수송할 수 있는 권리(항공이원권 : Beyond Right)

② 시카고 회의는 국제민간항공의 규제를 목적으로 하는 제 조약과 협정 및 형식이 채택되었으나 자유주의를 표방하는 미국과 보호주의를 주장하는 영국 및 기타 국가의 대립으로 다국 간 조약체결에는 실패하였다.

2) 국제항공 운송협회(IATA : International Air Transport Association) 설립

: 1945년 4월

① 시카고 회의가 영·미 대립으로 실패하자 쿠바의 하바나에서 영국이 주도하는 국제정기항공회사가 국제항공운송협회를 설립

② IATA는 각 항공사의 운송상의 문제를 해결하고 항공기업 간의 ICAO에의 협력을 목적으로 각종의 표준방식을 설정하였다.

3) 버뮤다협정 : 1946년 2월

① 미국 동부 해안에 있는 버뮤다섬에서 영국과 미국이 체결한 양국협정으로 2개국 항공협정의 효시가 되었다.

② 오늘날 쌍무항공협정으로 취항노선 지정, 운항횟수, 상대국 공항 사용 등 구체적인 사항을 결정한다.

4) 국제민간항공기구(ICAO : International Civil Aviation Organization) 설립

: 1947년 4월

① 시카고 조약을 기초로 하여 설립된 ICAO는 UN산하 전문기구이다.

② 국제민간항공이 안전하고 질서있게 발전하도록 하며, 경제적으로 운영되도록 목적이 정해져 있다.

5) 신버뮤다협정 : 1977년

영국과 미국이 버뮤다협정의 불합리성을 조정하고자 체결한 새로운 영·미 항공협정이다.

6) 항공규제완화법(Deregulation) : 1978년

① 카터 대통령 재임 시 미국민간항공국이 발표한 항공운송사업에 대한 규제를 획기적으로 완화한 입법 조치를 말한다.

② 규제완화 내용

    가. 미연방항공국 해체

    나. 새로운 노선 진입규제 해제

    다. 기존 노선 탈퇴의 자유

    라. 서비스 규정 폐지(항공사 마음대로 서비스 수준 결정)

    마. 항공운임의 자유로운 책정

2. 국제항공관련기구의 종류

1) 국제민간항공기구(ICAO : International Civil Aviation Organization)

① **설립연도** : 1947년

② **본부** : 캐나다 몬트리올

③ **정회원** : 각국 정부(우리나라 1952년에 가입)

④ **설립목적**

    가. 국제민간항공의 질서있는 발전과 안전의 도모 기회균등주의에 기초한 건전한 운영

    나. 평화적 목적을 위해서 항공기의 설계 및 운항의 기술을 장려할 것

    다. 국제민간항공을 위한 항공로, 공항 및 운항시설의 발달을 장려할 것

    라. 불합리한 경쟁에 의해 발생하는 경제적 낭비를 방지할 것

    마. 체약국의 차별대우를 배제하고 비행의 안전을 증진시키며 모든 권리가 충분히 존중될 것

2) 국제항공운송협회(IATA : International Air Transport Association)

① **설립연도** : 1945년

② **본부** : 캐나다 몬트리올, 스위스 제네바와 싱가포르 등에 지역본부가 있다.

③ **회원** : 각국 정기항공사가 정회원이고, NTO가 준회원이다.

④ **설립목적**

    가. ICAO 및 기타 국제기구와 협력관계 유지

    나. 전 세계인의 이익에 부합하는 안전하고 경제적인 항공운송의 촉진과 상업항공의 육성 및 관련 제반문제의 연구 및 해결

    다. 국제항공운송산업에 관련된 항공운송기업 간의 협조 도모

⑤ **기능**

    가. 국제항공운송에 관한 조건 및 규정, 표준수송약관, 항공권, 수하물표 및 화물운송장 표준화

    나. 항공권 판매대리점 규제(AAB, AIB 등 기관 설치)

    다. 총대리점과 판매대리점 수수료 규제(9% 이내)

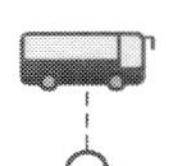

라. 항공사 코드, 도시코드, 공항코드 등 각종 표준방식 설정

마. 항공운임의 은행정산방식 채택(BSP제도)

3) 동양항공회사협회(OAA : Orient Airline Association)

① **설립연도** : 1966년(동양항공회사연구소), 1970년(OAA로 개칭)

② **본부** : 필리핀 마닐라

③ **회원** : 대한항공 포함 14개 항공사

④ **설립목적** : 동양지역 내 항공사 간 협력과 항공운송상 모든 문제를 협의 · 해결을 목적으로 설립되었다.

3. 항공동맹

1) 스타 얼라이언스(Star Alliance) : 1997년 설립된 최초의 항공동맹이며, 아시아나항공이 가입되어 있다.

2) 스카이팀(Sky Team) : 2000년에 설립된 항공동맹이며, 대한항공이 참여 · 설립하였다.

3) 원월드(One World) : 1998년 설립되었으며, 아메리카항공, 영국항공 등이 참여하였다.

4) 유-플라이 얼라이언스(U-Fly Alliance) : 2016년 설립된 세계 최초의 저가항공사 간의 항공동맹이며, 이스타항공이 가입되어 있다.

5) 벨류 얼라이언스(Value Alliance) : 2016년 아시아 태평양지역 8개 저가항공사가 설립하였으며, 제주항공이 참여하였다.

6) 바닐라 얼라이언스(Vanilla Alliance) : 2015년에 아프리카지역 5개 항공사가 설립하였다.

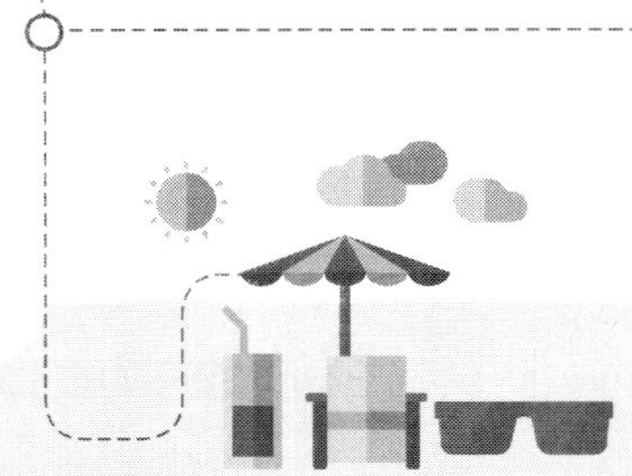

제8장 • 기타의 관광사업

제 1 절 관광객 이용시설업

1. 관광객 이용시설업의 정의

관광진흥법에 의하면 관광객 이용시설업이란 "관광객을 위하여 음식 · 운동 · 오락 · 휴양 · 문화 · 예술 또는 레저 등에 적합한 시설을 갖추어 이를 관광객에게 이용하게 하는 업"이라고 정의하고 있다.

2. 관광객 이용시설업의 종류

1) 전문휴양업

관광객의 휴양이나 여가선용을 위하여 숙박업시설이나 식품위생법시행령 제7조 제8호 가목 또는 나목의 규정에 의한 휴게음식점 영업 · 일반 음식점 영업의 신고에 필요한 시설을 갖추고 전문휴양시설 중 1종류의 시설을 갖추어 이를 관광객에게 이용하게 하는 업

2) 종합휴양업

① **제1종 종합휴양업** : 관광객의 휴양이나 여가선용을 위하여 숙박시설 또는 음식점시설을 갖추고 전문휴양시설 중 2종류 이상의 시설을 갖추어 이를 관광객에게 이용하게 하는 업이나, 숙박시설 또는 음식점시설을 갖추고 전문휴양시설 중 1종류 이상의 시설과 종합유원시설업의 시설을 갖추어 이를 관광객에게 이용하게 하는 업

② **제2종 종합휴양업** : 관광객의 휴양이나 여가선용을 위하여 관광숙박업 등록에 필요한 시설과 제1종 종합휴양업 등록에 필요한 전문휴양시설 중 2종류 이상의 시설 또는 전문휴양시설 중 1종류 이상의 시설과 종합유원시설업의 시설을 함께 갖추어 이를 관광객에게 이용하게 하는 업

3) 야영장업

야영에 적합한 시설 및 설비 등을 갖추고 야영편의를 제공하는 시설을 관광객에게 이용하게 하는 업으로 자동차야영장업과 일반야영장업으로 나눈다.

4) 관광유람선업

해운법에 의한 해상여객 운송사업 면허를 받은 자 또는 유선 및 도선사업법에 의한 유선사업의 면허를

받거나 신고한 자로서 선박을 이용하여 관광객에게 관광을 할 수 있도록 하는 업

① **일반 관광유람선업** : 선박을 이용하여 관광객에게 관광을 할 수 있도록 하는 업

② **크루즈업** : 선박 안에 숙박시설·위락시설 등을 갖춘 선박을 이용하여 관광객에게 관광을 할 수 있도록 하는 업

5) 관광공연장업

관광객을 위하여 공연시설을 갖추고 한국 전통가무가 포함된 공연물을 공연하면서 관광객에게 식사와 주류를 판매하는 업

6) 외국인관광도시 민박업

주민이 거주하고 있는 단독주택, 다가구주택, 아파트, 연립주택 또는 다세대주택 중 어느 하나에 해당하는 주택을 이용하여 외국인관광객에게 한국의 가정문화를 체험할 수 있도록 숙식 등을 제공하는 업

〈시·도별 관광객 이용시설업 등록 현황〉

(2018년 12월 31일 기준(단위 : 개소))

구분	전문휴양업	종합휴양업	야영장업	관광유람선업	관광공연장업	외국인관광도시민박업
서울	–	2	8	1	3	1,118
부산	1	1	16	3	–	142
대구	–	1	12	–	1	36
인천	1	–	58	5	–	76
광주	–	–	3	–	–	20
대전	1	1	6	–	–	3
울산	–	–	19	–	–	16
세종	–	–	5	–	–	1
경기	12	4	524	–	–	67
강원	7	8	458	11	1	49
충북	5	1	161	1	–	6
충남	5	2	180	2	–	5
전북	3	1	110	3	1	142
전남	3	1	133	5	–	39
경북	11	1	253	1	–	41
경남	2	2	224	9	–	50
제주	42	3	44	8	–	–
계	93	28	2,214	49	6	1,811

자료 : 문화체육관광부

제 **2** 절 　카지노업

1. 카지노업의 정의

카지노업이란 전용 영업장을 갖추고 주사위 · 트럼프 · 슬롯머신 등 특정한 기구 등을 이용하여 우연의 결과에 따라 특정인이게 재산상의 이익을 주고 다른 참가자에게 손실을 주는 행위 등을 하는 업이라고 관광진흥법에서 정의하고 있다.

2. 카지노업의 효과

1) 긍정적 효과

① 고액의 외화획득
② 자연관광자원의 한계성 극복
③ 조세수입 증대
④ 호텔수입 증대
⑤ 고용창출효과
⑥ 상품개발의 용이
⑦ 전천후 영업이 가능하고 연중 고객유치

2) 부정적 효과

① 투기와 사행심 조장으로 경제파탄 위험
② 범죄율의 상승
③ 부정 · 부패에 이용
④ 지하경제 위험

3. 카지노 주요 게임

- 블랙잭
- 바카라
- 캐리비안 스터드 포커
- 쓰리카드 포커
- 다이사이
- 텍사스 홀덤 포커
- 카지노 워
- 룰렛
- 빅휠
- 슬롯머신

4. 우리나라 카지노업의 역사

우리나라 카지노는 카지노업 허용을 통해 외래관광객을 유치하고, 외화수입을 확대하는 등 관광산업 진작의 일환으로 도입되었다. 카지노 설립의 근거가 된 최초의 법은 1961년 11월에 제정된 「복표발행현상기타사행행위단속법」이며, 1962년 9월 동법의 개정사항에 외국인을 상대로 하는 오락시설로서 외화획득에 기여할 수 있다고 인정될 때 이를 허가할 수 있게 규정하였다. 당초 카지노사업은 사행사업이라 하여 경찰청에서 관리하였으나, 1994년 8월 3일 「관광진흥법」이 개정되면서 관광산업으로 전환되어 이때부터 문화관광부에서 허가권과 지도 · 감독권을 갖게 되었다. 단, 제주도는 「제주특별자치도특별법」에 따라 2006년 7월부터 제주지역카지노에 대하여는 제주특별자치도가 허가 및 지도감독 기능을 갖고 있다.

관광진흥법에 따라 카지노업은 내국인 출입을 허용하지 않는 것을 기본으로 하고 있으며 예외적으로 「폐광지역개발지원에관한특별법」에 의거 폐광지역의 경제 활성화를 위해 강원랜드 카지노는 내국인 출입이 가능한 카지노로 허가되어 2000년 10월 개장되었고 2025년까지 한시적으로 운영될 예정이다.

외국인전용 카지노는 1967년 인천 올림포스 카지노 개관을 시작으로 2005년 신규 허가 3개소를 포함하여 2018년 말 기준으로 전국에 16개 업체가 운영 중에 있으며, 지역별로는 서울 3개소, 부산 2개소, 인천 1개소, 강원 1개소, 대구 1개소, 제주 8개소이다. 내국인 출입 카지노는 강원랜드 카지노 1개소가 운영 중이다. 카지노업 종사원수는 7,330명(외국인전용카지노 5,804명, 강원랜드 카지노 1,526명) 등이다.

〈우리나라 카지노산업 발전과정〉

시기	주요내용
1961년 11월	카지노 설립의 법적 근거가 된 최초 법률 제정 「복표발행현상기타사행행위단속법」
1962년 9월	동법 개정을 통해 외국인을 상대로 하는 오락시설로 외화획득에 기여할 수 있음이 인정될 때 이를 허가할 수 있게 함으로써 설립 근거 마련
1967년	최초로 인천 올림포스호텔 카지노 개설. 그 다음해에 주한 외국인 및 외래관광객 전용인 워커힐호텔 카지노 개장
1970년대	주요 관광지에 확산. 속리산 관광호텔 카지노(1971년), 제주 칼호텔 카지노(1975년), 파라다이스 비치호텔 카지노(1978년), 코오롱 관광호텔 카지노(1979년)
1980년대	설악파크호텔 카지노(1980년)가 강원도에 최초 개설. 제주 하얏트호텔 카지노(1985년), 1990~1991년에 제주 그랜드호텔 카지노, 제주 남서울호텔 카지노, 제주 서귀포칼호텔 카지노, 제주 오리엔탈호텔 카지노, 제주 신라호텔 카지노 순으로 개장
1991년 3월	「복표발행현상기타사행행위단속법」이 「사행행위등규제법」으로 개정
1994년 8월	「관광진흥법」 개정(카지노산업을 관광산업으로 규정함으로써 위상변화)
1994년대 말	행정개편으로 관광의 주무부서가 교통부(현 건설교통부)에서 문화체육부로 이관되었으며, 카지노업은 문화체육부관광국에서 허가 및 운영, 감독을 맡게 됨
1995년 12월	「폐광지역개발지원에관한특별법」 제정을 통해 내국인 출입허용 카지노를 강원도 정선을 중심으로 개발 추진. 폐광진흥지구 지정 및 종합개발계획 수립, 개발에 따른 각종 규제사항의 완화. 내국인 출입이 가능한 카지노 설치 허용, 한국카지노업 관광협회 설립
1997년 12월	「관광진흥법시행규칙」 개정령 공포를 통해 카지노 영업종류에 슬롯머신, 비디오게임, 빙고게임이 신설되어 1998년 1월부터 시행
1998년 6월	폐광카지노 법인인 (주)강원랜드 출범
1999년 6월	관광사업(카지노업 포함) 외국인 및 외국인사업자에 개방
2000년 10월	최초의 내국인 출입허용 카지노인 강원랜드의 스몰카지노 개장
2003년 3월	강원랜드의 스몰카지노 폐장 및 강원랜드 메인 카지노 개장

시기	주요내용
2004년 1월	「제주국제자유도시특별법」(2004.1.28) 제55조의2 신설 – 제주지역 관광사업에 5억 달러 이상 투자하는 경우 외국인카지노 허가 특례
2005년 1월	그랜드코리아레저㈜에 3개 카지노 신규 허가(서울 2, 부산 1)
2005년 5월	「기업도시개발특별법」(법률 제7310호, 2005.5.1 시행) 제30조 개정 – 관광레저형 기업도시의 실시계획에 반영되어 있고 관광사업에 5,000억 원 이상을 투자하는 사업시행자에게 외국인전용 카지노업 허가 특례
2006년 7월	제주지역 카지노 인허가권 제주특별자치도에 이양
2007년 9월	카지노 등 사행산업을 통합 관리 감독하는 사행산업통합 감독위원회 출범
2013년 9월	새만금사업 추진 및 지원에 관한 특별법(법률 제11542호, 2013년 9월 12일 시행) 제63조 – 새만금사업지역에서의 관광사업에 투자하려는 외국인투자 금액이 미합중국화폐 5억 달러 이상인 경우에 외국인전용 카지노업 허가
2014년 3월	LOCZ 코리아, 인천 경제자유구역 내 카지노업 사전심사 적합 통보
2015년 8월	크루즈산업의 육성 및 지원에 관한 법률(법률 제13192호, 2015.8.4. 시행) 제11조 신설 – 국제순항 국적 크루즈선으로서 국제총톤수가 2만톤 이상인 경우에 외국인전용 카지노업 허가 특례
2016년 3월	Inspire-IR, 인천 경제자유구역 내 카지노업 사전심사 적합 통보

자료 : 문화체육관광부

제 3 절 관광편의시설업

1. 관광편의시설업의 개념

관광진흥법에 새로 신설된 관광편의시설업은 종전의 관광지정시설업이 변경된 것으로서 관광사업 중 여행업·관광숙박업·관광객이용시설업·국제회의용역업을 제외한 사업이나 시설 가운데 관광 진흥에 도움이 된다고 인정되는 것으로 문화체육관광부령이 정하는 바에 따라 지역별관광협회 또는 시·도지사 및 시장·군수·구청장이 지정하도록 되어 있다.

2. 관광편의시설업의 종류

1) 관광유흥음식점업

식품위생법령에 의한 유흥주점영업의 허가를 받은 자로서 관광객의 이용에 적합한 시설을 갖추어 이를 이용하는 자에게 주류, 기타 음식을 제공하고 노래와 춤을 감상하게 하거나 춤을 추게 하는 업(문화체육 관광부령이 정하는 바에 의하여 그 종류를 세분한다)

2) 외국인전용 유흥음식점업

식품위생법령에 의한 유흥주점영업의 허가를 받은 자로서 주한 외국군인 및 외국선원 등 외국인 이용에 적합한 시설을 갖추어 이를 이용하는 자에게 주류, 기타 음식을 제공하고 노래와 춤을 감상하게 하거나 춤을 추게 하는 업

3) 관광식당업

식품위생 법령에 의한 일반음식점영업의 허가를 받은 자로서 관광객의 이용에 적합한 음식제공시설을 갖추고 이들에게 특정 국가의 음식을 전문적으로 제공하는 업

4) 시내순환관광업

여객자동차운수사업법에 의한 여객자동차운송사업의 면허를 받거나 등록을 한 자로서 버스를 이용하여 관광객에게 시내 및 그 주변 관광지를 정기적으로 순회하면서 관광할 수 있도록 하는 업

5) 관광사진업

외국인 관광객을 대상으로 이들과 동행하며 기념사진을 촬영하여 판매하는 업

6) 여객자동차터미널시설업

여객자동차운수사업법에 의한 여객자동차터미널사업의 면허를 받은 자로서 관광객의 이용에 적합한 여객자동차터미널 시설을 갖추고 이들에게 휴게시설·안내시설 등 편의시설을 제공하는 업

7) 관광극장유흥업

식품위생 법령에 따른 유흥주점 영업의 허가를 받은 자가 관광객이 이용하기 적합한 무도(舞蹈)시설을 갖추어 그 시설을 이용하는 자에게 음식을 제공하고 노래와 춤을 감상하게 하거나 춤을 추게 하는 업

8) 관광펜션업

숙박시설을 운영하고 있는 자로서 자연·문화체험관광에 적합한 시설을 갖추어 이를 관광객에게 이용하게 하는 업

9) 관광궤도업

「궤도운송법」에 따른 궤도사업의 허가를 받은 자가 주변 관람과 운송에 적합한 시설을 갖추어 관광객에게 이용하게 하는 업

10) 한옥체험업

한옥(주요 구조부가 목조구조로서 한식기와 등을 사용한 건축물 중 고유의 전통미를 간직하고 있는 건축물과 그 부속시설을 말한다)에 숙박 체험에 적합한 시설을 갖추어 관광객에게 이용하게 하는 업

11) 관광면세업

보세판매장 또는 면세판매장의 지정을 받은 자가 판매시설을 갖추고 관광객에게 면세물품을 판매하는 업

12) 관광지원서비스업

주로 관광객 또는 관광사업자 등을 위하여 사업이나 시설 등을 운영하는 업으로서 문화체육관광부장관이 「통계법」에 따라 관광관련 산업으로 분류한 업.

〈시 · 도별 관광편의시설업 지정 현황〉

(단위 : 개소)

업종별	서울	부산	대구	인천	광주	대전	울산	세종	경기	강원	충북	충남	전북	전남	경북	경남	제주	계
관광유흥음식점업	0	0	1	0	0	0	1	0	1	0	0	0	4	0	0	0	1	8
관광극장유흥업	23	7	7	7	1	12	3	0	32	4	7	6	5	3	6	16	4	143
외국인전용유흥음식점업	5	16	20	2	0	1	28	0	182	5	0	5	17	4	31	50	9	375
관광식당업	428	134	92	87	48	77	52	6	388	29	13	22	74	7	12	47	138	1,654
관광순환버스업	4	2	4	3	0	0	1	0	8	5	0	1	2	6	4	10	1	51
관광사진업	10	1	0	0	0	0	0	0	2	0	0	0	0	0	0	0	4	17
여객자동차터미널시설업	0	0	0	0	0	0	0	0	0	0	1	0	0	0	1	0	0	2
관광펜션업	0	1	0	17	0	0	0	3	1	58	70	3	90	34	61	45	78	98	559
관광궤도업	0	0	2	1	0	0	0	0	2	3	0	0	1	2	1	1	0	13
한옥체험업	132	1	21	12	10	0	1	3	44	32	28	37	247	299	383	57	0	1,307
관광면세업	9	7	2	8	0	1	0	0	0	1	2	0	1	0	0	1	7	39
기타관광편의시설업(제주)	0	0	0	0	0	0	0	0	0	0	0	0	0	0	0	0	4	4
계	611	169	149	137	59	91	89	10	717	149	54	161	385	382	483	260	266	4,172

자료 : 한국관광협회중앙회, 2018년 12월 31일 기준

제 4 절 　유원시설업

1. 유원시설업의 정의

유원시설업은 「관광진흥법」 제3조에 의거 유기시설 또는 유기기구를 갖추어 이를 관광객에게 이용하게 하

는 업(다른 영업을 경영하면서 관광객의 유치 또는 광고 등을 목적으로 유기시설 또는 유기기구를 설치하여 이를 이용하게 하는 경우를 포함한다)으로서 종전 「공중위성법」상의 유기장업 중 종합유원시설업과 기타 유기장업이 관광진흥법의 개정(1999년 2월 8일)으로 관광사업으로 전환되었다. 유원시설업 중 종합유원시설업과 일반유원시설업은 시장·군수·구청장에게 허가를 받아야 하고, 기타 유원시설업은 신고를 하여야 한다.

2. 유원시설업의 종류

1) 종합유원시설업

유기시설 또는 유기기구를 갖추어 이를 관광객에게 이용하게 하는 업으로 대규모의 대지 또는 실내에서 법 제31조의 규정에 의한 안전성 검사 대상 유기기구 6종류 이상을 설치·운영하는 업

2) 일반유원시설업

유기시설 또는 유기기구를 갖추어 이를 관광객에게 이용하게 하는 업으로서 법 제31조의 규정에 의한 안전성 검사 대상 유기기구 1종류 이상을 설치·운영하는 업

3) 기타 유원시설업

유기시설 또는 유기기구를 갖추어 이를 관광객에게 이용하게 하는 업으로서 법 제31조의 규정에 의한 안전성 검사의 대상이 아닌 유기기구를 설치·운영하는 업

3. 유원시설업의 현황

2018년 12월 31일 기준 전국에 총 2,404개 업체가 허가 및 신고되어 있다.

〈유원시설업 현황〉

(단위 : 개소)

시·도	개소	시·도	개소	시·도	개소
서울	269	울산	78	전북	93
부산	147	경기	640	전남	60
대구	82	세종	22	경북	133
인천	159	강원	107	경남	200
광주	59	충북	88	제주	68
대전	76	충남	123	계	2,404

자료 : 문화체육관광부, 2018년 12월 31일 기준(휴업 업체 포함)

관광사업 지원업이란 국내 관광사업의 진흥과 발전에 필수적인 분야로서 비록 관광법규상 관광사업으로는 지정되지 않았으나 직·간접적으로 관광사업이 활성화될 수 있도록 지원하는 업을 말한다.

1. 기념품 판매업

기념품은 국내에서 생산되거나 조달할 수 있는 원자재를 써서 만든 제품으로서 국민적 특성을 지닌 상품을 말하는데 그 요건은,

1) 국민적 색채(National Color)가 풍부하게 담겨 있어야 한다.

2) 간편하여 휴대하기가 편리할 것

3) 견고하면서 실용성이 있어야 한다.

4) 영구히 보관될 수 있는 물건이라야 한다.

5) 가격이 합리적이며 적절해야 한다.

2. 외식산업

외식산업(Eating-out Industry)은 인간이 외식 수요를 충족시키기 위하여 가정 이외의 장소에서 요리나 음료수를 제공하고 대가를 받아들이는 영업으로서, 이를 'Food Service Industry'라 한다. 이러한 외식산업은 손님에게 요리·음료를 제공하고 부수되는 인적 서비스와 실내 분위기를 제공하는 데 목적이 있다.

3. 교육 및 문화시설

미술관·박물관·식물원·동물원·민속자료관 등을 교육문화시설이라고 하는데, 시설이 대형화할수록 관광자원으로서 강력한 유인력을 가지며 최근에는 박물관과 민속자료관 등이 야외에 건설되어 관광자원으로서 뿐만 아니라 교육문화시설로서의 가치도 충분히 발휘되고 있다.

4. 면세점(Duty Free Shop)

소비를 목적으로 한국에 수입되는 외국산 상품에 부과되는 관세와 자국에서 생산되어 유통되고 있는 상품에 부과되는 제 세금을 일정한 지역을 지정하여 자격을 갖춘 특정인에게 면세로 판매하는 점포로서 세금부과 후 환급하는 사후면세점과 면세된 상태에서 판매하는 사전면세점이 있다.

면세점은 상품을 저렴하게 판매함으로써 판매촉진과 외화획득, 외화유출을 방지할 수 있어 국제수지 개선에 기여하며 국가경제에 크게 이바지한다. 1959년 프랑스에서 처음 시작하였고, 한국은 1964년 관광공사에서 한남체인 운영을 하기 시작하였다.

〈국내 면세판매점 비교〉

(2018년 12월 31일 기준)

구분	사전면세		사후면세(사후환급)	
	지정면세점 (내국인 면세점)	보세판매장 (시내 · 출국장 · 외교관 면세점)	면세판매장 (사후면세점)	종합보세구역
근거규정	제주특별자치도 특별법 제177조, 조특법 제121조의 13	관세법 제196조, 제176조의 2	조특법 제107조	관세법 제197조, 제199조의 2
허가(지정)기관	관할 세관장	관할 세관장	관할 세무서장	관세청장
면제대상 조세	관세, 내국세, 지방세	관세, 내국세, 지방세	부가세, 개별소비세	관세, 내국세, 지방세
대상품목	Positive 방식 내 · 외국물품 중 지정품목 (주류, 담배, 시계, 화장품 등)	Negative 방식 내 · 외국물품 * 총포 · 도검, 마약류 등 제외	Negative 방식 내국물품 * 총포 · 도검, 문화재, 중독성 의약품 제외	Negative 방식 내 · 외국물품 * 총포 · 도검, 마약류 등 제외
이용자	내국인, 외국인	출국 내국인, 외국인	외환거래법상 거주자	외국인
면세한도	1회 6백 불(연 6회)	외국인 : 제한 없음 내국인 : 6백불 (구매한도 5천불)	제한 없음	제한 없음

자료 : 관세청

5. 주제공원(Thema Park)

① 테마파크란 특정테마를 중심으로 구성되고 주제의 상호연관적 이용이 가능하도록 연출 · 운영되는 모든 계층의 사람들을 위한 창조적 휴식공간이다.

② **테마파크의 특징**

가. 비일상성　　나. 통일성　　다. 배타성

라. 종합성　　마. 테마성

6. 크루즈 관광(Cruise Ship Tour)

① 크루즈 관광은 위락추구 여행자를 위하여 선내에 객실, 식당, 스포츠시설 및 레크리에이션 시설 등 각종 시설을 갖추고 수준 높은 서비스를 제공하면서 순수 관광활동을 목적으로 역사도시, 항구도시, 휴양지, 자연경관이 뛰어난 곳을 운항하는 호화유람선관광을 말한다.

② 일반적인 해상교통으로서 여객선은 여객의 수송을 목적으로 하고, 카페리는 차량과 사람을 싣고 주요 항구 간을 수송화하기 위하여 정기적으로 운행하는 것을 특징으로 한다.

제9장 · 국제회의업

제 1 절 국제회의산업의 개념과 중요성

1. 국제회의산업의 개념

세계화 시대를 맞아 세계는 점점 하나의 생활권으로 변화되고 있는 가운데 지역별·국가별 교류와 협력이 더욱 활발해지고 있으며 다양한 비정부기구(NGO)의 활동이 활발해짐에 따라 시민단체들의 국제적인 연대와 협력활동도 크게 확대되고, 정보와 지식이 부가가치 창출의 주요한 원인이 되고 있음에 따라 이를 교류·협력할 수 있는 공공의 장이 필요하게 되었으며 이는 국제회의 수요를 증가시키는 요인이 되고 있다.

관광산업 가운데 가장 큰 고부가가치를 창출하는 국제회의산업(CEMI : Convention Exhibition Meeting Industry)은 단순히 국제회의만을 육성하기 위한 업종이 아니고 관광·숙박·교통·레저·휴양·유흥 등 관광분야는 물론 관련 분야의 모든 업종을 포함하는 종합산업이자 지식과 정보의 생산과 유통을 촉진하는 지식기반산업의 핵심 산업인 것이다.

국제회의산업의 중요성을 인식하고 있는 세계 각국은 국제회의산업을 육성하기 위하여 국가차원에서 각종 지원방안을 강구하고 있고, 특히 아시아 지역 국가들은 BTMICE(Business Tourism, Meeting, Incentive Tour, Convention, Exhibition)산업이라 하여 국제회의, 상용관광, 포상관광, 전시회 등의 유치에 전력을 기울이고 있다.

2. 국제회의 기준

1) 국제협회연합(UIA : Union of International Association)

국제협회연합에서 정한 국제회의 기준은 국제기구가 주최하거나 또는 후원하는 회의로 참가자수가 50명 이상이거나 국내단체 또는 국제기구의 국내지부가 주최하는 회의 가운데 참가국수가 5개국 이상, 회의참가자수가 300명 이상(외국인 40% 이상), 회의기간은 3일 이상인 회의이다.

2) 세계국제회의전문협회(ICCA : International Congress and Convention Association)

세계국제회의전문협회는 국제회의 기준을 국제협회에 의해 최소한 50명 이상 참가하고, 3개국 이상을 돌아가며 정기적으로 개최하는 회의라고 했다.

3) 아시아컨벤션뷰로협회(AACVB : Asian Association of Convention and Visitor Bureaus)

국제회의는 공인된 단체나 법인이 주최하는 단체회의, 학술심포지엄, 기업회의, 전시 · 박람회, 인센티브 관광 등 다양한 형태의 모임 가운데 전체 참가자 중 외국인이 10% 이상이고, 방문객이 1박 이상을 상업적 숙박시설을 이용해야 한다.

4) 한국관광공사(KTO)

참가국수 3개국 이상이며 외국인 참가자수 10명 이상인 국제회의

5) 국제회의산업육성에 관한 법률기준(시행령 2조)

① 국제기구 또는 국제기구에 가입한 기관 또는 법인 · 단체가 개최하는 회의

　가. 당해 회의에 5개국 이상의 외국인이 참가할 것

　나. 회의참가자가 300명 이상이고, 그중 외국인이 100명 이상일 것

　다. 3일 이상 진행되는 회의일 것

② 국제기구에 가입하지 않은 기관 또는 법인 · 단체가 개최하는 회의

　가. 회의 참가자 중 외국인이 150명 이상일 것

　나. 2일 이상 진행되는 회의일 것

3. MICE 유치의 중요성

국제회의 참가자들은 장기간 체류하면서 회의기간 중 또는 그 전후에 국내관광과 쇼핑 등을 함으로써 일반 관광객에 비해 많은 소비를 하므로 교통 · 항공 · 숙박 · 유흥업 등 관광관련 사업의 발전에도 크게 기여한다. 국제회의는 계절 변화의 영향을 적게 받으므로 관광비수기 타개책으로 활용되고, 관광업계의 마케팅 및 신시장 개척에도 직접 기여할 뿐만 아니라 제반 경제 · 사회 분야의 국제화 및 국위선양에도 이바지한다. 또한 국제회의 참가자는 대부분 해당국의 정치 · 경제 · 과학 · 기술 · 문화 등 관련분야의 전문가로서 지도적인 위치에 있으므로 홍보효과 및 경제교류 촉진에도 상당한 성과를 거둘 수 있다.

세계적으로 국제회의 개최는 매년 증가 추세에 있으며, 종전 구미지역 중심에서 벗어나 점차 아시아 지역에서의 개최지 선정이 활발해지고 있다. 2000년에는 '제3차 아시아 · 유럽 정상회의(ASEM)', 2000년 '제1회 APEC관광장관회의', 2001년 '세계관광기구(UNWTO)총회', 2002년에는 '월드컵축구대회' 등을 성공적으로 개최하였고, 2003년 '대구 유니버시아드대회', '2004년 PATA 제주총회', '2005년 APEC 정상 회의', '2006년 국가올림픽위원회연합회(ANOC) 총회', 2007년 '세계폐암학회학술대회', '제46차 동양 및 동남아라이온스대회', 2008년 '2008 제17회 국제자동제어연맹 세계대회' 및 '제22차 세계철학자대회', 2009년 '허벌라이프 아시아태평양 Extravaganza(외국인 참가자 2만 명)', 2010년 'G20 정상회의', 2011년 '제19차

UNWTO 총회', 2012년 '핵안보 정상회의', 2013년 '제22차 세계에너지총회', 2014년 중국 암웨이 인센티브단체 유치(총 25,000명 참가 예정) 등 대규모 국제행사 역시 성황리에 개최되어 우리나라의 국제적 위상 제고 및 아시아지역 주요 국제회의 개최국으로의 부상이 기대된다.

4. 국제회의업의 현황과 전망

1) 과거 대규모 국제회의의 성공적인 개최로 인하여 우리나라에 좋은 이미지를 국제사회에 인식시켰다.

2) 다양한 국제교류활동으로 인해 우리나라의 정부 기관 · 단체 · 개인 등이 국제기구에 가입되어 있어 회원국으로서의 유치 기회가 많아졌다.

3) 값싸고 품질 좋은 상품을 살 수 있는 전문 쇼핑가(이태원 · 남대문 · 동대문)가 발달하였다.

4) 국제회의 개최국으로서 아름다운 자연경관과 빛나는 문화유산이 많다.

5) 세계 각국과 연결된 항공 교통이 잘 발달되어 있다.

5. 국제회의 유치의 효과

1) 경제적 효과

① 긍정적 효과

- 외화획득으로 국제수지 개선에 이바지한다.
- 컨벤션 개최산업과 관련 산업의 고용증대 효과
- 세수의 증대로 지역경제 활성화
- 최신 정보 · 기술입수로 각 산업의 발전에 기여

② 부정적 효과

- 물가상승 및 개최지가 부동산 투기의 대상이 되기 쉽다.
- 유흥 및 향락산업이 성행하게 된다.

2) 사회 · 문화적 효과

① 긍정적 효과

- 국제친선도모 효과
- 사회기반시설의 확충과 정비를 하게 된다.
- 도시환경의 개선 효과
- 시민의식 향상
- 지역문화 발전

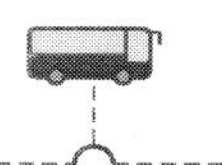
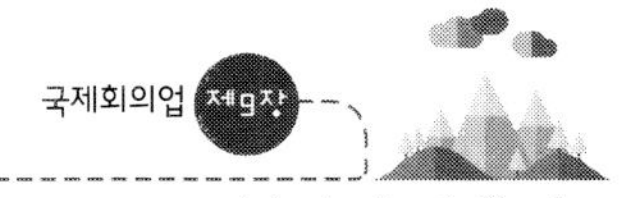

② 부정적 효과

- 고유지역성 훼손으로 개최지 고유문화가 훼손될 수 있다.
- 사치와 소비풍조가 심해진다.
- 지역문화자원의 상업화현상이 나타난다.
- 행사기간 중 교통혼잡 · 공해유발 등으로 국민생활의 불편을 가져온다.

3) 정치적 측면

① 긍정적 측면

- 개최국의 국제적 지위향상 및 대외이미지 부각
- 평화통일 및 외교정책 구현
- 인적 교류의 증대로 민간외교에 기여한다.
- 국가홍보 효과

② 부정적 측면

- 개최국이 정치에 이용될 수 있다.
- 과다한 재정적 부담과 희생을 감수해야 한다.

4) 관광적 측면

① 긍정적 측면

- 대량의 외래관광객 유치, 체재기간 연장효과
- 지역이미지가 바뀔 수 있다.
- 관광진흥의 발전 및 관광시설 활용이 가능
- 외래관광객 유치의 지역적 편중현상과 비수기의 블황타개책으로 이용

② 부정적 측면

- 관광지역 주민의 소외 및 불이익 등을 가져온다.
- 관광지 주변의 교통혼잡 · 소음 · 공해 발생
- 관광지의 상업화로 물가가 상승할 수 있다.

제 2 절 우리나라의 국제회의산업

1. 국제회의 시설업

대규모 관광수요를 유발하는 국제회의를 개최할 수 있는 시설을 설치·운영하는 업

1) 법적 등록기준

① 국제회의 산업육성에 관한 법률 시행령 제3조 규정에 의한 회의시설 및 전시시설의 요건을 갖추고 있을 것

② 국제회의 개최 및 전시의 편의를 위하여 부대시설로 주차시설, 쇼핑, 휴식시설을 갖추고 있을 것

③ **등록기관** : 시장·군수·구청장·제주특별자치도지사

2) 국제회의 시설의 종류

① **전문회의시설**

- 2천 명 이상의 인원을 수용할 수 있는 대회의실이 있을 것
- 30명 이상의 인원을 수용할 수 있는 중·소회의실이 10실 이상 있을 것
- 2천 ㎡ 이상의 옥내 및 옥외 면적을 확보하고 있을 것

② **준회의시설** : 국제회의 개최에 필요한 회의실로 활용할 수 있는 호텔연회장·공연장·체육관 등의 시설

- 200명 이상의 인원을 수용할 수 있는 대회의실이 있을 것
- 30명 이상의 인원을 수용할 수 있는 중·소회의실이 3실 이상 있을 것

③ **전시시설**

- 2천 ㎡ 이상의 옥내 및 옥외 전시면적을 확보하고 있을 것
- 30명 이상의 인원을 수용할 수 있는 중·소회의실이 5실 이상 있을 것

④ **부대시설** : 숙박시설·주차시설·음식점시설·휴식시설·판매시설 등

3) 국제회의 복합지구 지정 현황

① **인천광역시 연수구 (최초 지정)**

② **경기도 고양시**

③ **광주광역시 서구**

4) 국내 국제회의 개최 시설 현황

(단위 : 개)

구 분	시설 수	회의실 수
전문회의시설	14	340
준회의시설	146	1,050
중소규모회의시설	385	947
호텔	569	2,398
휴양콘도미니엄	180	967
합계	1,294	5,702

자료 : 한국관광공사. 2018년 발간 MICE산업통계조사 연구보고서 기준

5) 전문 국제회의장 건립 현황

지 역	센터명	개관일	규모	
			회의실 수(개)	전시장(㎡)
수도권	aT센터	2002.11	11	7,422
	SETEC	1999.05	–	7,948
	COEX	1988.09/200C.05	92	36,007
	KINTEX	2005.09	40	108,566
	송도 컨벤시아	2008.11	26	8,416
충청권	DCC	2008.04	20	2,520
호남권	KDJ Center	2005.09	31	12,027
	GSCO	2014.07	11	3,697
대경권	EXCO	2001.04	24	22,159
	GUMICO	2010	7	3,402
	HICO	2015.02	17	2,273
동남권	BEXCO	2001.09	52	46,380
	CECO	2005.09	12	7,827
제주권	ICC Jeju	2003.03	29	2,395

자료 : 전시산업진흥회. 2018년 발간 국내전시산업 통계 기준

2. 국제회의 기획업(PCO : Professional Congress Organization)

대규모 관광수요를 유발하는 국제회의의 계획 · 준비 · 진행 등의 업무를 위탁받아 대행하는 업

1) 법적등록기준

① **자본금** : 5천만 원 이상일 것

② **사무실** : 소유권 또는 사용권이 있을 것

③ **등록기관** : 시장 · 군수 · 구청장 · 제주특별자치도지사

2) 국제회의 기획업무

① **계획**

- 국제회의의 성격 · 취지 · 범위 파악
- 기본 및 세부추진계획서 작성
- 개최일자 · 개최지 등 결정
- 예산계획 수립 및 재정 확보
- 진행요원 모집 · 선정
- 회의참가에 관한 판촉활동 개시
- 지원기관 확보
- 기본방향 설정

② **준비**

- 회의명칭 및 주제결정
- 진행요원 확정 및 교육
- 각종 회의장 확보
- 참가예상인원 확정
- 각종 기자재 수급
- 교통 및 숙박시설 확보
- 회의장 배치도면 작성 및 회의진행 시간표 작성
- 주최자와 참가자 등에게 연락관계 유지
- 의전관계 확인

③ **진행**

- 참가자 등록업무 시작
- 홍보물 및 출판물 등 배포
- 제반 이용시설 재점검(호텔객실 · 소회의장)
- 소규모 회의계획 실시

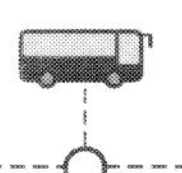

- 사교행사 실시
- 회의결산보고서 작성
- 대회결산보고서 작성
- 최종평가 실시
- 조직해산

3. 국제회의 전담기관(CVB : Convention & Visitor Bureau)

1) CVB란?

국제회의 전담기관은 각국 정부 또는 지방자치단체 등이 국제회의산업의 중요성과 전문성을 인식하여 국제회의 유치와 운영에 관한 정보의 제공·자문·홍보 또는 지원을 전담해 주기 위해 설치한 조직을 말한다.

1965년 아시아국가로는 처음으로 일본이 CVB를 발족했고, 1970년대에 말레이시아, 싱가포르, 필리핀, 홍콩 등이 CVB를 설립했다. 우리나라는 1979년 PATA총회를 계기로 한국관광공사 내에 국제회의부가 설립되어 CVB 기능을 수행하고 있는데 현재 코리아MICE뷰로 밑에 MICE진흥팀과 인센티브전시팀으로 나누어서 기능을 수행하고 있다.

2) 법적 근거(국제회의 산업육성에 관한 법률 제5조)

① 문화체육관광부장관은 국제회의 산업육성을 위하여 필요한 경우에는 국제회의 전담조직을 지정할 수 있다.

② 국제회의 시설을 보유·관할하는 지방자치단체의 장은 국제회의 관련업무의 효율적인 추진을 위하여 필요하다고 인정하는 때에는 전담조직을 설치할 수 있다.

3) 국제회의 전담조직의 업무

① 국제회의의 유치 및 개최지원

② 국제회의 산업의 국외홍보

③ 국제회의 관련정보의 수집 및 배포

④ 국제회의 전문인력의 교육 및 수급

⑤ 지방자치단체의 전담조직에 대한 지원 및 상호협력

⑥ 기타 국제회의 산업의 육성과 관련된 업무

⑦ 컨벤션설명회 개최

4. 국제회의도시

1) 문화체육관광부장관은 국제회의도시 지정기준에 적합한 특별시·광역시 및 시를 국제회의도시로 지정할 수 있으며 또한 지정취소도 할 수 있다.

2) 국제회의도시의 지정기준

① 지정대상도시 안에 국제회의 시설이 있고, 당해 특별시·광역시 또는 시에서 이를 활용한 국제회의 산업육성에 관한 계획을 수립하고 있을 것

② 지정대상도시 안에 숙박시설·교통시설·교통안내체계 등 국제회의 참가자를 위한 편의시설이 갖추어져 있을 것

③ 지정대상도시 또는 그 주변에 풍부한 자원이 있을 것

3) 국제회의도시 지정현황

연도	지정 도시	지정일	지정 도시 수
2005	서울특별시, 부산광역시, 대구광역시, 제주특별자치도	2005.10.12	4개
2007	광주광역시	2007.09.05	1개
2009	대전광역시, 경남 창원시	2009.03.12	2개
2011	인천광역시	2011.05.25	1개
2014	강원도 평창군, 경기도 고양시, 경북 경주시	2014.12.18	3개
계	–	–	11개

자료 : 문화체육관광부

5. 국제회의산업의 문제점 및 발전방안

1) 국제회의산업의 문제점

① 국제회의 개최실적의 서울편중현상

② 대규모 전문 컨벤션시설의 부족

③ 관련업계의 협력체재와 전담조직 기능이 미약

④ 전문인력 양성체재의 부재 및 전문경영인 부족

⑤ 국제회의 숫자의 부족 및 계절편중현상

⑥ 대규모 국제회의 개최에 대한 정보부족 및 수주능력 미약

⑦ 국제회의 기획업의 영세성

2) 발전방안

① 지방자치단체와 정부와의 협력체재를 강화해야 한다.

② 기획력을 갖춘 국제회의 전담조직의 설치 및 전문가 확보

③ 컨벤션시설 및 기반시설 확충을 유도한다.

④ 국제회의도시 지정을 통한 국제회의 수용태세 확립

⑤ 국제회의 운영주체에 대한 재정지원 및 컨벤션 관련 전문인력 양성방안 강구

⑥ 국제회의 개최에 대한 정보수집체계를 정부차원에서 지원하고 홍보 및 유치활동을 강화해 나간다.

6. MICE 유치증진을 위한 주요 활동

문화체육관광부는 지난 2005년 서울특별시, 부산광역시, 대구광역시, 제주특별자치도를 국제회의도시로 지정한데 이어 2007년 광주광역시, 2009년 대전광역시와 경남 창원시, 2011년 인천광역시, 2014년 강원 평창군, 경기 고양시, 경북 경주시를 추가로 지정하여 신성장동력 중 고부가 서비스산업으로 선정된 MICE 산업의 전략적 육성을 꾀하고 있다.

국제회의를 개최하기 위해서는 전문회의장과 부대시설, 숙박시설, 전문진행요원, 참가자들을 위한 각종 관광시설 등이 확보되어야 하지만, 현재 우리나라의 국제회의 수용 인프라는 충분하지 못한 실정이다. 그러나 '국제회의산업육성에 관한 법률' 제정, 2000년 'ASEM', 2001년 '세계관광기구(UNWTO)총회' 및 2002년 '월드컵축구대회' 개최와 더불어 2000년 5월 '코엑스', 2001년 4월 '대구전시컨벤션센터', 2001년 9월 '부산전시컨벤션센터', 2003년 3월 '제주국제컨벤션센터', 2005년 '킨텍스', '김대중컨벤션센터', '창원컨벤션센터', 2008년 4월 '대전컨벤션센터', 2008년 10월 인천 '송도컨벤시아'가 개관되었고, 고양 KINTEX(2011.9월), 대구 EXCO(2011.5월), 부산 BEXCO(2012.6월)가 확장을 위한 신축공사를 완료하였다. 이외에도 2013년 6월에는 광주김대중컨벤션센터 제2센터를 개관했으며, 2014년 7월 군산새만금컨벤션센터(GSCO), 2015년 3월 경주화백컨벤션센터(HICO)가 개관되어 시설관련 수용태세는 점차 개선되고 있다.

문화체육관광부는 한국관광공사 및 사단법인 한국MICE협회를 통하여 국제회의기획업체 등에 전문인력 양성을 지원하는 한편, 현재의 여건에서 수용 가능한 국제회의를 유치하기 위하여 다각적인 지원활동을 전개하고 있으며 구체적인 사업내용은 다음과 같다.

첫째, 국제기구에 가입한 국내단체가 관련 국제회의 및 행사를 유치·개최하고자 할 때에는 유치·개최 자문과 홍보물 지원 및 보조금 지원에 이르기까지 국제회의 및 행사의 국내유치와 개최가 원활히 이루어지도록 원스톱 서비스 체계를 구축하여 다양한 지원활동을 전개하고 있다.

둘째, 해외의 국제회의, 기업회의 및 인센티브 관련단체 및 업계를 대상으로 설명회, 세일즈 콜 및 해외지역 MICE 주요인사에 대한 팸투어 진행을 통하여 MICE 개최지로서의 한국의 이미지를 제고하고, 한국으로의 유치를 적극 추진하고 있다.

셋째, 각종 국제회의 및 전시박람회에 참가하여 MICE 개최지로서의 한국 홍보 및 관련정보 제공과 상담인

사들과 지속적으로 접촉하여 사후관리에도 심혈을 기울이고 있다. 동시에 해외 컨벤션 전문지 기사화 및 광고게재 등 다양한 방향의 해외홍보 활동을 전개하고 있다.

넷째, 국제회의전문가 양성교육, 지방 국제회의 유치 촉진 설명회 실시, 국제회의 캘린더 및 개최현황 발간, 컨벤션 DB 구축 및 운영 등 국제회의 유치 촉진을 위한 수용태세를 개선해 나가고 있다.

다섯째, 국제회의 참가자 소비액 조사, 국제회의 개최계획·실적조사, 컨벤션관련 국제기구의 교육 프로그램 참가 등 각종 조사·연구 사업을 통해 변화하는 컨벤션시장 환경에 능동적으로 대처해 나가고 있다.

여섯째, 한국을 아시아 최고의 국제회의 개최지로 부각시키기 위하여 관련기관, 지자체 및 컨벤션 업체 간 네트워크 강화에 힘쓰고 있으며, 이를 위해 한국 MICE육성협의회(Korea MICE Alliance)를 운영하고 있다. 주요 사업으로는 MICE산업전, 공동광고, 해외 전문전시박람회 참가, 미주 및 아주지역 설명회, 세일즈 콜 등에서 관련기관과 긴밀한 협조를 통해 마케팅 효과의 극대화를 유도하고 있다.

〈국제회의 개최 현황〉

국가별 개최순위

순위	국가명	개최건수		순위	국가명	개최건수	
		2018년	2017년			2018년	2017년
1위	싱가포르	1,238	877	6위	오스트리아	488	591
2위	대한민국	890	1,297	7위	프랑스	465	422
3위	벨기에	857	810	8위	스페인	456	440
4위	미국	616	575	9위	영국	333	307
5위	일본	597	523	10위	독일	305	374

도시별 순위

순위	도시명	개최건수		순위	도시명	개최건수	
		2018년	2017년			2018년	2017년
1위	싱가포르	1,238	877	6위	파리	260	268
2위	브뤼셀	734	763	7위	마드리드	201	159
3위	서울	439	688	8위	런던	186	166
4위	빈	404	515	9위	바르셀로나	152	193
5위	도쿄	325	269	10위	리스본	146	135

자료 : 한국관광공사, UIA(국제협회연합), 2019년 통계보고서 기준

제 3 절 회의의 종류

1. 회의 성격에 따른 분류

1) 협회회의(Association Meeting)

협회는 유사한 분야에 관심을 가진 사람들이 모인 공동체로서 회원들의 권익옹호 및 협회의 사회적 위상 강화에 목표를 둔다. 따라서 이 목표를 실현하기 위해서 협회는 여러 형태의 회의행사를 갖는다.

협회회의는 정기적으로 개최되며 대부분 회의기획가(Meeting Planner)라고 불리는 전문가나 PCO(Professional Convention Organizer)에 의해서 준비된다.

이는 협회가 그 회의만을 위해서 모든 일을 준비할 수 있는 조직적인 체계나 전문성을 가지고 있지 못하기 때문이며 이들 전문가에 의해 회의의 성격과 규모에 맞는 예산, 세부업무, 진행일정, 회의장소 등이 결정된다.

이런 협회회의의 특징으로는

① 회의 참가자수가 많다.

② 회원의 자발적인 참가이므로 비용을 본인이 부담한다.

③ 리조트나 유명관광지가 회의장소가 된다.

④ 회의는 정기적으로 개최된다.

⑤ 대부분 2~5년 전에 계획된다.

⑥ 체재기간이 3~5일이다.

⑦ 회의 시마다 목적지가 바뀐다.

⑧ 주요회의에서는 전시회를 동반한다.

2) 기업회의(Corporate Meeting)

오늘날 기업이 당면한 경쟁적 환경 속에서 종업원들의 새로운 정보에 대한 이해, 마케팅기법 및 경영능력의 배양은 기업의 생존을 위한 절대적 과제로 인식되고 있다.

회의시장에서의 기업회의는 공간적인 개념으로 자사 밖에서 이루어지는 회의만을 규정한다. 또한 정기 주주총회나 연간판매회의 등을 제외하고는 대부분 부정기적으로 필요에 따라 개최된다. 협회회의와는 달리 최고경영자의 요구에 의하여 회사의 조직원이 참가하는 형태로 기업회의의 대부분이 100인 이하의 참가자로 이루어지는 회의이다.

기업회의의 특징은

① 회의 참가자수가 적다.

② 타의에 의한 참가이므로 참가비용은 기업에서 부담한다.

③ 회사나 공장의 위치에 따라 회의장소를 정한다.

④ 매년 같은 장소에서 회의를 개최하는 경우가 많다.

⑤ 소규모회의는 수시로 하게 된다.

⑥ 계획과 준비기간이 짧다.

⑦ 회의기간이 비교적 짧다.

3) 비영리단체회의(Non-profit Meeting)

연구기관, 노동조합, 종교단체, 비영리법인 등에서 주관하는 회의

4) 정부주관회의(Government Agency Meeting)

정부에서 가입한 국제기구의 교류 및 협력 등을 목적으로 주관하는 회의

2. 회의 형태에 따른 분류

1) 회의(Meeting)

모든 종류의 회의를 총칭하는 포괄적인 용어이다.

2) 컨벤션(Convention)

회의분야에서 가장 일반적으로 쓰이는 용어로서 정보전달(기업의 시장조사보고, 신상품 소개, 세부 전략 수립 등)을 주목적으로 하는 정기집회에 많이 사용되며, 전시회를 수반하는 경우가 많다.

과거에는 각 기구나 단체에서 개최하는 연차총회(Annual Meeting)의 의미로 쓰였으나, 요즈음에는 총회, 휴회기간 등에 개최되는 각종 소규모 회의, 위원회 회의 등을 포괄적으로 의미하는 용어로 사용된다.

3) 콘퍼런스(Conference)

컨벤션과 거의 같은 의미를 가진 용어로서 통상적으로 컨벤션에 비해 회의 진행상 토론회가 많이 열리고 회의 참가자들에게 토론회 참여 기회도 많이 주어진다.

4) 콩그레스(Congress)

컨벤션과 같은 의미를 지닌 용어로서 유럽 지역에서 빈번히 사용되며 주로 국제규모의 회의를 의미한다.

5) 포럼(Forum)

제시된 한 가지의 주제에 대해 상반된 견해를 가진 동일 분야의 전문가들이 사회자의 주도하에 청중 앞에서 벌이는 공개토론회로서, 청중이 자유롭게 질의에 참여할 수 있으며 사회자가 의견을 종합한다.

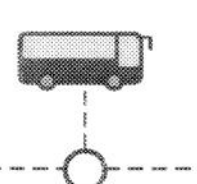

6) 심포지엄(Symposium)

제시된 안건에 대해 전문가들이 다수의 청중 앞에서 벌이는 공개토론회로서 포럼에 비하여 다소의 형식을 갖추며 청중의 질의나 참여기회도 제한된다.

7) 패널 토의(Penel Discussion)

청중이 모인 가운데 2~8명의 연사가 사회자의 주도하에 서로 다른 분야에서의 전문가적 견해를 발표하는 공개토론회로서 청중도 자신의 의견을 발표할 수 있다.

8) 강연(Lecture)

한 사람의 전문가가 일정한 형식에 따라 강연하며, 청중에게 질의 및 응답시간을 준다.

9) 세미나(Seminar)

주로 교육적인 목적을 띤 회의로서 30명 이하의 참가자가 참가자 중 한 사람의 주도하에 특정분야에 대해 각자의 지식이나 경험을 발표 토의한다.

10) 워크숍(Workshop)

총회의 일부로 조직되는 훈련 목적의 회의로서, 30~35명 정도의 인원이 특정문제나 과제에 관해 새로운 지식 · 기술 · 통찰방법 등을 서로 교환한다.

11) 전시회(Exhibition)

무역 · 산업 · 교육분야 또는 상품 및 서비스 판매업자들의 대규모 전시회로서 회의를 수반하는 경우도 있다. Exposition, Trade Show라고도 하며, 유럽에서는 주로 Trade Fair라는 용어를 사용한다.

12) 원격회의(Teleconferencing)

회의 참석자가 회의장소로 이동하지 않고 국제 간 또는 대륙 간 통신시설을 이용하여 회의를 개최한다.

13) 크리닉(Clinic)

특정 주제에 대한 훈련 및 강습을 의미하는데 작은 규모의 집단으로 한정된다.

제10장 · 관광 마케팅

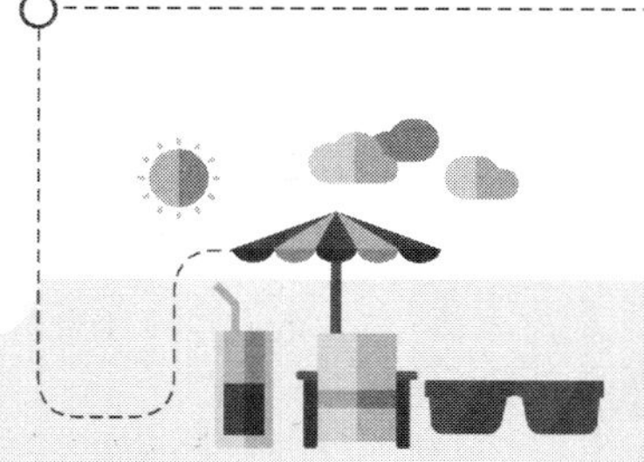

1. 마케팅의 개념

마케팅이란 생산자로부터 소비자 내지 사용자에 이르기까지 소비자의 최대만족과 기업의 목적달성을 위하여 재화 및 서비스의 유통을 관리하는 기업활동의 수행이다.

마케팅은 항상 특정의 시장을 대상으로 하고, 그 시장에 대한 시장개척을 목적으로 하여 이루어진다. 시장(Market)은 협의로는 재화 · 서비스 등의 수급을 원활하게 만들고, 교환행위가 이루어지는 장소 또는 그 장소에 있어서 인적 집단을 의미하지만 광의로는 상호 결합하는 수요 · 공급 간에 있어서 교환관계 그 자체를 가리킨다.

2. 마케팅 개념의 발전과정

1) 생산지향시기(Production-Orientation Stage)

대략 1900년부터 1930년까지의 시기를 말하며, 주요 과제는 생산문제였다.

2) 판매지향시기(Sales-Orientation Stage)

1930년부터 1950년대에 이르는 시기로 수요가 공급을 규제하던 시기를 말한다.

3) 마케팅 지향시기(Marketing Orientation Stage)

1950년대 이후에 등장한 판매지향 개념에 대한 반성으로 소비자 중심사상이 핵심을 이루었다.

4) 사회적 마케팅 개념시기(Social Marketing Concept Stages)

1970년대 이후 마케팅 개념에 변화가 왔는데 소비자들의 욕구의 발견 · 충족이 반드시 그들과 사회의 장기적 이익으로 연결되어 왔는가에 대한 반성으로 출현된 것이다.

3. 마케팅의 기능

마케팅의 기능을 미국의 필립스(C.F.Philips)와 던컨(D.J.Duncan)은 다음과 같이 분류했다.

1) 소유권 이전의 기능

① 구매(Buying)

② 판매(Selling)

2) 실질적 공급에 포함되는 기능

① 운송(Transportation)

② 보관(Storage)

3) 이상의 모든 기능을 조성하는 기능

① 표준화 및 등급화

② 금융

③ 위험부담

④ 시장 정보

4. 마케팅 수단의 3요소

1) 시장조사

2) 시장계획

3) 시장선전

5. 마케팅 믹스(Marketing Mix)

마케팅 믹스란 마케팅 목표를 합리적으로 달성하기 위하여 마케팅 경영자가 일정한 환경적 조건을 전제로 일정한 시점에서 전략적 의사결정을 거쳐 선정한 여러 마키팅 수단(Marketing Tool)이 최적으로 결합 내지 통합되어 있는 상태를 말한다.

1) 매카시(E.J.McCarthy)의 4P 및 마케팅 믹스 전략

① **제품(Product)** : 상품차별화 전략으로서 고객의 기호를 유발하기에 충분한 특이성을 상품에 실어서 경쟁사의 상품과 차별화함으로써 경쟁우위를 점유하도록 하는 전략이다.

② **장소(Place)** : 유통전략으로 생산자로부터 소비자에게 상품이나 서비스가 전달되는 과정에 발생되는 전략을 말한다.

③ **가격(Price)** : 이윤극대화, 목표수익률 달성, 시장점유율 확대유지를 위해 초기고가정책(Skimming Price Policy), 초기저가정책(Penetration Price Policy) 등을 적용하는 전략이다.

④ **판매촉진(Promotion)** : 현재의 고객과 잠재고객에게 커뮤니케이션 활동을 전개하여 상품을 알리고 다른 상품과 비교하여 설득하고 소비자의 구매성향을 바꾸어 나가는 마케팅 활동으로 대인판매 · 광고 · 홍보와 선전 · 판매촉진 등이 있다.

2) 하워드(J.A.Howard)

① **통제가능요소** : 6각형(기업의 내적 환경)

② **통제불가능요소** : 5각형(기업의 외적 환경)

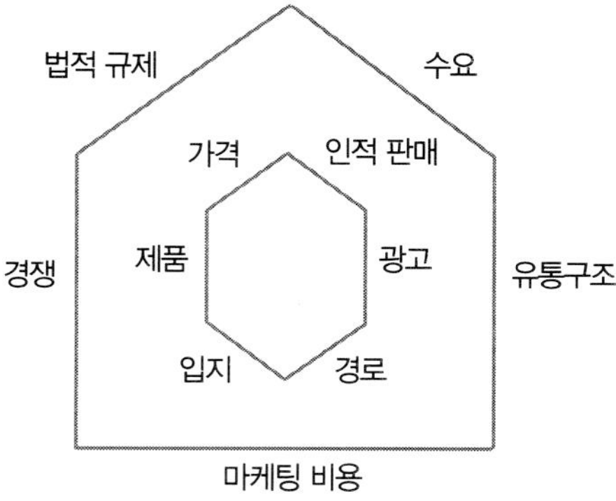

3) 마케팅 믹스 전략의 기본원리

① 집중의 원리

② 선제의 원리

③ 연계의 원리

6. 마케팅 전략(Marketing Strategy)

마케팅 전략(Marketing Strategy)은 점유율 확대, 기업의 안정성장 등 마케팅 목표달성을 위한 개개의 마케팅 수단의 선택과 혁신 및 제 수단을 믹스(Mix)하는 방식에 대한 결정 또는 혁신하는 일을 말한다. 특히 마케팅 전략의 전개에 있어서는

1) 시장 표적(Market Target)의 명확화

2) 마케팅 믹스(Market Mix)의 선택

3) 마케팅 프로그램의 책정

4) 마케팅 코스트의 결정 등이 마케팅 전략의 핵심을 이루고 있다.

7. 시장세분화(Marketing Segmentation)

소비자 수요의 이질성에 따라 일반시장을 여러 개의 세분시장(Market Segment)으로 분할하는 것을 말하는데, 이는 시장에 적합한 제품을 개발하고 그 제품을 전제로 하는 차별적 마케팅(Differentiated Marketing)을 하거나 집중적 마케팅(Concentrated Marketing)을 하려는 데 있다.

1) 시장세분화의 기준

① 지리적 세분화(Geographic Segmentation)

기후 · 도시의 규모 · 인구밀도 · 지역 등 시장을 국가 · 도 · 시 등 지리적 · 행정구역적 단위에 따라 세분화하는 것을 말함

② 인구통계적 세분화(Demographic Segmentation)

연령별 · 성별 · 소득 · 가족수 · 직업 · 교육수준 · 종교 등으로 시장을 나누는 것

③ 심리형태별 세분화(Psychographic Segmentation)

라이프스타일 · 개성 · 생활양식 · 사회적 계층 · 개인의 가치 · 태도 · 관심 등 심리적 내부욕구를 기준으로 나누는 것이다.

④ 행동분석적 세분화(Behavioral Segmentation)

제품에 대한 태도 · 여행빈도 · 상표충성도 · 구매횟수 · 이용률 · 추구하는 편익 · 사용량 등

2) 시장세분화에 따른 표적시장에 대한 전략

① 무차별 마케팅(Undifferentiated Marketing)
② 차별화 마케팅(Differentiated Marketing)
③ 집중화 마케팅(Concentrated Marketing)

3) 시장세분화의 요건

① 측정가능성(Measurability)
② 접근가능성(Accessibility)
③ 실효성(Substantiality)
④ 실천가능성(Actionability)

4) 시장세분화의 형태(Pattern)

① 동질적 선호
② 분산적 선호
③ 군집적 선호

8. 마케팅 프로세스(Marketing Process)

기업활동의 기초적 기능으로서의 마케팅은 앞에서 설명하였듯이 그 기업이 사람들의 어떤 욕구를 만족시킬 수 있는가 하는 가능성을 폭넓게 검토하는 것을 시작으로 목표를 설정 → 표적시장의 명확화 → 마케팅 믹스의 구축 → 조직화 → 평가분석의 순서로 진행된다.

제 **2** 절   관광마케팅

1. 관광마케팅이란?

마케팅(Marketing)을 넓게 보면 ① 상품 마케팅(Merchandise Marketing)과 ② 서비스 마케팅(Service Marketing)으로 구분할 수 있다. 서비스 마케팅은 서비스의 시장개척을 위한 마케팅으로서 관광마케팅이 이에 속한다. 크리펜도르프(Krippendorf)는 "관광마케팅은 예정된 이익을 목표로 하여 고객들의 욕구를 최대로 만족시키기 위해서 국가적 혹은 국제적 차원에서 공사의 관광정책 및 관광기업정책을 체계적으로 정비해서 지향하는 것"이라고 정의를 내렸다. 이런 관광마케팅은 일반적으로 다음의 세 가지 점을 강조한다.

1) 마케팅은 활동(Activities)이다.
2) 마케팅은 교환을 촉진한다.
3) 마케팅은 다이내믹한 환경(Dynamic Environment Forces) 속에서 행하여진다.

2. 관광마케팅의 특성

① 무형성
② 유형력화
③ 지각(Perception)의 위험
④ 동시성
⑤ 소멸성
⑥ 계절성
⑦ 비가격 경쟁
⑧ 유사제품과 연구개발(R&D)
⑨ 한계효용체감의 법칙의 부적용
⑩ 가치공학

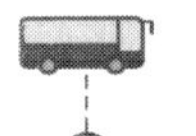
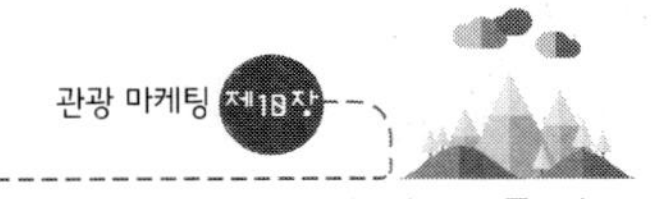

⑪ 질적 통제와 표준화

⑫ 상징성

⑬ 고부하 · 저부하 환경

3. 관광시장 포지셔닝(Positioning)

관광사업자에 의해 제공되는 관광상품과 관광서비스에 대한 이미지를 경쟁상품과 차별화시켜 관광객의 마음속에 유리한 위치를 차지하기 위한 활동이다.

4. 붐(B.H.Boom)과 비트너(M.J.Bitner)의 서비스 마케팅 믹스 7P's

기존의 마케팅 믹스 4P's에 다음의 3P's가 추가된다.

① 참가자(Participant Personnel)

합리적인 인사관리와 교육을 통한 서비스 질의 확보와 고객만족을 추구하는 마케팅 믹스의 요소로 서비스 산업은 서비스 활동에 참여하는 판매원인 종사원이 중요하다는 것이다.

② 시설 · 환경(Physical Facility)

점포의 시설 이미지를 통해 고객에게 만족을 추구하는 마케팅 믹스의 요소로 **Physical Evidence**(서비스의 물리적 증거)라고도 한다.

③ 작업진행관리(Process Management)

지속적인 고객 서비스의 원활한 흐름을 위한 시스템의 개발과 활용을 통해 고객에게 만족을 주는 마케팅 믹스의 요소이다.

5. 모리슨(A.M.Morrison)의 서비스 마케팅 믹스 8P's

기존의 마케팅 믹스의 4P's에 다음의 4P's가 추가된다.

① 패키징(Packaging)

② 프로그래밍(Programming)

③ 종사원(Person)

④ 제휴(Partnership)

6. 관광상품 수명주기(TSLC : Tourism Service Life Cycle)

① **도입기** : 고지적 역할수행으로서 이는 잠재고객의 기본적 수요 창출의 기능을 한다.

② **성장기** : 설득적 역할로서 관광서비스의 성장기에 자사 상품의 긍정적인 이미지를 형성하여 타 기업과의 차별화를 도모하여 가까운 미래에 자기기업의 관광서비스를 구매하도록 하는 데 목표가 있다.

③ **성숙기** : 상기적 역할로서 잠재고객의 마음속에 기업의 이름이나 상표명을 오래 기억시키는 것이 중요하다.

④ **쇠퇴기** : 수정적 역할로서 쇠퇴기에 접어들면서 관광자의 행동과 생각을 수정할 때 사용하는 의사소통 수단이 필요하다.

7. 버틀러(Buttler)의 관광목적지 수명주기(TDLC : Tourism Destination Life Cycle)

① 탐험(Exploration)
② 개입단계(Involvement)
③ 발전단계(Development)
④ 강화단계(Consolidation)
⑤ 정체단계(Stagnation)
⑥ 쇠퇴단계(Decline)

제 3 절　관광의 해외선전

1. 해외선전의 의의

국외의 대상시장에 대하여 현재의 고객 또는 잠재적 고객층에게 관광국의 관광자원, 관광대상, 자국의 실정, 관광시설 등을 소개하여 정확한 지식을 주고 관광 매력을 전달함으로써 관광 의욕을 자극시켜 관광행동으로 나타나게 하는 여러 가지 선전활동을 말한다.

2. 해외선전의 방법

1) 광고(Advertising)

"이름을 명시한 광고주(스폰서)에 의한 모든 유료 형태의 아이디어 상품 혹은 서비스의 비면접적인 제시와 선전을 가리킨다"라고 미국광고협회(AMA)에서 정의를 내리고 있다.

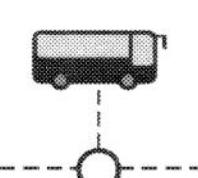
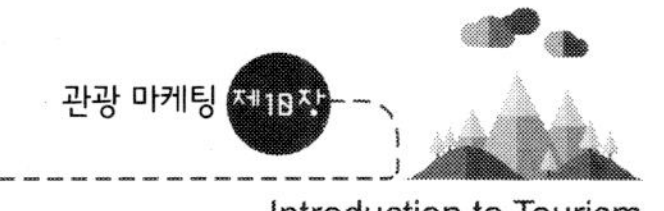

※ 해외광고의 AIDCA

① A : Attention(주의)

② I : Interest(흥미)

③ D : Desire(욕망)

④ C : Confidence(확신)

⑤ A : Action(행동)

Confidence 대신에 Memory(기억)를 넣어 AIDMA라고도 한다.

2) 퍼블리시티(Publicity)

신문 · 잡지 · 라디오 · TV 등의 매스미디어(Mass Media)어 대하여 상품 · 서비스 등에 관한 정보를 제공해 줌으로써 이를 기사화시키고 뉴스로 보도하도록 하는 광고주가 없는 무료 게재방법이다.

3) PR(Public Relation)

PR은 대중과의 제 관계를 의미하는데 매체를 사용하지 않고 직접 선전용의 영화나 슬라이드 등을 해외에서 실시하는 산업박람회나 전시장 같은 데서 대중을 상대로 상영하거나 강연회 등을 개최하여 관광에 관한 정보를 소개하는 방법을 말한다.

3. 해외선전의 매체

해외선전에는 각종의 매체 중 어떤 것을 써서 광고를 실시해야 효과가 클 것인가 하는 것을 판단하는 것이 중요하다. 광고의 매체는 다음과 같이 구분할 수 있다.

1) 시각광고(Visual Advertising)

신문 · 잡지 · 팸플릿 · 옥외광고 등을 말하는데, 주로 인쇄매체이며 설득기능에 효과가 있다.

2) 청각광고(Auditory Advertising)

라디오, 테이프 레코더 등이다.

3) 시청각광고(Visual and Auditory Advertising)

TV, 영화, 슬라이드 등 주로 전파매체를 말하는데 인상기능에 뛰어난 효과를 거둘 수 있다.

4. 해외선전의 기능

해외선전은 다각적인 기능을 발휘하는데 ① 고지기능(Information Function) ② 설득기능(Persuading Function) ③ 반복기능(Repeating Function) ④ 창조기능(Creating Function) 등으로 분류할 수 있고, 그 선전 목적에 의하여 파이어니어 기능(Pioneer Function), 확대기능(Extending Function), 유지기능(Maintenance Function) 등으로 분류할 수 있다.

제11장 ● 국민관광과 국제관광

제 1 절　국민관광

1. Social Tourism의 정의

국민관광은 우리 국민이 일상생활권을 떠나서 일시적인 이동활동과 체재 그리고 다시 거주지로의 귀환을 전제로 하는 활동이다. 국민관광은 휴식·휴양·관람·스포츠 활동 등을 통하여 개인의 욕구를 충족시키는 레저활동의 하나이고 아울러 레크리에이션 활동의 하나로서 정서적·육체적인 생활의 변화와 다양성을 추구하는 것이 국민관광이다. 이것은 제2차 세계대전 후 서구 여러 나라에서 일어난 Social Tourism운동에서 주창한 "국가가 관광지, 관광시설 등을 직접 개발하거나 휴가를 실시하는 등 많은 사람들이 관광에 참여하도록 한다"는 주장과 같이 국민들의 대다수가 주말휴가 등을 통해 관광을 즐기게 됨에 따라 이들에 대한 정책적·사회적 지원, 계몽 등이 각국의 중요 관심사가 되어 왔다.

국민관광의 범주는 내국인의 국내관광과 해외여행을 포함하게 되며, 우리나라에서는 1975년 12월 31일 제정·공포된 「관광기본법」 제1조에 "국민관광의 발전을 도모한다"라는 목적을 규정하였다.

2. Social Tourism의 발전과정

1) Social Tourism은 제2차 세계대전 후에 스위스 여행금고(Schweizer Reise Kasse)에서 정부의 재정적 원조를 바탕으로 30여 년간을 할인된 여행용 스탬프를 발매하여 국민들이 저렴하게 여행할 수 있도록 장려한 데서 그 유래를 찾아볼 수 있다.

OECD에서는 Social Tourism을 "여행자금이 없다든가 또는 여행에 익숙지 않았든가 혹은 교육이 부족하거나 여행사정이 어둡기 때문에 오늘날까지 관광여행에서 소외된 국민층을 관광여행에 참가시키기 위해 필요한 수속"이라 정의하고, 이에 대한 구체적인 조치를 마련토록 하였는데 구체적인 조치는 다음과 같다.

① **유급휴가제도** : 노동시간 단축

② **여행구매력의 증강 방안**

③ **여행비의 절감** : Package Tour의 개발

④ **여행계절 연장** : 시차 휴가제 실시(Staggering Hoilday)

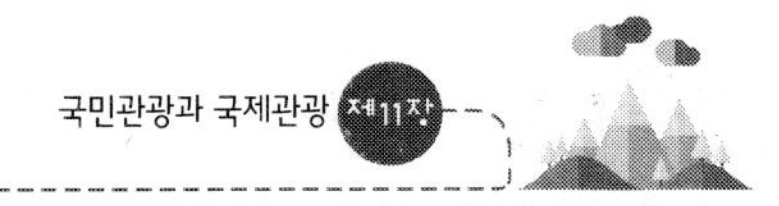

1956년 스위스에서 열린 제1회 국제 Social Tourism대회에서는 노동시간 단축, 유급휴가제도, 여행자금 염출문제, 교통기관에 관한 사항, 숙박 · 식사 · 요양시설 · 문화시설 · 휴가에 관한 조언과 관광홍보에 관한 사항을 결의하였다.

세계관광기구의 전신인 IUOTO가 국제관광의 더욱 큰 발전을 기념하는 의미에서 주창하여 국제연합(UN)이 1967년을 '국제관광의 해(ITY : International Tourist Year)'로 정하여 가맹 각국의 정부에 대하여 IUOTO가 기획한 각종의 국제관광진흥책을 실행에 옮기도록 요청하였으며, '관광은 평화에의 패스포트(Tourism is Passport To Peace)'라는 표어를 사용하였다.

또한 IUOTO는 총회의 결의를 통해 1970년 멕시코 특별 총회의 헌장 채택일인 9월 27일을 '세계 관광의 날'로 제정하였고, 1979년 스페인에서 개최된 제3차 UNWTO 총회에서 재결정하여 1980년부터 본격적인 기념행사를 시행하고 있다.

세계관광기구(WTO)는 1980년 9월 필리핀 마닐라에서 개최된 총회에서 "국민관광은 소득분배를 통한 상호 이해와 연대감 조성, 국가 경제 전반에 이로운 여건 조성, 나아가서 국내관광 발전을 통한 국제 관광개발에 기여하는 데 있으며, 또한 국민들에게 최소한의 휴식과 여행의 권리(Right of Rest and Travel)를 부여함으로써 사회안정과 개개인의 복지증진에 기여할 수 있다"라는 마닐라 선언을 발표하였다.

그리고 1982년 8월 21일부터 8월 27일까지 멕시코의 아카풀코에서 개최된 세계관광회의(The World Tourism Meeting)에서는 "휴식 · 휴가 · 유급휴가에 대한 권리와 인구 계층의 휴가 향유를 촉진하는 적절한 사회적 여건과 법률체계의 조성"을 강조하였다.

2) 국민관광의 발전

① **1948년 UN인권선언** : 모든 사람은 합리적인 노동시간의 단축과 정기 유급휴가를 포함한 휴식과 여가의 권리를 갖는다.

② 1970년 스위스 제네바에서 국제 레크리에이션협회의 '여가헌장' 채택

③ **1972년 비엔나선언** : 관광은 일부 특수층을 위한 관광이 아니라 모든 사람들이 접근할 수 있는 공통된 유산이다.

④ **1980년 UNWTO 제1차 세계관광대회의 마닐라 선언** : 국민들에게 최소한의 휴식과 여행의 권리(Right of Rest and Travel)

⑤ **1982년 UNWTO 제2차 세계관광대회의 아카풀코 선언** : 휴식 · 휴가 및 유급휴가의 권리 강조

⑥ **1982년 미주국가기구(OAS)의 리우데자네이루 선언** : 국민의 휴식과 레크리에이션 권리 설정

⑦ 1985년 UNWTO의 불가리아 소피아회의에서 관광권리장전 및 관광객 강령(Tourism Bill of Right and Tourist Code) 발표

⑧ 1994년 세계관광장관회의 오사카 관광선언에서 여가와 관광의 중요성 및 경제발전과 교통 · 통신기술이 국제관광발전에 크게 기여하였음을 강조

3. 국민관광의 효과와 중요성

산업혁명 이전까지의 관광행위는 사회현상에 포함되어 생활수단인 노동에 곧 여가활동이 내포된 형태로 존재하였다. 그러나 여가문명사회에서는 현대인들이 각종의 도전을 받으며 끊임없는 스트레스와 긴장 속에서 생활하고 있는 현실에 비추어볼 때 사회 전 계층의 사람들이 관광을 통해 자기확대 및 발전을 꾀하는 것은 노동생산성 향상 이상의 의미가 있다는 것이다. 따라서 국민관광은 현대인의 생활패턴을 유기적으로 조화 있게 정착시켜 주는 역할을 하며 기계화된 생활 속에서의 보람있는 생의 리듬이 되고 있다.

국민관광은 경제적으로 관광객이 소비하는 재화가 관광관련기업의 수입이 되어 그 사업활동을 통한 이윤 · 임금 · 원재료와 서비스의 구입에 충당되어 점차로 타산업에까지 파급되어 경제 승수효과를 일으키게 된다. 뿐만 아니라 국민관광의 발전은 관광기업 자체가 인적 서비스에 의존하는 특성이 있으므로 자연히 고용인 원의 증대를 꾀할 수 있고, 관광자원을 개발함으로써 국토의 균형 있는 발전을 도모할 수 있다. 또한 관광지 의 자연이나 명승고적 등은 관광객에게 실증적인 교과서 역할을 담당할 수 있게 되며 국민관광의 발전은 일 반 국민의 후생, 복지적인 측면에서도 그 중요성이 증대되고 있다.

제 2 절   우리나라의 관광진흥사업

1. 국민 국내관광 활성화 정책

문화체육관광부는 관광을 통한 국민 행복 실현을 위하여 국민 국내여행 참여 촉진, 지역관광 경쟁력 강화, 관광취약 계층 향유권 확대를 주요 전략과제로 설정하고 국내관광 진흥을 추진하였다.

성수기에 집중된 휴가여행 수요 분산과 국내관광 수요 증대를 위해 실시하는 '여행주간'은 2016년 시행 3년 째를 맞이하면서, 캠페인 명을 기존 '관광주간'에서 '여행주간'으로 변경하여 보다 친근한 이미지의 국민 캠 페인 이미지를 구축하고자 하였다. 또한 연 2회 실시하던 봄(5.1~14), 가을(10.24~11.6) 여행주간에 2017 겨울 여행주간('17.1.14~1.30) 신설을 기획하는 등 여행주간 캠페인을 확대 추진함으로써, 전년대비 국내관광 수요 증가 및 국민여행 혜택을 증진시키는 데 정책적 노력을 기울였다.

1) 국내관광 이미지 제고

정부는 국민 참여를 통한 수요자 지향적 관광 활성화와 범국민적인 공감대 확산을 통한 국민 개개인의 국내관광에 대한 인식 개선을 위해, 각종 매체를 활용한 국민의 인식 전환 홍보를 적극 실시하고 있다. 2002~2003년에는 '내나라 먼저보기' 캠페인, 2004~2005년에는 '내나라 사랑여행, Love Korea' 캠페 인을 추진하였고, 2006~2013년에는 '구석구석 캠페인'을 추진하여 TV, 인쇄매체 등 전통적 매체는 물 론 지하철 내 · 외부 광고, 인터넷 광고 등 새로운 매체로 영역을 확대하여 전방위 홍보활동을 전개하였

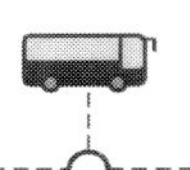

다.

2011년부터는 SNS 등 소비자와 쌍방향 커뮤니케이션 채널 확대로 구석구석 캠페인을 소비자 참여형 캠페인으로 확대 운영하여 좋은 반응을 이끌어 냈다. 2013년에는 대내외 협업을 통해 범정부적 차원으로 국내관광 캠페인의 규모를 확대하였고, 특히 하반기에는 '음식관광'을 주제로 한 테마형 국내관광 캠페인을 최초로 시도하여 국민의 호응을 얻었다.

2) 관광상품 개발 및 정보제공

국민들이 쾌적한 국내관광을 즐길 수 있도록 지역별로 특색 있고 다양한 국내관광 소재를 개발하고 매월 '추천! 가볼만한 곳'을 선정·홍보하고, 국문 여행정보 사이트(www.visitkorea.or.kr)의 운영을 통해 국내관광 정보 제공을 확대하였다.

또한 여행업계와 공동 홍보마케팅으로 국내여행 수요 증대를 위한 국내여행상품 판촉 활동을 전개하였으며 이와 함께 국민들이 선호하고 관광산업 발전에 기여하는 한국관광의 대표 스타를 선정하여 시상하는 '한국관광의별' 사업을 통해 국내관광 브랜드 구축사업을 전개하였다.

한편, 4만 5천여 건의 국내 최대의 관광정보 DB와 테마별/시기별 여행기사 등의 온라인 여행정보를 제공하고 있는 국문 여행정보 사이트(www.visitkorea.or.kr)는 국내여행 온라인 마케팅 사업을 통해, '네티즌이 선정한 베스트 그 곳' 중심의 특집 콘텐츠를 확충하였다. 또한 트래블리더(대학생 관광기자단) 및 트래블로거(여행분야 파워블로거) 운영, 온·오프라인 여행이벤트 진행을 통해 SNS 및 포털사이트를 연계한 바이럴 마케팅(viral marketing)을 추진하였다.

2. 관광 수용태세 개선

1) 관광안내체계 개선

관광안내체계란 관광정보의 공급자가 관광정보 수요자에게 관광정보를 전달하는 제반 매개수단 및 운영 체계를 말하며, 관광안내체계의 구성요소는 관광안내전화, 관광안내소, 관광안내표지판, 관광안내지도 등 관광정보 제공을 목적으로 하는 제반 전달매체, 시설물 및 인적 체계로 구성되어 있다.

관광안내전화 1330은 한국의 대표적인 관광안내전화로서 내·외국인 관광객에게 국내여행에 대한 다양한 관광정보를 제공하고, 외국인 관광객의 언어불편 하소를 위하여 관광통역서비스를 지원하고 있다. 1999년 9월 1330 관광안내전화 개통 이래 2016년도 1330 콜센터의 안내건수는 219,262건을 기록함으로써, 전년대비 20%가 증가하는 등 매년 수요가 증가하는 추세이다. '1330 서비스'는 한국관광공사 및 지자체가 분산 운영해오던 것을 2012년에 한국관광공사 콜센터로 통합·일원화하여, 국번 없이 1330만 누르면 전국 어디서나 한국어, 영어, 일어, 중국어 4개 언어로 24시간 전국통합관광안내를 받을 수 있게 되었다. 또한 기존의 관광안내 및 통역서비스 외에도 관광불편신고 상담 기능을 추가하는 등 한국 관광과 관련한 모든 서비스를 제공하는 대표전화로서 1330 서비스 체제를 대폭 개선하였다.

관광안내소는 각 지자체 및 한국관광공사, 한국여행업협회 등의 기관에서 운영하고 있으며, 전국 약 250 여 곳에서 운영 중이다. 한국관광공사에서는 전국 관광안내원 대상 현장답사 및 온라인교육지원 등 관광안내원 역량강화를 통한 관광안내소 서비스 품질 표준화 사업을 시행하고 있다.

2) 국내관광 수용태세 개선 유도

정부는 2010년 지자체의 관광 수용태세 경쟁력을 진단할 수 있는 '관광 수용태세 경쟁력지수'를 개발하고, 이를 '관광 수용태세 경쟁력진단 표준 매뉴얼'로 제작·보급하여, 지자체 스스로 관광 수용태세를 평가·개선할 수 있도록 지원하였다. 표준 매뉴얼을 토대로 4개 지자체(경기 동두천·고양, 전남 순천, 강원 태백)와 협력하여 지자체 관광수용태세 진단 컨설팅을 시범적으로 실시하였으며, 2016년에는 광명시, 대구 중구, 보은군, 부안군, 성주군 등 총 5개 지역이다.

3) 중저가 숙박시설, 서비스 개선

방한 외래객의 지속적인 증가로 국내·외 관광객 대상 숙박시설이 부족하게 되어, 정부는 내·외국인 관광객을 동시에 만족시킬 수 있는 선진적 관광 수용태세를 갖추는 것을 목표로 주도적인 제도개선 제안, 숙박시설 건립 컨설팅, 대안숙박시설 확충 및 서비스 개선을 위해 노력하고 있다.

정부의 숙박시설 확충에 대한 적극적인 의지에 힘입어 2011년 외국인관광 도시민박업, 생활숙박업 등의 제도가 시행되었고, 7월에는 관광숙박시설확충을 위한 특별법이 2015년 까지 한시적으로 발효되어 관광숙박시설 건립 붐을 조성하였다. 그 일환으로 한국관광공사는 문화체육관광부, 한국문화관광연구원 및 서울시 등 지자체와 연합하여 호텔을 비롯한 다양한 숙박시설의 건립 및 인허가 컨설팅을 시행하였고, 숙박 수급분석 및 현실적인 증대 방안에 대한 다양한 제도개선 제안 등을 수행하고 있다.

또한, 최근 숙박 수요 변화에 발맞춰 민박시장의 활성화 및 건전성 강화를 위하여 '안전민박(Safestay) 캠페인'을 추진하고 있다. 이는 민박 사업자에게 정기적인 교육 및 컨설팅을 제공하며, 소비자에게는 합법업소 정보 제공 및 홍보 캠페인 실시를 통해 더욱 안전하고 쾌적한 숙박 서비스를 누릴 수 있도록 노력하였다. 2018년에는 온라인 채널 운영 및 이벤트 진행을 통하여 내·외국인 관광객 대상 합법 민박업소에 대한 인지도를 제고하였으며, 전국 민박업소 대상 안전·위생·서비스 교육을 실시함으로써 민박 서비스 개선과 운영 역량 강화를 도모하였다.

이와 더불어 중저가 숙박시설인 토종 호텔 브랜드 '베니키아(BENIKEA)'는 2006년부터 시작한 한국형 비즈니스급 관광호텔 체인화 사업으로서, 2018년 12월 현재 55개 가맹 호텔을 보유하고 있다. 베니키아는 자체 스탠더드 기준에 의한 품질 평가와 고객만족도 조사를 실시하여 엄격한 품질 관리를 시행하고 있으며, SNS, 매체광고, 언론기사 등 다양한 방법으로 브랜드 인지도를 제고하여 2018년 12월 호텔숙박 경험자 대상 온라인 조사에서 인지도를 39%로 상승시켰다. 공사는 베니키아 호텔체인에 대한 다양한 지원 정책을 통해 2019년 신규 가맹호텔을 적극 유치하고 브랜드 인지도 및 경쟁력을 높여 성공적인 민간이양을 추진할 계획이다.

4) 문화관광해설사 제도 운영

문화관광해설사 제도는 2001년 한국방문의 해와 2002년 한·일 월드컵 공동개최 등 대규모 국가행사를 맞이하여 우리나라를 방문하는 외국인에게 우리의 문화와 전통, 자연·관광자원을 올바르게 이해시키기 위해 자원봉사자를 활용하여 문화관광자원에 대한 전문적이고 흥미로운 해설로 외국인 관광객 유치를 증대하기 위해 도입되었다.

5) 스마트 헬프 데스크

외국인 관광객 대상의 스마트관광안내시스템인 스마트헬프데스크는 국내 우수 IT 기술과 접목한 개별 관광객(FIT) 대상 외국인 주요 접점 동선에서의 외국어 통역, 관광안내 등 실질적 관광정보 및 편의서비스 제공을 통한 관광불편 해소를 목적으로 추진하였다.

2018년 10월 22일부터 2019년 3월 31일까지 서울 지역의 관광 특구 등 외국인 관광객이 많이 방문하는 명동, 종로, 북촌한옥마을, 이태원, 강남 등 총 10곳의 은행, 편의점 등에 설치를 하여 영어/일어/중국어 간번체의 4개 어권 서비스로 관광안내전화 1330 연결, 우수 관광식당 및 택시 예약, 지하철 노선도 및 주변 관광정보 제공, 코리아투어카드, 핸즈프리 서비스, 응급상황, 각국의 대사관 정보, 환율·환전 정보를 제공하여 일평균 740건, 총 12만여 회를 이용하는 실적을 거뒀다. 뿐만 아니라 외국인 1,723명을 대상으로 모니터링 및 만족도 조사를 실시하여 스마트 헬프 데스크 기기가 필요하다는 의견 86%, 기기 조작이 편리하다는 의견 82%, 전반적인 사용 만족도 82%의 결과가 나와, 2018년도에 첫 선을 보인 시범사업임에도 실질적인 외국인 관광 불편 해소를 통한 국내 스마트관광 환경 조성 기반 마련에 기여하였다는 평가를 받았다.

6) 관광경찰제도 도입 운영

문화체육관광부는 외래관광객이 각종 불법행위와 불편사항으로부터 자유로운 관광여건을 만드는 것이 중요하다고 판단하여 '99년 이후 지속적으로 관광경찰제도 도입이 논의되어 왔다. 2013년 새정부 업무보고(3.28) 및 관광진흥확대회의(7.17) 시 관광객의 안전 관광이미지 제고 등을 위해 관광경찰제도 도입을 제안하였으며, 문화체육관광부, 경찰청, 서울특별시 한국관광공사의 관계자들이 TF를 조직하고 협업을 통해 2013년 10월 16일 관광경찰이 출범했다. 영어, 중국어, 일본어 등 외국어를 구사할 수 있는 101명으로 구성된 관광경찰은 시범적으로 서울 시내 주요 관광지 7개 지역에 배치되었다. 2018년 부산(7.3), 인천(7.4)지역까지 확대하여 전국 128명의 관광경찰이 활동 중이다.

7) 복지관광 지원

우리나라는 OECD국가 중 가장 빠르게 고령화 중인 나라로서 2018년에는 65세 이상 인구가 전체 인구에서 차지하는 비율이 14.3%로 고령사회에 진입할 전망이며, 2026년경에는 초고령사회로 진입할 전망이다. 여가시간과 소득의 증대로 관광을 단순한 휴양 및 위락 활동이 아니라 개인의 자아실현과 삶의 질 향상을 위한 기본권으로 보는 인식 변화와 이러한 사회의 인구 변화가 맞물리면서, 장애인·노인·저소득층 등 사회 취약계층을 위한 관광정책의 필요성은 나날이 그 중요성이 증가하고 있다.

정부의 복지관광 사업 중 가장 대표적인 여행바우처 사업은 사업 시행 초기에는 여행을 가기 어려운 저소득 근로자 및 자영업자를 위해 정부가 쿠폰 또는 카드를 수혜자에게 지급하는 형태로 국내 여행경비의 30%를 부담해주는 제도로서, 근로자들의 복지를 향상시키고 국내관광산업을 활성화시키기 위해 2005년부터 추진되었다.

여행바우처 사업은 2011년 대폭 개선되어, 기존에 「복지관광」과 「여행바우처」로 나누어 져 운영되던 취약계층 복지관광 사업을 「여행바우처」로 통합ㆍ일원화함으로써 사업운영의 효율성을 꾀함과 동시에 바우처를 개별ㆍ복지시설단체ㆍ지자체 기획 3가지로 나누어 운영하여, 수혜자가 더욱 다양한 방식으로 여행의 기회를 제공받을 수 있도록 하였다. 또한 사업시행주체를 지자체로 이관하여 지역사회에 더욱 밀착된 형태로 개선하였고, 대상 역시 기초생활수급자 및 법정 차상위계층으로 변경하여 사회적 취약계층을 우선 지원토록 하여 2011년에는 49,332명, 2012년에는 64,145명, 2013년에는 68,333명이 정부지원으로 관광혜택을 누리게 되었다. 2014년부터는 문화ㆍ여행이용권 및 스포츠관람권이 '통합문화이용권'으로 통합되면서 종전에 한국관광공사가 시행하던 사업이 통합문화이용권 사업 총괄 운영기관인 한국문화예술위원회로 이관되어 시행되고 있다.

2016년도부터는 기획사업(문화더누리사업)을 중단하고, 문화누리카드를 중심으로 사업을 개선하였다. 시외버스, 정보화 마을(체험, 관광),한옥스테이, 굿스테이 등 실생활에서 관광을 손쉽게 접할 수 있도록 가맹점을 확대하였다.

8) 관광불편신고센터 운영

정부는 내ㆍ외국인 관광객의 관광불편사항을 신속히 파악ㆍ시정함으로써 쾌적한 관광분위기를 조성하고 한국관광의 이미지를 제고시키기 위하여 한국관광공사 및 특별시ㆍ특별자치도ㆍ광역시ㆍ도, 한국여행업협회(KATA) 등 전국 24개 기관에 관광불편신고센터를 설치ㆍ운영하고 있다. 관광시설 및 수단을 이용하는 자는 누구든지 관광사업체의 위법ㆍ부당행위 및 종사원의 불친절 행위 등의 불편사항을 신고할 수 있다.

한국관광공사 관광불편신고센터는 엽서, 서신, 방문, 전화, 팩스, 이메일 및 한국관광공사 웹사이트를 통한 연중 신고 접수 체제를 갖추고 있으며, 관광안내전화 1330을 통해 연중무휴, 24시간 접수하고 있다.

9) 남북관광 교류협력

2000년 6월 역사적인 남북 정상회담에서 '남북공동선언문'이 발표됨에 따라 그동안 긴장상태에 있던 남북한 관계가 새로운 국면으로 접어들었다. 이후 남북 이산가족 상봉과 남북 장관급회담이 성사되고, 남북 화해와 협력의 상징으로 1998년부터 시작된 금강산관광도 한층 활기를 띠게 되었다. 금강산관광은 한때 관광객 감소로 침체국면을 맞이하기도 하였으나, 2001년 6월 한국관광공사가 금강산 관광사업에 참여하고, 2002년 정부의 금강산관광 경비지원 정책이 시행되면서 정상궤도로 진입하였다. 이러한 조치들은 남북한관광교류협력 사업에 대한 국민의 인식을 새롭게 하고 관심을 제고시키는데 크게 기여하였다.

북한은 2002년 하반기에 금강산관광지구와 개성공업지구를 지정하여 동 지역에 대한 관광 투자 및 개발 사업을 법적 · 제도적 틀 속에서 공식적으로 추진할 수 있도록 하였으며, 금강산 해로관광에 이어 비무장지대(DMZ)를 통과하는 육로 시범관광이 2003년 2월어 이루어지고 그 해 9월 1일부터 육로관광이 개시되었다. 이후 남북을 잇는 본 도로 연결공사와 사스(SARS) 확산 우려 등으로 한 때 금강산관광이 일시 중단되기도 하였으나, 2004년 7월 1박 2일 및 당일관광 일정이 추가된 이후, 관광객이 꾸준히 증가함에 따라 금강산관광사업은 다시 활기를 찾기 시작해 2005년 6월에는 금강산 누적 방문객이 100만 명을 돌파하였다. 또한 연간 금강산 방문객이 2004년에 27만 명을 기록한 데 이어, 2005년에는 30만 명을 넘어서면서 금강산 관광의 안정적 성장이 이루어졌다. 한극관광공사는 2005년 7월에 북측과 백두산 시범관광 사업에 합의함으로써 백두산 관광 실현을 위한 계기를 마련하였다.

10) 출입국 심사제도 선진화 지속적 추진

주민등록증을 발급받은 17세 이상의 국민을 대상으로 2008년 6월 26일부터 인천국제공항에서 서비스를 시작한 자동출입국심사서비스(SES) 이용자는 해마다 지속적으로 증가해 왔으며, 2016년 말 기준 내 · 외국인 이용자는 전체 출입국자수 79,987,974명의 21.6%에 해당하는 1,726,210명으로 집계되었다. 이와 같이 자동출입국 심사대 이용자 수가 점진적으로 증가하고 있는 것은 제주공항 일시 방문 외국인 출국 시 자동출입국심사대 자유이용 시범운영, 부모의 동의를 받은 7세 이상의 국민 이용 허용, 미국에 이어 홍콩, 마카오와 자동출입국심사대 상호 이용, 자동출입국심사대 이용대상 확대 및 이용절차 간소화를 지속적으로 추진한 데 따른 결과이다. 특히, 2016년 7월부터 국민의 경우 자동출입국심사대 이용연령을 확대하고(14세→7세), 14세 이상 17세 미만자의 부모 동의절차를 폐지하는 한편, 외국인의 경우에는 17세 이상의 모든 등록외국인으로 확대하여 국딘 및 외국인의 출입국 편의를 도모한 점이 긍정적 요인으로 작용하였다.

11) 한국관광 품질인증제

한국관광 품질인증제는 관광서비스의 품질향상을 도모하고 전문적이고 체계적인 품질 관리를 위해서 2018년 6월 관광진흥법 개정을 통해 도입되었다. 한국관광 품질인증제는 관광객의 편의를 돕고 관광서비스의 수준을 향상시키기 위하여 관광사업 및 이와 밀접한 관련이 있는 사업에 대해 품질인증을 실시하고, 인증을 받은 자에게 관광진흥개발기금법에 따른 관광진흥개발기금의 지원, 국내 또는 국외에서의 홍보, 시설 등의 운영 및 개선을 위하여 필요한 사항을 지원함으로써 관광서비스 경쟁력 강화를 유도하고 있다.

한국관광 품질인증제는 관광진흥법 시행령에 따라 야영장업, 외국인관광 도시민박업, 관광식당업, 한옥체험업, 관광면세업, 숙박업 및 외국인관광객면세판매장을 인증대상으로 하며, 2018년에는 외국인관광 도시민박업, 한옥체험업, 숙박업, 외국인관광객면세판매장(관광면세업 사후면세 부문 포함)을 대상으로 인증을 실시하였다. 숙박업과 외국인관광객면세판매장은 내외국인 관광객의 관광만족도에 직접적인 영향을 미치는 분야이기 때문에 관광진흥법외의 법령에 근거한 업종임에도 한국관광 품질인증 대상이 되었다. 한국관광 품질인증제의 도입 목적에 따라 인증범위와 대상을 관광사업 및 관련 업종을 대상으로 지속 확대해 나갈 예정이다.

12) 코리아그랜드세일

코리아그랜드세일은 겨울철 관광 비수기 극복 방안으로 쇼핑을 매개로 외국인 관광객을 유치하고 그들의 소비지출을 증대시키기 위해 기획된 쇼핑문화관광축제이다. 2011년 첫 회 개최 이후, 해외에서 한국 드라마나 가요에 대한 급격한 관심에서 비롯한 한류의 열풍은 코리아그랜드세일에 기폭제 역할을 하면서 해를 거듭할수록 참여기업과 매출액은 꾸준히 증가하였다.

① 코리아그랜드세일 연계 맞춤형 관광서비스 – 코리아투어카드

'코리아투어카드'는 외국인 관광객들을 대상으로 전국 대중교통을 이용할 수 있는 편의서비스와 쇼핑, 음식, 관광지 할인 등 맞춤형 방안 혜택이 제공되는 외국인 전용 관광교통카드이다.

② 코리아그랜드세일 연계 맞춤형 관광서비스 – 핸즈프리서비스

핸즈프리서비스는 외국인 개별 관광객(FIT)들이 쇼핑이나 이동 시 무거운 짐을 들고 다니는 불편함을 해소해 주기 위해 고안된 맞춤형 관광 편의 서비스다. 핸즈프리서비스는 서울역, 홍대입구역, 인천공항 등에서 저렴한 가격에 짐을 보관해 주는 '수하물 보관 서비스', 그리고 사전 온라인 예약 및 현장 접수를 통해 공항과 호텔 간 짐을 배송해 주는 '수하물 배송 서비스'로 구성되어 있다.

③ 코리아세일페스타

코리아세일페스타는 내외국인 소비 증대 및 내수경제 활성화를 위한 유통(쇼핑) 중심 이벤트로 문화체육관광부와 산업부, 한국방문위원회와 대한상공회의소가 동동주최로 내외국인 소비 촉진 및 관광객 유치 증대를 통한 내수경제 활성화를 목적으로 실시되는 대한민국 최대 규모의 쇼핑행사이다.

3. 테마시장 개척

1) 의료관광 활성화 사업

세계적인 고령화 추세 및 기대수명 연장, 의료산업의 경쟁과 개방으로 인하여 의료서비스를 받고자하는 소비자의 국제적 이동량 증가와 세계의료관광 시장이 지속 성장할 것으로 예측되고 있다. 이에 우리나라도 세계적인 수준의 의료기술과 인프라를 활용하여 의료관광을 육성하기 위해 지난 2009년 5월 의료법을 개정하고 의료관광객 유치를 적극 추진하고 있다. 이러한 지속적인 의료관광 경쟁력 향상을 통해 2018년에는 378,967명의 의료관광객을 유치하였다.

2) 크루즈관광 활성화 사업

최근 세계 크루즈 시장의 지속적 확대('19년 2,860만 명 예측, 전년 동기대비 7.2% 증가) 및 방한 크루즈 관광객의 증가 추세에 따라, 방한 크루즈 산업 육성 사업을 적극 전개하고 있다. 2014년에는 해외지

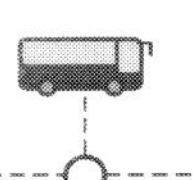
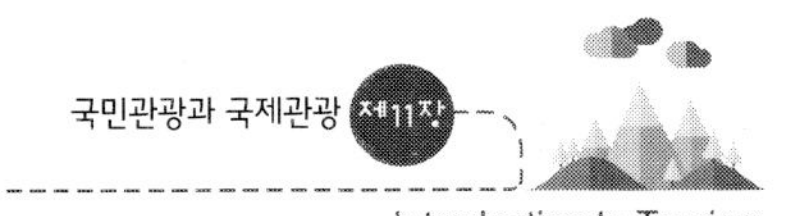

사와 공동으로 모객광고, 팸투어 등 다양한 마케팅 활동을 통해 크루즈 입항 462회, 크루즈 관광객 954,685명을 유치하였다. 2015년에는 메르스가 발생하여 크루즈 입항횟수는 412회로 소폭 감소하였으나, 대형 선박 증가 등에 힘입어 입국객 수는 1,045,876명으로 증가하였다. 2016년도에는 한류 등 우수 콘텐츠를 활용한 테마형 크루즈 상품 개발 및 해외 크루즈 설명회 등 홍보활동을 통해 크루즈 785회 입항, 2,258,334명이 입국하였다. 2017년에는 한중 관계 영향으로 중국발 크루즈의 입항이 취소되며 크루즈 관광객은 505,283명, 2018년 217,944명으로 2년 연속 감소하였다.

3) 공연관광 활성화 사업

넌버벌(non-verbal) 공연 및 뮤지컬 등 한국 공연콘텐츠가 강세를 보이고 있음에 주목하여, 무형의 문화관광 콘텐츠로서 공연관광 마케팅(Performance Tourism Marketing) 전략을 개발·육성하고 있다.

넌버벌 공연 및 전통공연, 태권도공연, 비보이문화, 뮤지컬 등의 타 장르를 한데 묶어 공연관광 통합마케팅을 추진하는 한편, 증가하는 개별관광객의 추세에 따라 넌버벌 공연, 뮤지컬 등 한국 공연콘텐츠를 동시에 홍보하고 예약/결제까지 할 수 있는 공연관광허브넷(www.kperformance.org)을 운영하고 있다.

넌버벌 공연, 뮤지컬, 연극 등을 중심으로 매월 약 60-80개의 콘텐츠가 판매되고 있으며 전 세계 FIT대상 4개국어(영어, 일어, 중어 번체, 중어 간체)로 서비스 되고 있다. 이 외에도 공연관광 글로벌 온라인 캠페인 등을 추진하여 민감하게 변화하는 소비자 환경어 신속하게 대응하고 있다.

또한, 넌버벌 공연 중심의 기존 콘텐츠들에서 뮤지컬공연 자막지원 등 외국인 관람이 가능한 양질의 공연관광 콘텐츠 확보를 통하여 공연관광 영역을 확대해 나가고 있다.

4) 스토리텔링형 오디오 관광정보 서비스(스마트투어가이드)

스마트폰 사용자 증가 및 개별 관광객 중심으로의 여행 트렌드 변화에 발맞춰 국문 및 다양한 외국어(영문, 중문, 일문)로 서비스 중인 스마트투어가이드는 2011년부터 한국관광공사가 운영하는 스토리텔링형 오디오가이드 앱으로써, 2013년에는 기 구축되어있던 11개의 개별 앱들을 1개의 앱으로 통합하여 사용자 편의 및 홍보효과 극대화를 도모하였고, 2015년에는 앱을 공유기반으로 개선하여 지자체 및 유관기관들의 참여를 이끌어내 서비스 지역 확대와 지역관광 활성화에 기여하고 있다.

5) 관광두레 사업

관광두레 사업은 지역주민이 주도적으로 지역을 방문하는 관광객을 대상으로 숙박, 식음료, 여행알선, 운송, 오락과 휴양 등의 관광사업을 경영하는 관광사업체를 성공 창업하고 자립 발전하도록 지원하는 사업이다. 관광두레 주민조직 간 네트워크를 통해 관광두레를 형성함으로써 공동체 의식을 함양하고 지역관광을 활성화하는데 주요 목적이 있다.

2013년 7월에 착수한 관광두레 사업은 지역별 특성을 고려하여 경기 양평군, 충북 제천시, 경북 청송군 등 3개 시·군을 관광두레 사업대상지로 선정하였으며 2018년 전국 47개 지역에서 관광두레 사업을 추진중이며, 177개 주민공동체 1,300여 명의 지역 주민들이 관광두레 사업에 참여하고 있다.

제 3 절 관광 동향

1. 우리나라의 관광 동향

1) 외국인 관광객 입국 동향

2018년 방한 외국인 관광객은 전년대비 15.1% 증가한 1,535만 명으로 집계되었다. 중국 시장의 경우 중국의 방한 단체 관광금지 조치 등이 일부 완화되면서 전년대비 14.9% 증가한 479만 명으로 집계되었다. 일본 시장의 경우 전년대비 27.6% 증가한 295만 명을 기록하였는데, 이는 남북정상회담, 북미 회담 등에 따른 한반도 정세 안정화 및 일본 내 신(新)한류 붐 등이 긍정적인 영향을 준 것으로 보인다.

대륙별로는 아시아의 경우 전년대비 17.1% 성장한 1,236만 3,734명 전체 방한 외국인 관광객 중 80.6%를 차지하였으며, 미주지역은 전년대비 11.3% 증가한 124만 2,792명으로 우리나라 전체 인바운드 중 8.2%를 차지하는 것으로 조사되었다. 그리고 구주지역은 전년 대비 7.2% 성장한 100만 3,620명으로 6.5%를 차지하였고, 중동지역은 전년대비 9.3% 증가한 23만 7,715명으로 1.6%를 차지하였다. 기타 대양주, 아프리카 주, 교포 및 미상 외국인은 전체 인바운드의 약 3.3%를 차지하는 것으로 나타났다.

국가별로는 아시아 지역의 경우 중국(14.9%), 일본(27.6%), 대만(20.5%), 태국(12.1%), 말레이시아(24.5%) 등은 두 자리 수의 급성장세를 보였으며 그 외 홍콩(3.9%), 필리핀(2.6%), 베트남(4.1%) 등의 경우에도 소폭 성장률을 기록하였다. 미국 및 캐나다의 경우에도 각각 11.4%, 10.2%의 큰 성장률을 기록하였으며, 러시아(11.9%), 영국(3.9%), 독일(5.4%), 프랑스(8.4%) 등 유럽지역 국가들도 증가한 것으로 나타났다.

2018년도 월별 방한 외국인 관광객 수는 1월, 2월을 제외하고 전년 동월대비 증가세를 보였으며 이는 중국의 단체관광 금지 조치 시행에 따른 감소 대비 증가세 전환과 시장다변화를 통한 전략시장22)의 성장 등의 영향으로 보인다.

성별 입국 현황을 보면, 여성(56.8%)의 비중이 남성(43.2%)보다 높게 나타났고, 연령별로는 21~30세(24.76%)가 가장 비중이 컸고, 30대(21.4%), 40대(15.8%), 50대(13.0%) 순으로 나타났다.

2) 국민의 해외여행 동향

2018년 국민해외여행객은 28,695,983명으로 전년 대비 8.3%의 성장률을 보이며, 2016년 아웃바운드 집계 사상 처음으로 국민해외여행 2,000만명을 넘어서며 큰 성장세를 보이고 있다.

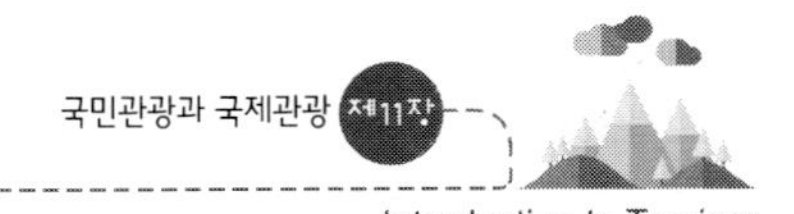

Introduction to Tourism

〈우리나라 관광 동향〉

연도	입국자(명)	증감률(%)	출국자(명)	증감률(%)	관광산업 환경 변화
1961	11,109	28.1	11,245	43.1	
1962	15,184	36.7	10,242	−8.9	국제관광공사 설립, 관광산업을 국가전략사업으로 인정
1963	22,061	45.3	11,860	15.8	
1964	24,953	13.1	20,486	72.7	
1965	33,464	34.1	19,796	−3.4	한 · 일 국교 정상화
1966	67,965	103.1	35,095	77.3	
1967	84,216	23.9	40,374	15.0	
1968	102,748	22.0	67,381	66.9	
1969	126,686	23.3	72,311	7.3	도쿄지사 개설
1970	173,335	36.8	73,569	1.7	
1971	232,795	34.3	76,701	4.3	
1972	370,656	59.2	84,254	9.8	
1973	679,221	83.2	101,295	20.2	제1차 오일 쇼크
1974	517,590	−23.8	121,573	20.0	LA, 프랑크푸르트지사 개설
1975	632,846	22.3	129,378	6.4	뉴욕, 오사카지사 개설
1976	834,239	31.8	164,727	27.3	후쿠오카지사 개설
1977	949,666	13.8	209,698	27.3	파리지사 개설
1978	1,079,396	13.7	259,578	23.8	외래객 100만 명 돌파/싱가포르지사 개설
1979	1,126,100	4.3	295,546	13.9	국내정세 불안/제2차 오일쇼크/시드니, 시카고지사 개설
1980	976,415	−13.3	338,840	14.6	국내정세 불안/타이페이지사 개설
1981	1,093,214	12.0	436,025	28.7	국내정세 불안/런던지사 개설
1982	1,145,044	4.7	499,707	14.6	방콕지사 개설
1983	1,194,551	4.3	493,461	−1.2	제53차 ASTA 총회 개최, 50세 이상 해외여행 허용
1984	1,297,318	8.6	493,108	−0.1	−
1985	1,426,045	9.9	484,155	−1.8	−
1986	1,659,972	16.4	454,974	−6.0	아시안게임 개최
1987	1,874,501	12.9	510,538	12.2	홍콩지사 개설, 45세 이상 해외여행 허용

연도	입국자(명)	증감률(%)	출국자(명)	증감률(%)	관광산업 환경 변화
1988	2,340,462	24.9	725,176	42.0	외래객 200만 명 돌파/서울 올림픽대회 개최, 40세 이상 해외여행 허용
1989	2,728,054	16.6	1,213,112	67.3	해외여행 자유화
1990	2,958,839	8.5	1,560,923	28.7	9월 한 · 러 수교/토론토지사 개설
1991	3,196,340	8.0	1,856,018	8.9	외래객 300만 명 돌파/걸프전쟁 발발, 관광호텔 부가세 영세율 폐지
1992	3,231,081	1.1	2,043,299	10.1	한 · 중 수교, 한 · 대만 단교, 일본 버블경제 붕괴
1993	3,331,226	3.1	2,419,930	18.4	일본인 대상 무사증입국 허용, 대전 EXPO 개최
1994	3,580,024	7.5	3,154,326	30.3	한국방문의 해 개최, 관광특구제도 시행
1995	3,753,197	4.8	3,818,740	21.1	일본 엔화가치 상승/북경, 나고야지사 개설
1996	3,683,779	−1.8	4,649,251	21.7	−
1997	3,908,140	6.1	4,542,159	−2.3	아시아 경제위기 발발, 관광관련 규제완화 및 금융세제지원 강화
1998	4,250,216	8.8	3,066,926	−32.5	외래객 400만 명 돌파/중국 해외여행자유화 국가에 한국 포함/아시아지역 금융위기 지속/센다이지사 개설
1999	4,659,785	9.6	4,341,546	41.6	관광목적 입국자 무사증입국기간 확대(15일→30일)/1단계 외환자유화
2000	5,321,792	14.2	5,508,242	26.9	외래객 500만 명 돌파/중국 해외여행자유지역 전국으로 확대
2001	5,147,204	−3.3	6,084,476	10.5	한국방문의 해/모스크바지사 개설/2단계 외환자유화(해외여행경비 만 불 한도 폐지)/인천국제공항 개항/9.11테러사태 발발
2002	5,347,468	3.9	7,123,407	17.1	2002 월드컵대회 개최/2002 부산아시안게임 개최/상해사무소 개설
2003	4,752,762	−11.1	7,086,133	−0.5	이라크 전쟁/SARS 발생
2004	5,818,138	22.4	8,825,585	24.5	한국 · 대만 복항/쓰나미 발생/쿠알라룸푸르, 두바이지사 개소
2005	6,022,752	3.5	10,080,143	14.2	외래객 600만 명 돌파/한 · 일관계 경색/관광호텔 영세율 폐지
2006	6,155,046	2.2	11,609,878	15.2	북핵실험 및 미사일 발사/일본 엔화 및 미국 달러 대비 원화 강세
2007	6,448,241	4.8	13,324,977	14.8	제주 ASTA 총회 개최, 원화 강세

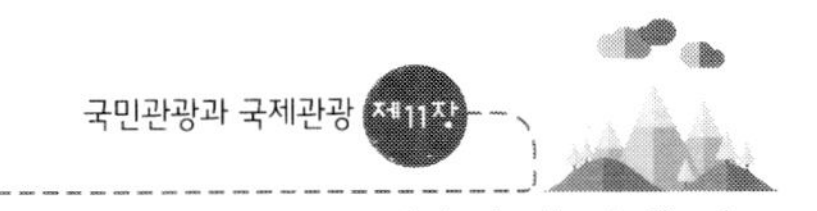

연도	입국자(명)	증감률(%)	출국자(명)	증감률(%)	관광산업 환경 변화
2008	6,890,869	6.9	11,996,094	−10.0	관광호텔 부가세 영세율 2009년까지 연장
2009	7,817,533	13.4	9,494,111	−20.9	외래객 700만명 돌파, 글로벌 경제위기
2010	8,797,658	12.5	12,488,364	31.5	남아공월드컵, 상하이 엑스포(5월~10월)
2011	9,794,796	11.3	12,693,733	1.6	일본 대지진, 외래객 900만명 돌파
2012	11,140,028	13.7	13,736,976	8.2	외래관광객 1000만명 돌파, 여수엑스포 개최
2013	12,175,550	9.3	14,846,485	8.1	외래관광시장이 중국 중심 시장으로 부상
2014	14,201,516	16.6	16,080,684	8.3	인천 아시안게임, 한−러 무비자협정 발효
2015	13,231,651	−6.8	19,310,430	20.1	중동호흡기증후군(MERS) 발병
2016	17,241,823	30.3	22,383,190	15.9	해외여행객 2,000만명 돌파
2017	13,335,758	−22.7	26,496,447	18.4	사드(THAAD) 배치 사태로 중국 정부의 한한령
2018	15,346,879	15.1	28,695,983	8.3	평창동계올림픽 개최

자료 : 한국관광공사

〈우리나라의 관광수지〉

연도	관광수입(천 달러)	증가율(%)	관광지출(천 달러)	증가율(%)	관광수지(천 달러)
1988	3,265,232	42.0	1,353,891	92.3	1,911,341
1989	3,556,279	8.9	2,601,532	92.2	954,747
1990	3,558,666	0.1	3,165,623	21.7	393,043
1991	3,426,416	−3.7	3,784,304	19.5	−357,888
1992	3,271,524	−4.5	3,794,409	0.3	−522,885
1993	3,474,640	6.2	3,253,907	−14.1	215,733
1994	3,806,051	9.5	4,083,081	25.4	−282,030
1995	5,586,536	46.8	5,902,693	44.4	−316,157
1996	5,430,210	−2.8	6,962,847	18.0	−1,532,637
1997	5,115,963	−5.8	6,261,539	−10.1	−1,145,576
1998	6,865,400	34.2	2,640,300	−57.8	4,225,100
1999	6,801,900	−0.9	3,975,400	50.6	2,826,500
2000	6,811,300	0.1	6,174,000	55.3	637,300

연도	관광수입(천 달러)	증가율(%)	관광지출(천 달러)	증가율(%)	관광수지(천 달러)
2001	6,373,200	−6.4	6,547,000	6.0	−173,800
2002	5,918,800	−7.1	9,037,900	38.0	−3,119,100
2003	5,343,400	−9.7	8,248,100	−8.7	−2,904,700
2004	6,053,100	13.3	9,856,400	19.5	−3,803,300
2005	5,793,000	−4.3	12,025,000	22.0	−6,232,000
2006	5,759,800	−0.6	14,335,900	19.2	−8,488,500
2007	6,093,500	5.8	16,950,000	18.2	−10,856,500
2008	9,719,100	59.5	14,580,700	−14	−4,861,800
2009	9,782,400	0.7	11,040,400	−24.3	−1,258,000
2010	10,321,400	5.5	14,291,500	29.4	−3,970,100
2011	12,396,900	20.1	15,544,100	8.8	−3,147,200
2012	13,356,700	8.2	16,494,596	6.2	−3,137,800
2013	14,524,800	8.7	17,340,700	5.1	−2,815,900
2014	17,711,800	21.9	19,469,900	12.3	−1,758,100
2015	15,091,700	−14.8	21,528,000	10.6	−6,436,300
2016	17,087,600	13.2	23,123,300	7.4	−6,035,700
2017	13,323,700	−22.5	27,072,900	14.3	−13,749,200
2018	15,206,400	14.1	28,414,200	5.0	−13,207,800

자료 : 한국관광공사, 관광통계

3) 국민 국내여행 동향

2018년 내국인 국내여행 경험률은 89.2%로 나타났으며, 관광여행은 84.0%, 기타여행은 56.5%로 조사되었다. 국내여행 횟수 총량은 311,153천 회(숙박여행 163,204천 회, 당일여행 147,949천 회)로 나타났는데 관광여행 횟수 총량은 236,590천 회, 기타여행 횟수 총량은 74,562천 회로 나타났다.

4) 남북왕래 현황

2018년도 남북왕래자 수는 19,199명으로 북한을 방문한 남한 주민은 9,616명이며, 남한을 방문한 북한 주민은 없었다. 2008년 7월 발생한 금강산 관광객 피살사건으로 금강산과 개성 관광이 전면 중단되었고, 2010년 3월 천안함 피격 사건, 11월 북한의 연평도 포격 사건, 2013년 4~5월 북한의 개성공단 근로자 출경 제한, 2016년 2월 개성공단 폐쇄, 북한의 핵위협 및 미사일 도발 등 군사긴장 상태 등으로 남북교류는 중단된 상태에 있다.

2. 세계의 관광 동향

세계관광기구(UNWTO)의 통계에 따르면, 국제관광객 수가 2012년 최초로 10억 명을 돌파한 이래 2018년에는 전년대비 5.6% 증가한 14억 300만 명으로 집계되었다. 2018년의 국제관광 수입은 전년대비 4.2% 증가한 1조 4,480억 달러를 기록하였다.

〈주요 국가 외국인 관광객 현황〉

순위 (2018)	국가명	방문객수(백만 명)		순위	국가명	방문객수(백만 명)	
		2018	2017			2018	2017
1	프랑스	–	86.9	6	터키	45.8	37.6
2	스페인	82.8	81.9	7	멕시코	41.4	39.3
3	미국	–	76.9	8	독일	38.9	37.5
4	중국	62.9	60.7	9	태국	38.3	35.5
5	이탈리아	62.1	58.3	10	영국	–	37.7

자료 : UNWTO World Tourism Barometer (Vol.17. May 2019), (2018년 기준 관광동향에 관한 연차보고서)
주) 2018*년은 잠정치임

〈주요 국가 관광수입 현황〉

순위 (2018)	국가명	관광수입(십억 달러)		순위	국가명	관광수입(십억 달러)	
		2018	2017			2018	2017
1	미국	214.5	210.7	6	이탈리아	49.3	44.2
2	스페인	73.8	68.1	7	호주	45.0	41.7
3	프랑스	67.4	60.7	8	독일	43.0	39.8
4	태국	63.0	56.9	9	일본	41.1	34.1
5	영국	51.9	49.0	10	중국	40.4	38.6

자료 : UNWTO World Tourism Barometer (Vol.17. May 2019), (2018년 기준 관광동향에 관한 연차보고서)
주) 2018*년은 잠정치임

제 4 절   관광정책(Tourist Policy)

1. 관광정책이란?

관광정책은 주로 국가가 관광사업진흥을 위해 강구하는 시책으로서 외래 관광객의 수요가 관광객을 수용하는 수용국가 입장에서 보면, 그 나라 국가경제에 크게 이익이 된다는 사실을 인식하기 시작하여 각국은 저마다 적극적으로 외국관광객 유치에 열을 올리게 되었으며, 이것이 관광정책의 시초가 된 것이다. 독일의 보르만(A. Börmann)은 관광정책을 "관광사업의 진흥을 목적으로 하는 것이고 그 본질적 내용은 선전이다. 또한 관광정책에는 선전 이외에도 조직에 관한 문제, 사회적 의미를 가진 문제, 행정상의 문제 등이 포함되며 그것은 국제 관광과 국내 관광으로 구별된다"고 하였고, 글뤽스만(Glücksmann)은 "관광을 촉진하기 위해 조직체가 취하는 제 방책의 총칭"이라고 관광정책을 정의하고 그 내용은 정치정책, 문화정책, 사회정책, 경영정책, 상업정책, 교통정책의 6가지로 분류하였다. 또한 관광정책을 구체화시키는 방법과 내용을 가리켜 관광행정이라 하는데, 관광행정의 기능으로는 관광의 장려·규제, 관광사업의 추진·조성·규제·지도 감독·단속 등 다양하다.

1) 관광정책의 분류

스페인의 아릴라가(de Arrillaga) 교수는 관광정책을 그 대상·범위·지역·수단 및 방법 등에 따라 다음과 같이 분류했다.

① 대상에 따른 분류

가) 경제정책…교통정책, 호텔정책, 화폐정책, 재정정책 등

나) 문화정책…문화재보호정책, 문화교류정책 등

② 범위에 따른 분류

가) 대외 정책

나) 대내 정책

③ 지역에 따른 분류

가) 전지적 정책

나) 지방적 정책

다) 국지적(관광지) 정책

④ 수단과 방법에 따른 분류

가) 대외 정책…선전, 정보 등

나) 대내 정책…관리, 촉진, 보조, 집행, 조사, 교통, 훈련 등

2) 관광정책 이념

① 관광환경의 질적·양적 질개선

② 삶의 수준향상

③ 사회적 형평성 실현

④ 관광에 소외계층의 참여기회 부여

⑤ 개인의 자아실현

3) 각국의 국제관광정책

① 이탈리아의 관광정책

가. 이탈리아에서는 관광예능성Ⅱ(Ministero del Turismo Dello Spettacolo)가 관광행정 및 관광정책의 최고 집행기구로서의 역할을 하고 있다.

나. 관광행정기관에 대한 자문기관으로는 1960년대에 '관광중앙심의회'가 설치되었고, 구성은 관광예능성장관이 위원장이 되고 정부에서 위촉한 59명의 위원으로 구성되었다.

다. 해외 관광 선전기관으로서 ENIT(Ente Nazionale Per Ⅱ Turismo 이탈리아 관광공사)가 설치되어 관광객 유치 선전의 주력 및 해외진흥 업무를 맡고 있다.

라. 이탈리아 국민의 외국 손님에 대한 환대는 '국민적 의무(National Duty)'로 되어 있고 동시에 국제 관광의 촉진은 '국가적 의무(I imegno Nazionale)'로 되어 있다.

② 스페인의 관광정책

가. 관광행정 및 관광정책 집행기구로서 독립된 관광행정기관인 상무관광성이 있다.

나. 스페인 관광의 매력은 관광비용이 적게 든다는 점, 관광객 환대 정신이 보급됐다는 점, 지리적 조건이 유리하다는 점 등을 들 수 있다.

다. 관광연구를 위한 국립관광연구원(Instituto de Estudio Turisticas)을 설치하여 정부 및 민간 활동을 지원하고 있다.

③ 미국의 관광정책

가. 1948년 유럽부흥계획(European Recovery Plan : 마셜플랜)을 수립, 미국인 여행객을 유럽 지역에 관광객으로서 배출·장려하였다.

나. 1960년 아이젠하워 대통령이 Visit America 정책을 추진하여 외국관광객 유치를 위해 노력하였다.

다. 1961년 6월 국제여행법을 제정, 새로 미국관광국(USTS : US Travel Service)을 설치, 관광객 유치사업을 위해 노력하였다.

라. 1963년 케네디 대통령이 제2회 국제수지 특별교서를 발표했는데 이에 따라 미국인의 해외여행 억제와 외국인 여행객의 미국 방문을 호소하였다.

마. 1965년 존슨 대통령이 국제수지 특별교서를 발표했는데 이에 따라 해외여행자에게 1인 1회 100

달러의 출국세를 신설하려 했으나 반대가 심해 보류하였고 Discover American운동을 전개하였다.

바. 1968년 존슨 대통령이 달러 방위 연두교서 발표, 해외여행을 제한시키려는 조치가 세계의 관광객 수용국에 타격을 주었다.

사. 1981년 레이건 대통령에 의한 "National Tourism Policy Act"가 채택되어 미국의 복지관광 정책에 기여하게 되었다.

④ 일본의 관광정책

가. 일본의 관광행정 담당 주무부처는 운수성 내 운수정책국·관광부가 총괄관리하고 있다.

나. 1987~1991년까지 일본인 해외여행자를 1,000만 명 목표로 계획(Ten Million Plan)하였다.

다. 1990년대에는 중앙정부에서 국민관광진흥을 장려하고 지방정부에서 외래객 유치를 장려하자는 관광진흥 행동계획수립(TAP : Tourism Action Plan)과 국외관광을 양적 확대보다 질적 확대를 목표로 하고 외래관광객을 적극 유치하자는 관광교류확대 계획을 발표(Two Way Tourism 21)하였다.

2. 우리나라의 관광조직(2018년 연차보고서)

1) 문화체육관광부

① 관광행정 연혁

우리나라의 관광행정은 1954년 2월 17일 교통부 육운국에 관광과를 설치함으로써 국가차원에서 관광에 관한 업무를 시작하였고, 1963년 3월 11일 관광공로국에서 관광국이 분리되었으며 1994년 12월 23일 정부조직 개편에 따라 관광국의 기능이 문화체육부로 이관되었다. 1998년 2월 28일에는 정부조직 개편으로 문화관광부로 개칭, 관광이 정부부처 명칭에 처음으로 들어가게 되었다. 2005년 3월 31일에는 관광레저형 기업도시추진기획단 직제가 신설되었고, 2008년 2월 29일자로 문화관광부에서 문화체육관광부로 직제가 개정되었으며 관광레저도시추진기획단장이 관광레저도시기획관으로, 2009년 5월 4일에는 관광레저도시기획관이 다시 관광레저기획관으로 변경되었다. 2013년 3월 23일 정부조직개편에 따른 정부 기능변경에 따라 종래 관광산업국 명칭을 관광국으로 변경하고 관광레저기획관을 중심으로 일부 소속 부서의 명칭과 기능을 개편하였다. 2016년 4월 4일 정부조직 개편에 따라 관광정책실이 신설되었고, 관광정책실에 관광정책관실과 국제관광정책관실을 두었다. 2017년 9월 4일 직제 개정에 따라 관광정책실을 관광정책국과 관광산업정책관으로 개편하였다.

② 일반현황

문화체육관광부 관광정책국에 관광정책국과 관광산업정책관을 두었다. 관광정책국에는 관광정책과, 국내관광진흥과, 국제관광과, 관광기반과 4개의 과를 두고 있다. 관광산업정책관에는 관광산업정책과, 융합관광산업과, 관광개발과 3개의 과를 두고 있다(2017. 9. 4. 직제 시행규칙 개정에 따른 조직 개편).

〈관광관련 조직도〉

③ **주요 활동**

관광산업은 성장 잠재력이 높은 차세대 성장 동력으로 인식되면서 한국 관광산업의 경쟁력 제고를 위한 규제개선을 추진하고 내수를 진작시킬 수 있는 방안에 대한 요구가 증대되고 있다. 또한 국민관광 수요가 증가하고 있어 삶의 질을 향상시킬 수 있는 고품격 관광자원 개발과 문화 · 예술 · 문화산업 · 문화유산 등을 콘텐츠로 하는 특화된 관광상품 개발이 필요하다.

이러한 여건 변화에 따라 동북아 관광 중심국으로서 한국관광의 경쟁력을 강화하기 위하여 관광산업을 국가 전략산업으로 적극 육성하고, 세계적 수준의 관광서비스 기반 구축과 지속가능한 고품격 관광을 추구하고자 다음과 같은 사업을 추진하고 있다.

가. 관광산업의 내실화를 추진하여 국가 전략산업의 기반조성

- 관광진흥계획 수립 · 추진 및 법 · 제도 정비 : 대통령 주재의 2008 관광산업 경쟁력강화회의 개최(1차 : 2008.3, 2차 : 2008.12), 지역관광 활성화 방안 국무회의 보고(2009.7), 대통령 주재(제3차 관광산업 경쟁력강화회의 개최(2009.11))
- 관광숙박시설확충 및 중국관광객 유치 확대방안 발표(2011.7.13 제16차 경제정책조정회의), 제3차 관광개발기본계획 수립 및 추진(2011.12.26), 남해안 관광활성화 방안 특별대책 발표(2012.1.4 제1차 위기관리대책회의), 외국인 관광객 서비스 불만 개선 대책 발표(2012.2.27), 국내여행을 통한 내수활력 제고방안 발표(2012.7.3), 관광숙박산업 활성화 방안 발표(2012.7.24), 관광숙박시설확충을 위한 특별법 시행(2012.7.27), 중국 관광객 유치 확대를 위한 복수비자 발급 대상 범위 확대 및 사증발급 절차 간소화(2012.8), 대통령 주재 제1차 관광진흥확대회의 개최(2013.7.17) 등
- 관광서비스 인프라의 양적 확충 및 질적 선진화 도모

관광호텔 신규 건설 및 중저가 관광호텔 경쟁력 강화, 모텔 등의 관광호텔 전환, 전통한옥 관광자원화, 국민여가 캠핑장 조성, 우수 숙박시설 인증 등을 통한 관광숙박시설 지원 및 다양한 숙박공간 확충사업 진행, 관광안내소, 표지판 및 관광안내시설 지속 확충, 국내 및 해외 네티즌 대상 온라인 관광정보 제공 활성화 및 콘텐츠 확충 강화, 모바일 접근성 강화와 스마트폰 기반의 여행정보 서비스 제공(Visit Korea 2.0, '대한민국 구석구석' 어플리케이션), 장애인 여행정보 웹사이트와 스마트폰 앱 구축(함께하는 여행(access.visitkorea.or.kr)) 등

- 정부의 재정지원규모 확충
- 관광산업 혁신을 통한 경쟁력강화

나. 지역특화 관광자원 개발 확충

- 지역별 특성을 살린 관광개발
- 광역권 관광개발 지속 추진

다. 통합 관광마케팅 및 관광외교 강화를 통한 네트워크 구축(국제관광과)

- 중국전담여행사 갱신제 도입 및 중국 정부와 공조 강화(2013.10.1 여유법 시행, 한·중관광품질협의체 발족) 등 인바운드 관광의 질적 개선 도모
- 중국, 일본, 동남아 등 주요 방한시장 및 러시아·중동 등 신규 전략시장 대상 특성에 따른 맞춤형 마케팅 및 유치활동 전개
  * '2014~2015 한·러 상호방문의 해' 양해각서 체결(2013.11.13)
- 통합 관광마케팅 전략 수립 및 집행 : 다양한 매체 활용 한국관광 이미지 광고, 홈페이지·SNS·모바일서비스 등 온라인 매체 활용 홍보, 홍보물 제작 및 배포, 대형 이벤트 연계 한국관광 홍보를 통한 전략적 해외 홍보마케팅 실시
- 고품격 지방관광 상품개발 및 홍보 지원, 환대실천캠페인 및 관광서비스 개선 사업 추진 등 고품격 한국관광 이미지 구축 및 인지도 제고를 위한 사업 실시
- 관광외교 역량 강화를 통한 국제관광 네트워크 구축

라. 경쟁력 있는 관광상품의 개발

- 고부가가치 관광산업 육성 : 마이스(MICE), 크루즈 관광산업, 의료관광 등 고부가가치 융복합 관광 육성을 통한 외래관광객 유치 확대
  - MICE 유치·개최 지원, 국내 MICE산업 기반 강화를 위한 산업통계 관리 및 정보공유, 지역 마이스 활성화 사업, 국내·외 인식제고 사업, 마이스산업 인력 양성 사업 지원 등 추진
  - 의료관광 홍보안내센터 운영(총 4개소)을 통해 의료관광 국내수용태세 개선, 의료기관 종사자 등을 대상으로 전문 코디네이터 교육, 정부·병의원·전담여행사 연계 의료관광 상품 개발지원, 홍보마케팅 강화
  - 크루즈 관광산업 활성화를 위한 마케팅 강화 : 주요 세계박람회 참가를 통해 선사 및 업체 대상 크루즈 기항지 홍보 및 방한 팸투어 지원 실시, 한국 크루즈관광 해외설명회, 신규 기항지 프로그램 개발 홍보, 국내·외 네트워크 구축

- • 'Korea In Motion 2013', 'R-16 Korea 2013 세계비보이대회(제7회)' 개최 및 우수 넌버벌 공연(non-verbal), 한국 뮤지컬 및 한류 K-POP 스타를 활용한 대형 이벤트를 홍보와 세계적인 브랜드로 육성 유도, 공연관광 활성화
- 문화관광축제, 전통음식, 공예품 등 매력 있는 한국 관광명품의 개발
  - • 세계적인 축제로 육성하기 위한 우수 문화관광축제 지원(2013년 42개 축제 선정, 관광진흥개발기금 670,000만 원 지원), 국내·외 홍보 지원, 유사·중복되는 지역축제의 통폐합 유도, 축제지역 관광 수용태세 점검 및 경영 컨설팅 지원
  - • 상설문화관광 프로그램 개발 : 각 지역의 관광과 연계한 공연예술을 상설 관광상품화, 2013년 총 17개 선정, 74,800만 원 지원
  - • 한국음식의 관광산업화 기반 구축 : 우리 음식 인식 제고를 위한 국내·외 홍보 및 마케팅 강화, 국내·외 외국인 대상 우리음식 체험기회 확대, 외국인 관광객 이용실태에 대한 모니터링 실시, 음식관광 거점 조성을 위한 '음식테마거리 관광 활성화 사업' 시행, 한식 커뮤니티 사이트(www.koreataste.org, 영/일어)도 운영

마. 취약계층의 관광 참여 기회 확대 등 국민관광 향유권 보장과 국민관광 활성화 : 최근 국민여가시간의 증대 등 대내외 환경변화에 따라 국내관광 활성화 기대
- 여행을 자주 가기 어려운 저소득 근로자 및 자영업자를 대상으로 국내여행 경비 중 일부를 부담하여 지원하는 『여행이용권』사업 시행, 2012년 64,145명 → 2013년 68,333명 관광활동 지원
- 장애인, 노약자의 관광접근성 제고를 위한 장애없는 관광시설(Barrier free) 확대
- 국민 참여 국내관광 활성화 광고 '구석구석' 캠페인 확대(다양한 매체 광고 추진, 인터넷 커뮤니티 활성화)
- 내나라 여행박람회 개최를 통하여 다양한 국내여행 정보 제공 및 관심 유도

바. 저탄소 녹색관광 활성화로 관광산업의 녹색성장 초석 마련
- 한국형 생태녹색관광 육성 및 녹색관광 기본계획 수립 시행(2010.4)
- 영월구래 숯마을 조성 등 폐광지역 관광상품 개발을 통한 폐광지역 생활현장 보전과 어촌·산촌연계 개발, 관광 자원화
- 이야기가 있는 문화생태 탐방로 48개 노선 선정, 탐방로 정비 및 안내체계 구축
- 슬로시티 인증지역 대상으로 한국 고유의 관광자원화를 위한 기초 인프라 구축 및 관광프로그램 개발 지원(10개 지역, 3,930백만 원)
- 강변 문화관광 개발 기본계획 수립 등 수변연계 문화관광권 개발 사업 추진

사. 미래형 관광레저형 기업도시 조성
- 태안 관광레저형 기업도시 조성
- 영암·해남(서남해안) 관광레저형 기업도시 조성

아. 새만금 국제관광단지 개발

- 새만금사업은 새만금사업 촉진을 위한 특별법(2008.12.28)에 근거한 새만금 내부개발 기본
구상 및 종합실천계획(2010.1)에 따라 단계적으로 진행, 복합도시용지(국제업무·관광레
저·FDI산업), 신재생에너지용지, 교육과학연구용지, 생태환경용지, 농업용지 등으로 개발
되며 복합도시용지에 포함된 관광레저용지는 총 면적 24.8㎢이다.
- 새만금사업 국내·외 홍보를 위한 새만금 종합홍보관 운영과 새만금사업 정책현장 탐방 프로
그램 실시 및 군산 새만금 축제(4.8~24)를 통한 개발 사업에 대한 국제적 인지도 제고와 새만
금 사업에 대한 비전 제시로 글로벌 투자자들의 관심 유도
- 또한, 새만금 상설문화공연 관광자원화를 위해 '아리울예술극장'에서 상설공연, 시즌공연, 거
리공연, 부대행사 등 실시(2011~2013)

2) 한국관광공사(KTO : Korea Tourism Organization)

한국관광공사는 1962년 4월 24일 제정공포된 국제관광공사법에 의해 설립된 국제관광공사로부터 출발
하여 국가관광기구(NTO)로서 한국 관광발전에 중추적인 역할을 해오다 1982년 한국관광공사로 개칭
되었다.

① 조직

한국관광공사(KTO)의 조직은 경영혁신본부, 국제관광본부, 국민관광본부, 관광산업본부 등 4개 본
부와 15실·1원, 2센터·51팀, 29개 해외지사, 3개 해외사무소, 10개 국내지사로 구성되어 있으며
정원은 총 635명이다. (2018년 말 기준)

② 주요활동

가. 해외시장 개척
나. 국제회의 유치·지원 및 국제협력
다. 마케팅 지원활동
라. 지자체 및 업계협력과 이벤트 관광상품 개발
마. 관광의식 선진화와 관광수용태세 개선
바. 남북관광교류 촉진
사. 관광안내·정보 서비스
아. 지자체 관광개발컨설팅 지원
자. 관광개발 분야에 대한 투자유치 활동
차. 관광전문인력 양성
카. 판매사업 관리

3) 한국문화관광연구원

한국문화관광연구원은 문화체육관광부 산하 연구기관으로서 관광과 문화 분야의 조사·연구를 통하여

체계적인 정책개발 및 정책대안을 제시하고 문화 · 관광산업의 육성을 지원함으로써 국민의 복지증진 및 국가발전에 기여할 목적으로 설립되었다.

주요활동으로는 기본연구사업, 수탁연구사업, 관광지식정보시스템 운영, 관광 I&I 사업, 국제협력사업, 연구 · 지원사업 등이 있다.

4) 한국관광협회 중앙회(Korea Tourism Association)

1963년에 관광사업진흥법에 의거 특수법인 대한관광협회가 설립되었다가 1999년 한국관광협회 중앙회로 개편되었는데 지역별 관광협회와 업종별 관광협회로 구성되는 관광사업자 단체이다.

① **지역별 관광협회** : 시 · 도 단위(지부설립 가능)

② **업종별 관광협회**

　가. 한국 여행업협회(KATA : Korea Association of Travel Agents)

　나. 한국 외국인관광시설협회

　다. 한국 카지노관광협회

　라. 한국 관광호텔업 협회

　마. 한국 종합유원시설업협회

　바. 한국 휴양콘도미니엄경영협회

　사. 한국 MICE 협회

제 5 절　국제관광과 기구

1. 국제관광이란?

국제관광(International Tourism)이란 관광 이동이 국경을 넘어가는 관광 즉, 사람이 자국을 떠나서 다시 자국에 돌아올 예정으로 외국의 문물제도, 산업 등을 시찰하고 혹은 풍경 등을 감상 · 유람할 목적으로 외국을 여행하는 것을 말한다.

국경을 넘으려면 출입국 수속을 하지 않을 수 없으며, 통화 · 언어가 다르기 때문에 국제관광은 자연히 국내관광과는 다른 양상을 가진다. 특히 국민경제의 관점에서 보면 국내관광의 소비가 내국에서의 효과만 있는 반면에 국제관광에 따른 소비는 관계국 쌍방이 있어서 외화의 수지를 가져오게 한다. 받아들이는 나라에 있어서 국제관광은 외화획득의 수단으로 수출 무역에 준하는 효과가 있으므로 외래객 유치사업을 '보이지 않는 수출(Invisible Export)' 등으로 말하고 있다. 관광이 처음으로 산업적으로 인식되어 획기적인 주목을 받게 된 것은 1차 세계대전 후이고 이와 같은 근대적 관광 이념의 발생은 국제관광에 기인한다고 말할 수 있다.

2. 국제관광사업

국내관광사업에 대한 상대적인 호칭으로 국경을 넘는 관광객의 왕래를 촉진하는 모든 활동을 말한다. 따라서 외국인을 자기 나라로 유치하며 받아들이기 위한 활동 외에 자국민의 해외여행 진흥활동도 포함된다. 제2차 세계대전 후 유럽 각국에서 근대산업의 하나로 등장한 국제관광사업을 경제부흥의 방책으로 하여 외화획득을 목표로 외래객 유치를 위해 노력해 왔다는 것을 주목할 만하다.

국제관광사업은 동시에 상호교류에 의한 상호이해와 국제친선·문화교류의 증대라는 관점에서 국제관광의 본질을 이해하고, 관광객의 대량 상호교류를 목표로 해외선전활동, 외래객 수용체재정비 등을 충실하게 하며, 청년층의 교류와 교환, 자국민의 해외여행자에의 대책 등을 종합적으로 실시하여야 한다. 또한 발전도상국의 경우 우수한 관광자원이 있으면 국제관광진흥이 그 나라의 국제수지 개선에 기여한다는 관점에서 협력이 필요하다.

3. 국제관광의 효과

국제관광은 타국을 대상으로 하는 관광여행이라는 점에서 국내관광에 비해 많은 효과를 가지고 있다.

1) 국제관광은 관광객이 국경을 넘어 왕래하면서 국민 상호 간의 이해를 깊게 하고 국제 친선의 증진과 문화교류의 향상에 기여한다.

2) 국제관광은 관광 소비가 필수적으로 동반되므로 외화의 소비와 획득이 발생한다.
관광국의 입장에서 보면 국제수지에 직접적으로 영향을 받는 외화획득을 하게 되는데 특히 관광은 외화가득률이 높기 때문에 국제수지 개선에 크게 이바지한다.

3) 국제관광은 각국의 문화·제도·산업 등의 견문을 통하여 외국의 문화수준, 산업수준 등에 관한 정확한 인식을 갖게 하고 국제무역 증진에 크게 기여한다.

4) 국제관광산업은 복합적인 관련 산업으로 이루어지는데 국제관광산업의 발전은 그 관련 산업 전체에 많은 이익과 발전을 가져다 주며 국내산업의 진흥, 나아가서는 고용증대에 크게 공헌한다.

5) 외국 방문객이 관광국에 입국하여 그 나라의 자연·역사·문화자원 등의 참모습을 직접 보고 느껴 자국민에게 선전함으로써 무료 홍보효과를 거둘 수 있다.

4. UNWTO의 국제관광 종류

1) **역간관광(Inter-regional Tourism)**

2) **역내관광(Intra-regional Tourism)**

5. 국제관광 통계

1) 국제관광객 통계기준
    ① 거주지 표준주의
    ② 소비화폐 표준주의
    ③ 생활양식 표준주의
    ④ 국적 표준주의
    ⑤ 국경 표준주의
    ⑥ 숙박시설 표준주의
    ⑦ 총체적 숙박시설 표준주의

2) 국제기관
국적 표준주의와 소비화폐 표준주의를 기준으로 한다.

3) 우리나라
법무부 · 외교부 등 주로 내 · 외국인을 법적으로 규율하고 있는 정부기관에서는 국적 표준주의를 취하고 경제부처는 소비화폐 표준주의의 입장이며, 문화체육관광부와 관광업계는 국적 표준주의 · 거주지 표준주의 · 소비화폐 표준주의를 동시에 취하고 있다.

6. 국제관광 수지의 집계방법
1) 개별 설문조사 방식
2) 추정산출 방식
3) 외국환 집계 방식
4) 국제통화기금(IMF) 방식

7. 국제 관광기구 및 단체
1) 개황
세계 각국에서는 관광을 통한 국가 간 이해증진과 국제평화 및 경제발전을 도모하려는 노력으로 국가 간, 지역 간의 균형 있는 발전 및 상호협력을 바탕으로 한 공동이익 추구를 위한 다각적인 협의체 구성이 불가피하게 되었다. 이로 인하여 각국 정부 또는 민간 차원에서 각기 그 영역과 기능을 달리하는 대소 관광 관계 국제협력기구 결성을 추진한 결과 현재 약 50여 개의 관광 관계기구가 설립되기에 이르렀다.

① 국제기구의 성격별 분류

가) 세계 관광정책 및 가맹국의 관광발전 도모를 위한 기구

관광을 통한 경제발전, 국가 간 이해 증진, 국제평화와 인류번영 및 인권존중에 기여하고 관광분야에서 개발도상국의 이익을 배려하며 관광객의 여행 장애요소를 제거키 위해 각국 정부차원에서의 협의체가 요구되었다.

이런 요구에 부응하여 세계 관광정책 수립 및 조정과 이에 따른 연구, 조사, 출판사업 및 관광인력 양성과 기술개발을 목적으로 설립된 UN계열의 정부 간 국제 관광기구로 UNWTO(UN World Tourism Organization)가 있다.

나) 근접국가군 상호 간 관광진흥 개발 및 선전의 공동화를 통한 지역관광 개발을 위한 기구

여행자층의 여행상품 선택 시 다양한 요구와 전문성 추세에 따라 관광상품이 일정 국가, 일정 지역 중심으로 특화될 때 상품으로서의 매력이 약화된다. 따라서 관광상품이 세계시장을 목표로 하여 판촉전략이 구상될 때에는 반드시 수개국가군(또는 목적지)으로 묶인 지역단위로 구성된 차원에서 그 상품성과 진흥전략이 고려되어야 하기 때문에 국가 간 또는 국제기구 간 협력체가 모색될 뿐 아니라 실질 판매전략면에서도 최소의 비용과 시간을 투입하여 최대의 효과를 기대할 수 있는 공동협력선전체제 구축문제가 대두되게 된다. 그 필요성에 의해서 설립된 주요기구로는 다음과 같은 기구가 있다.

PATA(Pacific Asia Travel Association)

ATMA(Asia Travel Marketing Association)

ASEANTA(ASEAAN Tourism Association)

다) 업종별 회원업체를 구성하여 회원 상호 간의 이익보호를 위한 기구

관광 관련업체가 협의체를 구성함으로써 자체 윤리규정을 설정, 상호 과당경쟁을 억제하고 회원 상호 간의 이익을 옹호하며 단합된 의사로써 자신들에게 유리한 정부정책을 유도키 위해 설립된 민간주도기구로서 그 형태별로 분류하면 다음과 같다.

a. 관광 관련업체 전반을 수용하는 기구

ASTA(American Society of Travel Agents)

UFTAA(Universal Federation of Travel Agents Association)

WATA(World Association of Travel Agents)

ISTA(International Sightseeing & Tours Association)

b. 항공업체에 의해 설립된 기구

IATA(International Air Transport Association)

c. 숙박업체에 의해 설립된 기구

IHA(International Hotel Association)

IYHF(International Youth Hostel Federation)

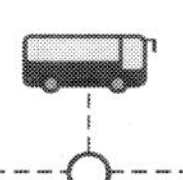

라) 관광상품 중 특수목적 상품개발과 협력을 위한 기구

정부 간 또는 민간차원에서의 교류가 확대되고 각종 회의가 빈번함에 따라 국제회의 유치, 조직 및 운영에 따른 전문적 서비스 제공과 관련 기술개발을 위한 협의기구가 설립되게 되었으며, 아래와 같은 주요기구가 있다.

ICCA(International Congress & Convention Association)

UIA(Union of International Association)

AACVB(Asian Association of Convention & Visitors Bureau)

IACVB(International Association of Convention & Visitors Bureau)

마) 특수지역 시장 판촉 공동화를 위한 기구

특수한 지역 또는 블록의 회원으로 구성하여 특수지역의 이미지를 선명히 하고, 동 지역관광진흥 선전대책의 공동수립, 회원국 상호 간의 원활한 정보 교환 및 지역 내 관광 증진 도모를 위해 설립된 기구로서 다음과 같은 기구가 있다.

ETC(European Travel Commission)

COTAL(Confederation de Organization Touristica de La America Latina)

ATU(Arab Tourism Union)

ITC(Inter-American Travel Congress)

바) 기타 특수목적을 위해 설립된 기구

특히 여행형태 및 여행자층에 대한 연구발전을 위해 설립된 기구이다.

FIYTO(Federation of International Youth Travel Organization)

IAFTAC(Inter-American Federation of Touring & Automobile Club)

2) 국제기구의 활동형태

① 국제기구의 참가활동

가) 각 기구 주관 총회, 이사회 등에 참가하여 자국의 관광정책 및 입장을 동기구 정책결정 시 최대 반영

나) 참가국 상호 간의 진흥, 홍보 및 개발의 공동화를 통한 지역 관광개발 도모 및 역내 관광교류 촉진

다) 가맹국 상호 간의 정보자료 교환 및 공동 조사연구소를 통한 효과적인 공동협력 유치선전대책 모색

라) 회의기간 중 또는 회의 전후에 병행 실시되는 전시회, 관광 관계 행사 및 리셉션 등 부대행사의 주최 및 참가를 통한 집중적인 자국 관광 선전 및 이미지 제고 활동

마) 업계와 공동 대표단 구성 참가로 인한 실질적인 거래선 개척 및 판촉활동

바) 교육 · 세미나 · 워크숍 참가를 통한 회원의 전문성 제고활동 등을 한다.

② 국제기구의 유치활동

가) 일시에 세계 각국 인사를 다수 유치함으로써 그 자체가 관광상품 가치를 보유

나) 회의 전후에 실시되는 관광여행(Pre & Post Convention Tour) 및 관광지답사 여행(Study Tour)

으로 각국 여행업자들로 하여금 자국의 관광상품 다수 기획 및 새로운 관광 코스개발 유도

다) 자국의 발전상 및 관광 매력을 실제 확인시킴으로써 홍보선전효과로 이미지 제고

라) 주최국 관광업계에 판촉활동강화 계기조성 및 다수의 쇼핑에 의한 관광 달러를 획득한다.

③ 회원국 공동 선전활동

특정 지역 국가군으로 결성된 기구에서 원거리 또는 선전활동 취약지역을 대상으로 선전지부를 설치하고 그 기구 명의하에 회원국이 공동으로 소속지역 단위를 선전함으로써 경비절감 및 효과를 제고시킨다.

④ 특정 회원국과의 협력활동

민간업체가 참여하고 있는 대규모 국제기구의 경우, 각 국가별 소단위 지부가 설치되어 있는 경우, 상호 지부 협조에 의한 선전유치협력(예 세미나, **Fam Trip** 등)을 한다.

⑤ 국제기구 전문조직을 통한 활동

국제기구 내에 설치되어 있는 전문조직(개발위원회, 조사위원회, 마케팅위원회 등)을 통하여 자국의 관광지 개발 계획, 조사, 정책방향 등을 연구 의뢰하거나 기술 및 관광인력 양성교육을 지원받는다.

3) 주요관광기구 해설

① UNWTO

세계 각국 정부기관이 회원으로 가입되어 있는 유일한 정부 간 관광기구인 UNWTO(UN World Tourism Organization : 세계관광기구)는 국제관광연맹(IUOTO : International Union of Official Travel Organization)이 1975년에 정부 간 협력기구로 개편되어 설립된 것이다. 현재 세계 155개국 정부가 정회원으로, 386여 개 관광 유관기관이 찬조회원으로 가입되어 있으며, 격년제로 개최되는 총회와 7개 지역위원회를 비롯하여 각종 회의 및 세미나를 개최하고 있다.

UNWTO는 공신력을 가진 각종 통계자료 발간을 비롯하여 교육, 조사, 연구, 관광편의 촉진, 관광지 개발, 관광자료 제공 등에 역점을 두고 활동하고 있으며, 관광분야에서 UN 및 전문기구와 협력하는 중심역할을 수행하고 있다.

우리나라는 IUOTO의 회원이었으며 1975년 자동으로 정회원으로 가입되었고 한국관광공사는 1977년 찬조회원으로 가입하였다. 북한은 1987년 9월 제7차 총회에서 정회원으로 가입하였다. 본부는 스페인 마드리드에 있다.

② ATMA(Asia Travel Marketing Association)

EATA가 바뀐 기구로서 회원국의 외래관광객 유치와 회원국 간의 왕래촉진을 도모하고 회원국의 관광사업을 진흥시킬 목적으로 만든 기구이다. 주요사업은 연차총회 및 위원회 지부활동, 구·미주 선진국을 대상으로 공동선전 및 마케팅활동, 선전영화 및 공동포스터 제작 등으로 1966년에 설립 되었으며 본부는 일본 도쿄에 있다.

③ PATA

PATA(Pacific Asia Travel Association : 아시아태평양관광협회)는 아시아·태평양 지역의 관광진흥활동, 지역발전 도모 및 구미관광객 유치를 위한 마케팅활동을 목적으로 1951년 설립되었다. 태국 방콕에 본부를 두고 있으며 북미, 태평양, 유럽, 중국, 중동에 각각 지역 본부가 있다. 주요활동으로는 연차총회 및 관광 교역전 개최, 관광자원 보호활동, 회원들을 위한 마케팅 개발 및 교육사업, 각종 정보자료 발간사업 등이 있다. 현재 73개국 1,000여 개 관광기관 및 업체가 회원으로 가입되어 있으며, 전세계에 43개 지부가 결성되어 있다.

우리나라에서는 문화체육관광부, 한국관광공사 등 총 13개 관광 관련기관 및 업체가 PATA 본부 회원으로 가입되어 있으며 매년 연차총회 및 교역전에 참가하여 세계 여행업계의 동향을 파악하고 한국 관광홍보 및 판촉 상담활동을 전개하고 있다. PATA 한국지부에는 총 114여 개 기관 및 업체가 지부 회원으로 가입되어 있으며 지부 총회 개최, 관광전 참여, 관광정보 제공 등의 활동을 하고 있다.

우리나라는 PATA 관련 국제행사로 1965년, 1979년, 1994년, 2004년 PATA 총회 및 이사회, 1979년·1987년 PATA 관광교역전, 1998년 PATA 이사회를 개최한 바 있다. 특히 2004년 제주 PATA 총회에서는 제주도를 세계적인 관광지로 부각시키고자 적극적으로 국내·외 홍보를 추진하였으며, 그 결과 PATA 총회 사상 최대인 48개국 2,145명이 참가한 성공적인 행사로 평가받았다. 한국은 2018 평창 동계올림픽 이후 강원도의 글로벌 관광목적지로서 이미지를 공고화하기 위해 PATA 연차총회 유치활동을 벌여, 2015년 9월 PATA 이사회에서 2018년 PATA 연차총회의 한국 개최를 확정지었다.

④ ASTA

미주지역 여행업자 권익보호와 전문성 제고를 목적으로 1931년에 설립된 ASTA(American Society of Travel Agents : 미주여행업협회)는 미주지역이라는 거대한 시장을 배경으로 세계 140개국 2만여 회원을 거느린 세계 최대의 여행업 협회이다.

회원들의 전문성 제고와 판촉기회를 확대하기 위하여 연례행사로 연차총회 및 트레이드쇼, 크루즈페스트 등을 실시하여 각국 NTO와 관광업계의 판촉활동의 장을 마련하고 업계 동향에 대한 세미나 개최 등 각종 유익한 교육프로그램을 제공한다. 매년 미국 내뿐만 아니라 해외를 연 1회 순회하면서 개최되던 연차총회 개최방식이 2006년부터 상반기(3~4월) 중 해외에서 개최되는 해외총회(International Destination Expo)와 하반기(9~10월) 중 미국 내에서 개최되는 국내총회(The Trade Show)로 나뉘어 연 2회 개최되는 것으로 변경되었다.

1973년 한국관광공사가 준회원으로 가입되었으며, 1979년 ASTA 한국지부가 설립되어 운영되고 있다. 우리나라는 미주시장 개척의 기반을 다지기 위하여 동 기구 내 홍보활동을 지속적으로 추진해 오고 있으며, 매년 연차총회 및 트레이드쇼에 업계와 공동으로 한국대표단을 파견하여 판촉 및 정보수집 활동을 전개하고 있다. 1983년에는 총회 및 교역전을 서울에 유치하여 대형국제회의 개최능력을 전세계에 홍보한 바 있다. 또한 2007 ASTA 제주 총회(3.25~29, ICC 제주)를 성공적으로 개최하면서 미주 관광시장에 대한 동북아 관광거점 확보 기틀을 마련하였고, 회의 개최지인 제주도의 국제관광 이미지가 제고되었다는 평가를 받고 있다.

⑤ AACVB

AACVB(Asian Association of Convention & Visitor Bureaus)는 아시아지역 국제회의 전문기관 및 관련업체의 협력체제 구축을 위해 한국, 싱가포르 등 아시아지역 주요 NTO 및 컨벤션뷰로가 주축이 되어 1983년 설립된 기구로서 현재는 8개국이 회원으로 가입하여 활동하고 있다.

주요 활동으로는 국제회의 전문전시회 참가를 통한 공동유치 활동전개, 회원국 공동광고, 전문성 제고를 위한 교육 세미나 개최 등이 있으며, 우리나라는 1986년 연차총회, 1990년 운영회의, 1996년 연차총회, 2012년 Asia for Asia Conference를 개최하는 등 한국의 국제회의 유치 및 마케팅 활동을 위한 회원국 간 공조체계를 강화해 나가고 있다. 현재는 말레이시아가 회장국 임무를, 태국이 사무국 역할을 수행하고 있으며, 우리나라는 Research 분과위원회를 담당하고 있다.

⑥ ICCA

ICCA(International Congress & Convention Association)는 국제회의 산업의 발상지인 구주 중심의 범세계적 국제회의 관련기구로서 1963년에 설립되어 현재 80개국 850개 단체가 회원으로 가입하여 활동하고 있으며, 본부는 네덜란드 암스테르담에 있다.

주요활동으로는 국제회의와 관련한 각종 정보를 수집·분석하여 회원들에게 배포하고 있으며, 국제회의 유치 및 운영 관련 전문프로그램을 실시하는 한편, 국제회의 산업분야 책자의 다종 발간 등이 있다. 우리나라에서는 2008년 초 현재 한국관광공사 등 15개 기관이 가입하여 활동 중에 있으며, 2003년 10월 26~29일에는 제7차 ICCA 총회 및 전시회가 부산에서 개최되었다. 한국관광공사 등 21개 기관이 가입하여 활동 중에 있으며, 2011년부터 Korea MICE EXPO에 ICCA Workshop을 개최하고, 2013년 ICCA와 공동으로 ICCA Bidding Workshop을 개최하는 등 ICCA와의 협력활동을 강화하고 있다.

⑦ ASEANTA

아세안은 1966년 8월 제3차 ASA(Association of Southeast Asia : 동남아연합) 외무장관회의에서 ASA의 재편 필요성이 제기되어, 1967년 말리크 인도네시아 외무장관이 태국측과 아세안 창립선언 초안을 마련하였다. 이후 1967년 8월 인도네시아, 태국, 말레이시아, 필리핀, 싱가포르 5개국 외무장관 회담을 개최, 아세안 창립선언을 통하여 결성되었다. ASEAN 역내 관광진흥을 위한 관광정책 공동수립과 공동선전 활동을 목적으로 설립되었다.

⑧ SKAL

SKAL(Sundhet, Karlek, Aiderdom, Lycka 건강, 우정, 장수, 행복) International은 1934년 설립, 스페인 토레몰리노스에 본부를 둔 관광업계 중진들의 친선모임이다. 전 세계 관광업계 종사자 2만여

명이 회원으로 가입되어 있으며 SKAL 한국지부를 포함한 90개국 500여개 지부가 활동하고 있다. 'Doing Business Among Friends'라는 SKAL의 모토대로 회원 간의 네트워킹이 가장 큰 목적이며 매년 World Congress 및 관광관련 포럼 개최, ECO Tourism Award 주관 등의 활동을 하고 있다. 공사는 2006년부터 총회에 참가하여 적극적인 활동을 펼친 결과 2009 SKAL Asian Area Congress 를 인천으로 유치하여 성공적으로 개최하였고, 2010년에는 SKAL 서울지부에 이어 SKAL 인천지부 도 조직되어 적극적으로 활동한 결과 2012년 SKAL세계총회를 2012.10.2~7일까지 인천에서 개최 하였다.

⑨ WTTC

WTTC(World Travel and Tourism Council)는 관광분야에서 가장 유망한 100여 개 업계 리더들이 회원으로 가입되어 있는 대표적인 관광관련 민간기구이다. 1990년에 설립되었으며 영국 런던에 본부 를 두고 있다. 주요 활동은 관광 잠재력이 큰 지역에 대한 관광자문 제공 및 협력사업 전개, 'Tourism For Tomorrow Awards' 주관, 세계관광정상회의(Global Travel and Tourism Council) 개최 등이 다. 특히 매년 5월 개최되는 관광정상회의는 개최국의 대통령, 국무총리를 비롯한 각국의 관광장관, 호텔 및 항공사 CEO 등이 대거 참석하여 관광현안을 논의하는 권위 있는 회의로 정평이 나있다. 세 계 관광산업과 관련된 모든 이슈를 다루며 고용인원 2.4억 명, 세계 GDP의 9.2%를 차지하는 관광산 업에 대한 인식을 높이기 위한 활동을 하고 있다. 한편, 2013년 WTTC 아시아 지역총회가 9월 10일 부터 12일까지 서울에서 개최되었다.

⑩ UFTAA(Universal Federation of Travel Agents Association : 여행업자협회 세계연맹)

1966년 11월에 FIAV와 UOTAA가 합병하여 설립된 각국 여행업협회의 국제기관이다. ASTA가 미 국 중심의 여행업자 대조직인 데 대하여 UFTAA는 유럽 중심의 조직이므로, 이를 통합하려는 움직 임이 계속되고 있으며 ASTA가 UFTAA에 가맹하는 형태를 취하지만 회비 등의 문제로 잘되지 않고 있다. 그러나 IATA는 대여행업자 단체의 대표로서 UFTAA를 교섭단체라는 형태로 인정하고 있고 UFTAA의 활동도 최근 매우 활발해지고 있다.

UFTAA의 목적은 여행업자를 대표하여 또 여행업자의 이익을 위하여 관광과 관련한 정부기관, 민간 국제기관과 교섭하는 기관으로서 활동함은 물론 여행업자의 직업적 지위를 확립하고 권위의 향상을 도모하는 데 있다.

현재 약 81개국의 대표적 여행업협회 및 여행·관광·호텔업자가 가맹하고 있다. 본부는 파리에 있 고, 사무국은 브뤼셀에 있으며, 정기간행물 'Courier지'를 발간하고 있다(FUAAV : Federation Universelle des Associations d' Agences de Voyages).

⑪ WATA(World Association of Travel Agents : 세계여행업자협회)

여행업자로 구성된 민간관광기구이며 회원업자의 권익보호, 여행거래 질서의 확립, 여행요금 산출방 법의 개선, 여행자 보호에 관한 공동대책의 수립 및 협의를 주된 업무로 하고 세계의 관광왕래 촉진을 목적으로 하여 1949년에 설립되었다. 제네바에 본부가 있으며 1도시 1여행업자가 가맹하고 있고, 회원은 100개국 이상에 걸쳐 있다. 세계 각국의 여행사, 호텔에 관한 현황, 요금, 자료를 수집한 '*Master Key*'(연보)를 매년 발간하고 있다.

⑫ WLRA(World Leisure and Recreation Association : 세계레저 레크리에이션협회)

관광레저 레크리에이션의 연구, 교육, 홍보를 통해 국민생활의 질적 향상을 기하고 관광부문에 대한 자문 및 국가 간의 협력증진을 도모하며 관광전문지를 발간하고 있다. 1956년 필라델피아에서 국제 레크리에이션협회(International Recreation Association)로서 설립되어, 1973년에 현재의 명칭으로 변경되었다. 회원은 미국 · 영국 · 일본 등 80개국의 개인과 120개국의 관계단체로 구성되며, 본부는 뉴욕에 있고, 제네바에 지부가 있다. 한국관광공사는 1981년에 가입하였다.

⑬ APEC

APEC(Asia Pacific Economic Cooperation : 아시아 · 태평양 경제협력체)은 1989년 호주의 캔버라에서 제1차 각료회의를 개최하면서 발족되었으며, 역내 경제협력관계 강화의 구심점이 되고 있다. APEC은 11개 실무그룹(Working Group)을 두고 있는데, 관광실무그룹회의는 1991년 하와이에서 회의를 가진 이후 역내 관광발전을 저해하는 각종 제한조치 완화, 환경적으로 지속가능한 관광개발 등의 현안에 대해서 협의하고 있다.

2008년 4월에는 페루 리마에서 제32차 APEC 관광실무그룹회의와 연계되어 열린 제5차 APEC 관광장관회의에서 한국은 2008년을 관광선진화 원년으로 지정하고 관광산업 경쟁력 강화를 위해 추진 중인 규제 완화, 제도 개선, 인프라 확충 등 다양한 정책적 노력을 알리고, 아세안지역 관광가이드 교육, '지속가능한 발전을 위한 관광'을 주제로 우리나라와 UNWTO가 공동주최하는 아시아 태평양지역 고위공무원 대상 교육 프로그램(2008.5) 등 각종 협력 사업을 소개하였다. 회원국들은 동 장관회의의 결과물로서 '아시아 · 태평양지역 책임있는 관광을 향하여(Towards Responsible Tourism in Asia and Pacific Region)'를 주제로 한 「파차카막 선언문」을 채택하였다. 동 선언문은 「서울선언」에서 채택된 4대 주요정책 목표의 중요성을 명시하고 동 회의의 주요 논의사항인 '토착관광', '기업의 사회적 책임', '환경적 책임', '문화관광', '항공 연계성' 등 책임 관광(Responsible Tourism) 실현의 중요성을 강조하였다.

2012년 7월 러시아에서 열린 제7차 APEC 관광장관회의에서 APEC 관광장(차)관은 '아시아 · 태평양 경제체의 견고한 성장을 위한 관광도모'라는 주제 하에 아태지역 간 관광객 교류를 촉진시키기 위한 '2012~2015 APEC 관광전략계획'을 포함하는 '하바로프스크 선언문'을 채택하였으며, 특히, Rio+20(유엔지속가능발전정상회의) 결과문서에 '지속가능한 관광'을 향후 전 세계 지속가능한 발전을 위한 26개 주요 행동과제에 포함시킨 한국의 주도적인 역할을 인정하는 단락이 선언문에 전격 포함(하바로프스크 선언문 제10조)됨으로써 국제관광계에 한국의 관광외교 역량을 널리 각인시켰다.

⑭ OECD

OECD(Organization for Economic Cooperation and Development : 경제협력개발기구)는 유럽 경제 협력기구를 모체로 하여 1961년 선진 20개국을 회원국으로 설립되었다. 회원국의 경제성장 도모, 자유무역 확대, 개발도상국 원조 등을 주요 임무로 하고 있으며, 현재 30개 회원국으로 구성되어 있고 프랑스 파리에 본부를 두고 있다.

4) 한국 가맹 국제기구의 현황

우리나라는 급변하는 국제관광시장에 능동적으로 대처하여 관광 선진국으로의 발전을 도모하며 외국의 여러 나라들과 활발히 관광교류를 하여 국제평화에 기여한다는 측면에서 많은 관련 국제기구에 회원으로 가입하고 있다.

우리나라를 대표하여 문화체육관광부는 기구로는 세계관광기구(UNWTO)에 가입하여 있고, 한국관광공사는 미주여행업협회(ASTA), 태평양아시아관광협회(PATA), 동아시아관광협회(EATA) 등에 가입하고 있는데, 그 현황은 다음과 같다.

기구명	설립목적	설립연도	본부 소재지	회원수	주요사업	비고
AACVB (Asian Association of Convention & Visitors Bureau)	1. 각종 국제회의의 아주지역 유치 2. 국제회의 유치에 따른 자료 및 정보제공 3. 관련기관 및 업체의 협력체재 구축	1983	C/O Macau Government Tourist Office P.O.Box 3006, Macau	11개국 23회원	1. Data Bank 설치운영 2. 국제회의 유치를 위한 공동선전 활동 3. 교육프로그램	관광공사 : 1983년 가입(창설회원)
ASAE (American Society of Associate Executives)	1. 회원 간 정보·경험 교환 2. 교육 및 자문을 통한 국제회의 기술증진 3. 회원자질 향상	1920	1575 Eye Street N.Y. Washington D.C. 2005-1168 U.S.A	34개국 9,638 회원	1. 연차총회, 전시회 및 세미나 개최 2. 각종 간행물 발간	관광공사, 뉴욕지사 1981년 가입, 시카고지사 1985년 가입
ASTA (American Society of Travel Agents)	1. 회원권익보호 및 여행객의 안전도모 2. 여행업계의 윤리관 확립, 준수 3. 회원교육실시, 지위향상, 복리증진도모	1931	1101 King Street, Suite 200 Alexandria, VA 22314 U.S.A	128개국 9,637 회원	1. 총회개최 2. ASTA Trade Show 3. IDA(ASTA 국제부)총회 4. *ASTA Travel News*지 발간 5. 교육사업, 회원업계 민원처리	국내정회원 : 43 국내준회원 : 52 (여행사가 정회원임) 개인 : 109명 관광공사 : 1973년 준회원 가입

기구명	설립목적	설립연도	본부 소재지	회원수	주요사업	비고
ATMA (Asia Travel Marketing Association)	1. 동아시아 지역의 관광진흥 개발 2. 구 · 미주 선진국 대상으로 공동선전 활동	1966	C/O Japan National Tourist Organization 2-10-1 Yurakucho, Chiyoda Ku, Tokyo, Japan	5개국	1. 5개 지역 지부 활동 2. ATMA Manual, 공동 포스터 및 홍보영화 제작	회원국 : 5개국 한국, 대만, 태국, 일본, 필리핀 (싱가포르-항공 1966년 창설회원)
FIYTO (Federation of International Youth Travel Organization)	1. 각종 청소년 여행기구 간의 상호 이해 및 협력을 통해 청소년의 사회증진 2. 여타 국제기구의 협조를 통한 동기구의 발전과 이익도모	1951	Islands Brygge 81 DK-2300 Copenhagen Denmark T.A.M 4535 Telex 16359	32개국	1. 청소년 단체 간의 상호계획 교환 2. 국제세미나 개최	한국국제청년 학생교류회 (KIYSES)가 1981년 가입
IACVB (International Association of Convention & Visitors Bureau)	1. 각종 회의 및 컨벤션의 유치 및 주관에 대한 전문기술의 보급 2. 컨벤션 주최기관에 대한 자료교환	1914	P.O.Box 758 Champaign Illinois 61820 U.S.A	25개국 325 회원	1. 회의 주최자에 대한 자문 및 정보제공 2. 주최자와 시설 및 용역 공급자 간의 중개 역할 3. 회의기술지도 4. 미주지역을 중심으로 한 세계 각국 컨벤션 기록유지 5. 컨벤션 조사 연구사업 및 교육세미나 개최	관광공사 : 1985년 가입 미국을 중심으로 한 국제적 컨벤션 협력기구
IASC (International Association of Skal Clubs)	관광산업분야 중역 간의 우의 및 공동목표의 개발	1934	Centre International Rojier Passage International 14, bte 14, 1000 Brussels, Belgium	433 협회 (88 개국)	–	서울 Skal Club (1969년)
IATA (International Air Transport Association)	1. 여객의 안전과 경제적인 운송의 촉진 2. 항공무역상의 문제점 연구 3. 국제항공 운수업자 간의 제휴	1945	P.O.BOX 113 Montreal – H4ZIMI Quebec, Canada	102개국 (108 항공 업체 회원)	1. 운수회의 및 운임문제를 심의 2. 항공권 판매대리점 규제	42개 국내여행사 가입

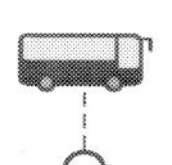

기구명	설립목적	설립연도	본부 소재지	회원수	주요사업	비고
ICCA (International Congress & Convention Association)	1. 각종 국제회의 유치 및 편의제공 2. 국제회의에 관한 전문적인 서비스 제공 3. 국제회의 개최에 따른 회원의 균등이익 제공	1963	Concertgeb ouwplein 27 1071 LM Amsterdam, P.O.Box 5343 1007 AH	65개국 450 회원	1. 세계적인 회의 기록 유지 2. 개최예정 회의에 대한 기록 유지 3. 정기간행물 발간 4. 전문교육 (CMP세미나) 5. 회원 간 전문 서비스교환 편리도모	관광공사, 대한항공 : 1977년 회원 가입 컨벤션산업의 발상지인 구주중심의 범세계적 컨벤션 종합기구
IFWTO (International Federation of Women's Travel Organization)	1. 관광 유관업계에 종사하는 여성들의 지위향상 도모 2. 국제 회원 간의 친선도모 및 협조방안 강구 3. 지부설치 및 활동협조	1968	Transworld Airways 3443, North Century Ave Phoenix Arizona 85012 U.S.A	4,500명 (14개국) 50여 개 지부	1. 연차총회 개최 2. 교육사업 3. 뉴스레터 "Spirit", 신문 "Industry Affairs"	발간한국 여성관광인클럽 1986.5.12 가입
IHA (International Hotel Association)	1. 국제호텔업 및 국제관광업에 관한 문제협의 2. 회원에 대한 정보 제공	1964	89 rue du Faubourg Sait Honore, 75008, Paris France	121개국 협회	1. 국제호텔리뷰 (월간) 2. 국제호텔 가이드(연간) 및 여행업 안내서 발간	1969년 워커힐 호텔 가입
ISTC (International Student Travel Conference)	1. 학생과 학자들의 교육, 사회 및 문화여행의 증진 2. 국제여행증대 3. 회원의 권익보호	1949	Weinberg Strasse 31 CH–8006 Zurich Switzerland	43개국	1. 회원신분증 발행 2. 주요도시 학생카드 발행	한국국제 청년학생 교류회(KIYSES) 가 1982년 가입
IYHF (International Youth Hostel Federation)	1. 각종 유스호스텔 협회의 협조 및 이해촉진 2. 각국 협회 간의 불화조정	1932	Midland Bank Chambers, Howardagats Welwyn Garden City, Herts, England	47개국 우스 호스텔 협회	1. Bulletin(일간) 2. *Hand Book* (연간) 발간	1968년 한국 유스호스텔 협회 가입

기구명	설립목적	설립연도	본부 소재지	회원수	주요사업	비고
PATA (Pacific Asia Travel Association)	1. 태평양지역 관광진흥개발 2. 구미관광객 유치를 위한 공동선전 활동 3. 지역관광개발	1951	28th Floor, Siam Piwat Tower Building, 989 Rama 1 Road, pathumwan Bangkok 10330 Thailand	1,800 업체의 회원 69개국	1. 회원의 마케팅 활동 지원 2. 71개 지부활동 (한국지부 포함) 3. 관광통계조사 연구 4. 교육 및 PR (PTN 발간 등)	관광공사 : 1963년 정부 정회원 가입, 1968년부터 공사 내에 PATA 한국지부를 설립·운영
PCMA (Professional Convention MGT Association)	1. 국제회의 활동 2. 국제회의 유치 및 제공 3. 국제회의 전문운영 지원	1958	100 Vestavia office Park Birmingham, AL 35215 U.S.A	1,381 회원	1. 국제회의시설 정보 제공 2. 총회 및 전문교육 세미나 개최	한국관광공사 : 시카고지사 (1983년) 가입
SITE (Society of Incentive Travel Executive)	1. 보상관광진흥 2. 국제관광촉진	1973	21 W. 38th Street 10th FL New York N.Y. 10018, U.S.A	46개국 1,300 회원	1. 연차총회 및 각종 교육 프로그램 실시 2. 보상관광전문 전시회 후원	한국관광공사 뉴욕지사 1985년 가입, 시카고지사 1987년 가입, LA지사 1989년 가입
TTRA (Travel & Tourism Research Association)	1. 관광연구활동 2. 관광정책 조사 및 통계 3. 관광연구정보 교환	1970 통합	Travel A Tourism Research Association University of Utach. P.O.Box 8068. Salt Lake, City U.S.A 전화 : 801-581-3351 팩스 : 801-581-3354	35개국 750 회원	1. 연차총회 개최 2. 관광관련 각종 출판물 발간 3. 세미나 개최	한국관광공사 : (1981) 가입, Western council of Travel research와 Eastern Council of Travel research 통합
UIA (Union of International Association)	1. 국제회의 활동에 관한 자료센터 2. 국제회의 조직에 관한 법률적·기술적 문제의 기획 및 조사연구 촉진 3. 국제회의 개최로 이해촉진 및 세계평화에 기여	1910	Rue Washington 40-1050 Brussels, Belgium Tel : (02)640-4109	55개국 179 회원	1. 국제회의 조직에 관한 문헌 발간 2. 국제연합 경제사회 이사회 자문 3. 국제협회 법적 신분을 위한 진흥활동	관광공사 1980년 4월 가입 학술연구 협력단체 성격

기구명	설립목적	설립 연도	본부 소재지	회원수	주요사업	비고
UFTAA (Universal Federation of Travel Agents Association)	1. 여행업자 지위 확립 2. 정부기관과의 교섭기관으로서의 역할	1966	Paris, France	80개국 35,000 회원	1. 총회 및 관광전시회 개최 2. 연합회보 "COURIER" 3. 회원 간 분쟁 조정	관광공사 : 1978년 준회원 가입 관광협회 : 1975년 정회원 가입
WATA (World Association of Travel Agents)	1. 회원 여행업자의 보호 2. 세계의 관광객 왕래촉진	1949	37 qual Wilson CH–1211, Geneva 1, Switzerland	100 개국 (197 업체)	1. 지역 분과위원회 활동 2. 공동판매촉진 활동 3. *Master–Key* (연간)지 발간	대한여행사, 연방여행사, 세방여행사 가입
UNWTO (World Tourism Organization)	1. 세계 관광정책 조정 2. 가맹국의 관광경제 발전도모 3. 각국의 사회적, 문화적 우호관계 증진	1975	Copitan Haya, 42, 28020 Madrid, Spain	106 개국	1. 세계 관광통계 자료제공 2. 정기간행물 (*WTO NEWS* 등) 3. 여행, 편의 촉진 협약 체결 추진	1925년 설립한 IUOTO가 개편된 것임 교통부 : 1975년 정회원 가입 한국관광공사 : 1977년 찬조 회원가입

Introduction to Tourism

제2편
관광용어해설

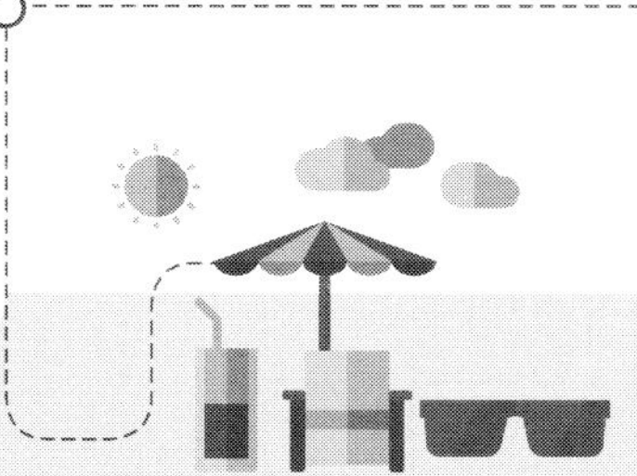

제1장 • 관광일반 용어

■ Bird Watching(탐조관광)

새를 "보러 간다. 본다. 관찰한다" 등 자연 속에서 있는 그대로의 야생조류와 관련을 맺는 것을 즐기는 레크리에이션 및 연구활동 전반을 가리킨다. 야생조류 관찰이 일반적으로 널리 퍼지게 된 것은, 1702년 독일의 야생조류 연구가인 페루나우가 집필한 야생조류의 관찰방법과 즐거움을 전하는 책의 출판이 계기가 되었으며, 그 후 영국과 스웨덴, 핀란드, 이탈리아 등으로 급속히 퍼져 나갔다.

■ Buzz Session(버즈세션)

소수 인원으로 구성된 비공식회의를 뜻한다. 어떤 문제에 관해 총체적으로 자문하도록 구성된 협의체로서 한 회기 동안 여러 번 개최되기도 하며 이때 본회의 진행은 중단되고 여러 소위원회로 나누어진다. 각 소위원회는 위원장을 선임하여 제기된 문제를 논의한 뒤 각 위원장은 소위원회의 의견에 관하여 본회의에 보고하는 절차를 취한다.

■ Cheap, Near, Short(안(安), 근(近), 단(短))

여행비용은 싸게, 가까운 곳에서, 체류기간은 짧게 하는 여행의 유형으로서, 특히 일본에서의 절약적 여행경향을 나타내는 말이다.

■ Cultural Center(모형문화센터)

관광지의 전통문화 보전과 보호, 주민생활의 침해방지, 관광객의 편의를 위해 관광지를 방문한 관광객과 관광지 주민과의 생활공간을 의도적으로 분리하기 위하여 진짜와 비슷하게 복원, 연출된 공간을 만든 것을 말한다. 용인민속촌, 제주도 해양민속촌, 하와이 폴리네시안 문화센터 등이 있다.

■ Dark Tourism

휴양과 관광을 위한 일반여행과 달리 재난과 참상지를 보며 반성과 교훈을 얻는 여행을 일컫는 말로 '아우슈비츠 수용소,' '킬링필드,' '히로시마와 나가사키,' '숭례문' 등이 이 여행의 대표적인 사례이다.

■ Experience Tourism(체험관광)

체험이나 경험하는 것을 목적으로 하는 관광형태이다. 관광이 보급되다 보면 단순히 '보는 관광'에서 '직접 참여하는 관광'으로 크게 변화하는 것이 일반적인 현상이다. 최근에는 도자기를 제작하거나 종이를 만들기

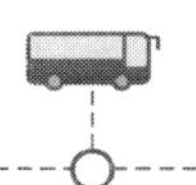
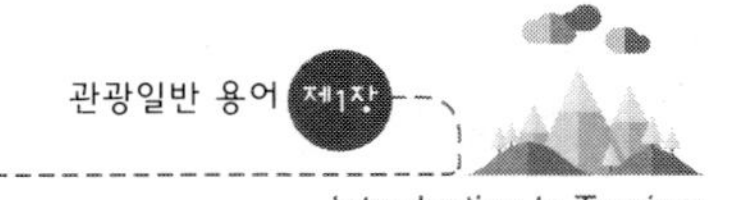

도 하고, 농촌에서 모심기와 벼베기를 하거나 낙농가에서 젖짜기, 산촌에서 숯굽기를 하는 등 지역 특성을 반영한 비일상적인 체험을 많이 한다.

■ MOT(Moment of Truth)

투우사가 소의 급소를 찌르는 순간을 의미하는데 서비스 품질을 관리하는 데 사용하는 용어이다. 즉 고객이 조직의 어떤 일면과 접촉하는 접점에서 서비스를 제공하는 조직 및 품질에 대해 어떤 인상을 받는 순간이나 사상을 의미한다.

■ Moving Tourism(선 관광과 면 관광)

교통수단의 변화에 따라 관광의 형태 및 행동양식이 변화하는 과정을 설명한 용어로서, 버스를 이용한 관광이 증대되면서 차창 밖을 바라보면서 차내에서 안락하게 이동할 수 있기 때문에 '선 관광'이라 부르게 되었으며, 철도를 이용하여 한 거점에서 다른 거점으로 이동하는 '점에서 점으로의 관광'과 대비되었다. 그리고 자가용 승용차의 이용이 더욱 증대함에 따라 이동의 자유가 비약적으로 증대되어 노선에서 일시적으로 벗어나 주정차하여 휴식과 부근 산책이 가능하게 되었기 때문에 '면 관광'이라 불리게 되었다.

■ Off the Beaten Type(오지탐험여행)

'밟아 다져진 길에서 벗어나라'라는 직역과 같이 남극방문, 히말라야 트레킹, 호주 내륙의 아웃백 탐방, 열대 우림 탐방, 실크로드 순례 등 개발되지 않은 오지로의 여행을 말한다. 그러나 탐험대와는 달라서 여행회사가 특수한 행선지로 가는 여행으로 기획하는 경우에는 모험욕구를 충족시켜 주는 동시에, 여행자의 안전 확보와 환경의 보전이 불가결한 것이다.

■ Premium Train(프리미엄 열차)

각종 설비와 서비스를 판매수단으로 하는 호화 열차를 가리키는 말로 유럽은 19세기 말부터 제2차 세계대전까지 약 40년간 이러한 프리미엄 열차의 전성시대였다. 파리와 이스탄불을 연결하는 '오리엔트 익스프레스'는 1883년에 등장하여 1900년 전후에는 최고급 열차르서 왕후와 귀족, 부호, 정부고관 등이 애용하였다. 이 시대의 다른 호화열차로는 파리-리용-코트다쥐르를 연결하는 '블루트레인'과 런던-파리의 도버해협을 페리로 연결한 것을 포함한 '골든 옐로' 등이 있었다.

■ Promotion of One Product(일촌일품운동)

지역 특산품 발굴을 통한 마을재건운동이다. 1979년 일본 오이타현은 지역 활성화의 일환으로 자신의 마을을 대표하는 특산품을 발굴하는 마을에 인센티브를 부여하였다. 그 후 '지역 고유의 자원을 살리고 시장성 있는 상품을 육성하여 지역의 활성화를 꾀하자'는 발상이 전국적으로 확산되어 활발하게 전개되었다. 이러한 일촌일품운동은 1차산업에만 의존하던 농촌의 경제구조를 관광이나 서비스 산업에까지 그 범위를 확장시키는 계기가 되었다.

■ Ramsar Convention(람사르조약)

다양한 생태계를 가지고 있는 습지를 보전하고, 그것을 현명하게 이용할 것을 목적으로 한 국제조약으로, 정식명칭은 '특히 물새의 생식지로서 국제적으로 귀중한 습지에 관한 조약'이다. 1971년에 이란의 람사르에서 세계 18개국에 의해 조인되었고, 사무국은 스위스의 그랑에 위치해 있다. 조약 가맹국은 국제적으로 중요한 습지 리스트에 적어도 하나의 습지를 등록하고 환경영향평가의 실시, 습지목록의 작성, 자연보호구의 설정, 습지 관리자의 연수, 그 밖의 가맹국과의 협의, 조약업무의 협력 등이 의무화되어 있다.

■ Slow City

공해 없는 자연 속에서 그 지역에서 나는 음식을 먹고 그 지역의 문화를 공유하며 자유로운 옛날의 농경시대로 돌아가자는 느림의 삶을 추구하는 국제운동으로 1986년 패스트푸드에 반대해 시작된 슬로푸드 운동의 정신을 확대하면서 만들어진 개념이다.

■ Supporting Tourism(서포팅 투어리즘)

빈곤과 기아, 환경파괴와 역사유적의 퇴화 등을 그저 견학만 하는 것이 아니라, 그 개선과 보전을 도모하는 목적을 가진 관광이다. 사막녹화를 위한 식수작업이나 사적의 복구작업 등에 참여하는 투어, 작업에는 참여하지 않지만 여행비용의 일부가 여행지 야생생물의 보호나 사적 보전을 위한 기금으로 이용되는 투어 등이 있다. NGO 주최의 투어가 많으며 볼런티어 투어리즘(Volunteer Tourism)이라고도 한다.

■ TIC(Tourist Information Center : 관광정보센터)

일반적으로 '관광안내소'를 의미하는 영어 명칭이지만, 통상 국내에서는 한국관광공사에서 운영하고 있는 '여행객 종합관광안내소'를 가리켜 'TIC'라고 부른다.

■ Voucher(바우처 : 쿠폰)

호텔 고객이 호텔에서 요금 대신 지불하는 보증서 및 증명서 개념으로 여행사와 항공사에서 발행하는 것이다. 다시 말하면 단체관광, 숙박, 식음료비 등의 비용을 미리 지불하여 호텔계산서를 발행하는 데 유통되는 양식이다. 이 바우처는 가격할인 형태의 구매이면서 동시에 호텔의 판매촉진 방법 중의 하나이다.

제2장 • 관광교통 용어

■ 논 서브(NON SUB)

Non Subject to Load의 약자로 무료, 또는 할인이 적용되는 여객은 '좌석예약이 되는 경우'와 '되지 않는 경우(SUB-LO)'가 있다. 전자를 NON SUB라고 하는데 이는 tour conductor에 대해서 발행되는 50% 할인(여객 10인 이상 인솔), 100% 할인(15인 이상 인솔)의 항공권(표지에 TG50, TG100으로 표시)의 경우와 AD(AC75라고 표시), 기타 NON-SUB로 취급되어 있는 경우가 있다.

■ 논 어피너티 차터(NON Affinity Charter)

일반불특정다수 시장을 대상으로 하는 차터로서 affinity charter가 특정단체를 대상으로 하는데 대하여 사용되는 반대 용어이다.

■ 드라이 차터(Dry Charter)

승무원이나 직원을 포함하지 않고 항공기만을 전세내는 charter를 말한다.

■ 라이너(Liner : 정기선)

보통 정기적으로 운항하는 정기선. '정기항공'을 말한다.

■ 믹스드 차터(Mixed Charter)

전세요금의 일부를 승객이 부담하고 일부를 전세계약자가 지불하는 방식을 말한다.
incentive charter 등으로 이에 준하는 방식이 취하여지는 경우가 있다. single entity charter와 prorate charter의 믹스라는 의미로 미국에서 인정되고 있다.

■ 백 투 백 차터(Back to Back Charter)

왕복을 함께 이용하는 대절로서 일정구간을 피스톤수송을 하는 차터편의 운영방식을 말한다.
유럽지역 내, 구미 간을 비롯 일본에서는 하와이, 괌, 홍콩 등에 대하여 활발하게 행하여지고 있다.

■ 보너스 마일리지(Bonus Mileage)

Mileage계산상의 용어로 일정지역을 경유하는 여정의 경우, 합계구간 mile에서 bonus mileage를 빼서 운임계산을 할 수 있다. extra mileage allowance라고도 한다.

■ 비 에스 피(BSP : Bank Settlement Plan)

IATA가 개발한 유통시스템으로 항공회사와 대리점 간의 대리업무에 관한 전 과정, 즉 운송권류의 배포에서 발매보고, 청구, 정산에 이르기까지의 제 업무를 결제은행(clearing bank)의 EDP 및 은행의 제 기능을 이용하여 처리하려고 하는 합리화시스템이다.

IATA-BSP는 항공회사와 대리점의 협의에 근거를 두어 항공회사에 의하여 기획된 시스템이다.

■ 비에스피(BSP : Billing Settlement Plan)

BSP는 IATA에서 시행하는 항공여객판매대금 집중결재 및 판매보고절차 표준화로서 항공사와 대리점 간의 거래에서 발생하는 국제선 항공여객운임을 다자 간 개별적으로 직접 결재하는 방식 대신 BSP에서 발행한 통합 Invoice에 의거 정산은행을 통하여 일괄 정산함으로써 비용의 절감 · 업무의 표준화 · 효율화를 도모할 수 있는 IATA의 표준항공여객운임 정산제도이다.

■ 비욘드 라이트(Beyond Right)

이원권, 항공협정상 상대국에서 다시 타국으로 운송하는 권리를 말한다.

■ 비행최저접속소요시간(MCT : Minimum Connecting Time)

항공기의 접속탑승 시 바꾸어 탑승하는 데(국내선에서 타의 국내선으로, 국내선에서 국제선으로, 국제선에서 국내선으로, 국제선으로 타의 국제선으로 등) 필요로 하는 최소한의 승단 소요시간을 말한다.

■ 상용고객 우대제도(FFP : Frequent Flyer Program)

항공사의 서비스를 자주 이용하는 고객이 타 항공사로 수요를 이전하는 것을 방지하기 위해 그에 대한 특별 보너스 제도를 도입하여 자신의 서비스를 이용하도록 하는 제도이다.

■ 스카이메이트(Skymate)

일본에 있어서 일본 국내 정기항공을 이용할 때 12세 이상 22세 미만의 청소년이 소정의 수속을 밟아 이용할 수 있는 운임할인제도를 말한다. 1966년 7월에 도쿄, 오사카 선에 처음으로 도입되어 다음해 4월부터는 국내간선 전체에 적용되었다. 더욱이 1968년 12월부터는 지방선에도 적용되었다.

■ 서브로(SUBLO : Subject to Load)

좌석이 있으면 탑승시킨다는 뜻으로, 무료우대항공권의 경우가 서브로가 되는 경우도 있다. 통상 유료탑승자가 많으면 후편으로 돌려진다.

■ 수하물 초과요금(Excess Baggage)

무료수하물 허용량을 초과한 수하물수송에 과해지는 추가요금으로 국제선의 경우 초과수하물 요금은 class에 관계없이 킬로그램(kg)당 대인편도 퍼스트 클래스(first class) 정상운임의 1%를 부과한다.

■ 스톱오버(Stopover)

여객이 항공사의 사전승인을 얻어 출발지와 도달지 간의 1지점에서 상당기간(국내선–4시간 ; 국제선–24시간 이상) 동안 의도적으로 여행을 중지하는 여행의 계획적 중단을 뜻한다. 'break of journey'라고도 한다.

■ 스플리트 차터(Split Charter)

분할차터라고 하며, 차터 항공기의 스페이스를 복수의 그룹으로서 공동 사용하는 운송방식이다. 분할조건은 국가에 따라 다르지만 미국 ITC의 경우 40명 이상의 그룹분할이 인정되고 있다.

■ 스페이스 블록(Space Block)

호텔이 사전에 여행업자와 같은 예약 중개업자에게 일정수의 객실을 확보하여 제공하는 것을 말한다. 또는 이렇게 해서 확보·제공된 객실을 가리켜 스페이스 블록이라고 한다. 이러한 객실에 관해서는 이용객의 예약 의뢰가 있을 시, 호텔에 조회할 필요 없이 중개업자의 독자적인 판단에 의하여 판매할 수 있다. 일반적으로 숙박 당일부터 소급하여 일정기한을 설정하고, 그 이후 객실의 확보가 해제되면 호텔이 자유롭게 판매할 수 있다. 성수기나 매년 개최되는 행사, 이벤트 등으로 예약이 많은 시기에는 객실의 확보나 제공이 이루어지지 않는 경우가 많다.

■ 싱글 엔티티 차터(Single Entity Charter)

단일주체차터라고 하며 단일단체, 회사 또는 개인이 일체의 비용을 부담하여 행하는 차터로서, 우수 세일즈맨에 보답하는 초대여행이나 스포츠선수단의 수송, 선원의 일괄수송 등에 이용되고 있다. own use charter와 같은 개념이다.

■ 어미너티(Amenity)

서비스의 일환으로 추가요금 지불 없이 투숙 고객의 안락함과 편리함을 위해 객실에 비치하거나 고객에게 제공되는 품목으로 호텔에서의 Amenity란 고객에 대한 일반적이고 기본적인 서비스 외에 '부가적인 서비스의 제공'을 의미한다.

■ 에이 티 알(ATR : Air Ticket Request)

항공사와 여행사가 계약에 의해 항공권을 발권하는 직거래 방법인데 대부분 규모가 영세하거나 신생여행사들이 항공사와 계약을 맺고 발권하는 방식이다.

■ 에이치 아이 피(HIP : Higher Intermediate Point)

항공권 발권업무상의 전문용어로 서로 다른 3지점 이상을 연속해서 여행하는 경우, 출발지점과 목적지점 간의 through fare에 대하여 출발지와 도중지점 간의 운임이 그 through fare보다 높을 경우는 이 여정에 적용되는 운임은 높은 운임을 채택하는 규칙이 있다. 이와 같은 경우에 그 도중의 지점을 higher intermediate point라고 한다.

■ 이 티 디(출발예정시각 ; E.T.D : Estimated Time of Departure)

time table에 표시되어 있는 출발시각은 모두 ETD에 의하여 기록된다. 또 time table의 도착시간은 ETA(Estimated Time of Arrival)에 의거한다. 여기에 대해, 실제의 출발시각을 ATD(Actual Time of Departure)라고 하며, 실제의 도착시간은 ATA(Actual Time of Arrival)라고 한다.

■ 이 티 에이(E.T.A : Estimated Time of Arrival)

항공기의 도착 예정시간

■ 이티오(ETO : Estimated Time Over)

통과예정시간을 말한다.

■ 인디펜던트 차터(Independent Charter)

정기편의 스페이스를 차터하는 block off charter에 대응하는 용어로서 정기편 운항과 별개로 다른 기재를 가지고 차터편을 운항하는 것을 말한다.

■ 인센티브 그룹 차터(Incentive Group Charter)

차터계약자가 보상여행과 판매보진을 위하여 차터하는 케이스로서 one use charter의 형을 갖는다.

■ 인터라인 페어(Interline Fare)

2개 이상의 항공회사 노선의 운송에 적용되는 운임으로 일정한 금액으로 공시된 요금을 말한다.

■ 인플라이트(Inflight)

비행 중의 또는 비행기 내의 시설을 뜻하며, 구체적으로는 기내서비스, 기내식사, 기내영화 상영을 말한다.

■ 좌석이용률(Load Factor)

하중배수를 말하기도 한다.

■ 지 에스 에이(GSA : General Sales Agent)

항공회사의 총대리점으로 인구 1만 이상의 일정지역 내에 있어서 계약항공회사편의 판매에 관해 당해 항공회사에서 총대리행위를 위탁받은 개인 또는 법인이다.

■ 침대권(Berth Ticket)

기차, 기선 따위에 설치된 침대를 쓰는 경우에 요금을 치르고 사는 표

■ 캐빈 클래스(Cabin Class)

선객의 등급으로 first class와 tourist class의 중간급을 말한다.

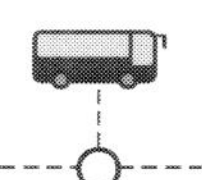
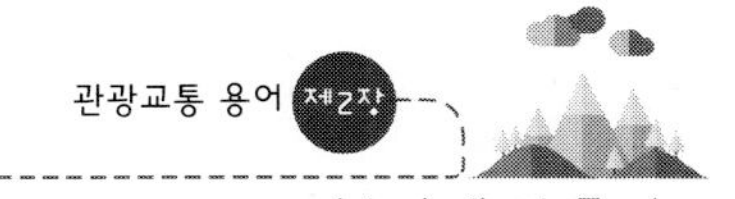

■ 캐리어(Carrier)

본래 운수기관의 뜻이 있지만 오늘의 항공기시대에 있어서는 업계에서 캐리어라고 할 경우 대개 항공회사를 가리킨다.

■ 캡(CAB)

Civil Aviation Bureau 또는 Civil-Aeronautics Board의 약자로 각국의 민강항공국은 대체로 CAB이라 불리지만 첫머리에 자국의 첫 글자를 붙여 KCAB, USCAB, JCAB 등으로 사용되나 이들 사이는 소관사항과 기구가 다르다.

■ 코드 셰어(Code Share)

운항편명 공동사용을 말하는데 제휴항공사는 상호 항공사 간에 노선을 공동 사용하므로 연계수송을 효율화시키는 효과를 누릴 수 있다.

■ 코치(Coach)

대형버스 또는 철도의 객차를 의미하며, 미국에서는 다른 차와 구별하기 위하여 보통차의 경우를 말할 때가 많다.

■ 페리 차지(Ferry Charge)

전세비행일 때 전세편의 운항 개시지점이나 종착지로부터 기지까지 공수하는 경우에 징수되는 요금

■ 피 브이 에스(PVS)

여권(passport), 사증(visa), 주사(shot)의 약어로서 도항서류를 말한다.

제3장 • 관광숙박업 용어

■ 게리동 서비스(Gueridon Service)

식당 서비스 중 게리동을 사용한 서비스를 뜻한다. '게리동'이란 프렌치 서비스(French service)와 같은 정교한 식당 서비스를 위해 사용되는 바퀴가 달린 사이드 테이블(side table)이다.

■ 게스트 차지(Guest Charge)

고객의 청구서에 기재된 모든 청구액, 즉 구매 중 서비스, 전화, 밸릿 서비스(valet service)요금 등을 가리킨다.

■ 개런티드 레저베이션(Guaranteed Reservation)

호텔이 고객의 객실예약을 확인한 것으로, 투숙이 불가능할 경우에는 타 호텔에 투숙할 객실료의 지불과 아울러 왕복 교통비를 고객에게 지불한다.

■ 그랜드 마스터 키(Grand Master Key)

호텔의 전 객실을 다 열 수 있는 또는 특수목적에 사용되는 열쇠로 보통 지배인이 보관하고 있으며 안에서 잠가둔 것은 예외이다.

■ 도망객(Skipper)

호텔 숙박요금을 지불하지 않고 도망하는 고객을 말한다.

■ 도일리(Doily)

작은 냅킨으로서 식탁 위에 깔고 세팅을 할 때 쓰는 약간 무늬가 있는 것과 물, 주스, 맥주 등을 서브할 때 밑받침으로 사용하는 원형의 도일리가 있다.

■ 레시피(Recipe)

요리나 칵테일의 내용물과 조리방법을 세밀하게 기록한 것으로 주로 카드를 이용하여 호텔이나 식당에서 표준상품의 제품지침서로 사용한다.

■ 룸 서비스(Room Service)

호텔 객실에 손님의 요청으로 음료, 식사 등을 보내주는 담당계 또는 호텔의 객실에서 하는 식사서비스로 보통 메뉴요금보다 10~15% 정도 높은 요금으로 되어 있다.

■ 리미티드 서비스(Limited Service)

객실을 제공하는 것 외에 매우 제한된 서비스 또는 서비스 부재의 호텔·모텔로 budget hotel(motel)이 이에 속한다.

■ 마스터 키(Master Key)

한 개의 열쇠로 몇 개의 pass key를 통제하거나 호텔 전체의 객실을 열 수 있는 키이다.

■ 맘 앤드 팝 비즈니스(Mom and Pop Business)

제한된 자본으로 가족에 의해 운영되는 소규모 영업단위체이다.

■ 메이크업(Make-up)

고객이 객실에 등록되어 있는 동안 침대의 린넨을 교환하거나 객실을 청소하고 정비 정돈하는 것이다.

■ 모닝 콜(Morning Call)

일명 wake-up call이라고 부르며 고객의 요청에 따라 교환원이 지정된 시간에 고객을 깨우는 조기기상 전화이다.

■ 미수금 원장(City Ledger)

호텔의 외상매출장으로 특히 비투숙 고객에 대한 신용판매로부터 발생된 수취원장으로 후불장이라고도 한다.

■ 바스 메이드(Bath Maid)

욕실만을 청소하는 메이드

■ 방해금지(Do Not Disturb)

호텔의 객실에서 종업원의 출입을 제한하는 표시로서 손님이 문에 걸어두는 표지(tag)가 있는데 이 표지에 쓰는 문구이다.

■ 베드 보드(Bed and Board)

숙박요금에 3식이 포함되어 있는 American plan의 별칭 용어이다.

■ 밸릿 서비스(Valet Service)

호텔의 세탁소(laundry)나 주차장(parking lot)에서 고객을 위해 서비스하는 것을 말한다.

■ 서비도어(Servidor)

Service door의 단축어로 우편물, 세탁물 따위를 넣어주기 위하여 호텔 객실에 마련한 작은 창을 말한다.

■ 수셰프(Sous-Chef)

부주방을 일컫는 말로서 대규모 호텔에서는 대여섯 명이나 채용하고 있으며 각자가 특정 식당을 책임지고 있다.

■ 스윙(Swing)

제2교대를 말하며 주로 오후 3시부터 밤 11시까지 근무하는 교대이다.

■ 스톡 카드(Stock Card)

룸 랙 포켓(room rack pocket)을 나타내는 유색 코드로 명명되어, 룸 랙이 길어 랙 운용이 불편할 때 룸 클럭(room clerk)이 사용하는 보조장치로 일명 ducat이라 부르기도 한다.

■ 스팻(Spat, Special Attention)

특별한 주의와 관심을 요하는 귀빈표시 부호이다.

■ 스페이스 뱅크(Space Bank)

American Express사가 개발한 호텔예약 시스템

■ 시티 저널(City Journal)

외래객에 대한 호텔 거래의 분개장

■ 싱글 유스(Single Use)

호텔 용어로 2인실에 1인이 숙박하는 것으로 보통 객실요금에 대하여 10% 정도의 할인을 받는다.

■ 어린이 침대(Crib)

어린이를 위한 유아용 침대로 고객의 요청에 따라 추가되며, baby bed라고도 한다.

■ 엠 아이 피(MIP)

Most Important Person으로 VIP(Very Important Person)고객보다 한 단계 귀한 고객이다.

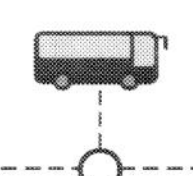
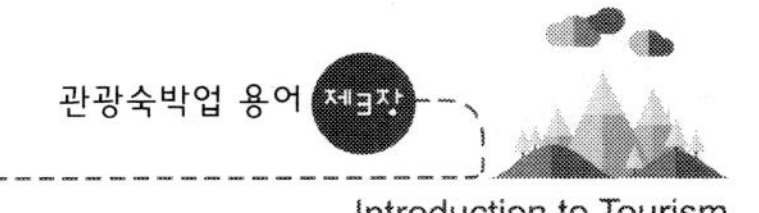

■ **오버 나이트 스테이(Over Night Stay)**

일박하는 일로 part day에 대응하는 용어

■ **워크 어 게스트(Walk a Guest)**

예약을 한 어떤 고객 중 그 호텔에 투숙이 불가능하여 무료로 타 호텔에 투숙이 주선되는 고객을 말한다.

■ **워크 인 게스트(Walk in Guest)**

사전에 예약을 하지 않고 당일에 직접 호텔에 와서 투숙하는 손님

■ **이그제큐티브 룸(Executive Room)**

소규모 모임이나 취침도 할 수 있도록 설계된 다목적 호텔 격실을 말한다.

■ **이피션시 유니트(Efficiency Unit)**

부엌이 있는 객실로서, 객실 내에서 조리를 할 수 있도록 시설을 갖춘 호텔 또는 모텔의 객실을 말한다.

■ **주니어 스위트(Junior Suite)**

응접실과 침실을 구분하는 칸막이가 있는 큰 객실을 말한다.

■ **초과예약(Over Booking)**

객실보유량 이상의 예약을 받는 일로서 예약을 취소(cancel)하는 경우와 고객이 연락도 없이 나타나지 않을 (no show) 경우는 통계적으로 매일 평균율이 계산되고 있다. 그러므로 여기에 대한 대처로서 예약을 초과하여 받게 되는데 이것을 오버부킹(over booking)이라 한다.

■ **카바나(Cabana)**

보통호텔의 주된 건물로부터 분리되어 수영장이나 해수욕장 내에 위치한 호텔의 객실을 말하며, 침대가 있기도 하고 없기도 하며 그와 같은 목적이나 특별행사를 위하 사용되는 임시구조물도 이에 포함된다.

■ **커버 차지(Cover Charge)**

① 식당 따위 자리값, ② 식음료대와는 별도로 요구되는 테이블 서비스(table service)에 대한 봉사료

■ **코키지 차지(Corkage Charge)**

호텔 식당에 있어서 그 식당의 술을 구매치 않고 고객이 가지고 온 술을 마실 때에 마개 뽑는 봉사료(삯)를 말한다.

■ 턴다운 서비스(Turndown Service)

이브닝 서비스(evening service)로 침대 덮개(spread)를 벗기고 고객의 취침을 위해 준비하거나 객실을 정리한 뒤, 사용한 비품과 린넨을 교체시키는 것을 말한다.

■ 트렁크 룸(Trunk Room)

큰 가방이나 짐을 넣는 장기체류자의 수하물을 보관하는 방이다.

■ 트렁크 시스템(Trunk System)

서비스 요금을 waite's pay와 같이 예치계정에 분개하여 월말에 전 종업원에게 환불하는 제도를 일컫는다.

■ 파러(Parlor)

Parlor living room과 동일한 뜻이며, 스위트 침대에 딸린 응접실로 living room은 보통 객실이 딸린 응접실이다.

■ 팔러 메이드(Parlor Maid)

고급 객실인 스위트와 공공장소를 청소하는 메이드를 말한다.

■ 패스 키(Pass Key)

일명 submaster라고 하며, 한 층의 전체 객실 또는 한 층의 일부 객실만 열 수 있도록 제한된 열쇠이다.

■ 플래그(Flag)

룸 랙 표시로 룸 랙의 특별한 객실에 대하여 룸 클럭의 주의를 환기시키기 위한 장치로 유색 코드화하여 눈에 잘 띄게 한다.

■ 호스피탤러티 스위트(Hospitality Suite)

'호텔의 특별실'. 호텔객실 종류의 하나로, 적어도 목욕탕이 있는 침실(bed room with bath)과 parlor(거실 겸 응접실)가 있어 회의나 무역박람회가 개최될 때 참가자들에게 사교의 기회를 넓히기 위한 칵테일을 제공할 수 있는 객실

■ 홀리덱스(Holidex)

세계 최대의 모텔회사인 홀리데이 인(Holiday Inn)사가 개발한 예약업무처리 시스템의 명칭이다.

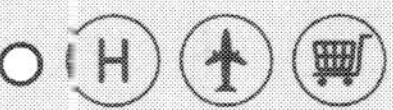

제4장 · 관광여행업 용어

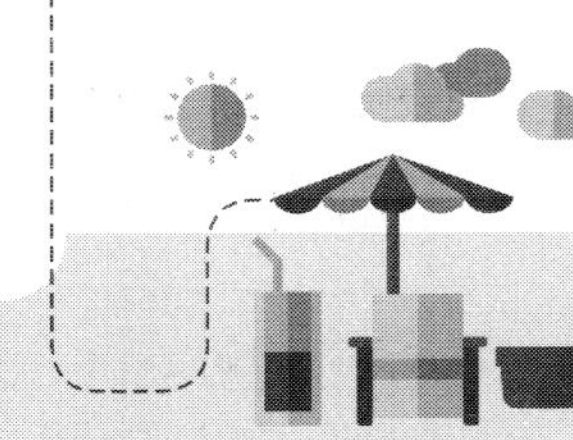

■ AAB

Agency Administration Board의 약자. 대리점 관리위원회, IATA의 traffic conference에 설치되어 있는 기관으로, 대리점의 신설, 증설 등의 결정을 행한다. AIB는 그 하부기관

■ Adult Fare

대인 여객운임. 항공의 경우 만 12세 이상 되는 자의 운임을 말한다.

■ AIB

Agency Investigation Board의 약자. 대리점 심사위원회. AAB의 하부 자문기관으로 대리점의 신설, 증설, 상호변경, 규칙위반문제 등에 대해서 조사하고, AAB에 답신한다.

■ All Inclusive Tour

'포괄관광'으로서, 교통비, 숙박비, 식사비, 관람료, 안내 등 필요한 경비가 전부 포함된 여행을 의미하는 경우를 말한다.

■ APT

SAS가 사용하는 Air Passenger Tariff의 약자

■ ASA

American Sightseeing Association의 약자. 미국관광협회

■ Baggage Check

여객이 맡긴 화물에 대해서 규정하고 있는 ticket으로 (예치 증으로서) 항공회사가 발생하는 ticket의 일부

■ Berth Charge

침대요금. berth는 열차나 선박의 침대

■ Block

호텔의 객실, 항공기의 좌석 등 1구획을 한꺼번에 예약하는 것을 block예약이라 한다.

■ Block off Charter

정기편의 그 편을 그대로 대절하는 것. independent charter는 임시편을 대절하는 것

■ Booking

예약, ticket의 발매

■ Bucket Shop

시장가격 이하로 할인해 주는 여행사

■ Budget Tour

통상요금보다 싼 여행

■ Bulk Fare

좌석 일괄계약포괄 운임. 싸지만 Commission이 없고, 운임의 조기납입, 인원변경 등의 어려움이 있는 운임

■ Cloakroom

호텔, 극장, restaurant, 역 등의 휴대품 수하물 등의 일치 예치소

■ CIQ

Customs(세관), Immigration(출입국관리), Quarantine(검역)을 요약해서 한 단어로 한 것으로 출입국 수속 또는 출입국관계, 감독관청을 의미한다.

■ Courier

직업적인 여행 안내원으로 Tour conductor, Tour Guide, Tour manager, Tour Escort와 같은 말이다.

■ CTO

City Ticker Office의 약자. 항공회사의 용어로, 시내에 있는 항공회사의 checking counter 설치영업소를 가리킴. Downtown Ticket Office라고도 한다.

■ Dude Ranch

관광목장, 휴가여행자 등을 목표로 승마를 하게 하기도 하고 목장 작업을 보여주기도 하는 목장. dude가 관광객의 의미로 사용되는 일도 있다. dude ranching은 동부 미국인으로서는 popular한 여행으로 되어 있다.

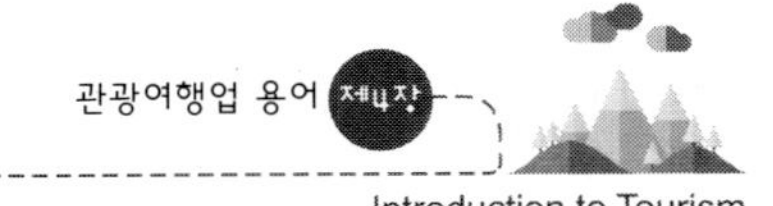

Endorsement

이서, 확인. 항공권의 endorsement란 어떤 탑승예정구간어 대해서 ticket상의 예정 carrier를 여객 본인의 의사 또는 그 carrier의 사정에 의해서 타 carrier로 변경할 시에 그 예정 carrier가 행하는 이서이다. 이 이서는 대리점에서는 할 수 없으며 carrier의 office에서만 가능하다.

Flat Rate

균일요금. 단체가 호텔에 숙박하는 경우, 요금이 다른 객실을 사용하는 경우도 있지만 그것을 균일화한 특별요금

GDS

Global Distribution System의 약자로 직역하면 범세계 공급시스템이란 뜻이며, 여행사들이 항공권 예약과 발권은 물론 호텔이나 렌터카 예약까지도 모두 처리할 수 있도록 개발된 예약시스템

JNTO

Japan National Tourist Organization의 약자. 일본 국제관광진흥회. 일본의 공적 해외관광 선전담당기관. 법률에 의해서 설립되어 있는 특수법인으로 현재 해외 주요도시 15개소에 선전사무소를 두고 관광선전을 행하고 있다.

JTB

Japan Travel Bureau, Inc. 일본교통공사. 세계적인 일본의 여행업체

Land Arrangements

여행자가 외국의 여행목적지에 도착해서 그 나라를 떠날 떠까지의 사이에 tour operator에 의해서 제공되는 모든 service(또는 그 수배)를 의미한다. Ground Arrangement라고도 한다.

MCT

Minimum Connection Time의 약자. 최소연결 소요시간. 국내선에서 국제선으로, 또는 국제선에서 국내선, 국제선으로 탑승편을 갈아타는 데 요하는 최저의 시간을 말한다.

Plant Tour

(미국에서) 산업관광 또는 공장견학으로 Technical tour 또는 Industrial Tourism이라고도 한다.

Post-Convention Tour

회의 후 여행. 회의의 주최자 등이 미리 계획을 세워놓고 실시하는 관광

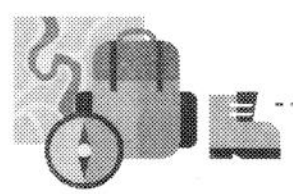

■ Staggering of Holiday

휴가의 조정, 하계휴가여행 때 휴가여행자들이 일시적으로 집중되는 것을 조정하기 위해 계획적으로 조금씩 변경시켜 휴가를 주는 것이다.

■ TIM

Travel Information Manual의 약자. 각국의 출입국 수속(CIQ)에 관한 최신의 규칙을 모아놓은 것. WHO에서 제공되고 있는 세계 각지의 전염병 발생에 관한 정보가 수록되어 있다.

■ Validate

여객항공권, MCO, XO 또는 초과수화물 ticket 등이 정식으로 항공회사에 의해서 발행된 것을 나타내기 위해서 이런 증표에 손으로 쓰거나 사인하는 것을 말한다.

Introduction to Tourism

제3편
문제 총정리

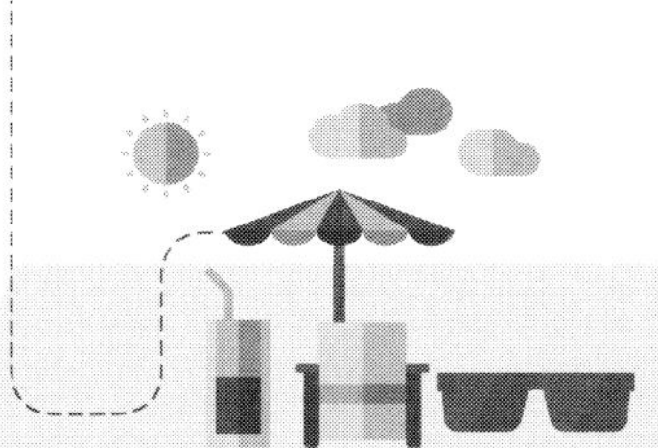

001 관광의 어원과 거리가 먼 사항은?

① 역경

② "관국지광이용빈우왕"

③ 주역

④ 상전

HINT ④ 중국의 후세에 나온 책으로서 "觀國之光尙賓也"라는 어구가 있다.

002 "TOURISM"이란 말이 처음 쓰이기 시작한 것은?

① 1811 Travel Magazine

② 1811 Sporting Magazine

③ 1811 New York Times

④ 1810 Travel Magazine

HINT ② NEW-ENGLISH DICTIONARY에 나오는 잡지명

003 1930년대까지 미국이나 캐나다 등지에서 "TOURIST"란 말 대신에 사용된 단어는 어느 것인가?

① Tornus

② Traveler

③ Nonimmigrant

④ Guest

HINT 이민의 반대어로 여행자란 뜻으로 사용하였다.

004 관광학 연구에서 최초로 체계화된 이론서라 할 수 있는 "관광경제강의"의 저자는 누구인가?

① A. Mariotti

② R. Glücksmann

③ A. Börmann

④ F.W.Oglivie

005 다음 중 관계없는 것끼리 짝지어진 것은 무엇인가?

① W. Hunziker와 K. Krapf – 일반관광개론

② P. Bernecker – 관광원론

③ R. Glücksmann – 일반관광론

④ A. Börmann – 관광객이동론

HINT ④ A. Börmann은 「관광론」을 저술했고, 「관광객이동론」은 F.W.Oglivie가 저술했다.

006 F.W.Oglivie의 저서인 "THE TOURIST MOVEMENT"에서 주장한 관광객의 정의와 거리가 먼 것은?

① 1년을 넘지 않는 기간 동안 집을 떠나 있을 것

② 다시 돌아올 목적으로 그 주거를 일시적으로 떠날 것

③ 정신적 위락을 얻는 것

④ 관광지에서 금전을 소비하고 그 돈을 반드시 거주지에서 취득한 것

HINT 귀환예정 소비설이라 볼 수 있다.

007 일시여행설을 주장한 학자는 누구인가?

① R. Glücksmann

② A. Börmann

③ H. Schulern

④ 전중희일(田中喜一)

008 관광의 정의를 설명한 것 중 가장 거리가 먼 것은?

① 관광의 본질은 이동이고 이동의 목적은 레크리에이션을 추구하기 위한 것이다.

② 일상생활권을 떠나는 소비활동의 일종이다.

③ 반드시 다시 돌아온다는 것을 전제한다.

④ 일시적이기 때문에 1년을 넘어서는 안 된다.

HINT 일시적인 개념만 있지 기간에는 한정이 없다.

009 다음 중 관계있는 것끼리 연결된 것이 아닌 것은?

① 관광행정 – 관광주체

② 소비자 – 관광주체

③ 관광사업 – 관광매체

④ 관광대상 – 관광객체

010 관광의 대중화 현상을 가능케 한 배경과 관계가 먼 사항은?

① 소득의 증대

② 무역의 증진

③ 여가시간의 증대

④ 생활을 적극적으로 즐기려는 가치관의 정착

HINT 그 밖에 공업화, 도시화의 급속한 진전으로 인한 생활환경의 악화, 지식과 교육수준의 향상, 취미생활 추구와 건강관리 및 문화교류 등이 관광의 대중화에 기여한 요인들이다.

011 Social Tourism과 거리가 먼 용어는?

① 사회관광

② 대중관광

③ 국민관광

④ 단체관광

012 국민관광의 정의에 가장 적합한 내용은?

① 국민 전체를 관광요원화 시키는 것이다.

② 사회관광과 같은 말로서 사회주의의 관광정책이다.

③ 부유층의 국제관광을 장려하기 위한 데서 나온 용어이다.

④ 저소득층 일반대중이 여가선용과 정서함양 등을 위해 국가의 지원으로 관광기회를 균등하게 부여받는 정책을 가리키는 말이다.

013 일반적인 여가의 기능이 아닌 것은 어느 것인가?

① 아르바이트

② 휴식

③ 기분전환

④ 자기실현

014 매슬로(A. H. Maslow)의 욕구단계설에서 가장 높은 욕구는 무엇을 말하는가?

① 안전의 욕구

② 자기실현의 욕구

③ 소속과 애정의 욕구

④ 존경의 욕구

HINT 생리적 욕구가 추가된다.

015 Thomas Cook과 관계없는 사항은?

① 근대 관광산업의 아버지

② 세계 최초의 여행사

③ 단체여행

④ 세계 최대 여행사

016 여행안내서를 지은 사람은 누구인가?

① J. Murray

② Thomas Cook

③ K. Baedecker

④ Todt

> **HINT** ③ 1829년 *Rhine Land*란 라인강 지역의 여행 안내기를 저술했다.

017 "관광은 평화에의 여권"(Tourism is passport to peace)이라는 표어와 관계없는 사항은?

① 국제연합

② 마닐라 선언

③ 1967년

④ 국제관광의 해

> **HINT** ② 1980년 9월 27일 필리핀의 마닐라에서 마닐라 선언을 채택하였다.

018 우리나라에서 처음으로 교통부에 관광과를 설치한 때는 언제인가?

① 1954년 2월

② 1961년 8월

③ 1945년 10월

④ 1948년 7월

019 관광사업의 주체가 될 수 없는 것은?

① 관광객

② 관광기업

③ 정부

④ 지방자치단체

020 관광업의 3대 기간산업이 아닌 것은?

① 교통업

② 숙박업

③ 여행업

④ 관광기념품업

021 다음 중 관광사업의 특성과 거리가 먼 것은?

① 서비스성

② 저장성

③ 복합성

④ 변동성

> **HINT** 그 밖에 입지의존성, 공익성 등이 포함된다.

022 관광사업은 여러 가지 업종이 모여서 하나의 통합된 사업활동을 이룸으로써 관광사업을 성립시키고 있다. 이것을 관광사업의 무슨 특성이라 하는가?

① 입지의존성

② 공익성

③ 복합성

④ 변동성

023 교통업의 기본적 성격이 아닌 것은?

① 연속성

② 무형재

③ 수요의 편재성

④ 독점성

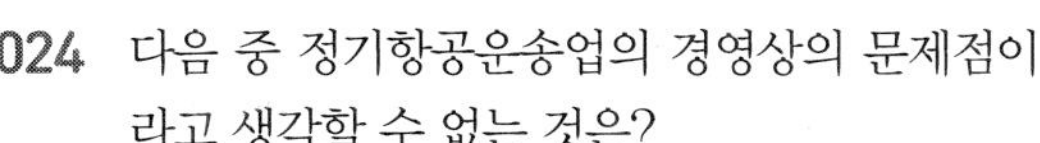

024 다음 중 정기항공운송업의 경영상의 문제점이라고 생각할 수 없는 것은?

① 기종경쟁에 따른 자금부담, 금리부담 및 수급의 불균형 문제이다.
② 안전성의 문제이다.
③ 공항정비의 문제이다.
④ 항공회사는 사회환경과 그 변화에 영향을 받기 쉽지 않다.

025 국제항공운송협회와 관계없는 사항은?

① International Air Transport Association
② 민간 국제단체로서 일종의 국제 카르텔 조직이다.
③ 우리나라는 아직 가입되지 않았다.
④ 본부는 캐나다 몬트리올에 있다.

> **HINT** 런던에 정산소를 두고 있고 뉴욕, 파리, 싱가포르에 지부가 있다.

026 최근의 관광교통업의 특징이라고 볼 수 없는 것은?

① 교통기관을 이용하는 시간거리가 길어진 결과 출발로부터 귀착하기 전까지의 시간이 길어졌다.
② 여행거리가 늘어나서 관광목적지에서의 체재기간은 단축되고 있는 경향이 있다.
③ 교통의 혼잡과 자가용차의 이용률이 높아져가고 있다.
④ 자가용차는 목적지에 도달하기 위한 수단으로 사용하고 타는 자체의 목적은 없다.

027 아래 사항 중 교통수단에 관한 내용과 거리가 먼 것은?

① 자동차의 발달은 철도를 사양화시켰고, 바꿔타서 여행하는 여행방식이 줄어들었다.
② 철도는 육상교통의 가장 대표적인 수송수단으로서 최근에는 항공기와 자동차의 현저한 발달로 인하여 이용률의 신장이 급속하게 둔화해가고 있다.
③ 해운업에 있어서 고급관광객을 대상으로 한 관광전용선으로서 새로운 형태의 관광을 개척하기 위해 대형화, 스피드화, 고급화, 오락성 등을 갖추어야 한다.
④ 항공사업은 경쟁에서 살아남기 위해 안정성, 정시성, 쾌적성에 유의하여 최량의 서비스 제공, 코스트의 인하노력 등이 필요하다.

028 여행업의 업무와 관계가 먼 사항은 어느 것인가?

① 판매업무
② 금융업무
③ 대행업무
④ 인수업무

> **HINT** 그 밖에 중개업무, 안내업무, 서비스업무 등을 포함할 수 있다.

029 Thomas Cook이 생각한 단체여행의 경영이론과 거리가 먼 것은?

① 관광여행은 가격에 대한 수요의 탄력성이 높기 때문에 요금을 내리면 수요는 증대한다.
② 교통시설과 숙박시설은 고정비의 비율이 높으므로 이용자를 늘리면 1인당 가격은 내려가나 수입은 늘어난다.
③ 단체할인제도를 채택하면 이용자나 교통업자나 숙박업자도 모두 만족할 만한 결실을 거둘 수 있다는 것이다.
④ 단체관광을 함으로써 관광객들이 사교할 수 있는 터전을 마련한다.

030 세계 최대의 여행사는 어느 것인가?

① Thomas Cook and Son Co.
② Deutsche Reiseburo
③ American Express Co.
④ Compagnia Italiana Torismo

HINT 그 밖에 Intourist는 소련국영여행사, 일본에는 일본교통공사(니혼고쓰고샤)가 최대이다.

031 다음 중 **American Express Co.**와 거리가 먼 사항은 어느 것인가?

① Traveler's Cheque를 처음 만들었다.
② Fly Now-Pay Later Plan을 실시하였다.
③ 관광여행비용을 분할지불하는 신용판매제도를 실시하였다.
④ 은행, 보험, 휴가촌 등을 운영하며 복합기업체를 형성하고 있다.

032 벌크운임(**Bulk-Fare**)에 관한 설명 중 가장 옳은 것은?

① 좌석일괄계약 포괄여행운임이다.
② 단골여행자에 대한 할인운임이다.
③ 공무원에 대한 할인운임이다.
④ 항공기의 전세편 형태인 값싼 운임이다.

033 다음 중 여행업의 특징이라고 볼 수 없는 것은?

① 무형상품
② 수요의 계절과 요일의 파동이 극심한 상품
③ 저장이 가능한 상품
④ 모방하기 쉬운 상품

034 패키지투어(**Package Tour**)와 거리가 먼 사항은?

① 일종의 정액코스의 관광여행이다.

② 주최여행을 말하고 불특정다수인을 대상으로 발매하는 관광여행이다.
③ 교통, 숙박, 관람, 그 밖의 것이 미리 세트로 준비되어 있다.
④ 관광객 개인의 의사가 많이 반영된다.

035 여행일정과 거리가 먼 용어는 다음 중 어느 것인가?

① Trip Schedule
② Bureau
③ Itinerary
④ File

036 다음 중 **Principal**이라고 볼 수 없는 것은?

① 여행업자
② 교통시설
③ 숙박시설
④ 관광기업

037 여행업자가 수행하는 기본업무 내용 중 전통적이고 큰 비중을 차지하는 업무는 다음 중 어느 것인가?

① 판매업무
② 중개업무
③ 수배업무
④ 인수업무

038 단체 관광여행을 판매형태별로 분류했을 때 가장 관계없는 것은?

① 주최여행
② 포괄여행
③ 공최여행
④ 청부여행

039 오거나이저(Organizer)는 무슨 뜻인가?

① 여행도매업자

② 여행소매업자

③ 관광안내자

④ 주최자

040 다음 중 여행업의 수입과 거리가 먼 것은?

① Principal로부터 받는 판매수수료

② 여행자로부터 받는 판매수수료

③ 호텔객실과 비행기표 등의 구입가격과 판매가격의 차이에 의한 수입

④ 대리점업으로서의 판매수수료

041 Courier는 무슨 뜻인가?

① Tour Conductor

② 여행도매업자

③ Tourist의 다른 말

④ 여행상품 기획자

HINT Tour Manager, Tour Escort라고도 한다.

042 PVS와 관계없는 사항은?

① 사증

② 세관

③ 여권

④ 주사

043 다음 중 ASTA와 관계없는 사항은?

① 미국 여행업자 협회이다.

② 본부는 버지니아주 알렉산드리아에 있다.

③ 1931년에 발족되었다.

④ 1979년 4월 2차 총회를 서울에서 개최했다.

HINT 1983년 9월 53차 총회 서울에서 개최

044 여행상품의 가격 결정에 큰 영향을 미치는 요인과 거리가 먼 것은?

① 관광여행의 기간

② 관광목적지의 거리

③ 관광안내원의 유무

④ 관광계절

045 Whole Saler란 무슨 뜻인가?

① 여행도매업자

② 여행소매업자

③ IT를 기획 추진하는 자

④ 관광안내원

HINT ② Retailer, ③ Tour Operator

046 "HOSPITALITY INDUSTRY"와 관계없는 것은?

① 숙박

② 병원

③ 음식

④ 사교클럽

047 'Der Badische Hof'는 어느 나라 온천관광지의 호텔인가?

① 프랑스

② 스페인

③ 독일

④ 영국

HINT Der Badische Hof는 19세기 초엽에 검은 산림으로 뒤덮인 독일의 Baden Baden에 세워진 최초의 온천장 호텔이다.

048 "근대호텔왕"이라고 불리는 사람은 누구인가?

① C. N. Hilton
② E. Henderson
③ C. Ritz
④ E. M. Statler

049 연쇄경영(Chain) 호텔의 효시가 된 호텔은 다음 중 어느 것인가?

① Ritz 호텔
② Holiday Inn
③ Hilton 호텔
④ Sheraton 호텔

> **HINT** ① 스위스인 Ritz가 1880년에 "Guest is Always Right"란 경영철학을 가지고 프랑스에 건립한 Ritz 호텔이 각국에 18개사나 Chain 호텔을 만들어 Chain 호텔의 효시가 되었다.

050 미국에서 근대적 의미의 호텔이 출현한 곳은 어디인가?

① Tremont House
② Buffallo Statler
③ Stevens Hotel
④ City Hotel

> **HINT** ④ 1794년 뉴욕에 73실 규모의 City Hotel이 출현함으로써 미국 호텔산업의 1차 황금기를 이룩하였다.

051 관광기념품이 상품으로서 갖추어야 할 요건과 거리가 먼 사항은?

① 국민적 색채가 풍부하게 담겨 있을 것
② 오랫동안 보관하지 않아도 된다.
③ 간편하며 휴대하기에 편리할 것
④ 국내에서 조달할 수 있는 재료를 사용하여 만들어야 한다.

052 여행편람을 쓴 사람은 누구인가?

① John Murray
② Karl Baedecker
③ Thomas Cook
④ P. Bernecker

053 다음 중 관광객이라고 볼 수 없는 것은?

① 수학여행 학생
② 관광시설의 이용자
③ 국제항공기의 스튜어디스
④ 스포츠 참가자

054 관광의 대상이 아닌 것을 다음 중에서 고르시오.

① 관광자원
② 관광객
③ 관광시설
④ 관광목적물

> **HINT** 관광의 객체를 가리킨다.

055 다음 중 유럽에서의 관광 발전단계를 올바르게 전개한 것은?

① Tourism의 시대 – Tour의 시대 – Mass Tourism의 시대
② Mass Tourism의 시대 – Tour의 시대 – Tourism의 시대
③ Tour의 시대 – Social Tourism의 시대 – Mass Tourism의 시대
④ Tour의 시대 – Tourism의 시대 – Social Tourism의 시대

056 Tourism의 시대를 설명한 내용 중 거리가 먼 것은?

① 관광객층은 일반대중이었다.

② 19세기 1840년대 초부터 제2차 세계대전까지를 말한다.

③ 여행의 조직자는 대개 기업이었다.

④ 조직의 동기는 이윤의 추구에서였다.

057 여행의 의미로서 관계가 없는 것은?

① 경제적 행위

② 소비행위

③ 이주행위

④ 체재행위

058 다음 중 관광개념을 경제적 행위보다 광범위한 문화적 활동면에 더 치중해서 발표한 학자는?

① H. Schulern

② J. Medecin

③ A. Börmann

④ F. W. Oglivie

059 관광의 제1목적은 어디에 있는가?

① 교양적 목적

② 위락적 목적

③ 요양적 목적

④ 경제적 목적

HINT ① 제1목적, ② 제2목적이라고 한다.

060 세계관광기구에서 정한 관광객의 정의 중 관광객으로 볼 수 있는 자는?

① 계약유무를 떠나 취직 또는 영업을 하기 위해 내방하는 자

② 국경지대에 거주하면서 인접국에 수시로 입국하는 자

③ 24시간을 경과할지라도 일국에 체재하지 않고 통과하는 여행자

④ 상용목적으로 여행하는 자

061 관광의 매체 중에서 기능적인 매체에 해당하는 것은?

① 숙박시설

② 관광기념품 판매업

③ 교통기관

④ 휴게시설

HINT ①, ④ 시간적인 매체, ③ 공간적인 매체

062 관광에 관한 최초의 연구논문 제목은 다음 중 어느 것인가?

① 이탈리아에 있어서의 외국인 이동

② 관광객 이동의 계산방법의 개량에 대하여

③ 이탈리아에 있어서 외국인의 이동 및 그곳에서 소비되는 소요비용에 대하여

④ 관광학과 그의 응용

HINT ① 1923년 니체훼로, ② 1926년 베니니,
③ 1899년 L. 보디오, ④ W. Hunziker의 논문

063 관광학은 관광의 기초, 원인, 수단 및 영향 등을 극히 광범한 범위에 걸쳐 연구하는 분야라며 경제학적 각도에서뿐만 아니라 기타 여러 학문까지도 관광론의 범위 내에 포함시켜야 한다고 주장한 학자는?

① R. Glücksmann

② A. Mariotti

③ A. Börmann

④ W. Hunziker

064 "여행목적지의 공간적 질서에 대하여"란 논문을 쓴 사람은?

① P. Defert
② H. Todt
③ H. J. Knebel
④ M. Troisi

HINT ① 관광입지론, ③ 근대관광에 있어서의 사회적 구조변화, ④ 관광과 관광수입의 경제이론 등을 발표했다.

065 R. Glücksmann의 관광 원인을 분류한 내용 중 맞지 않는 것은?

① 심정적 동기
② 신체적 동기
③ 경제적 동기
④ 정치적 동기

HINT 정신적 동기가 포함된다.

066 Mcintosh의 관광의 동기에 포함되지 않는 사항은?

① 사회적 동기
② 문화적 동기
③ 지위향상적 동기
④ 경제적 동기

HINT 신체적 동기가 포함된다.

067 관광행동을 지향시키는 욕구확대와 관광을 발전시킬 장차의 관광동향에 영향을 줄 제 요인과 관계가 먼 것은?

① 경제적 요인
② 사회적 요인
③ 정치적 요인
④ 문화적 요인

068 다음 중 여행을 함으로써 얻는 소득이 아닌 것은?

① 방랑성이 생긴다.
② 애국심이 생긴다.
③ 독립성이 강해진다.
④ 대인관계가 원만해진다.

HINT ① 여행을 함으로써 생기는 폐단이다.

069 다음 중 관광자원의 분류와 거리가 먼 것은?

① 사회적 관광자원
② 인공적 관광자원
③ 산업적 관광자원
④ 자연적 관광자원

070 산업관광을 처음 시작한 나라는 어디인가?

① 영국
② 일본
③ 미국
④ 프랑스

HINT 1952년에 시작되었다.

071 다음 중 관광지 개발의 구체적인 방법으로써 설명한 것 중 거리가 먼 것은?

① 수익성을 높이기 위해 고급화된 시설
② 교통수단의 건설
③ 숙박시설의 건설
④ 관광자원의 조성, 정비

HINT 기타 전망시설과 선전, 광고 등이 개발조건에 포함된다.

072 관광지 개발에 관계되는 사항 중 관계가 먼 것은 어느 것인가?

① 하나의 지역을 종합하는 개발계획이 필요하다.
② 숙박업, 시설업, 교통업 등은 자체독립사업으로서 관광가치를 높일 수 있다.
③ 개발계획 목표는 개개 영리사업의 수익성만이 아니라 지역경제의 영향을 고려해야 한다.
④ 한 지역만이 아니라 수 개 지역을 종합한 지역의 관광루트의 건설도 필요하다.

073 국민관광지를 개발하기 위한 성격 중 거리가 먼 사항은 어느 것인가?

① 내국인의 야외휴식처
② 가족동반 중심의 관광지
③ 체재를 목적으로 한 목적형 관광지
④ 당일귀환을 목적으로 한 귀환형 관광지

074 관광이 성격상 가장 중요하지만 관광수요의 격차를 심하게 나타낼 수 있는 자원은 무엇인가?

① 문화적 관광자원
② 자연적 관광자원
③ 사회적 관광자원
④ 산업적 관광자원

075 관광개발의 조건 중 가장 거리가 먼 것은 무엇인가?

① 자연적 조건
② 사회적 조건
③ 입지적 조건
④ 경제적 조건

076 우리나라 7대 광역관광권에 포함되지 않는 곳은 어디인가?

① 중부관광권
② 호남관광권
③ 부 · 울 · 경 관광권
④ 제주관광권

077 우리나라 최초로 지정된 국립공원은 어디인가?

① 설악산
② 계룡산
③ 지리산
④ 경주

078 화폐단위와 나라의 짝이 맞지 않는 것은?

① 홍콩 – 홍콩 $
② 필리핀 – peso
③ 뉴질랜드 – NT $
④ 태국 – Baht

079 Overbooking에 관하여 틀린 것은?

① 전년도 통계를 참고한다.
② 계절과 요일에 따라 다르다.
③ 비수기인 경우 많이 받는다.
④ No show도 중요한 요인이 된다.

080 다음 중 우리나라가 아직 가입되지 않은 국제기구는 어느 것인가?

① ATMA
② UNWTO
③ JNTA
④ IATA

081 UNWTO의 내용과 관계없는 것은?

① 파리에서 조직되었다.

② 1925년의 IUOTO가 개편된 것이다.

③ 본부는 마드리드에 있다.

④ 세계관광정책조정, 가맹국의 관광경제 발전을 도모하는 것을 목적으로 한다.

082 자연의 파괴, 파손의 원인이 아닌 것은?

① 산업개발

② 택지조성

③ 자연적 원인

④ 관광개발

> HINT ④ 무질서한 관광개발은 인위적인 파괴·파손의 원인이 될 수 있다.

083 국립공원 제도를 제일 먼저 시작한 나라는?

① 독일

② 미국

③ 스위스

④ 프랑스

084 세계 최초의 국립공원은 어디인가?

① Yosemite National Park

② Banff National Park

③ Yellowstone National Park

④ Grand Canyon National Park

> HINT ③ 1872년 세계 최초로 지정되었고 미국 최대, 세계 제2위임

085 다음 중 관광사업의 발전단계를 맞게 연결한 것은?

① TOUR의 시대 – 자연발생적 관광사업

② TOURISM의 시대 – 개발, 조직적 관광사업

③ SOCIAL TOURISM의 시대 – 서비스적 관광사업

④ TOUR의 시대 – 개발, 조직적 관광사업

086 Hotel Chain System을 발전시킨 사람은?

① Ritz

② Statler

③ Mariotti

④ Henderson

087 항공기에 의한 정기국제항로의 개설은 언제 되었는가?

① 1840년

② 1916년

③ 1825년

④ 1929년

088 다음의 설명 중 옳지 않은 것은?

① 관광산업과 관광사업, 또는 관광기업은 동의어로 사용된다.

② 관광사업은 영리사업과 비영리사업으로 나눌 수 있다.

③ 관광산업의 개념은 일반산업의 체계 및 범위와 그 뜻이 같다.

④ 관광사업 중 공익적인 활동은 관광행정이라고 총칭할 수 있다.

089 관광사업은 공익성과 (　　)을 내포하여 사적 관광사업을 통하여 공익목적을 달성하고자 하는데 그 특색이 있다. 다음 중 (　　)에 적당한 말은?

① 관광성
② 소비성
③ 조화성
④ 기업성

090 역사상 가장 여행이 활발했던 시기는?

① 17세기 중엽의 중상주의 시대
② 로마 제정시대
③ 중세 봉건시대
④ 고대 그리스 시대

091 국제관광의 효과 중 제1의 효과라고 볼 수 있는 것은?

① 경제적 효과
② 사회적 효과
③ 문화적 효과
④ 환경적 효과

HINT 그 밖에 국가홍보적 효과가 있다.

092 관광의 효과 중에서 경제적 효과와 거리가 먼 것은?

① 투자소득 효과
② 소비소득 효과
③ 인구의 증가 효과
④ 외화획득 효과

093 다음 중 관광서비스의 특성이라고 볼 수 없는 것은?

① 관광서비스는 국제친선을 도모한다.
② 관광서비스는 국제사회에 적합해야 한다.
③ 관광서비스가 갖는 판촉효과를 중시해야 한다.
④ 관광서비스를 위해서는 주체성과 국가의식의 확립이 무시될 수 있다.

094 관광산업의 내용 중 관계가 먼 것은 어느 것인가?

① 무형무역이다 (Invisible Export).
② 유형무역이다.
③ 3차 산업이다.
④ 노동집약적 산업이다.

HINT 특히, 관광산업은 다른 산업보다도 자원소모율이 적은 무공해 산업으로서, 외화가득률이 높기 때문에 생산적인 4차적 산업이라고도 한다.

095 체키의 승수효과란 무슨 뜻인가?

① 관광수입의 외화가득률 공식을 말한다.
② 관광사업을 위한 투자가치를 산출하는 것이다.
③ 관광소비가 국민경제 내부에서 회전하는 것을 말한다.
④ 관광기업의 이익산출을 하는 것이다.

HINT 미국의 상무성과 PATA가 Checki회사에 위탁하여 회원국 17개국에 대하여 실시한 관광조사 보고서, 일명 체키리포트라고 한다.

096 일반 경제활동에 비해 관광수입이 국민소득에 대한 체키의 승수효과는 몇 배인가?

① 연간 3.2배 내지 4.3배이다.
② 연간 5.5배이다.
③ 연간 2.3배이다.
④ 연간 2.3배 내지 5.5배이다.

097 다음 중 관광산업의 국내적 효과가 아닌 것은?

① 국민소득의 증대효과

② 고용과 근로의욕의 증진에 대한 효과

③ 국내자원의 이용에 대한 효과

④ 관광객의 상호 왕래로 국민 교양 향상에 대한 효과

> **HINT** 관광산업의 국내적 · 국제적 측면에서의 효과를 정리하면 다음과 같다.
>
> A. 관광산업의 국내적 효과
> (1) 경제발전에의 기여와 일반 물가수준에 미치는 효과
> (2) 조세수입증대에 대한 기여효과
> (3) 지역격차 시정에 대한 효과
> (4) 타산업에의 자극효과
> (5) 환경보전효과와 국가안보효과
>
> B. 관광산업의 국제적 효과
> (1) 높은 외화가득률로 국제수지 개선에의 기여 효과
> (2) 국제사회의 상호 이해와 국제 친선의 증진에 대한 효과
> (3) 민간외교의 촉진과 한국의 선전, PR로 국위 선양에의 기여 효과
> (4) 국가 간의 경제교류 증대와 국제무역의 진흥 및 문화교류로 인한 민족문화의 창달 효과

098 관광의 원인을 분석하여 그것을 여행자측에 있는 원인으로서, 자발적으로 여행하고자 하는 '관념적인 것'과 일정한 토지에 여행하지 않을 수 없는 '물질적인 것'으로 분류한 사람은?

① 글뤽스만

② 오글리비

③ 마리오티

④ 그라프

099 관광객의 심리적 특성은 긴장감과 해방감이라는 상반된 두 가지의 결합에 의해 평소와는 다른 특유의 심리가 형성된다고 하는데 해방감에 대한 설명 중 거리가 먼 것은?

① 인간을 육체적으로 또한 정신적으로도 쉬게 만든다.

② 여행을 통해 즐거움을 맛보게 해준다.

③ 사람을 유쾌하게 만들어준다.

④ 욕구수준이 일시적으로 낮아지는 경향이 있다.

100 다음 항공사 코드에 대한 설명 중 거리가 먼 것은?

① 각 항공사의 신청에 의하여 IATA에서 지정해 주고 있다.

② 항공사 코드는 2자 또는 3자의 문자와 숫자로 구성되고 있다.

③ 2자로 구성하는 경우에는 2개의 알파벳으로 구성할 수 있고, 숫자로 혼합하여 사용할 수 있다.

④ 3자로 구성하는 경우에는 필히 숫자가 혼합되어야 한다.

101 관광사업은 관광의 효용과 사업이 가져오는 (   ), 경제적 효과를 합목적적으로 촉진함을 목적으로 하는 조직적 활동이다.

다음 중 (   )에 적당한 말은?

① 사회적

② 공익적

③ 관광적

④ 기업적

102 우리나라에서 외래관광객이 100만 명을 돌파한 해는 언제인가?

① 1975년
② 1977년
③ 1980년
④ 1978년

HINT ③ 1980년에는 외래관광객이 97만 명이었다.

103 우리나라에서 최초의 철도가 개통된 시기는 언제인가?

① 1897년
② 1899년
③ 1825년
④ 1896년

HINT ② 9월 18일 노량진–제물포 간 33.2㎞의 철도가 개통되었다.

104 PATA와 관계없는 사항은 무엇인가?

① 아시아태평양지역관광협회(Pacific Asia Travel Association)
② 본부는 샌프란시스코에 있고, 65개국 약 2,000업체가 가입되어 있다.
③ 1965년 3월 창립되었다.
④ 1979년 4월 서울총회가 있었다.

HINT 1951년 하와이 관광국에서 제창. 1953년 창립되었고, 1965년 3월에 1차, 1979년 4월에 2차 서울총회가 있었다.

105 유명 관광지나 도시보다 잘 알려져 있지 않은 지역을 여행하는 형태는?

① DIY형
② SIT형
③ Off-the beaten
④ 체재형

106 TRAVEL이란 말을 처음 관광의 뜻으로 사용한 국제기구는 어느 것인가?

① UNWTO
② IUOTO
③ IATA
④ UN

HINT ② 1925년 창립되었으며, 1975년에 UNWTO로 개칭

107 다음 순목적 관광이라고 볼 수 있는 것은?

① 상용여행
② 학술여행
③ 스포츠여행
④ 수학여행

HINT ①, ②, ③은 겸목적 관광이라고 볼 수 있다.

108 관광가치에 관한 설명 중 가장 잘 설명된 것은?

① 관광가치는 본래 관광자원이나 관광시설을 기본으로 하는 관광서비스가 가지고 있는 가치이다.
② 관광가치는 모든 관광객이 느끼고 판단하는 기준이 같다.
③ 관광가치는 시대에 따라 변하지 않는 절대적인 것이다.
④ 관광가치의 형성은 관광 대상이나 관광 수단을 형성하는 관광사업자에 의해서만 이루어진다.

109 우리나라를 방문하는 외래관광객 중 어느 나라에서 가장 많이 오는가?

① 미국
② 대만
③ 중국
④ 일본

110 다음 중 관광가치를 형성하는 제 요소 중 특히 관광행위자에 의한 관광가치를 형성하는 방법은 어느 것인가?

① 인공자원의 감상가치의 증진

② 관광의욕의 정리

③ 관광개발로 인한 관광대상의 훼손방지

④ 교통시설의 건설, 개량

111 관광객이라 함은 인종, 성, 언어 또는 종교 여하를 불문하고 이민 이외의 적법의 목적을 위해 국경을 넘어서 24시간 이상 6개월 이하의 기간 동안 계속 체재하는 자를 국제관광객이라고 정의한 기관은 어디인가?

① UN

② IUOTO

③ UNWTO

④ OECD

> **HINT** ④ Organization for Economic Cooperation and Development : 경제협력개발기구

112 우리나라 최초의 전차는 언제 운행되었는가?

① 1888년

② 1899년

③ 1898년

④ 1889년

> **HINT** ② 미국인 콜브렌과 보스트위크에 의해 서대문 – 청량리 구간에서 처음 전차가 운행되었다.

113 일시 방문객은 OECD의 정의에 의해 어떻게 취급하고 있는가?

① 24시간 이내 체재 자

② 1개월 이하 체재하는 자

③ 6개월 이하 체재하는 자

④ 3개월 이하 체재하는 자

114 다음 중 관광외화가득률에 대한 설명 중 가장 타당한 것은?

① 국제관광수입의 외화가득률은 관광수입액에서 해외선전비와 외제품의 수입가격 등을 뺀 것으로 산출한다.

② 국제관광수입을 상품수출의 외화수입과 비교하였을 때 그 외화가득률은 비슷하다.

③ 국제관광수입의 외화가득률은 약 70%이다.

④ 국제관광수입은 외래관광객이 우리나라에서 소비하는 금액의 전부를 순수익으로 한다.

> **HINT** 외화가득률 = 국제관광수입 − (선전, 광고비 + 외래객구입품의 수입가격)/국제관광수입 × 100

115 국제관광의 수지 중 지출항목은 다음 중 어느 것인가?

① 외래객이 일국에서 소비하는 비용

② 교포들이 해외에서 소비하는 관광비용

③ 국내인이 타국 내에서 여행 중 지출하는 여행경비

④ 외국관광객이 국내에서 지출하는 여행경비

116 관광자원은 관광객체로서 존재하는 것이므로 관광자원의 가치와 매력 여부는 (   )에 의해서 좌우된다.

① 관광수요

② 관광사업

③ 관광효과

④ 관광매체

117 관광자원의 설명 중 타당성이 없는 사항은?

① 일반적으로 관광대상이 될 수 있는 자원은 자연적 자원과 인공적 자원으로 나눈다.

② 본래 관광대상으로서의 성질을 갖추고 있지 못한 것이 시설의 건설로써 관광대상이 되었을 경우에 관광자원이라고는 하지 않는다.

③ 관광자원이 가지고 있는 자원 가치가 반드시 동일하지는 않다.

④ 관광자원이 가지고 있는 가치와 위치와는 관계가 없다.

113 다음 중 자연적 관광자원이 아닌 것은?

① 동물원

② 하천

③ 온천

④ 식물

HINT ① 사육하고 있는 동물, 곰이나 원숭이도 있지만 동물이 되면 그것은 인공적 자원이 된다.

119 미온천은 수온이 몇 도부터 몇 도까지를 말하나?

① 34~42℃

② 42℃ 이상

③ 25~34℃

④ 25℃ 미만

HINT ① 온천 ② 고온천 ③과 ④는 광천이라고도 함

120 관광개발의 구체적인 방법으로서의 분류와 거리가 먼 것은?

① 교통수단의 건설

② 관광행정시설

③ 선전, 광고

④ 관광자원의 조성, 정비

HINT 기타 숙박시설의 건설, 관광전망 시설, 오락시설, 휴게소, 안내소 등의 설치를 중점적으로 개발한다.

121 다음 중 IUCN의 목적이 아닌 사항은?

① 자연보호에 관한 교육의 보급

② 자연보호를 위한 기술자료의 제공

③ 자연보호를 위한 용역회사의 제공

④ 자연보호에 관한 각종의 국제협력

HINT IUCN은 The International Union for the Conservation of Nature and Natural Resources의 약자로 1948년 자연보호국제연합(IUPN)이 결성되었다가 1956년에 IUCN으로 개칭되었고, 본부는 브뤼셀에 있다.

122 다음 중 여행업의 대형화에 장애가 되는 요인으로 거리가 먼 것은?

① 인건비 비율이 높다.

② 공급에 한계가 없다.

③ 수요에 한계가 있다.

④ 상품개발에 특허의 보호가 없다.

123 관광관련 주요 행정기관의 기능으로 옳지 않은 것은?

① 문화체육관광부 – 관광정책 수립 및 홍보, 관광관련 법령 제정, 개정

② 외교부 – 여권 발급 및 비자 면제협정 체결

③ 법무부 – 비자 발급 및 출입국심사

④ 환경부 – 국립공원 · 도립공원 등 자연공원 지정

124 Service의 기본자세인 3S가 아닌 것은?

① Smile
② Safety
③ Speed
④ Sincerity

125 한국관광공사의 영어표기로 맞는 것은?

① Korea Tourist Service Inc.
② Korea Tourism Corporation
③ Korea Tourism Organization
④ Korea International Tourism Service

126 우리나라에서 자연보호헌장을 선포한 해는 언제인가?

① 1977년
② 1980년
③ 1979년
④ 1978년

127 1949년 처음으로 국내에 취항한 외국항공사는?

① TWA
② PANAM
③ NWA
④ AIR FRANCE

128 관광에 선전이 중요한 것은 관광산업의 특징인데 그 이유가 되지 못하는 사항은?

① 관광은 정신적인 것이며 이미지 형성이 중요하다는 것이다.
② 관광은 다수 대중의 소비행위이기 때문에 선전, 광고에 의해 영향을 받는 경우가 크다는 점이다.
③ 관광선전은 관광영업의 범위에 속하기 때문에

해외선전도 정부의 정책과 무관한 기업중심이다.
④ 해외관광선전을 단순히 관광수요의 유인에 그치지 않고 국가 자체의 선전이 되며 정치적인 성질까지도 갖고 있다는 이유이다.

129 ICAO에 대한 설명이 잘못된 것은?

① 국제민간항공기구
② 본부는 몬트리올에 있다.
③ 국제선 운임 및 요율을 설정함에 있어서 각국 정부간의 조정
④ 국제민간항공을 위한 항공로, 공항 및 항공보안시설의 발달을 장려

130 여행사 Inbound 부서의 업무내용이 아닌 것은?

① 수배
② 항공권 발권
③ 안내
④ 판매

131 모형문화센터의 설립목적으로 올바른 것은?

① 문화의 상품화
② 문화의 세계화
③ 문화의 보전화
④ 문화의 진부화

132 다음의 관광사업 종류 중 '눈에 보이지 않는 수출(Invisible Export)'이라고 볼 수 있는 사업은 어느 것인가?

① 유흥주점업
② 관광전망업
③ 관광토산품판매업
④ 종합휴양업

133 우리나라에서 국립공원은 누가 지정하는가?

① 산림청장

② 행정자치부장관

③ 시·도지사

④ 환경부장관

134 관광사회 마케팅과 관련이 있는 것은?

① 고객중심적 마케팅

② 영리중심적 마케팅

③ 사회적인 책임도 포함하는 마케팅

④ 생산지향적인 마케팅

135 관광통계 작성의 목적과 관계가 먼 사항은 어느 것인가?

① 관광종사원의 확보를 위한 자료

② 관광수급을 극대화하는 것

③ 관광기업체의 경영상태를 개선하는 것

④ 지역주민 전체에 수익을 주는 관광업체로 만든다.

136 Full Pension이란 말과 관계없는 것은?

① American Plan이라고도 한다.

② Full Board라고도 한다.

③ 1박 3식을 포함한 요금제도이다.

④ 호텔 객실에 손님이 차서 빈 방이 없다는 뜻이다.

137 다음 중 관계없는 사항을 하나 고르시오.

① Catering Department

② 식음료부문

③ Front of the House

④ Back of the House

HINT ③ 객실부문을 가리킨다.

138 해외여행에서 고객이 이용하는 무료항공편 화물은 First Class의 경우 몇 kg까지 가능한가?

① 20kg

② 30kg

③ 15kg

④ 25kg

HINT ① Economy Class ③ 국내선 휴대가능 화물

139 Air Shuttle이란 무슨 말인가?

① 공항과 공항 간 또는 공항과 도시 간에 운행되는 버스이다.

② 항공권, 또는 비행기표를 말한다.

③ 시내 주요 호텔과 공항 사이를 운행하는 공항 버스

④ 근거리의 왕복 비행기편이다.

HINT ② Air Ticket ③ Airport bus ④ A Shuttle Flight

140 비수기 호텔경영방법에 있어서 비수기 타개책이 아닌 것은?

① 할인제도

② 예약제도의 확산

③ 개인 고객의 유치를 위한 마케팅 활동

④ 요금 후불제도

141 PTN지를 발간하는 태평양 지역의 관광진흥 개발 및 구미관광객 유치를 위한 공동선전 활동을 하는 국제관광 기구는?

① EATA

② IATA

③ PATA

④ ASTA

142 OECD가 채택한 관광의 정의 중에 24시간 미만의 체재를 무엇이라고 했나?

① Trip
② Excursion
③ Transit
④ Sightseeing

143 Leisure의 내용과 거리가 먼 것은 어느 것인가?

① Leisure는 보통 노동시간에 대한 개인의 자유시간을 말한다.
② 개인의 생활시간 전체에서 생리적 필수시간, 노동시간, 노동부속 시간을 뺀 개인이 자유스럽게 쓸 수 있는 시간이다.
③ Leisure는 Recreation이라 부를 수 있고 또한 전부관광이라고 볼 수 있다.
④ Leisure란 휴식, 기분전환, 자기실현의 세 가지 기능을 가진 활동의 총칭으로 파악된다.

144 다음 중 호텔경영의 세 가지 기본적인 경영이념에 포함되지 않는 사항은?

① Sanitation
② Science
③ Service
④ Sales
HINT 일반적으로 과학화, 서비스, 판매를 호텔경영의 3요소(3S)라 한다.

145 에어 슈터(Air Shooter)란 무슨 뜻인가?
① 지급 주문전표
② 회계전표 자동 수송기
③ 엘리베이터식 물품전달장치
④ 금전등록기

146 Lost and Found란 무엇인가?
① 물품보관소를 칭한다.
② 소지품 자동보관시설
③ 화물보관창고를 말한다.
④ 유실물 보관소

147 Continental Plan이란 무엇인가?
① 실료와 식사대가 별도인 요금제도이다.
② 실료에 아침식사대를 포함한 요금이다.
③ 실료에 아침식사와 점심 혹은 저녁식사비가 포함된 요금이다.
④ 실료에 아침식사와 점심 및 저녁식사비가 포함된 요금이다.

148 Traveler's Check(T/C)를 처음 사용한 여행사는 어디인가?
① American Express Company
② Thomas Cook and Son Ltd.
③ Pan-American회사
④ Diner's Club
HINT ① 1891년에 여행자수표제도를 본격 채택하였다.

149 출국절차의 순서로 알맞은 것은 다음 중 어느 것인가?
① 검역(Quarantine) – 출국관리(Emigration) – 세관(Customs)
② 출국관리(Emigration) – 검역(Quarantine) – 세관(Customs)
③ 세관(Customs) – 검역(Quarantine) – 출국관리(Emigration)
④ 세관(Customs) – 출국관리(Emigration) – 검역(Quarantine)
HINT 입국수속은 검역–입국관리–세관의 순으로 절차를 거친다.

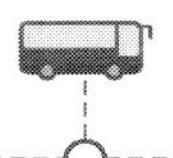

150 다음 중 관광학을 연구하는 데 가장 관계가 깊은 학문은 어느 것인가?

① 사회학
② 경영학
③ 경제학
④ 지리학

151 "관광입지론"을 연구 발표한 사람은 누구인가?

① Todt
② Defert
③ Thünen
④ Hoover

HINT ① 관광목적지의 공간적 질서에 대하여 ③ 농업입지론 ④ 공업입지론을 쓴 사람이다.

152 다음의 설명 중 타당성이 없다고 생각되는 것은 어느 것인가?

① 관광행동을 일으키게 하는 심리적인 원동력을 일반적으로 관광의욕이라 한다.
② 관광의욕이라 함은 문자 그대로 관광을 하고자 하는 마음이다.
③ 관광행동으로 나타나게 하는 힘을 관광동기라 한다.
④ 관광동기와 관광의욕은 같은 뜻으로 사용된다.

153 Youth Hostel의 운동은 어느 나라에서부터 시작되었는가?

① 독일
② 영국
③ 미국
④ 덴마크

HINT 1907년 독일의 Schirrman에 의해 처음 시작되었다.

154 세계 최초로 지정된 해안지대를 포함한 자연공원은 어디인가?

① Yellowstone National Park
② Acadia National Park
③ Grand Canyon National Park
④ Yosemite National Park

HINT ② 1916년 국립기념물공원이었으나 1919년 국립공원이 되었다.

155 다음 중 해상국립공원에 해당하지 않는 우리나라의 국립공원은?

① 한려해상국립공원
② 태안해안국립공원
③ 다도해해상국립공원
④ 제주해상국립공원

HINT ① 535.676㎢ ② 377.019㎢ ③ 2,266.221㎢의 면적이 해상국립공원으로 지정되었다.

156 관광교통기관이 관광자원화함에 있어 중요 요소라고 생각되지 않는 것은 무엇인가?

① 일상성
② 희소성
③ 진귀성
④ 호화성

157 크루즈(Cruise)란 무슨 말인가?

① 미사일의 일종이다.
② 선박을 이용하여 관광을 목적으로 주유항해하는 것이다.
③ 손님을 찾아다니는 택시를 말한다.
④ 삼림지대를 답사하며 관광개발을 하는 것이다.

158 관광지 계획에 있어 장기계획이라 함은 몇 년 정도를 말하는가?

① 5~10년
② 1~5년
③ 10~20년
④ 20년 이상

159 관광지 계획에 있어 계획의 실시에 이르기까지 순서에 맞는 사항은?

① 구상계획 – 실시계획 – 기본계획 – 관리계획 – 사업계획
② 구상계획 – 기본계획 – 실시계획 – 사업계획 – 관리계획
③ 기본계획 – 실시계획 – 사업계획 – 관리계획 – 구상계획
④ 실시계획 – 구상계획 – 사업계획 – 관리계획 – 기본계획

160 다음 중 사회적 관광자원이 아닌 것은?

① 고전적 예술
② 생활관습
③ 국회의사당
④ 공항

HINT ④ 공항, 항만, 댐, 운하, 고속도로 등은 사회공공시설로서 산업적 관광자원으로 분류한다.

161 농장은 관광자원 중 어디에 분류할 수 있는가?

① 산업적 관광자원
② 사회적 관광자원
③ 자연적 관광자원
④ 인공적 관광자원

162 다음 중 관광하부시설(Infra-structure)은 무엇을 가리키는가?

① 식당
② 호텔
③ 도로
④ 여행사

HINT Infra-structure는 교통시설, 항만, 주차장, 통신시설, 공항 등 기반시설을 가리킨다.

163 다음 중 무형문화재에 속하는 것은 어느 것인가?

① 국민성
② 음악
③ 인정
④ 고전적 예술

HINT 국민성, 인정, 고전적 예술, 음식, 교육, 사회·문화시설 등은 사회적 관광자원이 된다.

164 문화적 관광자원 속에 분류시킬 수 없는 사항은?

① 고전적 스포츠
② 기념물
③ 민속자료
④ 무형문화재

HINT 고전적 스포츠나 근대적 스포츠는 사회적 관광자원이 된다.

165 자연적 관광자원 중에서 체재관광을 유도할 수 있는 가능성이 큰 자원은?

① 산악
② 해양
③ 호수
④ 온천

166 관광수요시장을 형성하는 최대의 요소는 누구인가?

① 관광사업자
② 관광객
③ 관광대상
④ 관광행정

HINT ③ 관광대상은 관광수용시장, 관광공급시장의 일부를 형성한다.

167 녹색헌장을 공포함으로써 국가와 각 주의 자연보호, 경관관리행정 및 시책을 기본으로 하는 자연보호헌장을 만든 나라는?

① 독일
② 미국
③ 스위스
④ 캐나다

HINT 1961년 4월 20일 전문 5개조로 자연보호가 절대적으로 필요하다고 선언하였다.

168 지역사회의 입장에서 관광의 유발효과를 긍정적으로 관찰해 볼 때 거리가 먼 것은?

① 관광소비에 따른 지역주민의 소득향상
② 관광사업에의 취업기회의 증가
③ 무질서한 도시자본의 진출 등으로 미개발관광지가 토지투기의 대상
④ 교통의 개선에 따른 인근 도시에의 취업기회의 증가

169 관광개발을 추진하는 주체와 거리가 먼 것은?

① 국가
② 지역주민
③ 공공단체
④ 민간기업

170 관광개발의 방향을 생각할 때 중요한 요소로서 고려될 사항과 거리가 먼 것은 어느 것인가?

① 관광의 대상물인 관광자원의 보전과 보호문제
② 관광의 수급의 균형을 유지, 존속시키는 문제
③ 관광개발에 있어서의 다른 개발과의 조정, 도시개발과의 관계
④ 관광개발에 대한 허용 한계는 구체적 문제를 검토할 필요가 없다.

171 국제관광객에 대한 환대는 '국민적 의무'인 동시에 국제관광의 촉진은 '국가적 의무'로 되어 관광객 유치에 전력하고 있는 나라는 어디인가?

① 미국
② 이탈리아
③ 스위스
④ 스페인

172 대미관광객 유치를 위해 유럽 각국 간에 결성된 공동 선전기구는 다음 중 무엇인가?

① OEEC
② OECD
③ ETC
④ EMF

HINT ① 유럽경제협력기구 ② 경제협력개발기구 ③ 유럽관광위원회 ④ 유럽모텔연맹

173 관광객 흐름의 방향에서 관계가 먼 것은 어느 것인가?

① 국내관광(Domestic Tourism)
② 국제관광(International Tourism)
③ In Bound
④ Out Bound

HINT 국제관광은 In Bound와 Out Bound라는 양면을 가지고 있다.

174 다음 중 수취계정의 관광이라 불리는 것은 어느 것인가?

① Internal Tourism
② Social Tourism
③ Out Bound
④ In Bound

HINT ③ 지불계정의 관광이다.

175 관광이 전체 환경 중 가장 불리한 환경의 영향을 받게 된다는 것은 무슨 법칙인가?

① 관광의 최소환경의 법칙
② 관광수요의 계절성 법칙
③ 관광수요의 탄력성 법칙
④ 관광의 최대환경의 법칙

176 관광이 유발하는 효과 중 악영향과 관계가 없는 것은?

① 전통문화상실
② 범죄율의 상승
③ 새로운 문화의 도입
④ 문화재 및 자연환경의 파괴

177 국민관광의 발전을 위해 생각할 수 있는 관광행정에 따른 정책적 대응과 거리가 먼 것은?

① 국민생활 가운데서 관광레크리에이션 활동을 확대할 수 있는 경제적, 사회적 조건을 만든다.
② 건전한 국민관광을 위한 공공적 시설을 확충해 나간다.
③ 자연보호, 환경보전을 위한 시책을 강화해 나간다.
④ 시간과 개인의 에너지를 자기개발과 여가활동 등에 돌릴 수 있게 한다.

178 관광사업은 언제 비약적으로 발전했다고 볼 수 있는가?

① 제2차 세계대전 이전
② 제2차 세계대전 이후
③ 제1차 세계대전 이전
④ 제1차 세계대전 이후

HINT 관광사업은 철도, 항공기, 선박, 자동차의 발달을 배경으로 발전하게 되었다.

179 국민관광을 위한 숙박시설과 어울리지 않는 것은?

① 유스호스텔
② 국민휴가촌
③ 국민숙사
④ 콘도미니엄

HINT ② National Holiday Center ③ National Lodging

180 미국인 중심의 외래관광객에서 일본인 중심의 외래관광객으로 전환된 것은 언제부터인가?

① 1965년
② 1968년
③ 1971년
④ 1978년

181 우리나라가 최초로 외국과 항공협정을 맺은 나라는?

① 미국
② 일본
③ 대만
④ 필리핀

182 다음 중 관광사업에 대한 설명과 다른 것은?

① 관광사업을 구성하는 것은 대별하여 행정기관과 관광 관련기업으로 구분할 수 있다.

② 관광사업은 관광주체, 기업주체, 국가, 그리고 관광객체의 4자가 서로 긴밀한 관계를 맺으면서 구성되는 사업이다.

③ 관광사업과 관광행정은 전혀 다른 말이다.

④ 관광관련 기업은 관광자의 다양한 관광활동에 대응하여 이에 편익을 제공하는 직접적 관광기업과 부차적 관광기업으로 구성된다.

183 2인용 객실에 목욕탕이 없는 객실은 어떻게 표시하는가?

① SW/OB

② DW/SHOWER

③ SW/B

④ DW/OB

HINT ④ Double room Without Bath의 약자이다.

184 Connecting room이란 무슨 말인가?

① 연결문이 있고 나란히 옆에 있는 방이다.

② 나란히 옆에 있는 방으로서 연결문이 없다.

③ 전망이 좋은 방이다.

④ 사무실과 연결된 방이다.

HINT ② Adjoining room이라 한다.

185 MCO의 내용으로 잘못된 것은?

① 유효기간은 발행한 날로부터 1년이다.

② 환불은 최초 발행항공사에서 할 수 있다.

③ 송금목적으로 사용할 수 없다.

④ Audit coupon, Passenger coupon, Exchange coupon으로 구성되었다.

186 우리나라에서 많이 이용되고 있는 호텔의 요금제도는 어느 것인가?

① American Plan

② European Plan

③ Continental Plan

④ Modified American Plan

HINT ④ Half Pension, Semi Pension, Demi Pension이라고도 한다.

187 관광재 및 서비스가 일반재와 다른 속성에 대한 설명 중 거리가 먼 것은?

① 일반재화보다는 더 우등재의 성격을 띠고 있다.

② 생산과 동시에 소비되는 재화가 있는 반면에 소비를 해도 소멸되지 않는 내구재도 있다.

③ 소비자에게로의 재화수송이 어렵다.

④ 경관 등 자연재의 경우는 공급이 수요에 따라 증가할 수 있는 탄력성을 띠고 있다.

188 다음 중 세계적으로 가장 유명한 체인 호텔은 어느 것인가?

① Sheraton Corporation of America

② Holiday Inns of America, Inc.

③ Howard Johnson Motor Lodges

④ Hilton Hotels Corporation

HINT ① 세계적으로 70여 국가에 400여 개의 호텔체인을 가지고 있다.

② 미국에서 숫자로서 가장 많은 모텔체인회사로서 1,760개의 호텔에 311,700실을 보유하고 있다.

③ 미국에서 모텔의 체인회사로서 숫자로는 두 번째 많은 회사이다.

④ 세계 74개국에 메리어트, 콘래드 등 8개 브랜드 3,700여개에 가까운 호텔체인으로 국제적으로 유명하다.

189 Voluntary Chain과 관계가 있는 사항은?

① 기존의 호텔을 매수하는 것이다.

② 경영을 위탁받은 것이다.

③ 호텔의 경영자가 자발적으로 협력하여 만든 체인이다.

④ 호텔을 신축하여 체인화하는 것이다.

190 호텔에서 객실형태가 표준화, 규격화를 추진하는 이유로서 적당치 않은 것은?

① 객실의 대량판매를 용이하게 한다.

② Room Clerk의 생산성을 높여준다.

③ 미관상의 분위기를 바꾸는 것이다.

④ 종업원의 숙련도를 높일 수 있다.

191 태리프(Tariff)란 무슨 말인가?

① 팸플릿에 실려 있는 요금표를 말한다.

② 수입된 물품에 부과하는 관세율을 나타내는 리스트이다.

③ 일종의 비밀요금이다.

④ 특별요금이다.

HINT ① 공표요금이라고도 한다.

192 다음 호텔 요금 중 특별요금이라고 볼 수 없는 것은?

① 콤플리멘터리(Complimentary)

② 할인요금

③ 커머셜 레이트(Commercial rate)

④ 추가요금

HINT ① Complimentary on Room은 객실만 무료다.

193 미드나이트 차지(Midnight Charge)란 무슨 뜻인가?

① 야간 Room service에 관한 요금이다.

② 객실의 야간요금이다.

③ 투숙객이 여행을 떠나 밤에 돌아올 수 없어서 짐을 그대로 두고 갈 경우 청구하는 요금이다.

④ 숙박한 손님이 예약상태에서 도착하지 않아 그 방을 올 때까지 빈 방으로 놔두고 후에 청구하는 요금이다.

194 우리나라에서 제일 처음 세워진 호텔은 어느 것인가?

① 손탁호텔

② 신의주 철도호텔

③ 조선호텔

④ 대불호텔

HINT 1888년-대불호텔, 1902년-손탁호텔, 1909년-하남호텔, 1912년-부산 및 신의주호텔, 1914년-조선호텔

195 호텔기업의 특성이라고 볼 수 없는 것은?

① 시설이 조기 노후화된다.

② 연중무휴의 기업이다.

③ 신축성이 있다.

④ 인적 서비스에 대한 의존성이 강하다.

196 여행안내에 안내원을 동반시켜 제 경비의 지불부터 안내, 알선까지 일체를 인수하는 여행을 무엇이라 하는가?

① I.C.T

② I.I.T

③ G.I.T

④ F.E.T

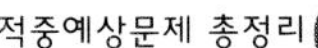

197 PLP와 관계없는 사항은 무엇인가?

① 운임후불제이다.

② American Express

③ Pan-American 항공회사

④ Fly Now-Pay Later Plan이다.

198 다음 중 Motel의 장점이라고 볼 수 없는 것은?

① 노 팁 제도(No Tip System)를 실시할 수 있다.

② 숙박요금이 저렴하다.

③ 주차에 불편이 없다.

④ 예약이 필요하다.

199 커먼 캐리어(Common Carrier)란 무슨 말인가?

① 운송업자

② 숙박업자

③ 여행업자

④ 중개업자

200 블로킹 룸(Blocking Room)이란 무슨 뜻인가?

① 정리를 요하는 방

② 고장난 방

③ 예약된 방

④ 팔 수 없는 방

HINT ① On Change Room ② Out of Order Room

201 유럽지역의 주요관광객은 어느 나라 사람인가?

① 영국

② 일본

③ 독일

④ 미국

202 서비스 마케팅은 서비스 품질의 (   )과 유용성인 상품가치에 중점을 두어 보다 좋은 서비스로 다양한 고객의 요구에 맞출 수 있도록 노력하는 것이다. (   )에 가장 적당한 것은?

① 다양성

② 적정성

③ 합법성

④ 연계성

203 마케팅 활동에 있어서는 항상 고객의 의향과 입장을 중요시하고 고객본위로 기업활동을 지향한다는 고객본위의 마케팅 활동과 관계없는 사항은?

① 마케팅 지향(Marketing Orientation)

② 마케팅 접촉(Marketing Contact)

③ 마케팅 콘셉트(Marketing Concept)

④ 마케팅 마인디드니스(Marketing Mindedness)

204 마케팅(Marketing) 수단의 3대 요소가 아닌 것은?

① 시장조사

② 시장계획

③ 시장조건

④ 시장선전

205 국제관광의 해외지향 마케팅의 내용과 관계없는 사항은?

① 관광수요 시장

② 관광수용 시장

③ 관광배출 시장

④ 관광객 공급 시장

206 신문, 잡지, 라디오, TV 등의 매스미디어에 대하여 관광상품, 관광서비스 등에 관한 정보를 제공함으로써 이를 기사 또는 뉴스로 보도하도록 관광수요를 비간접적으로 자극하는 무료의 관광선전활동은 무엇인가?

① PR(Public Relations)
② 광고(Advertising)
③ 협찬광고
④ Publicity

207 다음 중 항공기 여행자로서 여행 중 특별한 주의가 필요해서 건강진단서나 서약서 등을 받지 않아도 될 승객은?

① Stretcher 환자
② 비동반 소아(12세 미만)
③ 70세 이상 노인
④ 임신부(8개월 이상)

208 세계 주요 항공사 가운데 약호(Code)와 국적이 잘못 연결된 것은?

① BN – 영국
② CX – 홍콩
③ AF – 프랑스
④ AA – 미국

> HINT ① BN:브래니프항공, ② CX:캐세이퍼시픽항공 ③ AF:에어프랑스항공, ④ AA:아메리칸항공

209 TWOV와 관계없는 사항은?

① Transit Without Visa
② 비자 없이 통과하는 경우이다.
③ 정식비자를 받아야 하는 경우이다.
④ 제3국으로 계속 여행할 수 있는 예약 확인된 항공권을 소지하고 있어야 한다.

210 여행증명서를 발급받지 못하는 경우는 어떤 경우인가?

① 출국하는 무국적자
② 국제 입양자
③ 국외에 체류 또는 거주 중인 자로서 여권의 발급을 기다릴 시간적 여유가 없어 긴급히 귀국 또는 여행할 필요가 있는 자
④ 수시로 출입국을 자유롭게 할 수 있는 자

211 시장 세분화 기준에서 상품충성도와 관계가 있는 것은?

① 인구통계적 세분화
② 지리적 세분화
③ 심리적 세분화
④ 행동분석적 세분화(인간형태별)

212 다음 중 출입국 수속서류가 아닌 것은?

① Passport
② 병무신고
③ Visa
④ E/D Card

213 Yield Management와 관계없는 것은?

① 항공산업에서 시작되었다.
② 수입극대화 관리
③ 자동가격 변동방식
④ 호텔업과는 관계없다.

214 Unaccompanied Minor(UM)란 말과 거리가 먼 것은?

① 생후 3개월 이상 12세 미만의 유아와 어린이가 성인승객과 동반하지 않고 여행하는 경우이다.

② 생후 3개월 미만의 유아도 UM이 될 수 있다.

③ 5세 이상 12세 미만은 성인요금의 50%를 항공요금으로 징수한다.

④ 3개월 이상 5세 미만은 성인요금과 동일하게 징수한다.

215 예약하지 않고 호텔에 투숙하는 손님을 무엇이라 하는가?

① Walking in Guest

② Skipper

③ Go Show Guest

④ No Show Guest

216 Promotion의 구성요소와 관계없는 것은?

① 가격

② 광고

③ 홍보

④ 인적 판매

217 다음 사항 중 판매를 할 수 있는 객실은 어느 것인가?

① House use room

② Out of Order room

③ Complimentary room

④ In Order room

218 고객의 주문에 의해 코스별 메뉴가 구성되며 가격이 결정되는 주문식사의 방법은 어느 것인가?

① Buffet

② Table D'hote

③ Á la Carte

④ Feeding

219 접시 서비스나 쟁반 서비스라고 불리는 식당 서비스의 형식은 어느 것인가?

① 미식 서비스(American Service)

② 영국식 서비스(English Service)

③ 러시아식 서비스(Russian Service)

④ 프랑스식 서비스(French Service)

220 오드블(Hors D'oeuvre)이 될 수 없는 음식은?

① Canapes

② Beef Steak

③ Caviar

④ Foie Gras

221 Soft Drinks란 무슨 뜻인가?

① 비알코올성 음료이다.

② 칵테일을 말한다.

③ 알코올성 음료이다.

④ 마셔도 취하지 않는 알코올이다.

HINT ① 콜라, 소다수 등이다. ③ Hard Drink라고 하며 술을 말한다.

222 포도주(Wine)는 무슨 술인가?

① 증류주

② 양조주

③ 화주

④ 혼성주

HINT 증류주를 화주라고도 한다.

223 다음 중 증류주(Spirituous Liquor)가 아닌 것은?

① 위스키(Whisky)

② 브랜디(Brandy)

③ 베르무트(Vermouth)

④ 럼(Rum)

224 다음 중 Social Tourism이 추구하는 이념과 가장 밀접한 관계를 가지고 있는 것은?

① 생산성

② 효과성

③ 형평성

④ 능률성

225 국제관광선전의 기능 가운데 해외의 잠재적 고객에 대하여 국제관광객으로 내방시킬 동기를 주는 설득력을 가진 선전기능은 어느 것인가?

① 고지기능

② 설득기능

③ 반복기능

④ 창조기능

226 해외 광고활동을 성립시키는 데 필요한 3요소라고 볼 수 없는 것은?

① 메시지

② 문안

③ 구도

④ 도안

227 광고의 매체로서 시각광고는 다음 중 어느 것인가?

① TV

② 영화

③ 슬라이드

④ 잡지

228 광고의 효과 중 인상기능에 뛰어난 효과를 거둘 수 있는 것은?

① TV

② 라디오

③ 신문

④ 옥외광고

229 국민관광을 국민의 것으로 하기 위해서 불평등참가를 해소하기 위한 개선책과 거리가 먼 것은?

① 노동시간의 단축

② 해외여행 자유화

③ 유급휴가제

④ 국민휴가계획 수립

230 매카시(E. J. McCarthy)의 마케팅 믹스와 관계없는 것은?

① 제품(Product)

② 장소(Place)

③ 촉진(Promotion)

④ 계획(Plan)

231 관광객의 기본적 3대 권리가 아닌 사항은?

① 안전을 구할 권리

② 알리고 알려고 하는 권리

③ 양도할 수 있는 권리

④ 선택의 권리

232 다음 지역 중 관광객이 제일 많이 모이는 지역은 어디인가?

① 미주지역

② 유럽

③ 동아시아 태평양

④ 아프리카

233 우리나라에 오는 외래관광객의 많은 비율을 차지하는 여행목적은 무엇인가?

① 관광

② 상용

③ 공용

④ 방문시찰

234 다음 중 외국인 관광객들을 위해 개선해야 할 사항이 아닌 것은?

① 교통문제 개선

② 출입국절차 개선

③ 복지관광 개선

④ 화장실 개선

235 2018년 행선지별 내국인의 출국은 어느 나라가 제일 많은가?

① 미국

② 일본

③ 중국

④ 홍콩

236 국제관광정책의 실시체계상 중요한 사항이 못 되는 것은?

① 관광시장의 개척

② 국제 교통노선의 확보

③ 출입국 제도의 간소화

④ 국가 보안제도의 강화

237 관광시즌 중에서 Peak Season에 호텔에서 선호하는 고객층은?

① 장기 투숙객

② 단체 여행객

③ 여행사 안내고객

④ 개인 여행객

238 "관광은 국가사회 및 국제관계의 사회, 문화, 교육, 경제에 대한 직접효과로 국가존립에 필수적인 활동"이라고 주장한 것을 무엇이라고 하는가?

① 마닐라 선언

② UN 선언

③ WTO 선언

④ PATA 선언

239 관광소비 지출의 제일 목적은 무엇인가?

① 교통비 지출

② 여행상품 구입

③ 토산품 구입

④ 서비스 구입

240 관광선전의 기본원칙으로 중요하지 않은 사항은?

① 관광욕구를 충족시킬 수 있는 호소
② 유효한 기간에 집중적으로 선전한다.
③ 장기적으로 설득한다.
④ 구체적인 정보제공

241 관광의 유치에 있어 관광지끼리도 경쟁상태가 존재할 수 없다고 본다. 이를 무엇이라고 하는가?

① 경합성
② 경립성
③ 경쟁불가능성
④ 공존성

242 관광지가 행동목적의 결정요인으로 작용하는 조건으로 가장 크게 작용하는 사항은?

① 기후
② 자연환경
③ 교통
④ 여행비용

243 민간외교와 관계있는 것은?

① 관광사업의 수익성
② 여행산업의 선진성
③ 관광사업의 공익성
④ 관광사업의 위탁성

244 관광헌장이란?

① 한국에도 관광헌장이 제정되어 있다.
② 도의적인 규약으로 관광질서를 확립하기 위한 것이다.
③ 시민의 친절을 지도하기 위해 제정한 것이다.
④ 시민의식에 별로 보탬이 되지 않는다.

245 항공사에 있어서 경영상 손익분석 시에 토대가 되는 것은?

① Management Factor
② Load Factor
③ Boarding Card
④ Room Occupancy

246 UNWTO의 헤이그 선언과 관계가 깊은 기관은?

① UN
② ASTA
③ EU
④ IPU

247 관광자매도시(Sister City)를 최초로 권유 실시한 이는?

① 케네디 대통령
② 존슨 대통령
③ 카터의 선거공약
④ 아이젠하워 대통령

248 칵테일에서 처방이나 제조법을 말하며, 재료 배합의 기준량과 만드는 순서를 총칭한 양목표를 말하는 용어는?

① Chaser
② Frost
③ Recipe
④ Shake

249 국제관광 선전의 3요소가 아닌 것은?

① 광고로써 선전하는 것
② Publicity로써 선전하는 것
③ PR로써 선전하는 것
④ 일반 상품으로 선전하는 것

250 'No-Tip'제도를 제일 먼저 시작한 나라는?

① 미국

② 스페인

③ 이탈리아

④ 일본

251 Package tour와 가장 비슷한 것은?

① Foreign independent tour

② Inclusive independent tour

③ Inclusive conducted tour

④ 일부 도급여행 업무

252 강보관광에 해당하는 것은?

① 보행하는 관광 코스의 길이가 약 1,000m 이내를 말한다.

② 보행하는 관광 코스의 거리가 약 900m 이상의 것을 말한다.

③ 등산관광은 강보관광과 관계가 없다.

④ 보행하는 거리가 약 900m 이내의 것을 말한다.

253 자국민의 해외여행을 제한하지 말자는 취지와 관계가 있는 것은?

① EATA의 창설목적이다.

② PATA의 설립목적이다.

③ IUOTO의 설립취지이다.

④ IMF 8조의 국제관계의 규정이다.

254 Budget Motel이란?

① 객실요금이 호텔보다는 비교적 저렴하며 고객의 대상이 가족여행 시장으로 구성

② 청소년의 정서 생활에 적합한 구조 및 설비를 갖춘 숙박시설

③ 자동차를 주로 이용하는 숙박객이 이용하는 숙박시설

④ 간단한 취사를 할 수 있는 저렴한 숙박시설

255 다음 국제관광 수지에 관한 설명 중 맞지 않는 항목은 어느 것인가?

① 관광수지의 수취계정(Credits)에는 모든 외객이 보고작성국(compiling countries)에서 소비하는 비용을 계상한다.

② 지불계정(Debits)에는 외국을 방문하는 모든 거주자가 외국에서 체재하는 동안 소비한 비용을 계상한다.

③ 관광비 가운데 외객이 목적지에서 소비하는 비용 중에서 국내 교통비나 오락비 등 개인적 경비를 제외한 관광비용을 계상한다.

④ 국제관광 수입은 국내에 관광객을 수용함으로써 취득하는 것인데 국제관광의 수용을 가리켜 관광수출(tourism export)이라 칭한다.

256 국제관광과 국내관광을 구별할 필요가 없다고 주장한 사람은?

① "The Next 200 Years"의 Herman Kahn

② "The Tourist Movement"의 Oglivie

③ "20년 후의 국제관광"의 Edward

④ Krapf와 같이 책을 지은 Hunziker

257 다음 용어에 대한 설명이 잘못된 것은?

① Excursion – 짧은 유람여행으로 주로 단체 할인의 주유여행

② Voyage – 시찰 따위의 명목으로 관비로 하는 호화여행

③ Travel – 이동의 개념이 포함된 장거리 또는 미지의 곳으로의 여행

④ Cruise – 배를 호텔 삼아 각지에 기항하면서 관광하는 형태

258 "The Next 200 Years"에서 Kahn이 주장한 이론은?

① 관광사업의 최고 호황기는 1980년대이며 2000년대에는 제4의 새로운 사업이 발생한다.
② 2000년대에 관광은 세계 최대의 단일사업이다.
③ 서비스 산업이란 1차 산업이 될 수 없다.
④ 2000년대의 관광신장률은 연 5%씩 증가한다.

259 관광자원 및 시설의 분포상태를 분석하는 방법과 관계가 먼 것은?

① 망분석법
② 임의지점법
③ 자원에 기초한 접근법
④ 직감적기법

260 제3섹터란?

① 공공부문
② 민간부문
③ 공공부문과 민간부문의 혼합개발 방식
④ 정부투자기관에서의 관광개발을 의미한다.

261 관광사업의 계절성을 극복하기 위한 판매전략과 관계가 먼 것은?

① 예약제도 확산
② FIT 유치를 위한 마케팅 강화
③ 비수기 할인제도 활용
④ 요금분할 후불제도 활용

262 여행일정 작성 시 유의해야 할 사항이 아닌 것은?

① 충분한 시간적 여유
② 계절변화에 따른 시간 고려
③ 기상변화에 대처하는 대체일정
④ 수배진행사정의 기록

263 관광 가치가 아닌 것은?

① 관광 자원이 가지는 가치성이다.
② 상대적인 가치성을 원칙으로 한다.
③ 관광가치는 절대성을 갖는 것이 원칙이다.
④ 관광가치는 절대적인 가치성이 있을 수 없다.

264 Samuelson의 이론이 정립되었던 최초의 해는?

① 1957년에 최초로 정립
② 1958년에 최초로 정립
③ 1970년에 최초로 정립
④ 1973년에 최초로 정립

265 다음 국가 중 세계 최대의 외래객 유치국가와 관광수입 국가의 연결이 맞는 것은?

① 미국 – 중국
② 프랑스 – 스페인
③ 중국 – 미국
④ 프랑스 – 미국

266 1961년에 녹색헌장을 제정한 나라는?

① 미국
② 영국
③ 서독
④ 동독

267 관광사업의 성질이라고 볼 수 없는 것은?

① 협동과 인화를 필요로 하는 복합성 있는 사업이다.
② 정치, 경제, 사회, 문화 등 구체적으로 안내할 수 있는 다각성 있는 사업이다.
③ 변동성이 있는 것이 다른 사업과 다른 점이다.
④ 소극적인 사업으로서 유형산업이라고 할 수 있다.

268 WTO에서 국제 관광객의 정의와 관계없는 것은?

① 외국을 방문하는 목적이 있는 국제관광객

② 오락, 건강을 위한 휴가여행을 하는 자

③ 연구, 종교, 스포츠를 위한 휴가여행을 하는 자

④ 직업을 갖기 위하여 친족을 방문하는 자

269 다음 중 항공운임 중에서 촉진운임과 관계가 없는 운임은?

① 회유운임

② 선원운임

③ 개인포괄운임

④ 단체포괄운임

270 "자기 비행기로 자기의 관광지에서 자기의 풀에서"라는 말과 관계가 있는 것은?

① 3C이다.

② 3S이다.

③ 3P이다.

④ AIDCA이다.

271 유형문화재에 해당하는 것은?

① 부채춤을 추는 민속무

② 조각된 문화재

③ 놀부, 흥부의 이야기

④ 모시 짜는 전통적인 기술

272 Visit American 정책을 주장한 이는?

① 1965년의 존슨 대통령

② 1960년의 아이젠하워 대통령

③ 1961년의 케네디 대통령

④ 1970년의 닉슨 대통령

273 European Recovery Plan이란?

① 영국의 관광여행제도

② 프랑스의 관광자유제도

③ 유럽 부흥계획

④ 미국의 관광진흥정책

274 다음 철도 이용권 중 존재하지 않는 것은?

① Euro pass

② Amex pass

③ Eurail pass

④ 한 · 일 공동승차권

275 Visit American 정책의 뜻은?

① 미국 국민의 해외여행을 제한하는 정책

② 미국인의 해외여행을 장려하는 정책

③ 미국인의 해외여행 휴대품에 관세를 부과하는 정책

④ 외국인의 미국 관광을 적극 장려하는 정책

276 전체 시장을 공통적 특징을 지닌 잠재고객 그룹으로 나누는 과정을 무엇이라고 하는가?

① 시장구분화

② 시장분할화

③ 시장세분화

④ 시장공통화

277 Publicity 정의는?

① 관광지에서 안내원에 의하여 관광지를 선전하는 것

② 슬라이드 형식으로 외국인에게 관광지를 선전하는 것

③ 광고비를 지불하고 관광선전을 하는 것

④ 수필 또는 뉴스의 형식으로 관광객체를 선전하는 것

278 관광사업의 단점인 것은?

① 복합성
② 서비스성
③ 변동성
④ 종합성

279 해외광고의 호소점이 아닌 것은?

① 글의 내용
② 언어, 풍습
③ 기호에 맞는 내용
④ 선전비 절감

280 여행사 수배업무에 관한 내용 중 적합하지 않은 것은?

① 내국인 해외여행 수속대행과 여행상품 판매
② 외국인 국내관광을 위한 호텔 객실대리예약
③ 관광객의 관광안내와 접객서비스
④ 각종 예약확인과 그 변동사항 기록

281 관광마케팅 믹스 중 가격 결정 시 고려사항으로 중요하지 않은 것은?

① 구매동기
② 상품의 질
③ 계절성
④ 이윤의 정도

282 Tutto Compreso를 설명한 것은?

① 미국에서 시작되었다.
② 봉사료를 가산하여 받는 것이다.
③ 일체의 '팁'을 받지 않는다.
④ 관광객에게 부담감을 주지 않는다.

283 다음 중 관광의 역사 가운데 1980년대에 행해진 것이 아닌 것은?

① 해외여행 완전자유화
② 제53차 ASTA총회 개최
③ 야간통행금지 해제
④ 국가전략산업으로 지정

284 National Trust Act를 제정한 나라는?

① 1895년의 서독
② 1946년의 스위스
③ 1907년의 영국
④ 1956년의 미국

285 Skimming Policy는 어떤 가격정책인가?

① 초기저가정책
② 초기고가정책
③ 단일가격정책
④ 염가정책

286 관광소비가 일반경제에 미치는 영향이 아닌 것은?

① 국제수지의 개선
② 대상사업의 수요증가
③ 국내 물가의 상승원인
④ 지역경제의 개발

287 유형적 관광자원이 아닌 것은?

① 경복궁
② 한국의 초가집
③ 민속극 춘향전
④ 교회

288 관광을 현대의 필연적인 사회현상이 되었다고 지적한 사람은?

① 지크프리트(Siegfried)

② 글뤽스만(Glücksmann)

③ 훈치커(Hunziker)

④ 크래프(Krapf)

289 현대적인 관광의 특징이 아닌 것은?

① 소극적인 행위에서 적극적인 행위로 변화됨

② 기분전환에서 자아실현의 수단으로 변화

③ 동적인 관광에서 정적인 관광으로 변화

④ 단순한 관광의 형태에서 복잡 다양하고 참여하는 관광으로 변화

290 무형문화재가 아닌 것은?

① 한복의 옷맵시

② 춘향전의 연극

③ 창덕궁에 있는 돈화문

④ 아름다운 생활풍습

291 관광계획의 이념설정에서 관계가 먼 것은?

① 민주성

② 효율성

③ 공익성

④ 변동성

292 1960년의 미국 **Dollar** 방위정책과 관계있는 것은?

① European Recovery Plan

② Visit America 정책

③ US Travel Service

④ Discover America 정책

293 **Menges** 이론이라 함은?

① 소득이 증가하면 관광소비는 더욱 증가한다는 이론

② 교통이 발달되면 관광인구는 더욱 많아진다는 이론

③ 여가의 증대는 기계화제도로 인하여 생긴다는 이론

④ 교육이 발달하면 관광소비는 늘어난다는 이론

294 제시된 한 주제에 대해 이견을 가진 동일분야의 전문가들이 사회자의 주도하에 청중 앞에서 벌이는 공개토론회는?

① 포럼

② 컨벤션

③ 콘퍼런스

④ 세미나

295 전사적 마케팅이란?

① 계획적 · 조직적으로 고객을 창조하는 것이다.

② 총판매량을 말하는 것으로서 시장수요가 크다.

③ 국내 · 국외 시장을 모두 합하여 일컫는 말이다.

④ 시장점유율의 통합을 말한다.

296 다음 중 공급이 수요를 창조한다는 주장을 한 사람은?

① Say

② Sessa

③ Drucker

④ Lovelook

297 I.U.C.N의 자연보호정책이 아닌 것은?

① 자연보호를 위한 교육의 보급

② 자연보호지구의 연구조사

③ 자연보호를 위한 비용의 부담

④ 자연보호를 위한 국가 간의 협력

298 국제관광과 국내관광에 관한 책을 최초로 쓴 사람은?

① Hunziker

② Oglivie

③ Glücksmann

④ Börmann

299 관광 동기 중 가장 민감한 반응이 있는 것은?

① 여행 시간을 제일 중요시한다.

② 여행국의 전통을 제일 관심으로 한다.

③ 여행 비용을 제일 중요시한다.

④ 여행 조건을 제일로 한다.

300 토산품과 기념품이 일반상품과 구별되는 것은?

① 무역절차에 의해 구입할 수 있는 상품

② Sample을 보고 얼마든지 주문할 수 있는 물건

③ 여행알선업자를 통하여 대리 구입함을 원칙으로 하는 상품

④ 관광객이 직접 여행국 기념품 판매장에 가서 사는 물건

301 관광선전을 설명하는 말과 관계되지 않는 것은?

① 관광은 정신적인 것이기 때문에 선전을 하여야 한다.

② 관광은 대중의 소비행위이기 때문에 대중에게 선전이 필요하다.

③ 관광선전은 관광수입 이외에도 정치적 효과를 갖는 때가 많다.

④ 관광선전은 비용이 드는 것이기 때문에 하지 않는 것이 효과적이다.

302 다음 중 관광개발의 목적으로 잘못된 것은?

① 자원의 가치감소를 복구하고 보호·육성한다.

② 개발을 통한 문화발달과 국민정서 순화를 가져온다.

③ 가급적 원시상태로 보존하여 후손에게 물려준다.

④ 여가선용을 위한 레크리에이션 장소를 제공한다.

303 세사(A. Sessa)가 주장한 관광수요의 결정요인이 아닌 것은?

① 사회적 요인

② 심리적 요인

③ 경제적 요인

④ 서비스적 요인

304 다음 중 술과 원료의 연결이 잘못된 것은?

① Rye Whisky → 호밀

② Rum → 사탕수수

③ Brandy → 옥수수

④ Scotch Whisky → 대맥아 및 보리

305 관광심리를 연구해야 한다고 주장한 최초의 학자는?

① Mariotti

② Hunziker

③ Börmann

④ Glücksmann

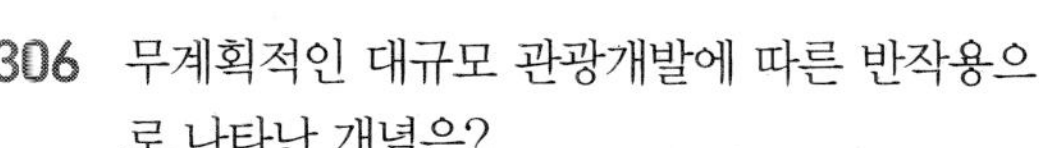

306 무계획적인 대규모 관광개발에 따른 반작용으로 나타난 개념은?

① 자연보호
② 지속가능한 개발
③ 문화재 보호
④ 생태관광

307 관광객으로부터 받는 '공항세'에 해당하는 것은?

① Airport Tax
② Airport Service Charge
③ Airport Embarkation Tax
④ Travel Tax

308 다음 중 설명이 잘못된 사항은?

① 대한민국 정부수립 후의 최초의 항공사는 1948년 10월에 설립된 대한민국 항공사(KNA)이다.
② 한국 최초의 외국인 관광단은 로열 아시아틱 소사이어티(Royal Asiatic Society)의 단원들이었다.
③ 정부수립 후 최초로 취항한 외국 항공사는 NWA이다.
④ 1957년 교통부는 WTO에 정회원으로 가입하게 되어 비로소 우리나라도 세계관광의 흐름에 따르게 되었다.

309 다음 중 관광개발사업을 시행하는 목적과 거리가 먼 것은?

① 관광자원의 가치상실을 최대한 줄이고 관광자원이 가지고 있는 고유한 특성을 보호하고 보존하기 위한 것
② 관광자원을 합리적이고 효과적인 방법으로 활용함으로써 국민의 정서함양과 민족문화의 발전을 도모하기 위한 것
③ 국민경제의 활성화 및 국제적 이미지를 고취하기 위한 것
④ 국민의 여가활동을 건전하게 육성할 수 있는 장소를 제공함으로써 국민 건강의 향상과 함께 건전 레크리에이션 활동으로 국민의 정신건강을 향상시키기 위한 것

310 관광마케팅이 일반상품의 마케팅과는 다른 점이 있다. 관광마케팅을 어렵게 만드는 관광상품의 특성과 거리가 먼 것은?

① 관광상품은 시간과 공간의 제약을 받는다.
② 관광상품에 대한 수요는 매우 불안정하여 계절, 경비변동, 정치, 사회적 요인에 크게 영향을 받는다.
③ 서비스의 매가 결정은 가치보다 원가에 두는 경향이 강하다.
④ 관광상품은 무형의 상품이므로 교통, 숙박 등의 예약 시 정보만 오고 가기 때문에 인식이 곤란하다.

311 다음 관광윤리에 대한 설명 중 틀린 것은?

① 광의의 관광윤리는 관광객, 관광종사원, 관광기업가를 모두 포함한다.
② 관광윤리를 지키지 않으면 관광공해의 문제가 발생한다.
③ 관광객의 자연훼손이나 문화재 파괴는 관광윤리에 어긋난다.
④ 관광윤리는 관광기업가에 의해서만 지켜져야 한다.

312 교양관광시대의 설명 중 잘못된 것은?

① 18C 이후를 말하며 그랜드 투어시대라고도 한다.

② 교양관광시대는 교통의 발달과 밀접한 관계가 있다.

③ 국내여행에서 국외여행으로 바뀌는 전환기시대를 말한다.

④ 지식층들만이 하는 관광을 뜻한다.

313 ITY와 관계없는 것은?

① International Tourist Year의 준말이다.

② IUOTO가 주창하였다.

③ 1967년을 말한다.

④ WTO가 주창하여 국제연합이 결정하였다.

314 우리나라 자연보호헌장에 관한 사항 중 관계가 없는 것은?

① 1978년 10월 5일 제정 · 공포하였다.

② 자연을 사랑하고 환경을 보전하는 일은 국가나 공공단체를 비롯한 모든 국민의 의무이다.

③ 오손되고 파괴된 자연을 즉시 복원하여야 한다.

④ 자연에 손을 대지 마라.

315 TIM에 관한 설명 중 맞는 것은?

① 각국의 출입국수속(CIQ)에 관한 최신의 규칙을 모아놓은 월간 간행물이다.

② Tourism Information Manual의 약자이다.

③ 발행국은 스위스이다.

④ 정보제공을 위한 자료 및 출입국 관리에 관한 각국의 준수사항도 제시

316 TAS에 관한 설명 중 잘못된 것은?

① Travel Assistance Service

② 여행사가 관광객에게 제공하는 부대적인 서비스이다.

③ 극히 기본적인 공항 내 서비스를 말한다.

④ 여행사가 특정인에게 제공하는 무료 서비스이다.

317 과거 몇 년간 발생한 자료가 없어서, 개인의 경험 및 전문가의 의견을 토대로 하여 불확실한 장기 미래의 수요를 예측하고자 할 때 사용하는 방법은?

① 정량적 예측방법

② 양적 예측방법

③ 질적 예측방법

④ 회귀분석모형

318 Chalet이란 다음 중 어떤 숙박시설을 의미하는가?

① 국민숙사

② 전형적인 프랑스 농가형태의 숙박시설

③ 한국의 초가지붕 형태로 열대지방의 숙박시설의 한 형태

④ 스위스 농가의 전형적인 형태로 열대지방의 숙박시설의 한 형태

319 City Code의 연결로 옳지 않은 것은?

① 홍콩 – HNG

② 시드니 – SYD

③ 취리히 – ZRH

④ 타이페이 – TPE

320 사파리에 관한 설명 중 잘못된 것은?

① 아랍어로서 '여행'을 뜻한다.

② 가이드와 직업적인 사냥꾼을 동반한 수렵여행을 뜻한다.

③ 최근에는 아프리카 중앙부를 관광하는 여행객을 말한다.

④ 우리나라 산악관광객도 여기에 포함된다.

321 다음 중 E.T.O란?

① 항공기 출발 예정시간

② 항공기 통과 예정시간

③ 항공기 도착 예정시간

④ 항공기 연결 탑승 소요시간

322 출발지점과 도착지점이 다른 항공여행의 형태는?

① Round Trip

② Circle Trip

③ Open Jaw Trip

④ One Way Trip

323 여행자수표(Traveler's Check, T/C)에 관한 설명 중 잘못된 것은?

① 해외 여행자가 외국에서의 비용조달 편의를 꾀할 수 있도록 은행이 발행하는 수표이다.

② 미리 소요금액을 은행에 불입한 뒤 외화표시의 몇 통의 정액수표를 교부받는 것을 말한다.

③ 여행객은 여행 중 이것에 의하여 비용을 조달하며 교부 및 사용할 때는 자필을 사용해야만 한다.

④ 여행 중 사용하는 비용은 일정한 한도액이 없으며 추후지불하면 된다.

324 홈 비지트 시스템(Home Visit System)의 설명 중 잘못된 것은?

① 외국인 관광객에게 자국 국민의 가정을 소개하는 것을 말한다.

② 이 제도는 아시아 각국에서 처음으로 시작한 제도이다.

③ Meet Americans at Home Drive란 슬로건 아래 미국에서도 채택하고 있는 제도이다.

④ 지금 이 제도가 성행하고 있는 지역은 북유럽이다.

325 관광수요에 관한 설명 중 잘못된 것은?

① Y = F(I.T.V)로 표시하며 여기서 I는 소득, T는 여가, V는 의욕을 뜻한다.

② 이것은 소득과 여가와 욕구의 3대 요인에 의해 결정된다.

③ 관광객의 공급과정에 필요한 내용을 뜻하는 것이다.

④ 관광수요를 검토하는 데 있어서는 양적 측면과 지리적 측면에서 이루어지는 일이 필요하고 수요의 질적 측면의 관광량을 좌우한다.

326 관광수입(Tourist Income)의 설명 중 잘못된 사항은?

① 한 국가에 들어가기까지의 국제운임을 포함한다.

② 국내 관광객의 소비액이 아니고 외국인 관광객의 소비액을 말한다.

③ 호텔요금, 식사비용, 선물구입, 유흥비, 국내교통비가 주요한 수입원이 된다.

④ 관광지출과 대조되는 용어이다.

327 다음 중 Leisure(레저)의 설명과 관계가 없는 것은?

① 레저의 어원은 희랍어 '스콜레(scole)'에서 유래했다.

② 시간적 개념으로는 노동시간과 생리적 필수시간을 공제한 잉여시간을 뜻한다.

③ 나머지의 시간으로 어떠한 목적을 위해 적극적인 행동을 하는 것을 의미한다.

④ 구속에서 해방되어 자기자신의 자유재량에 맡겨진 자유시간이라는 다소 가치부여적 정의로 포함된다.

328 오버랜드(Overland)에 관한 설명 중 맞지 않는 것은?

① 타국의 선박이 정기항로로 A항에 상륙하여 주요 관광지를 순회한 후 B항에 대기하고 있는 같은 선박에 돌아오는 관광형태이다.

② 통과상륙 여행이라고도 부른다.

③ 우리나라에 상륙할 때는 15일 이내 통용되는 Overland pass를 발급받아 휴대하여야 한다.

④ 선박이 타국에 입항한 후 선원이나 관광객이 항구 주위를 관광할 수 있도록 입국허가를 하는 것이다.

329 Wholeday Tour란?

① 하루동안의 여행을 말한다.

② 일주일간의 여행을 말한다.

③ 반주일 만의 여행을 뜻한다.

④ 반달간의 여행을 뜻한다.

330 다음 중 국보지정 기준에 관해 설명한 것 중 타당 사항이 아닌 것은?

① 보물 중 특히 역사적 · 학술적 · 예술적 가치가 큰 것

② 보물 중 제작연도가 오래되고 특히 우수하여 그 유례가 많은 것

③ 보물 중 형태 · 품질 · 용도가 현저히 특이한 것

④ 보물 중 특히 저명한 인물과 관련이 깊거나 그가 제작한 것

331 Baggage Pooling이란?

① 동일한 항공편을 이용하는 2명 이상의 단체여행객의 수화물 합이 허용량을 초과하지 않으면 비록 한 사람이 수화물 허용량을 초과하였을지라도 초과 수화물 요금을 내지 않아도 되는 제도이다.

② 항공사가 여객의 요청에 따라서 사용하지 않는 항공권과 MCO 등의 관광일정. 항공사 좌석 등의 변경을 위하여 일정한 조건하에서 다른 계약 항공사로 항공권의 권한을 위임하는 제도이다.

③ 항공사의 좌석관리에서 시작된 것으로 수입극대화를 위한 자동가격 변동방식이다.

④ 타국의 항공기가 자국의 영토 내에서 국내선 구간의 운수건을 행사하지 못하도록 제한하는 조치이다.

332 그라운드 오퍼레이터(Ground Operator)란?

① 목적지에서 관광객에게 현지 교통편의 및 관광 기타 접대를 제공하는 회사를 말한다.

② 관광객을 위한 여행사 및 관광숙박업자를 뜻한다.

③ I.I.T를 전문적으로 하는 여행업자를 말한다.

④ Tour Operator와 같은 뜻이다.

333 기브 어웨이(Give away)란?

① 판매촉진을 위한 경품이라든가 무료제공품을 말한다.
② Overnight bag을 저렴하게 여행업자가 판매하는 것을 뜻한다.
③ 항공회사에서 실시하는 예약체계를 뜻한다.
④ 여행상품의 하나이다.

334 디 아이 와이(DIY)에 대한 설명 중 잘못된 것은?

① Do It Yourself의 약어이다.
② 여행자 자신이 직접 숙박, 관광의 예약을 행하는 여행상품이다.
③ 패키지여행에 비해 여정기간이 긴 것이 특징이다.
④ 관광안내원이 첨승한다.

335 랜드 오퍼레이터(Land Operator)의 설명 중 적당치 않은 것은?

① 주최여행 또는 수배여행을 실시하는 타국 내지는 타 지역의 여행업자의 의뢰를 받아 자기 이름으로 당해지역에 관한 필요한 운송, 숙박 등의 여행 수배를 하는 사람을 말한다.
② 지상수배업자라고도 한다.
③ 스스로 보통여행업자와 같은 여행업무는 하지 않고 오로지 지상수배업자 업무만을 한다.
④ Local Guide를 의미한다.

336 SIT의 설명 중 관계가 없는 것은?

① Special Interest Tour의 약자이다.
② 특별한 테마를 기획하는 관광이다.
③ 특히 손님의 관심을 끌기 위한 관광이다.
④ 여행객이 여행사와 맺는 특별 계약이다.

337 옵셔널 투어(OT : Optional Tour)의 설명 중 관계가 없는 것은?

① 패키지투어의 자유행동 시간에 행하는 여행이다.
② 주로 여행일정에 없었던 계획을 현지에서 만들어 참가토록 하는 소여행을 뜻한다.
③ 여행기간이 비교적 긴 해외여행에서 계획, 실시한다.
④ 현지에서 주문받은 계약여행을 뜻한다.

338 아이 티 차터(IT Charter)와 가장 관계가 깊은 것은?

① Inclusive tour charter를 말하며, 전세기를 이용하는 포괄여행으로 유럽에서는 차터항공회사에 대한 이용이 성행하고 있다.
② 우리나라의 경우 1980년 이후 성행하고 있다.
③ 여행비가 저렴하다는 특징이 있다.
④ 단체관광객을 위한 판매전략으로 일본에서 시작한 것이다.

339 ETO와 관계가 밀접한 것은?

① 출입국 관리를 뜻한다.
② Economy Tourist Organization을 뜻한다.
③ Estimated Time Over의 약자로 통과예정시간을 말한다.
④ 관광객의 관광활동시간 중 휴식시간을 뜻한다.

340 A point-to-point sale이란?

① 오직 ticket비용만 포함하는 것

② 한 지점에서 다른 지점까지의 여행경비를 말한다.

③ 여행안내원의 ticket을 말한다.

④ 한 지점에서 특정지역까지의 무료요금을 말한다.

341 A point to point fare란?

① 여행 시 여행객이 지불하는 여행요금을 말한다.

② 한 도시에서 다른 도시로 여행할 때 기본요금을 말한다.

③ 여행안내원의 무료승차권을 뜻한다.

④ 항공기의 1등 좌석과 2등 좌석의 운임차를 말한다.

342 논 서브(NON SUB)와 관계없는 것은?

① Non Subject to load의 약자로 무료, 또는 할인이 적용되는 여객을 말한다.

② Tour conductor에 대해서 발행하는 50% 할인(10인 이상 인솔)과 100% 할인(15인 이상 인솔)의 항공권을 말한다.

③ 할인 항공권의 경우 표지에 TG50, TG100으로 표시한다.

④ 한 지점에서 다른 지점까지의 직통항로를 말한다.

343 스톱오버(Stop over)와 관계가 먼 것은?

① 여객이 항공사의 사전 승인을 얻어 출발지와 도착지 간의 한 지점에서 잠시 동안 여행을 중지하는 것

② 국내선의 경우 4시간, 국제선의 경우 24시간 이상

③ 비행기가 이륙하다 갑자기 멈추는 기계고장을 말한다.

④ Break of journey라고도 한다.

344 ABC와 관계없는 것은?

① 항공회사의 민간정기항공편 시간표

② World Airways Guide

③ 영국에서 매월 발간

④ 아시아지역 항공운송협회

345 MCT와 관계없는 것은?

① 최저 승계 소요시간

② 항공기의 기내방송

③ 국내선에서 국내선으로 또는 국내선에서 국제선으로 갈아타는 최저의 시간

④ ABC나 OAG에 나타나 있다.

346 유아운임에 관한 설명 중 관계가 있는 것은?

① 만 2세부터 12세 미만까지의 운임

② 대인운임의 약 10% 정도이다.

③ 일반적으로 무료이다.

④ 국내선의 경우 좌석을 사용하면 성인운임의 50%, 사용하지 않는 경우 10%이다.

347 ATD와 관계있는 것은?

① Time table에 기록되는 실제의 출발시간으로 Actual Time of Departure의 약어이다.

② 비행기 예정 운항을 알리는 기록표이다.

③ ATA와 같은 뜻으로 사용된다.

④ 비행기의 항로수정을 나타내는 계기판이다.

348 인플라이트(Inflight)란?

① 비행기 내의 시설 즉, 기내 서비스, 기내 식사, 기내 영화상영을 말한다.

② 비행기가 창공에 떠 있는 시간을 말한다.

③ 비행기의 대형화

④ 비행기의 이 · 착륙

349 GV란?

① Government Visitor

② GIT 운임을 적용하는 경우에 항공권면에 표시하는 코드로서, GV25라고 하면 25명을 필요 인원으로 하는 GIT의 운임을 뜻한다.

③ GIT의 편의상 줄임말이다.

④ 단체 여행객을 말한다.

350 유레일 패스(Eurail Pass)와 관계없는 것은?

① 유럽 전 지역의 철도를 이용할 수 있는 패스

② 유럽 28개국의 철도 및 일부 사철의 노선을 이용할 수 있는 정기권이다.

③ 기간은 15일간, 21일간, 1개월간, 2개월간, 3개월간의 5종류가 있다.

④ 한국에서도 구입할 수 있다.

351 다음 중 여행상품의 특징이 아닌 것은?

① 인적의존성이 낮다.

② 모방하기 쉬운 상품이다.

③ 생산 · 소비 동시완결형이다.

④ 상품의 차별화가 곤란하다.

352 다음 중 City Code의 연결이 올바르지 않은 것은?

① 토론토 → YYZ

② 방콕 → BKK

③ 비엔나 → VIE

④ 취리히 → ZHR

353 게스트 차지(Guest Charge)란?

① 고객의 청구서에 기재된 모든 청구액

② 고객이 종업원에게 지불하는 Tip

③ 고객의 객실요금 계산서

④ 고객의 객실요금 및 식음료 요금

354 MIP를 옳게 표기한 것은?

① Most Important Person

② VIP를 말한다.

③ 일반 고객을 의미한다.

④ 총지배인의 약어이다.

355 Walk in Guest란?

① 사전 예약없이 당일에 직접 호텔에 와서 투숙하는 손님

② No show에 대비 미리 예약을 더 받는 손님

③ Over booking 손님

④ Walk a Guest와 같은 뜻이다.

356 홀리덱스(Holidex)란?

① 세계 최대의 모텔 회사인 Holiday Inn이 개발한 예약업무처리 시스템

② Holiday Inn사의 객실상황 시스템

③ Holiday Inn사의 종업원 교육시스템

④ Holiday Inn사의 경영시스템

357 샤토브리앙(Chateaubriand)이란?

① 소의 엉덩이 부분 고기

② 소의 갈비

③ 소의 등 부위

④ 소의 안심부분을 두껍게 잘라서 요리한 것

358 Host Community와 관계가 없는 것은?

① 관광지에 상주하는 지역인

② 외부내방자에 의해 문화적 · 사회적 · 경제적으로 직접 영향을 받는 지역주민

③ 관광을 위해 관광지에 상주하는 외부인

④ 내방자와 함께 그 지역 내에서 시설, 자원, 문화 등을 공동이용하거나 동참하는 현지인

359 문화적 자원에 속하지 않는 것은?

① 유형문화재

② 무형문화재

③ 민속자료, 기념물

④ 국민성, 민족성

360 국회의사당, 올림픽 경기장은 무슨 자원에 속하는가?

① 자연적 관광자원

② 문화적 관광자원

③ 사회적 관광자원

④ 산업적 관광자원

361 관광코스의 종류 중 많은 시간과 비용이 드는 것은?

① 피스톤형

② 스푼형

③ 안전핀형

④ 탬버린형

362 근접국가 간 상호 관광진흥, 개발 및 선전의 공동화를 위한 지역관광을 위한 기구가 아닌 것은?

① PATA

② ATMA

③ ISTA

④ ASEANTA

363 세계의 관광관련업체 전반을 수용하는 기구가 아닌 것은?

① ASTA

② UFTAA

③ WATA

④ IATA

364 IATA에 관한 설명 중 잘못된 것은?

① 여객의 안전과 경제적인 운송의 촉진

② 항공무역상의 문제점 연구

③ 국제항공 운송업자 간의 제휴

④ 컨벤션 주최기관에 대한 자료교환

365 다음 사항 중 잘못 짝지어진 것은?

① UNWTO – 마드리드

② PATA – 샌프란시스코

③ IHA – 런던

④ ASTA – 버지니아

366 Pre&Post Conference tour란?

① 회의 참석자들에게 무료로 제공하는 관광

② 회의 전후에 실시되는 관광여행

③ 관광지 답사여행

④ 회의 진행자들을 위한 해외여행

367 교통수단의 질적 · 양적 개선은 관광객에게 불리점을 초래하는데 거리가 먼 것은?

① 교통수단의 기동성은 관광객에게 휴식이나 위락을 감소시킬 수 있다.

② 빨라진 여행속도에 의해서 여행기간 중의 경험과 인상이 적어지고 무시되기 쉽다.

③ 여행자들은 흔히 자동차 홍수, 점보기 수송, 단체여행 등 대량 소비 국면에 휩싸이게 된다.

④ 교통수단의 발달로 인한 항공기, 철도 등의 속도의 가속은 관광객에게 스릴과 관광본연의 욕구를 충족시킨다.

368 관광시장을 구성하는 관광객의 관광수요는 인간의 관광동기와 밀접한 관계를 가지므로 관광마케팅에 어려운 점이 따르게 된다. 관계가 먼 것은?

① 관광수요의 민감성

② 관광수요의 확대성

③ 관광수요의 계절성

④ 관광수요의 불변성

369 관광마케팅의 특성과 거리가 먼 것은?

① 무형성, 지각의 위험

② 동시성, 소멸성

③ 계절성, 상징성

④ 불변성, 유형성

370 다음 중 IIT와 관계가 없는 것은?

① Inclusive Independent Tour의 약어이다.

② 안내원은 각 관광지에만 안내서비스를 제공한다.

③ 안내원이 전 여정을 안내한다.

④ 일명 Local Guide System이라고도 한다.

371 GIT란?

① Group Inclusive tour로 단체포괄여행

② Group Independent tour로 단체포괄여행

③ 내국인 단체 여행객

④ 외국인 단체 여행객

372 주최여행이란?

① 여행업자가 Group 또는 단체의 organizer와 토론하여 여정 및 여행조건, 여행비를 정하여 공동으로 집객하는 여행

② 여행업자의 생각에 의해 여정, 여행조건, 여행비를 정하고 불특정다수에 선전하여 모집하는 여행

③ 개인 단체를 불문하고 특정객, Group 또는 Organizer의 희망에 따라 여정을 정하고 이 여정에 의거한 여행조건 및 여행비를 제시하여 실시하는 여행

④ 개인이나 단체가 주최가 되어 실시하는 여행

373 Incentive tour와 관계가 없는 것은?

① 포상여행으로 일반기업, 단체가 자사에 공을 세운 직원에게 포상으로 여행을 시켜주는 것

② 위락관광이라고도 한다.

③ Package tour의 대표적인 상품이다.

④ 여행객은 여행 시 자사상품의 판매촉진을 위한 수단으로 선전을 겸할 수도 있다.

374 BSP란?

① Bank Settlement plan

② Business Settlement plan

③ Bank set plan

④ Bank supply plan

375 Auditors Coupon은?

① 탑승쿠폰

② 심사쿠폰

③ 여객쿠폰

④ 환불쿠폰

376 Fly Now-Pay Later와 관계가 없는 것은?

① 선진국에서 발전된 형태

② 항공료 후불제도를 말한다.

③ 항공료의 할인제도를 말한다.

④ 대한항공에서도 실시하고 있다.

377 다음 중 항공사와 항공코드의 연결이 올바르지 않은 것은?

① 말레이시아 항공 → MH

② 캐세이퍼시픽 항공 → CX

③ 우즈베키스탄 항공 → HY

④ 독일 항공 → KL

378 자연과 관광의 상호의존 관계 측면에서 "관광발전은 자연보호를 전제로 해야 한다"고 자연보호를 강조한 선언은?

① 아카풀코 선언

② 헤이그 선언

③ 오사카 관광선언

④ 발리 선언

379 현대 호텔경영의 특성과 관계가 없는 것은 다음 중 어느 것인가?

① 기업자본의 회수촉진성

② 고정자본에 의한 의존성

③ 인적 자원에 대한 의존성

④ 수지균형의 고율성

380 Room change slip의 처리과정이 순서대로 연결된 것은?

① 손님 – 프런트클럭 – 벨맨 – 지배인

② 손님 – 지배인 – 프런트클럭 – 지배인

③ 손님 – 벨맨 – 프런트클럭 – 지배인

④ 손님 – 프런트클럭 – 벨맨 – 프런트클럭

381 다음 중 호텔경영의 3요소는 어느 것인가?

① 신속, 정확, 청결

② 신속, 정확, 과학화

③ 인적 서비스, 물적 서비스, 판매

④ 서비스, 판매, 과학화

382 Crab cocktail이란 무엇인가?

① 혼합주의 술 이름이며 칵테일 파티에 만들어 제공한다.

② 오드볼의 일종이며 식사 전에 제공하는 요리이다.

③ 디저트이며 식후에 제공하는 소품요리이다.

④ 생선코스이며 수프 다음에 제공하는 요리이다.

383 다음 중 오드볼에 해당되지 않는 것을 고르시오.

① Zakuski

② Smorgasboard

③ Entrée

④ Appetizer

384 Cornflak은 언제 먹는 것인가?

① 아침 요리이며 과일을 넣어서 먹는다.

② 아침에 먹는 요리이며 과일과 치즈를 넣어 먹는다.

③ 아침 요리이며 우유와 설탕을 넣어 먹는다.

④ 아침과 점심 중간에 먹는 찬요리이다.

385 다음 중 Canape란 무엇인가?

① 디저트이며 식후에 내는 것이다.

② 미국에서 유행된 식사 전에 먹는 본요리이다.

③ 과자의 일종이며 아무 때나 먹을 수 있는 것이다.

④ 애피타이저로서 식사 전에 먹거나 술안주로 애용되는 것이다.

386 다음 중 Filet mignon steak는 소의 어느 부위의 고기인가?

① 등심고기이다.

② 안심고기이다.

③ 둔육고기이다.

④ 편육고기이다.

387 다음 중 aperitif wine은 어느 것인가?

① Sherry 포도주

② Sparkling 포도주

③ Red wine

④ Rose wine

388 다음 식당영업 중에서 외상수입이 없는 것은?

① Lunch counter 식당이다.

② Main Dining 식당이다.

③ Cafeteria 식당이다.

④ Automat Vending Machine이다.

389 Dessert의 3요소는 다음 어느 것인가?

① Pie, Cake, Ice cream

② Sweet, Savoury, Fruit

③ Hot, Cold, Frozen

④ Fruit, Ice cream, Cake

390 Oatmeal은 어떤 요리인가?

① 환자들을 위한 환자전용 식사이다.

② 보리로 만든 Stew이다.

③ 아침 식사에 먹는 Cereal이다.

④ 보리로 만든 빵식사이다.

391 일반 관광객들에게는 공개하지 않는 원칙을 가지고 있어서 대외비라는 용어를 사용하는 판촉홍보물은 무엇인가?

① Bulletin

② Confidential Tariff

③ Air Tariff

④ Tour Brochure

392 다음 호텔판매촉진에 기여하지 못하는 것은 어느 것인가?

① Brochure

② Pamplet

③ Credit card

④ Baby cot

393 Tequila란 무엇인가?

① 멕시코산 증류주이다.

② 스페인산 포도주이다.

③ 이탈리아산 증류주이다.

④ 독일산 증류주이다.

394 다음 중 Draft Beer란 무엇을 뜻하는 맥주인가?

① 살균되어 저장이 가능한 맥주를 뜻한다.
② 살균되지 않아 저장할 수 없는 생맥주란 뜻이다.
③ 제조과정에 특별히 만든 흑맥주를 말하는 것이다.
④ 살균되어 저장이 가능한 병맥주이다.

395 오드볼(Hors D'oeuvre)의 특성이 아닌 것은 무엇인가?

① 감미가 있고 양이 많다.
② 산미와 염미가 있고 양이 소량
③ 염미와 산미가 있고 맛이 있다.
④ 보기 좋고 신맛, 짠맛이 있다.

396 양주에 있어서 위스키가 86proof이다. 우리나라 도수로 몇 도인가?

① 약 30도이다.
② 약 40도이다.
③ 약 43도이다.
④ 약 45도이다.

397 칵테일용 기물로서 적합하지 않은 것은 다음 중 어느 것인가?

① Shaker
② Castor
③ Squeezer
④ Measure cup

398 인건비가 절약되는 식당은 다음 어떤 것인가?

① Grill room service
② Night club service
③ Dining room service
④ Cafeteria service

399 다음 중 증류주가 아닌 것은 어느 것인가?

① Vodka
② Champagne
③ Tequila
④ Congnac

400 다음 중 가이드가 File study시 구체적으로 확인하지 않아도 되는 사항은?

① 행사일자 및 이용교통수단
② 행사인원 및 대금지불방법
③ 행선지 및 숙박장소
④ 상대회사와 자회사 간의 세부거래내용

401 Caviar는 다음 중 어느 것에 해당되는가?

① 러시아에서 나는 연어알을 담은 것이다.
② 지중해에서 나는 상어알을 담은 것이다.
③ 거위의 간이다.
④ 카리브해에서 나는 철갑상어알을 담은 것이다.

402 요리계에서 steak이란 무슨 뜻인가?

① 지팡이의 역할을 하는 받쳐주는 고기
② 소고기 토막을 붙여주는 것
③ 일정한 두께와 넓이를 가진 고기 토막
④ 일정한 두께와 넓이를 가진 소고기 토막

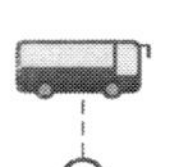

403 Sherry에 대하여 적당한 말은 다음 어느 것인가?

① 프랑스산 백포도주이며 오드볼에 마신다.
② 스페인산 백포도주이며 오드볼에 마신다.
③ 이탈리아산 백포도주이며 오드볼에 마신다.
④ 독일산 백포도주이며 생선에 마신다.

404 호텔의 객실요금제도는 어떻게 구분하는가?

① 할인요금, 싱글요금, 공표요금
② 공표요금, 추가요금, 할인요금
③ 공표요금, 단체요금, 추가요금
④ 공표요금, 특별요금, 추가요금

405 호텔에서 Out of order란 말을 흔히 쓴다. 그 중 객실분야에 이 말을 쓴다면 다음 어느 것이 맞는가?

① 품절이란 뜻이다.
② 명령을 들을 사항이 아니다.
③ 사용할 수 없는 상태다.
④ 주문하지 않은 상태다.

406 식사에서 Brunch란 말이 있다. 다음에서 이 말의 뜻을 찾아라.

① 뻗어나는 가지 모양의 물건이다.
② 연쇄점의 지점판매이다.
③ 영업 혹은 출장소의 판매이다.
④ 아침과 점심의 중간 겸용 식사이다.

407 대륙식 경영방법이란 다음 중 어떤 것인가?

① 조식 일식대를 포함한 숙박요금
② 조식과 석식대를 포함한 숙박요금
③ 조식, 중식, 석식대를 포함한 숙박요금
④ 식대를 포함하지 않은 숙박요금

408 모텔에 투숙하는 데 필요한 절차와 관계없는 것은?

① 자동차의 주차제약이 없다.
② 행동이 자유스럽다.
③ 사전에 숙박예약을 해야 한다.
④ 서비스원이 없으므로 팁이 불필요하다.

409 호텔에서 Trunk room의 올바른 개념은 무엇인가?

① 당일 손님의 화물을 보관하는 곳이다.
② 손님의 화물을 장기간 보관할 수 있는 곳이다.
③ 손님의 트렁크를 보관하는 곳이다.
④ 호텔의 린넨류를 보관하는 창고이다.

410 식탁에서 Center Piece란 무슨 말인가?

① 고기의 가운데 토막을 말하는 것이다.
② 식탁의 중앙천 조각을 말한다.
③ 식탁 중앙에 장식을 위한 물건들이다.
④ 중앙식탁을 뜻하는 말이다.

411 승객과 동일편에 동시에 운송되는 수하물은 어느 것인가?

① 위탁수하물
② 휴대수하물
③ 동반수하물
④ 비동반수하물

412 호텔의 시설, 인테리어, 직원 유니폼 등을 활용하여 서비스 차별화를 유도하는 마케팅믹스는?

① promotion
② product
③ pysical evidence
④ process

413 다음 중 각국의 주요도시의 관광조건을 망라한 "general tariff"를 발간한 여행알선업자의 국제적 제휴조직은 어느 것인가?

① PATA
② ASTA
③ WATA
④ IUOTO

414 A. Mariotti에 의하면 수학여행이나 고고학적 답사를 위한 여행은 어디에 속하는가?

① 견학 관광
② 교화적 관광
③ 문화적 관광
④ 사회적 관광

415 세계 여행업의 창시자는 누구인가?

① Thomas Cook
② E. M. Statler
③ Conlard N. Hilton
④ L. Boomer

416 미국여행업자협회의 기구명을 뜻하는 단어는?

① PATA
② EATA
③ ASTA
④ UNWTO

417 대한항공 직원들이 사용하기 편리하게 제작된 KAL Tariff는?

① PTSM
② APT
③ PTN
④ Aif Tariff

418 선불제(PTA)에 대한 설명 중 거리가 먼 것은?

① PTA는 송금수단으로 이용
② PTA 유효기간은 MCO 발생일로부터 1년
③ 환불은 PTA 구입자에게만 가능
④ 타 항공사와 거래 가능

419 객실의 'occupancy rate'란?

① 방 가격에 대한 객실요금률
② 손님의 수에 대한 객실요금 징수율
③ 판매가능 객실수에 대한 판매객실수의 비율
④ 객실요금에 대한 지출비용의 비율

420 외국의 저명 관광학자와 그의 저서가 서로 맞지 않는 것은?

① A. Börmann – 관광론
② R. Glücksmann – 일반관광론
③ W. Hunziker & K. Krapf – 일반관광론개요
④ P. Bernecker – 관광경제강의

421 관광매체의 뜻이 다른 사항은?

① 시간적 매체는 숙박시설과 관광객이용시설 등을 말한다.
② 기능적 매체는 여행업, 통역 안내업, 관광기념품 판매업 등을 말한다.
③ 공간적 매체는 관광행정 및 관광 정보, 선전물 등을 말한다.
④ 관광매체는 관광사업체 및 정부·지방자치단체 등이 포함된다.

422 근대 미국의 호텔을 대중화한 Commercial Hotel로 만든 경영자가 아닌 것은?

① E. M. Statlar
② C. N. Hilton
③ L. Boomer
④ J. Murray

423 항공권의 'fare'난에 우리나라에서는 어느 화폐를 기준으로 하는가?

① 원화
② USD화
③ 여행목적국 통화
④ 자유롭다.

424 호텔 회계의 3대 기능에 속하지 않는 것은?

① 관리기능
② 보전기능
③ 거래기능
④ 보고기능

425 'Dude Ranch'의 의미가 바르게 된 것은?

① 해양관광시설
② 산업관광시설
③ 문화관광시설
④ 자연관광시설

426 관광이 유발하는 경제적 효과 중 긍정적 측면이 아닌 것은?

① 소득 창출
② 고용 유발
③ 경제기반 강화
④ 새로운 문물제도 접촉

427 관광 경제효과 중 관계가 먼 것은?

① 고용효과
② 소득효과
③ 조세효과
④ 근로의욕 증진효과

428 다음 중 여행정보 평가과정으로 올바른 것은?

① 여행관련자료 → 적절성 → 신뢰성 → 정확성 → 여행정보
② 여행관련자료 → 정확성 → 신뢰성 → 적절성 → 여행정보
③ 여행정보 → 적절성 → 신뢰성 → 정확성 → 여행관련자료
④ 여행정보 → 정확성 → 적절성 → 신뢰성 → 여행관련자료

429 NUC(운임산출단위) 사용시기가 아닌 것은?

① 세 개 이상의 운임마디를 사용하는 경우
② 왕복예정에서 초과거리 할증이 필요한 경우
③ 혼합등급을 이용하는 경우
④ 부가액을 이용하여 운임을 산출하는 경우

430 관광적 측면에서 국제회의 개최로 기대되는 효과가 아닌 것은?

① 비수기 타개책
② 시민의식 향상
③ 대량의 외래관광객 유치
④ 지역이미지 제고

431 수하물 Claim 종류가 아닌 것은?

① Lost
② Totally Lost
③ Partially Lost
④ Pilferage

432 관광시장세분화를 통해 얻을 수 있는 이점이 아닌 것은?

① 마케팅 기회 파악
② 수요에 부응
③ 판매저항의 최대화
④ 예산배분의 지침

433 시장세분화의 기준 중 지리적 변수가 아닌 것은?

① 인구밀도
② 개성
③ 도시의 규모
④ 기후

434 안내원이 쇼핑 안내 시 주의할 사항과 거리가 먼 것은?

① 상품의 품질과 가격을 신용할 수 있는 공신력 있는 점포에 안내해야 한다.
② 관광객이 자기가 사고자 하는 물품에 대해 의견을 물어왔을 때도 관광객의 기분을 돋구어 주도록 할 것이며 좋은 것은 좋다, 나쁜 것은 나쁘다고 정확히 해줘야 한다.
③ 관광객이 쇼핑을 할 때는 어디까지나 관광객의 의사에 따라야 한다.
④ 관광객이 자기가 필요로 하지 않는 한 물품의 상담에 관여해서는 안된다.

435 시장세분화의 기준 중 행동분석적 변수가 아닌 것은?

① 구매횟수
② 사회적 계층
③ 추구하는 편익
④ 이용률

436 다음 중 공원의 설정기준이 아닌 것은?

① 자연경관
② 배치상의 분포문제
③ 이용후생
④ 토지이용 상태

437 천연기념물이란 무엇인가?

① 유형의 문화적 소산으로서 역사적 가치가 큰 것
② 무형으로서 문화적 · 예술적으로 가치가 큰 것
③ 동식물, 광물, 지질, 그 밖의 천연물이 특유하거나 진귀한 것으로서 희소가치가 있는 한 나라를 대표할 만한 것
④ 문화적으로 유형 · 무형으로 모두 중요하다고 생각되는 것

438 Sending Service 요령으로 적합하지 않은 것은?

① 수배부서와 연락, 출국항공편의 시각과 확인 여부 재점검
② 출국시간 최소 한 시간 전까지 공항에 도착한다.
③ 원화가 남은 여행자는 공항에서 재환전할 수 있게 조치한다.
④ 여행자가 쇼핑하고자 할 때에는 그들의 의사를 존중한다.

439 관광지 관리에 해당하지 않은 것은?

① 관광자원의 보존 및 관리

② 관광정보 및 서비스 관리

③ 관광시설의 유지 및 안전관리

④ 관광객의 관광성향 조사 관리

440 국민의 풍습, 각종 행사, 인정, 민족성, 생활양식, 예술 등은 다음 중 어느 것과 관련있는 관광자원인가?

① 산업적 관광자원

② 사회적 관광자원

③ 문화적 관광자원

④ 자연적 관광자원

441 WTO의 기본목표와 관계가 없는 것은?

① 인간의 자유로운 국제여행과 국제관광사업의 발전을 저해하는 각종의 장애를 제거 배제한다.

② 회원상호 간의 협력을 통하여 회원의 업무에 필요한 각종 정보 및 자료를 교환함으로써 회원국가 간의 긴밀한 협력을 유지한다.

③ 관광을 통해 세계평화를 유지하고 각국의 경제활동을 촉진시킨다.

④ 국제관광여행의 발전을 위해 국제연합 및 기타 국제기관과 긴밀한 협력을 유지·확보하는 것을 그 목적으로 한다.

442 다음 중 OAG에 표시되어 있지 않은 것은?

① destination city

② 공항의 지상교통

③ 항공요금

④ 도착하는 현지의 시간

443 다음 중 sightseeing의 내용이 약자로 표시된 단체는?

① ASTA

② WATA

③ ASEAN

④ ISTA

444 다음의 airline code 중 잘못된 것은?

① JL – Japan Airlines

② NW – Northwest Airlines

③ CX – Chain Airlines

④ SQ – Singapore Airlines

445 Leisure와 관계가 없는 사항은?

① Loisir

② Otim

③ Skole

④ Schweizer Reisekasse

446 다음 중 개인여행의 특징이 아닌 것은?

① 코스트가 비싸진다.

② 일정변경이 비교적 용이하다.

③ 할인이 적다.

④ 초조감과 불안감의 최소화

447 운송제한 승객 중 운송을 거절할 수 있는 경우가 아닌 것은?

① 전염병환자

② 다른 승객에게 위험한 행동을 하거나 자살의 위험성이 있는 정신질환자

③ 질환상태가 눈에 띄어 다른 승객에게 불쾌감을 줄 환자

④ 급히 환자의 생명을 구하기 위해 운송을 필요로 할 경우

448 객실수입의 3요소 중의 하나가 아닌 것은?

① 총객실수

② 객실수

③ 실료

④ 이용률

449 현관 사무실의 업무사항이 아닌 것은?

① check-in and check-out

② room assignment

③ reservation

④ room service

450 O.A.G란?

① 미국에서 매월 발행되고 있는 정기항공 시간표

② 미국 국내 항공노선을 말한다.

③ 영국에서 매월 발행되는 항공회사의 정기편 시간표

④ 항공대리점 심사위원회를 말한다.

451 Leisure를 휴식, 기분전환, 자기개발이라는 세 가지 기능을 가진 활동의 총칭이라고 정의한 학자는?

① J. Dumazedie

② Herman Kahn

③ J. Fourastie

④ R. Meyersohn

452 호텔종사원의 서비스 제공의 3C에 해당되지 않는 것은?

① 청결(Clear)

② 안락(Comfortable)

③ 편리(Convenient)

④ 통제(Control)

453 다음 중 국가전략산업으로서 관광사업의 역할과 기능을 극대화한 한국관광의 발전기라 할 수 있는 시기는?

① 1960년대

② 1970년대 초

③ 1970년대 말

④ 1980년대 초

454 초과예약으로 인하여 객실이 부족한 경우 예약손님을 정중히 다른 호텔로 안내하는 service는 어느 것인가?

① turn away service

② turn down service

③ paging service

④ laundry service

455 관광사업과 관광산업에 대한 설명으로 바르게 기술한 것은?

① 관광사업은 영리를 목적으로 하고 관광산업은 공익활동을 목적으로 한다.

② 일반대중을 상대로 한 순수한 상용여관도 관광산업에 속한다.

③ 관광사업이 관광왕래에 대처하는 활동이라고 하면, 관광산업은 관광경제에 대처하는 활동이라고 할 수 있다.

④ 관광산업은 3차산업의 범주에 포함된다.

456 다음 중 호텔상품의 3대 기능으로 적절하지 않은 것은?

① 물질적 서비스

② 시스템적 서비스

③ 인적 서비스

④ 시간적 서비스

457 다음 중 국내 관광 측면의 효과가 아닌 것은?
① 국제문화의 교류촉진
② 근로의욕의 증진
③ 조세 수입 증대에 기여 효과
④ 국민소득 증대의 효과

458 Pay-Per-View 란 무엇인가?
① 유료시청요금
② 쇼관람권
③ 1인당 입장권
④ 무료숙박권

459 Appealing Point란?
① 광고의 소구점을 말한다.
② 판매의 최대점을 말한다.
③ 판매의 이윤치를 말한다.
④ 능력의 한계점을 말한다.

460 다음 중 여행상품 측면에서 여행사 기능으로 적당치 않은 것은?
① 마케팅 기능
② 여행관리 기능
③ 상품조성 기능
④ 상품판매 기능

461 제주도지역을 관광지로 개발할 때 중요하지 않은 것은?
① 서귀포 바다낚시
② 한라산의 자연경관
③ 불교문화재의 개발
④ 해안휴양지의 개발

462 일반적으로 항공기의 가동률에 영향을 주는 요소가 아닌 것은?
① 노선거리의 장단
② 순항속도
③ 정비소요시간
④ 지상조업시간

463 다음은 항공기 전세에 관한 설명이다. 정기편 1편을 그대로 charter하는 것은?
① affinity group charter
② own use charter
③ blocked off charter
④ independent charter

464 다음의 관광수요예측법 중 분임토의 형식이나 위원회 토의방법을 의미하는 것은?
① 전문가 채널
② 델파이 방법
③ 회귀분석법
④ 중력모형

465 다음 중 관광사업의 실질적인 시작은?
① 자연발생적 단계
② 매개서비스 단계
③ 개발조직적 단계
④ 성숙 단계

466 한국 근대호텔의 효시는?
① 하남호텔
② Sontag호텔
③ 부산 철도호텔
④ 조선호텔

467 항공회사 상호 간에 상대회사의 항공권을 가지고 자기회사의 항공기에 탑승할 수 있다고 합의한 것을 무엇이라고 하나?

① Sales Agreement
② Interline Agreement
③ Indirect Agreement
④ Inflight Agreement

468 전략마케팅 계획의 수립과정으로 세 번째 단계는?

① Company Mission
② Company Objective and Goals
③ Company Portfolio Plan
④ Company New Business Plan

469 'Mimicry'란 무엇인가?
① 경쟁적이고 참여기회의 평등이 인위적으로 창조된 행위
② 주사위, 공굴리기, 도박, 트럼펫놀이 등이다.
③ 환상의 수용이거나 상상의 세계에 근거를 두고 있는 것
④ 현기증에 바탕을 두고 있는 유희행위

470 다음 중 국내관광과 국외관광을 구분하는 기준이 아닌 것은?

① 소비화폐 표준주의
② 국적 표준주의
③ 관광발생 표준주의
④ 거주지 표준주의

471 호텔에서 lost & found는 어느 부서에 속하는가?

① front office dept
② house keeping dept
③ management & executive dept
④ accounting dept

472 다음 중 국민관광의 개념은?
① 대중관광, 복지관광
② 대중관광, 복지관광, 해외여행
③ 대중관광, 복지관광, 해외여행, 국내여행
④ 복지관광, 해외여행, 국내여행

473 "일정 구간을 정기적으로 또는 부정기적으로 전세기가 왕복 운행하는 것"을 무엇이라고 하는가?

① own use charter
② affinity charter
③ back to back charter
④ off-route charter

474 국제회의에서 자비로 참여하는 사람이 많고 비교적 인원이 많은 회의는?

① 협회회의
② 기업회의
③ 영리단체회의
④ 정부기구회의

475 Plog의 심리분석적 접근방법에 의한 인간의 성격 분류에 속하지 않는 형태는?

① Midcentric
② Psychocentric

③ Egoist

④ Allocentric

476 1946년에 체결됐던 미·영 항공협정의 불평등을 조정하여 1977년에 새로운 미·영 항공협정이 맺어졌는데 이 협정을 통상 무엇이라고 부르는가?

① 신버뮤다협정

② 신시카고협정

③ 버뮤다협정

④ 시카고협정

477 "관광은 인류의 이동이다."라고 규정한 학자는?

① Oglivie

② V. Smith

③ S. E. Wahab

④ A. E. Pöschl

478 Doxey의 관광개발과 관광지 주민의 반응단계 순서로 맞는 것을 고른다면?

① 무관심 – 행복감 – 분노 – 적개심

② 적개심 – 무관심 – 행복감 – 분노

③ 행복감 – 무관심 – 분노 – 적개심

④ 적개심 – 분노 – 무관심 – 행복감

479 WTO의 부속기관에 속하지 않는 것은?

① 이사회

② 지역위원회

③ 전문위원회

④ 관광발전위원회

480 여권의 종류와 거리가 먼 것은?

① 외교관 여권

② Laissez–passer

③ 여행증명서

④ Internation Red Cross Passport

481 대한항공의 여객예약 및 발권 System은?

① KALCOS

② DCS

③ ACBTS

④ TOPAS

482 우리나라 공항시설 이용료 면제자로 될 수 없는 경우는?

① 외교관 여권 소지자

② 2세 미만의 유아

③ UN군 군속 및 그 가족

④ 국외로 입양되는 어린이

483 다음 중 뷔페(Buffet)의 장점이 아닌 것은?

① 많은 수의 고객을 치를 수 있다.

② 여러 나라의 고객이 섞여 있을 경우에 적당하다.

③ 고객의 기호에 따라 음식의 선택과 양을 결정할 수 있다.

④ 비교적 서비스 인원이 많이 필요하다.

484 다음 중 카지노의 어원에 대한 설명으로 옳지 않은 것은?

① 이탈리아어인 Casa에서 카지노라는 단어가 유래하였다.
② 도박 · 음악 · 쇼 · 댄스 등 여러 가지 오락시설을 갖춘 연회장이었다.
③ 르네상스시대 사교 · 오락시설을 갖춘 귀족들의 별관을 뜻하였다.
④ 귀족들의 재산 및 재원을 확충하기 위해서 운영하였다.

485 호텔 Man의 바이블이라고 칭하는 'Waldorf Manual'은 누가 작성하였는가?

① 리츠
② 스타틀러
③ 푸마
④ 윌슨

486 항공예약 업무의 내용 중 여객서비스 측면에서 고려될 사항이 아닌 것은?

① 항공여정의 작성과 좌석예약
② 부대서비스의 예약 및 편의의 제공
③ 여행정보의 제공
④ 관광안내

487 우리나라 최초로 카지노가 생긴 호텔은 어디인가?

① 제주 KAL호텔
② 부산 파라다이스호텔
③ 서울 워커힐호텔
④ 인천 올림포스호텔

488 다음 운송증표의 종류가 아닌 것은?

① Passenger Ticket and Baggage Check
② Miscellaneous Charge order
③ Excess Baggage Ticket
④ Free Baggage Allowance Ticket

489 Pull-Push 현상 중 Push에 해당하는 것은?

① 아노미
② 자연경관
③ 문화전통
④ 위락시설

490 공공개발 시 가장 적당한 경제분석 방법은?

① 관광승수분석
② 비용편익분석
③ 산업연관분석
④ 관광종속이론

491 다음 중 고급 연회행사에 많이 사용하는 식음료 서비스는?

① 프렌치 서비스
② 아메리카 서비스
③ 러시아 서비스
④ 테이블 서비스

492 스테이크의 굽는 정도 중 가장 덜 익히는 용어는?

① Rare
② Medium
③ Medium Rare
④ Well done

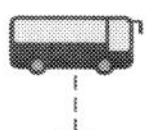

493 다음 중 노령화 사회의 기준은?

① 65세 이상 7% 이상

② 70세 이상 7% 이상

③ 65세 이상 14% 이상

④ 70세 이상 14% 이상

494 Hotel에 있어서 Room Service가 하는 일은?

① 객실에 짐을 날라다 주는 일을 한다.

② 객실에 손님의 편의를 총괄적으로 제공한다.

③ 객실에 식음료를 날라주는 일을 한다.

④ 요금을 내지 않고 나가는 사람을 잡는 일을 한다.

495 여행상품이 일반상품과 다른 점이 아닌 것은?

① 통상 고액이며 단명하다.

② 출발일이 지나면 재고가 불가능하다.

③ 개개의 부품이 모여야 되는 종합상품이다.

④ 무형의 상품이다.

496 Coffee 제공 시 적당한 온도는?

① 70°

② 80°

③ 90°

④ 100°

497 규제완화(Deregulation)는 어느 나라에서 발표했나?

① 미국

② 영국

③ 프랑스

④ 러시아

498 Chain Hotel 운영의 이점이 아닌 것은?

① 선전비의 과다지출

② 자금조달이 쉽다.

③ 체인호텔 간의 예약 가능

④ 구매비가 절감

499 여객항공권 종류와 거리가 먼 것은?

① Manually Issued Ticket

② Transitional Automated Ticket

③ Bank Settlement Plan Ticket

④ Agent Settlement Plan Ticket

500 GTR 도입배경이 아닌 것은?

① 각국 항공기의 SVC 혁신

② 국가예산 절감

③ 외화유출 방지

④ 자국적기 보호육성

501 호텔기업의 특수성 중 틀린 것은?

① 계절에 영향을 받지 않는다.

② 고정경비 지출이 과대하다.

③ 건물 및 시설의 노후화가 빠르다.

④ 일시적 최초 투자비율이 높다.

502 리조트와 관광의 개념에 대한 차이를 가장 바르게 나타낸 것은?

① 리조트는 일과적이며 관광은 연속적이다.

② 리조트는 시설이며 관광은 체재이다.

③ 리조트는 정이 중심이며 관광은 동이 중심이다.

④ 리조트는 행동하는 것이고 관광은 생활한다는 것이다.

503 외국인 관광객의 소비로 인해 관광업체에서 수입이 발생하여 종업원에게 월급을 주었을 때 이것은 관광의 무슨 효과인가?

① 직접효과
② 간접효과
③ 승수효과
④ 유발효과

504 'Smorgasboard'란?

① Buffet의 형식으로 제공하는 것
② 고객으로 하여금 자기가 먹고 싶은 만큼 선택하여 먹을 수 있도록 제공하는 것
③ Cold Board라 하여 냉요리를 주로 차려놓고 제공하는 것
④ 정식 식사의 종류이다.

505 항공기의 생산성과 관계없는 것은?

① 항공기의 속도
② 탑재력
③ 가동률
④ 좌석수

506 위탁수하물을 분실사고 등으로 인하여 승객이 찾지 못할 경우 어떤 배상을 받을 수 있는가?

① 1인당 400$를 초과할 수 없다.
② 사고수하물 1kg당 20$까지 받을 수 있다.
③ 승객이 요구하는 내용에 의해 배상해야 한다.
④ 배상을 하지 않아도 된다.

507 관광지 연출의 기본원칙들이다. 거리가 먼 것은?

① 개성(특유의 멋)을 살려야 한다.
② 이용자를 중시해야 한다.
③ 쾌적성을 확보해야 한다.
④ 지역문화의 모조화

508 주로 이윤추구를 목적으로 기업이 특권층과 부유층의 평민들을 대상으로 관광여행을 하던 시기는?

① Tour의 시대
② Tourism의 시대
③ Mass Tourism의 시대
④ Social Tourism의 시대

509 안전지향 여행의 특성이 아닌 것은?

① 새로움을 추구한다.
② 목적지에서 평범한 행동을 추구한다.
③ 자기중심형이며 활동량이 낮은 수준이다.
④ 드라이브 가능한 목적지를 선호한다.

510 다음 호텔서비스 중 룸메이드(Room Maid)가 제공하는 서비스는?

① Room Service
② Turn Away Service
③ Morning Call Service
④ Turn Down Service

511 오늘날 국제관광학 연구의 특징으로 옳지 않은 것은?

① 통합적으로 여러 학문을 연구한다.
② 교차학문적인 방법으로 연구한다.
③ 단학문적 접근방법으로 연구한다.
④ 종합사회과학적인 측면과 응용과학적인 측면으로 연구한다.

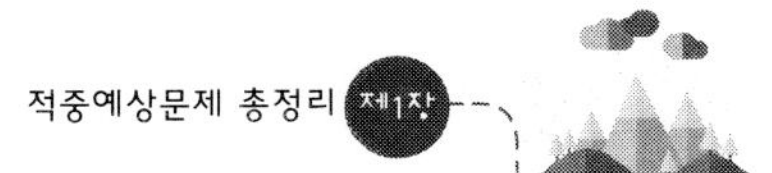

512 역사적으로 볼 때 관광초기에 나타난 관광형태는 무엇인가?

① 종교
② 보양
③ 위락
④ 방문

513 Room Clerk이 고객도착 후 작성해야 하는 서류가 아닌 것은?

① Suggestion
② Register Card
③ Room Rack Slip
④ VIP Arrival Report

514 Table D'hote 중에서 앙트레 다음은 어떤 것인가?

① 생선
② Beverage
③ Roast
④ Dessert

515 셀프서비스 식당에서 고객의 이점이 아닌 것은?

① 무차별 서비스
② 인건비 절약으로 가격이 저렴
③ 품수가 적으므로 코스트 절약
④ 신속한 서비스

516 다음 중 투하자본 이익률을 옳게 나타낸 것은?

① 투하자본 이익률 = 이익고/투하자본×100
② 투하자본 이익률 = 준이익고/투하자본×100
③ 투하자본 이익률 = 총투자액/투하자본×100
④ 투하자본 이익률 = 투하자본/총투자액×100

517 다음 중 발효주는 어느 것인가?

① 진
② 위스키
③ 맥주
④ 브랜디

518 Castor란?

① 식탁 위의 장식용 꽃이다.
② 식탁용 수건의 총칭이다.
③ 식탁에 놓이는 접시의 총칭이다.
④ 식탁에 놓이는 조미료의 총칭이다.

519 민간주도형 관광개발의 문제점이 아닌 것은?

① 지역주민들의 의사배제 가능성이 높다.
② 운영이 비효율적이다.
③ 이익의 외부유출이 많다.
④ 비영리적 투자가 부진하다.

520 고객원장(Folio)이 일련번호로 되어 있는 이유는?

① 고객기록을 적극적으로 통제하기 위해서
② 호텔회계를 위하여
③ 장부정리를 원활하게 하기 위하여
④ 객실 순서와 같게 하기 위하여

521 Special Expression이란?

① 특수한 재치있는 말의 표현이다.

② VIP에게 호텔의 지배인단의 이름으로 객실에 제공하는 꽃, 과일 등의 서비스이다.

③ 손님의 요구에 의해 특별히 제작되는 꽃이나 과일 등을 말한다.

④ 관광호텔이 특히 붐비는 성수기 동안을 말한다.

522 Professional Courtesy란?

① 손님에게 특별히 정중해야 할 경우를 말한다.

② VIP에게 호텔에서 무료로 제공하는 꽃 또는 과일 등의 서비스이다.

③ 호텔, 여행사 직원, 외교관, 신문기자 등에게 베푸는 할인제도를 말한다.

④ 직업인으로서 갖추어야 할 전문예의지침을 말한다.

523 Key Space란 무엇인가?

① 객실의 Key를 넣어두는 Key Box이다.

② 고객이 숙박등록을 마치고 열쇠를 받아서 호텔 내를 열쇠를 가지고 자유롭게 활동할 수 있는 부분

③ 고객이 외출 시 Key를 넣을 수 있게 만들어 놓은 Key 보관함

④ 객실마다 Master Key가 들어갈 수 있는 여유공간을 갖는 것을 말한다.

524 민박영업의 경제적 이익은 다양하다. 그러나 그 이익의 내용과 관계가 먼 것은?

① 계절적 잉여노동의 이용이 가능하다.

② 설비투자가 소액이거나 불필요하다.

③ 자가생산물의 제공판매가 가능하다.

④ 제3차 산업의 종사자가 그 운영을 담당한다.

525 다음 사항 중 하나만이 그 성격이 다르다. 어느 것인가?

① Pension

② Lodge

③ Parador

④ Hotelera

526 고위직이 골프에 참가하거나 남에게 인정받고 싶어하는 것은 Maslow의 욕구 5단계설에서 어디에 해당하는가?

① 안전의 욕구

② 인정의 욕구

③ 생리적인 욕구

④ 소속의 욕구

527 유스호스텔(Youth Hostel)의 일반수칙과 관계가 먼 것은?

① 객실 내에서 담배를 피우지 말 것

② 음주를 하지 말 것

③ 외출은 자유이다.

④ 연속 3일 이상 묵지 못한다.

528 다음 사항 중 관계가 서로 먼 것이 하나 있다. 어느 것인가?

① Baby Bed

② Crib

③ Cot

④ Extra Bed

529 룸 랙(Room Rack)이란 무엇인가?

① 카드상자

② 예약대장

③ 객실판매 기록표

④ 객실상황표 꽂이

530 유스호스텔(Youth Hostel)의 활동내용과 관계 없는 사항은?

① 우애와 봉사정신의 함양

② 인종과 종교의 차별대우

③ 질서의 규율 속의 생활

④ Social Tourism 활동의 하나다.

531 룸 클럭(Room Clerk)의 업무사항과 관계가 가장 깊은 것은?

① 우편물 취급

② 각종 랙의 작성

③ 고객등록

④ 정보제공

532 플랙(Flag)을 작성하여 보낼 필요가 없는 것은?

① 룸 클럭

② 식당

③ 교환원

④ 회계

533 다음 중 Supplementary Accommodation에 속하지 않는 것은?

① Hotel

② Cottage

③ 방갈로

④ Cabin

534 "변화하는 사회는 인간에게도 변화를 가져오 며, 이것은 인간의 가치관에도 변화를 가져온 다"고 지적한 학자는?

① Huizinker

② Thomas M. Kando

③ Roger Caillois

④ De Grazia & Pieper

535 인구 100만 명인 도시에 여행자수 74만 명, 그중 관광 여행자가 51만 명인 경우 순관광여 행 성향은 몇 %인가?

① 74%

② 69%

③ 51%

④ 49%

536 IATA대리점의 신설, 증설 등을 결정하는 곳은?

① AAB

② AIB

③ Traffic Conference

④ ABC

537 다음의 국제기구 중 국제선 운임 및 요율을 설 정함에 있어서 각국 정부 간의 조정, 협상의 매체를 제공하는 단체는?

① IATA

② ICAO

③ UNWTO

④ ASTA

538 공항에 도착한 후 **Agent**가 공항로비에서 알아야 될 사항이 아닌 것은?

① 단장의 파악
② 단원수의 확인
③ 버스 · 트럭의 배차시간
④ 기물의 개수 확인

539 다음 중 우리나라에서 관광이 국가전략산업으로 지정된 것은?

① 1976년
② 1977년
③ 1975년
④ 1978년

540 다음 중 업무상의 **City Code**로 맞지 않는 것은?

① 서울 : SEL
② 런던 : LON
③ 동경 : TYO
④ 토론토 : TRT

541 호텔에 있어서 마케팅부서의 비용은 전체의 어느 정도가 가장 적당한가?

① 2~3%
② 3~5%
③ 5~8%
④ 8~10%

542 "IATA가맹 항공회사 간에서 공동으로 사용하는 **Standard Ticket**을 제정하여 결제사무를 집중화함으로써 항공 운송의 판매방식을 간소화하고 발매보고 및 관리의 합리화를 도모하는 데 있다." 위의 설명에 부합되는 것은?

① MCO
② BSP
③ OAG
④ FCU

543 관광지의 형태변화에 관련되는 외부요인이 아닌 것은?

① 접근성
② 숙박시설
③ 쾌적성
④ 관광휴양시설

544 다음은 여행사의 특징에 관한 내용이다. 옳지 않은 것은?

① 고정자본의 투자가 적다.
② Sale의 인적 구성이 강하다.
③ 사무실의 위치의존도가 크다.
④ 직원들에 대한 전문성은 낮은 편이다.

545 마케팅 개념의 변천과정 중 "고객에 대한 봉사의 중요성을 크게 인식하고, 관심을 판매로부터 고객의 만족, 매출의 극대화보다는 장기적 이윤으로 전환한 시기"는?

① Production-Oriented Stage
② Sales-Oriented Stage
③ Marketing Concept
④ Societal Oriented

546 다음의 **Chain** 형식 중 동업자 결합에 의한 경영방식은?

① Referral System

② Franchise System
③ Management Contract System
④ Co-Owner Chain System

547 시장세분화(**Market Segmentation**)가 되기 위해서 각 시장은 아래와 같은 조건을 갖추어야 한다. 관계가 먼 것은?

① 측정가능성
② 접근가능성
③ 실제성
④ 내부적 이질성과 외부적 동질성

548 Auliana poon의 신관광 개념으로 옳은 것은?

① 다품종 다생산
② 소품종 다생산
③ 소품종 소생산
④ 다품종 소량생산

549 다음은 개인여행과 단체여행의 장·단점에 관한 것이다. 여행자측에서 본 장점이 아닌 것은?

① 개인여행인 경우 개인의 의사에 따라 자유행동
② 단체여행인 경우 시간을 유효하게 사용
③ 개인여행인 경우 일정의 변경 곤란
④ 단체여행인 경우 Cost가 싸진다.

550 관광객의 개념정의 규정 중 관광객으로 볼 수 없는 자는?

① 위안, 가정사정, 건강상의 이유로 해외에 여행하는 자
② 상용목적으로 여행하는 자
③ 선박으로 각지에 주유 중 입국하는 자

④ 국경지대에 거주하면서 인접국에 수시로 출입 국하는 자

551 현대 관광의 대중화를 촉진시킨 배경요소에 해당되지 않는 것은?

① 가처분 소득의 증대
② 휴일의 증가
③ 즐거움을 추구하는 가치관의 침투
④ 신앙심의 증대

552 항공업에서 O.T.C 약자의 설명으로 적합한 것은?

① 모험여행
② 일시상륙여행
③ 도중 1회 기착 조건여행
④ 중앙매표소

553 다음 중 국제관광기구가 아닌 것은?

① UNESCO
② IATA
③ WATA
④ PATA

554 관광객 체재 기간 측정의 방법으로 오글리비가 사용한 방법은?

① 국경기록법
② 입출지체법
③ 호텔기록법
④ 공항조사법

555 소요시간에 의해 표시되는 능률을 교통능률, 비용에 의해서 나타내는 능률은 (   )이라 한다.

① 시간능률

② 가치능률

③ 경제능률

④ 효과능률

556 관광사업의 국제적 효과와 관계가 먼 것은?

① 국제수지 개선 기여 효과

② 국제친선 증진 효과

③ 조세수입 증대 기여 효과

④ 국위선양 기여효과

557 SWOT에 대한 연결로 올바르지 않은 것은?

① S – Strength

② O – Organization

③ W – Weakness

④ T – Threats

558 UNWTO에서의 관광 공급과 거리가 먼 것은?

① 잠재 공급

② 기존 자원

③ 기술적 자원

④ 환경적 자원

559 호텔의 객실관리 시스템으로 개발된 것은 무엇인가?

① Point of sales system

② Central reservation system

③ Property Management system

④ Yield management system

560 타인 중심형의 관광객에 대한 설명이 잘못된 것은?

① 관광지 이외의 지역을 선호한다.

② 전체 일정을 포함한 package tour를 선호한다.

③ 목적지까지 항공여행을 즐긴다.

④ 생소하거나 상이한 문화를 갖는 사람들을 만나고 사귀기를 좋아한다.

561 자금능력이 없는 호텔기업이 제3자의 건물을 임차하여 경영하는 방식은?

① 관리경영위탁 방식

② 프랜차이즈

③ 임차방식

④ 리퍼럴 방식

562 컨벤션의 위치조건으로 거리가 먼 것은?

① 공항과의 접근성을 고려한다.

② 회의 지원시설과 서비스의 유용성을 고려한다.

③ 각종 편의시설이 다양하게 있어야 한다.

④ 교통이 편한 시내 중심지에 있어야 한다.

563 제품수명주기에 맞추어 Buttler가 관광지 수명주기이론을 만들었는데, 관광상품의 생산 및 관광개발의 필요성을 국가가 느끼고 적극적으로 개발에 관여하는 단계는?

① 개발

② 몰입

③ 경화

④ 탐험

564 관광이 활발해지면서 환경에 대한 긍정적인 효과가 아닌 것은?

① 사적지 및 명소의 부흥
② 유적지의 반달리즘
③ 하부구조의 개선
④ 자연환경의 정비와 보전의 계기

565 양적 예측방법이 아닌 것은?

① 회귀분석방법
② 중력모형
③ 시계열 분석방법
④ 전문가 패널

566 세계에서 최초로 호텔에 로비(Lobby)를 구비한 호텔은?

① Tremont House
② Ritz Hotel
③ City Hotel
④ Statler Hotel

567 다음 중 전액 민간투자 항공사가 아닌 것은?

① Canadian Pacific
② China Airlines
③ NWA
④ IRan Air

568 관광시장의 기본적 선호도 유형이 아닌 것은?

① 동질적 선호
② 점이적 선호
③ 분산적 선호
④ 군집적 선호

569 관광시장 세분화의 요건과 거리가 먼 것은?

① 측정 가능성
② 접근 가능성
③ 실효 가능성
④ 통계 가능성

570 관광시장 세분화의 기준이 아닌 것은?

① 인구통계적 세분화
② 심리형태적 세분화
③ 연령적 세분화
④ 인간형태별 세분화

571 MCO의 주요기재 내용이 아닌 것은?

① Type of Service for which Issued(발행 목적)
② 지불증 사용 목적
③ 액면금액 기재 방법
④ 사용인 주소

572 시장세분화에 따른 표적시장에 대한 전략대안으로 적당치 않은 것은?

① 무차별 마케팅
② 차별화 마케팅
③ 집중화 마케팅
④ 확산화 마케팅

573 어떤 나라의 항공기가 타국의 국내 두 지점 간의 상업운송을 행하는 일인데 시카고 조약에 의해 금지할 수 있게 되어 있는 것을 무엇이라 하겠는가?

① 카보타주(Cabotage)
② Vocher
③ Positioning
④ Gourmet

574 PNR이란 무엇인가?

① 탑승자 명단
② 예약의 기록을 의미
③ No Show를 의미
④ 전산 System을 의미

575 예약을 요청하였을 때 이에 대한 응답으로 코드화한 것을 무엇이라 하나?

① Action Code
② Status Code
③ Reservation Code
④ Advice Code

576 관광과 레크리에이션의 차이에 대한 설명 중 잘못된 것은?

① 관광은 공간적으로 이용이 광범위하고 레크리에이션은 거주지의 시간적 · 공간적 이용이라 할 수 있다.
② 관광은 중장기적이며 레크리에이션은 비교적 단기적이다.
③ 시설면에서 관광은 제한성이 비교적 낮으나 질은 비교적 고급시설을 이용하고 레크리에이션은 비교적 낮은 시설을 이용한다.
④ 관광은 후생적 대상이기 때문에 사회적 목적이 우선되고 레크리에이션은 경제적 행위의 대상이기 때문에 개인 목적이 우선이다.

577 커피를 제공할 때 사용되는 'Demitases'란 어떤 컵을 말하나?

① 일반 컵보다 크다.
② 일반 컵과 같다.
③ 일반 컵의 1/2 크기
④ 5oz들이

578 아라카트(Á la Carte) 메뉴의 설명으로 적합치 않은 것은?

① 그날의 특별요리(Todays Special)이다.
② 주문에 의해서 조리되는 메뉴이다.
③ 대개 호텔에서는 그릴(Grill)에서 제공한다.
④ 선택요리 혹은 일품요리라고 한다.

579 전체요리로서 갖추어야 할 기본적인 요건이 아닌 것은?

① 분량이 적어야 한다.
② 맛이 좋아야 한다.
③ 짠맛이나 신맛이 가미되어야 한다.
④ 가능한 지방색이 농후한 요리는 피해야 한다.

580 여가 내에서 자신의 몸과 마음의 휴식 · 휴양 또는 즐거움을 추구하기 위하여 자발적으로 이루어지는 활동이나 경험으로 적극적인 활동의 개념이 강한 것은?

① 놀이
② 여가
③ 레크리에이션
④ 유람

581 Outbound의 수입원이 아닌 것은?

① 해외여행상품 판매수입
② 대매수입
③ 판매의 차익
④ 대행수입

582 여가에 대한 설명으로 거리가 먼 사항은?

① 일과 동일한 개념이다.
② 가정생활, 노동 및 사회적 의무로부터 벗어난 자유로운 상태하에서 휴식, 기분전환, 자기개

발 및 사회적 성취를 위하여 활동하게 되는 자유재량적 시간이라는 포괄적인 의미이다.

③ 여가는 라틴어인 licere라는 어원에서 유래되어 영어인 leisure로 변하였다.

④ 여가잔여설이라는 측면에서 여가는 개인의 가용 총시간에서 노동시간과 생리적 필수시간을 공제한 잉여시간을 의미한다.

583 다음 중 항공전산 시스템이 아닌 것은?

① HOLIDEX
② AXESS
③ AMADEUS
④ SABRE

584 관광상품에 대한 잠재 고객의 인식에 영향을 주기 위해서 경쟁상품과 관련된 단일 상품의 위치를 명백히 하여 고객의 마음속에 유리한 위치를 차지하도록 하기 위한 활동은?

① 시장 조사
② 위치 전략
③ 상품 포지셔닝
④ 유통 전략

585 다음 중 Social Tourism의 내용이 아닌 것은?

① 국민 차원의 휴가 계획
② 여행을 위한 금융 지원 제도
③ 여행 알선 제도
④ 할인 제도

586 Recreation의 구성요소로서 적당하지 않은 것은?

① 사회적으로 용납될 것
② 여가시간 외의 활동일 것

③ 만족을 느낄 수 있을 것
④ 자발적으로 행할 것

587 다음 중 관광권 설정의 전제조건이 아닌 것은?

① 목적의 명확화
② 규모의 다양화
③ 규모의 적정화
④ 시한성 및 변천성

588 다음 중 항공 수송 경제성의 3대 요소가 아닌 것은?

① 탑재력(Payload)
② 생산성
③ 수송 수입
④ 수송 원가

589 인간의 본능적이며 무조건적인 요구를 반영하는 행동으로서 경쟁정신을 포함하는 자발적인 행위의 개념은?

① 관광
② 여가
③ 위락
④ 놀이

590 다음 중 '계획에 의한 주유여행'을 의미하는 것으로 자기후생적인 성격이 강한 용어는?

① Tourism
② Tour
③ Travel
④ Trip

591 Plog의 심리분석 유형 중 안전성 추구형 관광객에 대한 설명으로 옳지 않은 것은?

① 관광객들이 많이 방문하는 곳을 선호한다.
② 대규모 숙박시설, 가족중심 형태의 레스토랑 및 쇼핑시설을 선호한다.
③ 항공기로 도착 가능한 목적지를 선호한다.
④ 여행일정 및 서비스의 내용이 미리 정해진 Package Tour 상품을 선호한다.

592 예측하고자 하는 문제에 대하여 설문지를 작성하고, 관련 전문가들에게 설문지를 배포하고 응답을 통하여 의견 차를 좁힌 후 적당한 결과를 도출하는 수요예측방법은?

① JAM
② 시계열 분석방법
③ 델파이 방법
④ 회귀분석

593 장기 미래에 한 국가의 관광수요가 얼마나 증감할 것인가를 예측하고자 가상 시나리오를 만들어서 관광수요를 예측하는 방법은?

① 델파이 방법
② 전문가 패널
③ 시계열 분석
④ 시나리오 설정법

594 관광 루트설정에 있어서 중요하지 않은 것은?

① 목적별 코스
② 여행시간
③ 관광지별 우선순위
④ 등산로

595 다음 국가에서 법적으로 카지노를 금지하고 있는 나라는?

① 미국
② 프랑스
③ 일본
④ 필리핀

596 분석하고자 하는 대상을 일정한 시간 단위로 관측·조사하고, 결과를 연속적으로 나열하는 수요예측기법을 무엇이라고 하는가?

① 중력모형
② 회귀분석
③ 델파이 방법
④ 시계열 분석방법

597 Social Tourism에 대한 설명 중 거리가 먼 것은?

① 근대 산업혁명 이후 자연발생적으로 파생된 대중 관광의 한 형태를 말한다.
② 소외된 계층을 관광여행에 참가시키기 위한 공공의 성격이 강한 형태이다.
③ 국제적으로 철도나 항공기 등의 할인운임제도, 유스호스텔 및 국민숙사 등의 건설이 가장 대표적인 예이다.
④ 관광의 국제적인 효과 측면인 국민의 보건향상 및 지역개발의 촉진에 착안한 형태이다.

598 다음 중 정성적 예측방법의 종류가 아닌 것은?

① JAM
② 집행부 의견 수렴
③ 델파이 방법
④ 중력모형

599 지속가능한 개발의 3대 원칙이 아닌 것은?

① 미래성

② 복지성

③ 불변성

④ 형평성

600 한려수도란 어디서 어디까지를 말하는 것인가?

① 통영에서 부산

② 목포에서 통영

③ 여수에서 울산

④ 여수에서 통영

601 인간의 의사결정 단계를 잘 나타내고 있는 순서로 맞는 것은?

① Need(요구) – Want(욕구) – 수요(Demand) – 참여 – 재방문

② Want(욕구) – Need(요구) – 수요(Demand) – 참여 – 재방문

③ 수요(Demand) – Want(욕구) – Need(요구) – 참여 – 재방문

④ Want(욕구) – Demand(수요) – Need(요구) – 참여 – 재방문

602 고대 로마시대 당시, 각지의 포도주를 마시며 식사를 즐기던 '식도락'을 무엇이라고 칭했는가?

① Gastronomia

② Hospitality

③ Gourmet

④ Taberna

603 각 공항의 수하물 사고처리 담당부서로서 승객으로부터의 수하물 사고 신고접수 및 처리 담당을 무엇이라 하나?

① LL

② LZ

③ CK

④ LS

604 현지여행 중 안내원이 옵션투어(Option Tour)를 판매할 때 가장 적당한 장소는?

① 공항로비

② 관광버스 내

③ 호텔로비

④ 관광식당 내

605 미국에서 근대적 의미의 최초의 호텔은?

① City Hotel

② Tremont House

③ Stevens Hotel

④ Buffallo Statler

606 다음의 여행형태 중 대행기관의 필요성이 가장 높은 형태는?

① 피스톤형

② 안전핀형

③ 스푼형

④ 탬버린형

607 항공기의 생산성과 직접관련이 적은 요소는?

① 구간속도

② 탑재력

③ 가동률

④ 대리점수

608 아메리칸 익스프레스사가 여행자수표를 처음 발매한 연도는?

① 1891년
② 1850년
③ 1912년
④ 1950년

609 1970년대 초, 금후의 관광학의 당면문제로 '환경문제'를 제기해 그 연구의 중요성과 긴급성을 강조한 학자는 누구인가?

① 훈치커
② 오글리비
③ 글뤽스만
④ 노발

610 관광소비를 변동시키는 요소로서 거리가 먼 것은 어느 것인가?

① 교통기관의 발달
② 정부의 관광정책
③ 전쟁 및 치안상황
④ 부동산 경기

611 Eco Tourism과 관계없는 관광은?

① Alternative Tourism
② 자연보호관광
③ Social Tourism
④ New Tourism

612 국제연합(UN)기구와 가장 밀접한 관광기구는?

① ICAO
② PATA
③ OECD
④ IUOTO

613 관광사업의 특성 중 거리가 먼 것은?

① 매체성
② 서비스성
③ 획일성
④ 입지 의존성

614 호텔객실 요금의 인상으로 수요가 감소하면 호텔수영장 이용객이 감소한다. 이런 관계를 무엇이라고 하는가?

① 경쟁관계
② 보완관계
③ 경립관계
④ 대체관계

615 다음 중 관광시장에 관한 설명으로 적합치 않은 것은?

① 관광수요시장은 관광객 배출지역 사회를 가리킨다.
② 관광시장은 경제적인 측면에서 일반시장의 성격과 전혀 다르다.
③ 관광객 수용지역은 관광공급시장이 된다.
④ 관광시장은 타부문의 시장과 같이 생산과 소비의 두 요소를 가진다.

616 관광수입은 관광사업체의 기업소득이 되며, 관광종사원의 가처분 소득을 형성한다. 이에 해당하는 효과는?

① 고용승수효과
② 소득승수효과
③ 결합승수효과
④ 한계승수효과

617 국내여행을 하는 어느 특정국 시민에게만 제한시켜 제공하는 특별할인 요금은?

① Published Fare
② Through Fare
③ Special Fare
④ Cabotage Fare

618 시장세분화에 대한 설명으로 잘못된 것은?

① 시장세분화를 통해서 소비자 욕구, 구매동기 등의 면에서 시장을 보다 잘 파악할 수 있다.
② 기업의 경쟁적 강점과 약점을 고려하여 유리한 시장선택을 할 수 있게 한다.
③ 목표시장의 선정보다는 대중시장의 성격을 파악하고자 하는 것이다.
④ 시장세분화는 소비자들이 서로 다르므로 그들의 수요형태도 각각 상이함을 가정하여 수행된다.

619 제품수명주기(PLC)의 일반적인 단계를 순서대로 바르게 나열한 것은?

① 도입기 – 성장기 – 성숙기 – 쇠퇴기
② 성장기 – 쇠퇴기 – 도입기 – 성숙기
③ 성장기 – 성숙기 – 도입기 – 쇠퇴기
④ 도입기 – 성숙기 – 성장기 – 쇠퇴기

620 호텔성격상 24시간 운영되는 특징에서 매일 밤 그날 수익을 계산하는 담당자는?

① Night Auditor
② Cashier
③ Night Manager
④ Night Clerk

621 대안관광이 아닌 것은?

① Eco Tourism
② Green Tourism
③ Convention Tour
④ New Tourism

622 관광행동에 영향을 미치는 내적 · 심리적 요인에 해당하지 않는 것은?

① 지각
② 학습
③ 가족영향
④ 태도

623 관광상품을 구매할 때 관광객의 의사결정단계 순서 중 적당하지 않은 것은?

① 1단계 : 욕구나 욕망에 대한 인식
② 2단계 : 정보수집
③ 3단계 : 상품의 구매
④ 4단계 : 구매활동

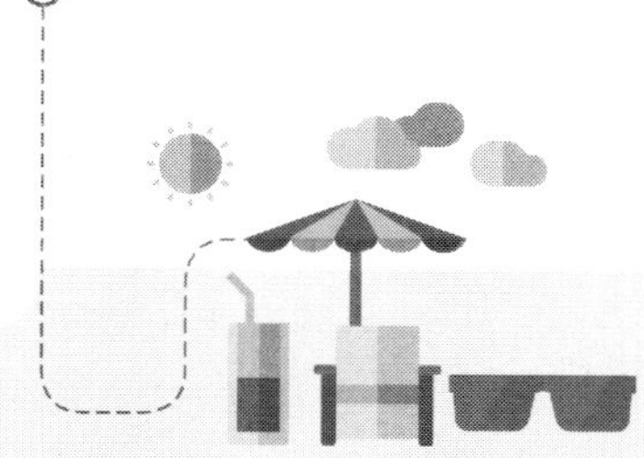

2014년 4월 　관광학개론 기출문제

01 항공사의 **Time Table**에서 항공기의 도착 예정 시간을 의미하는 것은?

① ETD
② ETA
③ ATD
④ ATA

02 우리나라의 관세규정에 관한 설명으로 옳지 않은 것은?

① 현재 내국인의 구매한도는 3,000달러이다.
② 내국인의 반입물품 면세한도는 400달러 이하이다.
③ 외국인에게는 400달러의 반입물품 면세한도가 적용되지 않는다.
④ 내국인의 주류 면세한도는 1인당 1병으로 제한된다.

03 이(異)문화 존속 및 교류를 지향하는 관광은?

① Eco-Tourism
② Ethnic Tourism
③ Social Tourism
④ Special Interest Tourism

04 여행업의 특성으로 옳지 않은 것은?

① 고정자본의 투자가 적은 사업이다.
② 노동집약적 사업이다.
③ 계절적 의존도가 낮은 사업이다.
④ 경기변동에 민감한 사업이다.

05 관광마케팅의 STP전략에 관한 설명으로 옳은 것은?

① S는 Smart를 의미한다.
② S는 Segmentation을 의미한다.
③ P는 Purchasing을 의미한다.
④ P는 Pricing을 의미한다.

06 Plate Service로도 불리며, 고객주문에 따라 주방에서 조리된 음식을 접시에 담아 나가는 서비스는?

① American Service
② Russian Service
③ French Service
④ Counter Service

07 국제회의 및 인센티브 단체 유치ㆍ개최지원, 국제기구와의 협력활동 등을 통해 **MICE** 산업을 종합적으로 지원하는 기관은?

① 한국관광공사
② 한국관광협회중앙회
③ 한국외국인관광시설협회
④ 한국관광호텔업협회

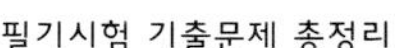

08 제시된 안건에 대해 전문가들이 연구결과를 중심으로 다수의 청중 앞에서 벌이는 공개토론회는?

① 전시회 ② 클리닉
③ 콩그레스 ④ 심포지엄

09 ( ) 안에 들어갈 용어로 옳은 것은?

> 외래관광객에 의한 관광산업의 수입은 ( )이 일반산업과 비교하여 일반적으로 높게 나타나며, 계산방법은 {국제관광수입 − (국제관광홍보비 + 면세품 구입가격)} / 국제관광수입 × 10이다.

① 수입유발률 ② 외화가득률
③ 수출유발률 ④ 순이익비율

10 테마파크의 특성으로 옳은 것은?

① 테마성, 일상성 ② 역동성, 비통일성
③ 테마성, 통일성 ④ 역동성, 일상성

11 관광 관련 주요 행정기관의 기능으로 옳지 않은 것은?

① 문화체육관광부 − 관광정책 수립 및 홍보, 관광진흥개발기금 관리
② 기획재정부 − 외국환 및 관광관련 정부출연금 관리
③ 외교부 − 여권발급, 비자면제 협정 체결
④ 안전행정부 − 여행자 출입국 관리

12 2012년 기준으로 세 번째로 많은 방한 외국인 관광객 수를 기록한 국가는?

① 미국 ② 일본
③ 중국 ④ 대만

13 아시아 · 태평양지역의 관광진흥 활동과 구미관광객 유치를 위한 마케팅 목적으로 설립된 국제기구는?

① APEC ② ICCA
③ ASTA ④ PATA

14 의료관광산업의 성장요인에 포함되지 않은 것은?

① 의료기술의 발전
② 의료서비스 제도의 발전
③ 의료관광정보 접근의 어려움
④ 노령인구 증가 및 건강에 대한 관심 증대

15 호텔요금에 관한 설명으로 옳지 않은 것은?

① 공표요금은 정상요금이라고도 한다.
② 컴플리멘터리는 영업 전략상 요금을 징수하지 않는 것을 말한다.
③ 유럽식 요금제도는 객실요금에 조식과 석식 요금을 포함한다.
④ 대륙식 요금제도는 객실요금에 조식요금을 포함한다.

16 공항(도시)코드가 일치하지 않는 것은?

① TAE − 대구 ② PUS − 부산
③ ICN − 인천 ④ KIP − 김포

17 여행사가 항공 · 숙박 · 음식점 등을 사전에 대량으로 예약하여 여행일정 및 가격을 책정하여 여행객을 모집하는 여행형태는?

① Incentive Tour
② Convention Tour
③ Fam Tour
④ Package Tour

18 세계 카지노산업의 동향으로 옳지 않은 것은?

① 카지노의 합법화와 확산추세

② 카지노의 대형화와 복합 단지화 추세

③ 카지노의 레저산업화

④ 카지노의 경쟁약화에 따른 수익성 증가

19 관광객의 교양이나 자기개발을 주목적으로 하는 관광으로 그랜드 투어나 수학여행을 포함하는 관광형태는?

① Dark Tourism

② Educational Tourism

③ Medical Tourism

④ Silver Tourism

20 유럽의 주요 시대 특징으로 옳지 않은 것은?

① 고대사회 – 식도락 · 요양 · 위락 목적

② 중세사회 – 교회를 중심으로 한 성지순례

③ 근대사회 – 교역상들의 숙박해결을 위해 숙박업 최초 등장

④ 현대사회 – 유급휴가제의 확산에 따른 관광의 대중화

21 공정관광(Fair Tourism)에 관한 설명으로 옳지 않은 것은?

① 책임관광, 녹색관광, 생태관광을 포함한다.

② 여행자와 여행 대상국의 국민이 평등한 관계를 맺는 여행이다.

③ 우리나라는 207년 사회적 기업 육성법 제정으로 활성화되었다.

④ 55세 이상의 중장년층을 중심으로 하는 특별 흥미여행이다.

22 1인용 침대 2개를 갖춘 호텔객실의 종류는?

① 싱글 베드룸　　② 더블 베드룸

③ 트윈 베드룸　　④ 트리플 베드룸

23 소셜 투어리즘(Social Tourism)의 이념이 아닌 것은?

① 형평성　　② 비민주성

③ 공익성　　④ 문화성

24 2012년을 기준으로 전 세계 국가 중 외국인 관광객이 많이 방문한 국가의 순서로 옳게 나열한 것은?

① 프랑스 〉미국 〉중국 〉이탈리아

② 프랑스 〉미국 〉이탈리아 〉중국

③ 미국 〉프랑스 〉중국 〉이탈리아

④ 미국 〉프랑스 〉이탈리아 〉중국

25 제3차 관광개발기본계획(2012년~2021년)의 권역별 개발방향에 관한 설명으로 옳지 않은 것은?

① 호남관광권 – 생태 · 웰빙관광 및 동계 스포츠의 메카

② 대구 · 경북관광권 – 역사관광거점

③ 수도관광권 – 동북아 관광허브

④ 제주관광권 – 자연유산관광 및 MICE 산업의 중심

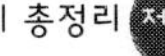

2014년 9월　관광학개론 기출문제

01 관광의 구성요소가 바르게 연결된 것은?

① 관광매체 – 향토음식

② 관광객체 – 관광객

③ 관광주체 – 자연자원

④ 관광매체 – 여행업

02 관광과 유사한 개념으로 사용되는 용어가 아닌 것은?

① 여가　　　　　② 여행

③ 이민　　　　　④ 레크리에이션

03 국제관광의 경제적 효과에 해당되지 않는 것은?

① 고용창출　　　② 인구구조 변화

③ 국민소득 증대　④ 국제수지 개선

04 내·외국인 관광객들에게 국내여행에 대한 다양한 정보를 안내해 주는 우리나라 관광안내 대표 전화번호는?

① 1330　　　　　② 1331

③ 1332　　　　　④ 1333

05 UNWTO(세계관광기구)에서 관광객을 통계적 목적으로 분류할 때 관광객으로 분류되는 것은?

① 이주자　　　　② 통과승객

③ 승무원　　　　④ 망명자

06 다음 중 관광정책의 특성이 아닌 것은?

① 공공성　　　　② 미래지향성

③ 영리추구성　　④ 규범성

07 관광의 발전요인이 아닌 것은?

① 물가의 상승　　② 교통수단의 발달

③ 여가시간의 증가　④ 대중매체의 발달

08 다음 중 잘못 연결된 것은?

① 1960년대 – 국제관광공사 설립

② 1970년대 – 관광기본법 제정

③ 1980년대 – 서울 올림픽 개최

④ 1990년대 – 부산 아시안게임 개최

09 외국관광객 유치를 위한 국제관광 진흥 정책으로 옳지 않은 것은?

① 입국절차 강화　② 여행시설 확충

③ 해외홍보 강화　④ 관광상품 개발

10 약어와 조직명이 바르게 연결된 것은?

① IATA – 경제협력개발기구

② WATA – 세계여행업자협회

③ PATA – 세계관광기구

④ ASTA – 아시아·태평양관광협회

11 관광수요의 유인요인(Pull factor)으로 옳지 않은 것은?

① 역사 유적지　　② 아름다운 해변

③ 문화 행사　　　④ 휴식

12 소셜 투어리즘(Social Tourism)의 대상으로 옳지 않은 것은?

① 장애자　　　　② 근로청소년

③ 저소득층　　　④ 대기업 CEO

13 문화체육관광부 지원 하에 한국관광공사가 사업을 추진하고 있는 한국형 비즈니스호텔급 체인 브랜드는?

① 베니키아(BENIKEA)

② 굿스테이(Good Stay)

③ 코리아스테이(Korea Stay)

④ 베스트웨스턴(Best Western)

14 다음에서 설명하는 관광숙박업의 종류는?

- 관광객의 숙박과 취사에 적합한 시설을 갖추어 이를 당해 시설의 회원, 공유자 기타 관광객에게 제공
- 숙박에 부수되는 음식, 운동, 오락, 휴양, 공연 또는 연수에 적합한 시설 제공

① 관광호텔업

② 휴양콘도미니엄업

③ 가족호텔업

④ 한국전통호텔업

15 우리나라 최초 관광법규인 관광사업진흥법이 제정된 연도는?

① 1961년

② 1962년

③ 1963년

④ 1964년

16 국내 주요 컨벤션센터 명과 소재 지역이 바르게 연결된 것은?

① BEXCO – 대전

② CECO – 제주

③ EXCO – 대구

④ KINTEX – 창원

17 다음에서 발포성 와인(Sparkling Wine)으로만 묶여진 것은?

ㄱ. Champagne	ㄴ. Rot Wein
ㄷ. Shiraz	ㄹ. Spumante
ㅁ. Sekt	ㅂ. Riesling

① ㄱ, ㄴ, ㄷ

② ㄱ, ㄴ, ㄹ

③ ㄱ, ㄹ, ㅁ

④ ㄱ, ㅁ, ㅂ

18 여행객 단독으로 여행하는 개별자유여행객을 뜻하는 용어는?

① FCT

② FIT

③ FOC

④ ICT

19 다음은 무엇에 관한 설명인가?

호텔 임원의 숙소로 사용되거나 호텔 사무실이 부족하여 객실을 사무실로 사용

① Turn over

② House use room

③ Complimentary room

④ Day use

20 위탁운영호텔(Management contract hotel)의 설명으로 옳지 않은 것은?

① 소유와 경영이 분리된 전문경영의 형태

② 소유주가 자본 투자

③ 소유주가 위탁운영회사에 경영수수료를 지불

④ 위탁운영회사가 경영 손실 발생 시 배상

21 관광마케팅에서 자사제품을 경쟁사 제품에 비해 차별적으로 인식시키는 것은 무엇인가?

① 포지셔닝(Positioning)
② 시장 세분화(Market segmentation)
③ SWOT분석
④ 표적시장 선정(Target marketing)

22 관광객 구매의사 결정과정을 바르게 나열한 것은?

① 정보탐색 – 문제인식 – 대안평가 – 구매결정 – 구매 후 평가
② 문제인식 – 대안평가 – 정보탐색 – 구매결정 – 구매 후 평가
③ 문제인식 – 정보탐색 – 대안평가 – 구매결정 – 구매 후 평가
④ 정보탐색 – 대안평가 – 구매결정 – 문제인식 – 구매 후 평가

23 항공사의 ICAO 항공코드와 IATA 항공코드가 바르게 연결된 것은?

① AAL – AC
② AFR – AZ
③ KLM – KE
④ CPA – CX

24 항공운송사업의 특성에 관한 설명으로 옳지 않은 것은?

① 안정성 : 다른 교통수단에 비해 훨씬 안전하지만, 세계의 각 항공사들은 안전성 확보를 경영활동에서 최고의 중요시책으로 삼고 있다.
② 수요의 고정성 : 항공운송사업은 예약기반으로 운영되는 사업으로 일정한 수요의 고정성이 확보되는 사업이다.
③ 자본 집약성 : 항공기 도입과 같은 거대한 고정자본의 투하, 감가상각, 부품의 공급, 정비에 필요한 시설 등에 막대한 자본이 필요하다.
④ 정시성 : 항공사 서비스에서 가장 중요한 품질이므로 항공사는 공표된 시간표를 준수한다.

25 양조주(Fermented beverage)에 해당되지 않는 것은?

① 맥주
② 와인
③ 막걸리
④ 브랜디

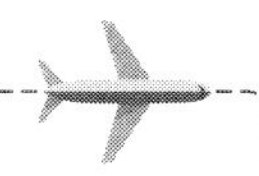

01 2002년부터 2013년까지 정부가 관광 활성화와 범국민적인 공감대 확산을 위해 실시한 캠페인이 아닌 것은?

① 가보자 코리아

② 내나라 사랑여행, Love Korea

③ 구석구석 캠페인

④ 내나라 먼저보기

02 관광의 일반적 개념에 관한 설명으로 옳지 않은 것은?

① 일상 생활권을 벗어난 장소적 이동을 전제로 한다.

② 관광이 종료되면 주거지로 돌아오는 회귀성이 있다.

③ 여가활동의 한 형태이다.

④ 취업을 목적으로 방문하는 경우도 포함한다.

03 해외여행 시에 쉥겐(Schengen)협약이 적용되어지는 지역은?

① 남태평양　　　② 북미

③ 남미　　　④ 유럽

04 세계관광기구(UNWTO)의 설명으로 옳지 않은 것은?

① 세계 각국의 정부기관이 회원으로 가입되어 있는 정부 간 관광기구이다.

② 스페인의 수도 마드리드에 본부를 두고 있다.

③ 세계적인 여행업계의 발전과 권익보호를 위하여 설립된 기구이다.

④ 국제간의 관광여행 촉진, 각 회원국 간의 관광경제 발전 등을 목적으로 한다.

05 한국관광공사의 업무가 아닌 것은?

① 외국인 관광객의 유치·선전을 위한 홍보

② 관광활성화를 위한 관광관련법규의 제·개정

③ 국민관광에 관한 지도 및 교육

④ 관광단지의 조성 및 관광시설의 개발을 위한 시범사업

06 다음에서 설명하고 있는 카지노게임은?

> 딜러가 쉐이커 내에 있는 주사위 3개를 흔들어 주사위가 나타내는 숫자의 합 또는 조합을 알아
> 맞추는 참가자에게 소정의 당첨금을 지불하는 방식의 게임

① 다이사이　　　② 블랙잭

③ 바카라　　　④ 룰렛

07 국제관광의 새로운 이미지 창출을 위한 국가 이미지·홍보의 슬로건·캠페인('Korea, Sparkling') 등을 할 경우 지향하여야 할 사항이 아닌 것은?

① 지속성이 있어야 한다.

② 통일성을 지녀야 한다.

③ 독창성이 있어야 한다.

④ 이벤트성을 지녀야 한다.

08 외국인 전용 카지노가 설치되어 있지 않은 지역은?

① 대구　　　② 강원

③ 경기　　　④ 부산

09 다음에서 설명하는 회의는?

> 대개 **30명 이하의 규모**이며, 주로 **교육목적**을 띤 회의로서 전문가의 주도하에 특정분야에 대한 각자의 지식이나 경험을 발표·토의 한다. 발표자가 우월한 위치에서 지식의 전달자로서 역할을 한다.

① 포럼(forum)
② 세미나(seminar)
③ 패널토의(panel discussion)
④ 컨퍼런스(conference)

10 객실 2개가 연결되어 있고 내부에 문이 있는 룸은?

① studio room
② adjoining room
③ suite room
④ connecting room

11 관광 구성요소에 관한 설명으로 옳은 것은?

① 관광매체는 관광사업으로 호텔업, 여행업, 교통업 등이 있다.
② 관광주체는 관광대상으로 자연자원, 문화자원, 위락자원 등이 있다.
③ 관광객체는 관광을 행하는 관광객을 의미한다.
④ 관광주체는 관광목적지를 의미한다.

12 관광의 경제적 효과로 볼 수 없는 것은?

① 국제수지 개선의 효과가 있다.
② 국제친선에 기여하는 효과가 있다.
③ 지역사회 개발에 기여하는 효과가 있다.
④ 고용증대의 효과가 있다.

13 관광동향에 관한 연차보고서에 따른 2013년 관광 방문객 수가 높은 국가 순으로 연결된 것은?

① 이탈리아 – 독일 – 중국
② 중국 – 미국 – 스페인
③ 미국 – 영국 – 이탈리아
④ 스페인 – 이탈리아 – 영국

14 18세기 유럽에서 유행했던 그랜드 투어(grand tour)에 관한 설명으로 옳지 않은 것은?

① 여행 기간은 1~2개월의 단기여행이었다.
② 참여동기는 교육목적이 주류를 이루었다.
③ 이탈리아, 프랑스, 독일 등을 여행목적지로 하였다.
④ 젊은 상류계층이 여행의 주체이었다.

15 관광상품의 특성과 그에 따른 대응방안을 상호 연결한 것으로 옳지 않은 것은?

① 무형성 – 관광목적지의 안내책자 및 사진 준비
② 생산과 소비의 동시성 – 서비스인력의 숙련도 제고
③ 소멸성 – 초과예약
④ 계절성 – 성수기 가격할인

16 어떤 음료에 데미따스(demi tasse)가 사용되어지는가?

① Brandy
② Whisky
③ Espresso
④ Fruit Punch

17 우리나라의 2013년도 국적별 외국인 관광객 입국 현황 중 전년도와 대비하여 방한 관광객이 감소한 나라는?

① 중국   ② 일본

③ 미국   ④ 인도네시아

18 외교부에서 해외여행을 하는 국민에게 제시하는 여행경보제도의 단계별 내용으로 옳지 않은 것은?

① 남색경보 – 여행유의

② 황색경보 – 여행자제

③ 적색경보 – 여행경고

④ 흑색경보 – 여행금지

19 다음에서 설명하고 있는 국제기구의 명칭은?

> 미주지역 여행업자 권익보호와 전문성 제고를 목적으로 1931년에 설립되었고, 미주지역이라는 거대한 시장을 배경으로 세계 140개국 2만 여명에 달하는 회원을 거느린 세계 최대의 여행업협회이다.

① ASTA   ② PATA

③ UNWTO   ④ WTTC

20 관광동기의 성격 분류가 옳지 않은 것은?

① 나이트 라이프 – pull factor

② 소득 – pull factor

③ 스트레스 – push factor

④ 쾌적한 기후 – pull factor

21 유네스코가 지정한 세계문화유산에 해당하지 않는 것은?

① 경복궁   ② 수원 화성

③ 창덕궁   ④ 하회와 양동마을

22 항공사와 코드의 연결이 옳지 않은 것은?

① JEJU AIR – 7C

② BRITISH AIRWAYS – BR

③ THAI AIRWAYS – TG

④ JIN AIR – LJ

23 관광진흥법령상 관광 편의시설업이 아닌 것은?

① 관광펜션업   ② 일반유원시설업

③ 한옥체험업   ④ 외국인관광 도시민박업

24 단독경영 호텔들이 체인호텔에 대항하기 위하여 상호 연합한 형태의 호텔경영 방식은?

① 프랜차이즈(franchise) 방식

② 위탁경영(management contract) 방식

③ 리퍼럴(referral) 방식

④ 업무제휴(alliance) 방식

25 FIT를 대상으로 하는 경우 아웃바운드 여행사의 수입원이 되기 어려운 것은?

① 선택관광 알선 수수료

② 숙박시설 알선 수수료

③ 쇼핑 알선 수수료

④ 항공권 판매 수수료

2015년 9월 관광학개론 기출문제

01 호텔 객실요금에 식비가 전혀 포함되지 않은 요금제도는?

① American Plan
② European Plan
③ Continental Plan
④ Modified American Plan

02 매킨토시(R. W. McIntosh)가 분류한 관광동기가 아닌 것은?

① 신체적 동기
② 문화적 동기
③ 대인적 동기
④ 자아실현 동기

03 여행업의 특성으로 옳지 않은 것은?

① 창업이 용이하다.
② 수요 탄력성이 높다.
③ 고정자산의 비중이 높다.
④ 노동집약적이다.

04 환경보호와 자연 보존을 중시하는 지속가능한 관광의 유형으로 옳지 않은 것은?

① 생태관광
② 녹색관광
③ 연성관광
④ 위락관광

05 항공기 위탁수하물로 반입이 가능한 물품은?

① 연료가 포함된 라이터
② 70도(%) 이상의 알코올성 음료
③ 공기가 1/3 이상 주입된 축구공
④ 출발 신호용 총

06 다음에서 설명하고 있는 호텔경영 방식은?

> 본사와 가맹점 간 계약을 맺어 본사는 상표권과 전반적 시스템 및 경영노하우를 제공하고, 가맹점은 그에 따른 수수료를 지불하는 형태로 가맹점의 경영권은 독립성이 유지된다.

① 단독경영
② 임차경영
③ 위탁경영
④ 프랜차이즈경영

07 호텔정보시스템 중 다음의 업무를 처리하는 것은?

> • 인사/급여관리 • 구매/자재관리
> • 원가관리 • 시설관리

① 프론트 오피스 시스템(front office system)
② 백 오피스 시스템(back office system)
③ 인터페이스 시스템(interface system)
④ 포스 시스템(POS system)

08 테마파크의 본질적 특성으로 옳지 않은 것은?

① 주제성
② 이미지 통일성
③ 일상성
④ 배타성

09 국제회의 산업의 파급효과 중 사회문화적 효과로 옳지 않은 것은?

① 세수(稅收) 증대
② 국제친선 도모
③ 지역문화 발전
④ 상호이해 증진

10 Intrabound 관광의 범위로 옳은 것은?

① 국내거주 외국인 국내관광 + 외국인 국내관광
② 국내거주 외국인 국내관광 + 내국인 국내관광
③ 내국인 국내관광 + 내국인 국외관광
④ 외국인 국외관광 + 내국인 국외관광

11 관광수요의 정성적 수요예측방법이 아닌 것은?

① 시계열법
② 델파이법
③ 전문가 패널
④ 시나리오 설정법

12 유네스코(UNESCO) 등재유산의 분류 유형으로 옳지 않은 것은?

① 종교유산
② 세계유산
③ 인류무형유산
④ 세계기록유산

13 문화체육관광부가 수립하는 관광개발기본 계획에 관한 설명으로 옳지 않은 것은?

① 1992년에 시작되었다.
② 5년 주기로 수립한다.
③ 현재 제3차 기본계획이 실행 중에 있다.
④ 법정계획으로 규정되어 있다.

14 신속해외송금제도에서 허용하고 있는 송금 한도액으로 옳은 것은?

① 미화 1,000$ 이하
② 미화 2,000$ 이하
③ 미화 3,000$ 이하
④ 미화 5,000$ 이하

15 다음 설명에 해당하는 제도는?

> 해외여행을 하는 우리 국민들을 위해 세계 각 국가와 지역의 위험수준에 따라 단기적인 위험상황이 발생하는 경우에 발령한다.

① 여행경보신호등제도
② 특별여행경보제도
③ 여행금지제도
④ 여행자사전등록제도

16 우리나라 관세법령상 기본면세 범위에 관한 설명이다. ( ) 안에 들어갈 내용으로 옳은 것은?

> 관세의 면제 한도는 여행자 1명의 휴대품 또는 별송품으로서 각 물품의 과세가격 합계 기준으로 미화 ( ) 이하로 한다.

① 400$
② 500$
③ 600$
④ 800$

17 다음에서 설명하고 있는 서비스 제공 방식은?

> - 고객이 직접 조리과정을 보면서 식사를 할 수 있는 형태
> - 주로 바, 라운지, 스낵바 등에서 볼 수 있음
> - 조리사가 요리를 직접 제공함

① 카운터 서비스(counter service)
② 러시안 서비스(Russian service)
③ 뷔페 서비스(buffet service)
④ 플레이트 서비스(plate service)

18 '항공운임 등 총액표시제'에 관한 설명으로 옳지 않은 것은?

① 항공권 및 항공권이 포함된 여행상품의 구매·선택에 중요한 영향을 미치는 가격정보를 총액으로 제공토록 의무화 한 것이다.
② 항공운임 및 요금, 공항시설사용료, 해외공항의 시설사용료, 출국납부금, 국제빈곤퇴치기여금 등이 포함된다.
③ '항공운임 등 총액표시제' 이행대상 상품은 국제 항공권 및 국제 항공권이 포함되어 있는 여행상품으로 제한하고 있다.
④ 항공 소비자 편익 강화를 위해 2014년 7월 15일부터 시행되고 있다.

Introduction to Tourism

19 공금으로 하는 관용여행 중 호화 유람여행을 일컫는 용어는?

① junket
② pilgrimage
③ jaunt
④ voyage

20 다음에서 설명하고 있는 여행형태는?

여행 출발 시 안내원을 동반하지 않고 목적지에 도착 후 현지 가이드 서비스를 받는 형태

① FIT여행(Foreign Independent Tour)
② IIT여행(Inclusive Independent Tour)
③ ICT여행(Inclusive Conducted Tour)
④ PT여행(Package Tour)

21 자동출입국심사(Smart Entry Service)에 관한 설명으로 옳지 않은 것은?

① 사전에 여권정보와 바이오정보(지문, 안면)를 등록한 후 자동출입국심사대에서 출입국심사가 진행된다.
② 심사관의 대면심사를 대신해 자동출입국심사대를 이용하여 출입국 심사가 이루어지는 시스템이다.
③ 복수여권 소지자는 물론 단수여권 소지자도 자동출입국심사대를 이용할 수 있다.
④ 취득한 바이오 정보로 본인확인이 가능해야 하며 바이오 정보 제공 및 활용에 동의하여야 한다.

22 행정기관과 관광 관련 주요 기능의 연결이 옳지 않은 것은?

① 법무부 – 여행자의 출입국 관리
② 외교부 – 비자면제 협정체결
③ 관세청 – 여행자의 휴대품 통관업무
④ 문화체육관광부 – 항공협정의 체결

23 항공권 예약 담당자의 비행편 스케줄 확인 방법으로 옳지 않은 것은?

① 항공사별 비행 시간표(Time Table) 이용
② OAG(Official Airlines Guide) 이용
③ BSP(Bank Settlement Plan) 이용
④ CRS(Computer Reservation System) 이용

24 관광객의 다양한 관광 및 휴양을 위하여 각종 관광시설을 종합적으로 개발하는 관광거점지역으로서, 관광진흥법에 의해 지정된 곳은?

① 관광단지
② 자연공원
③ 관광지
④ 관광특구

25 다음 설명에 해당하는 호텔 객실은?

• 여행객 갑(甲)과 을(乙)이 옆방으로 나란히 객실을 배정받고 싶을 때 이용된다.
• 객실 간 내부 연결통로가 없다.

① 커넥팅 룸(connecting room)
② 핸디캡 룸(handicap room)
③ 팔러 룸(parlour room)
④ 어드조이닝 룸(adjoining room)

01 매킨토시(R. W. McIntosh)가 분류한 관광동기 유형 중 대인적 동기에 해당되는 것은?

① 육체적 휴식　　② 온천의 이용

③ 스포츠참여　　④ 친구나 친지방문

02 관광주체와 관광객체 사이를 연결해주는 관광매체가 아닌 것은?

① 관광목적지　　② 여행사

③ 관광안내소　　④ 교통수단

03 세계관광기구(UNWTO)에서 정한 관광객 범주에 포함되는 자를 모두 고른 것은?

ㄱ. 2주간의 국제회의 참석자
ㄴ. 1개월간의 성지순례자
ㄷ. 3개월 재직 중인 외교관
ㄹ. 1주간의 스포츠행사 참가자
ㅁ. 4시간 이내의 국경통과자

① ㄱ, ㄴ, ㅁ　　② ㄱ, ㄴ, ㄹ

③ ㄱ, ㄷ, ㄹ　　④ ㄷ, ㄹ, ㅁ

04 관광의 환경적 측면에서의 효과가 아닌 것은?

① 관광자원의 보호와 복원

② 환경정비와 보전

③ 관광승수효과

④ 환경에 대한 인식증대

05 1970년대 한국관광발전사의 주요 내용이 아닌 것은?

① 교통부 관광과를 관광국으로 승격

② 관광호텔의 등급심사제도 도입

③ 세계관광기구(UNWTO) 가입

④ 경주 보문관광단지 개장

06 세계관광 발전사 단계 중 'Mass Tourism' 시기에 관한 설명이 아닌 것은?

① 시기는 1840년대 초부터 제1차 세계대전까지이다.

② 대상은 대중을 포함한 전 국민이다.

③ 조직자는 기업, 국가, 공공단체로 확대되었다.

④ 조직 동기는 이윤추구와 국민후생증대 중심이다.

07 한국관광공사의 국제관광진흥 사업이 아닌 것은?

① 외국인 관광객의 유치를 위한 홍보

② 국제관광시장의 조사 및 개척

③ 국제관광에 관한 지도 및 교육

④ 국제관광정책의 심의 및 의결

08 관광정책과정을 단계별로 옳게 나열한 것은?

① 정책 의제설정 → 정책 집행 → 정책 평가 → 정책 결정

② 정책 의제설정 → 정책 평가 → 정책 집행 → 정책 결정

③ 정책 의제설정 → 정책 결정 → 정책 집행 → 정책 평가

④ 정책 수요파악 → 정책 평가 → 정책 집행 → 정책 결정

09 다음 설명에 해당하는 것은?

> 전 국민이 일상 생활권을 벗어나 자력 또는 정책적 지원으로 국내·외를 여행하거나 체제하면서 관광하는 행위로, 그 목적은 국민 삶의 질을 제고하는 데 있음

① 대안관광　　　　② 국민관광
③ 보전관광　　　　④ 국내관광

10 다음 설명에 해당하는 것은?

> 1980년 세계관광기구(UNWTO) 107개 회원국 대표단이 참석한 가운데 개최된 세계관광대회(WTC)에서 관광활동은 인간존엄성의 정신에 입각하여 보장되어야 하며 세계평화에 기여해야 함을 결의함

① 마닐라 선언　　　② 시카고 조약
③ 교토 협약　　　　④ 리우 회의

11 문화체육관광부의 외국인 의료관광 활성화를 위한 지원사업 내용이 아닌 것은?

① 외국인 의료관광 전문인력을 양성하는 우수교육기관 지원
② 외국인 의료관광 유치 안내센터의 설치 운영
③ 의료관광 전담 여행사 선정 및 평가관리
④ 외국인환자 유치 의료기관과 공동으로 해외마케팅사업 추진

12 관광관련 국제기구 중 동아시아관광협회를 뜻하는 용어는?

① ESTA　　　　　② ASTA
③ EATA　　　　　④ PATA

13 문화체육관광부에서 선정한 '2016년도 문화관광 대표축제'만으로 묶인 것은?

> ㄱ. 김제지평선축제
> ㄴ. 화천산천어축제
> ㄷ. 춘천마임축제
> ㄹ. 영덕대게축제
> ㅁ. 자라섬국제재즈페스티벌

① ㄱ, ㄴ, ㄷ　　　② ㄱ, ㄴ, ㅁ
③ ㄱ, ㄷ, ㄹ　　　④ ㄴ, ㄹ, ㅁ

14 관광진흥법령상 여행업 등록을 위한 자본금 기준으로 옳은 것은?

① 일반여행업 – 1억 5천만원 이상
② 일반여행업 – 1억원 이상
③ 국외여행업 – 5천만원 이상
④ 국내여행업 – 3천만원 이상

15 2016년 4월 기준 인천공항 이용 시 항공기 내 반입 가능한 휴대수하물이 아닌 것은?

① 휴대용 담배 라이터 1개
② 휴대용 일반 소형 배터리
③ 접이식 칼
④ 와인 오프너

16 인천공항을 통한 출입국시 다음 설명 중 옳지 않은 것은?

① 출국하는 내국인의 외환신고 대상은 미화 1만달러를 초과하는 경우이다.
② 출국하는 내국인의 구입한도 면세물품은 미화 600달러까지이다.
③ 입국하는 외국인의 면세범위는 미화 600달러까지이다.
④ 입국하는 내국인의 면세범위는 미화 600달러까지이다.

17 다음에서 설명하는 용어는?

> 국제회의 개최와 관련한 다양한 업무를 주최 측으로부터 위임받아 부분적 또는 전체적으로 대행해 주는 영리업체

① CVB ② NTO
③ TIC ④ PCO

18 IATA 기준 우리나라 항공사 코드가 아닌 것은?

① 8B ② ZE
③ 7C ④ LJ

19 항공기 탑승 시 타고 왔던 비행기가 아닌 다른 비행기로 갈아타는 환승을 뜻하는 용어는?

① transit ② transfer
③ stop-over ④ code share

20 2015년 변경된 호텔 신등급(별등급)에서 등급별 표지 연결이 옳지 않은 것은?

등급 − 별개수 − 표지바탕색상

① 5성급 − 별 5개 − 고궁갈색
② 4성급 − 별 4개 − 고궁갈색
③ 3성급 − 별 3개 − 전통감청색
④ 2성급 − 별 2개 − 전통감청색

21 저가항공사의 일반적 특성이 아닌 것은?

① point to point 운영
② secondary airport 이용
③ online sale 활용
④ hub & spoke 운영

22 예약한 좌석을 이용하지 않는 노쇼(no-show)에 대비한 항공사의 대응책은?

① tariff
② travel's check
③ security check
④ overbooking

23 국제회의의 형태별 분류 중 다음 설명에 해당하는 것은?

> 문제해결능력의 일환으로서 참여를 강조하고 소집단(30~35명) 정도의 인원이 특정문제나 과제에 관해 새로운 지식·기술·아이디어 등을 교환하는 회의로서 강력한 교육적 프로그램

① 세미나(seminar)
② 컨퍼런스(conference)
③ 포럼(forum)
④ 워크숍(workshop)

24 이벤트의 분류상 홀마크 이벤트(hallmark event)가 아닌 것은?

① 세계육상선수권대회
② 브라질리우축제
③ 뮌헨옥토버페스트
④ 청도소싸움축제

25 관광산업에서 고객에게 직접 서비스를 제공하는 직원을 대상으로 하는 마케팅 용어는?

① 포지셔닝 전략(positioning strategy)
② 관계 마케팅(relationship marketing)
③ 내부 마케팅(internal marketing)
④ 직접 마케팅(direct marketing)

2016년 9월 　관광학개론 기출문제

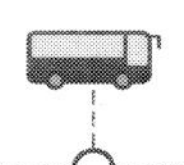

01 쉥겐(Schengen)협약에 가입하지 않은 국가는?

① 오스트리아　　　② 프랑스

③ 스페인　　　　　④ 터키

02 컨벤션과 관련분야 산업의 성장을 목적으로 1963년 유럽에서 설립된 컨벤션 국제기구는?

① WTTC　　　　　② ICAO

③ ICCA　　　　　④ IHA

03 인천공항에 취항하는 외국 항공사가 아닌 것은?

① 에티오피아 항공(ET)

② 체코 항공(OK)

③ 사우스웨스트 항공(WN)

④ 알리탈리아 항공(AZ)

04 호텔에서 판매촉진 등을 목적으로 고객에게 무료로 객실을 제공하는 요금제는?

① Tariff Rack Rate

② Complimentary Rate

③ FIT Rate

④ Commercial Rate

05 국제 슬로시티(Slow City)에 가입된 지역이 아닌 곳은?

① 제천 수산　　　② 하동 악양

③ 담양 창평　　　④ 제주 우도

06 Banker와 Player 중 카드 합이 9에 가까운 쪽이 승리하는 카지노 게임은?

① 바카라　　　　② 블랙잭

③ 다이사이　　　④ 빅휠

07 국내 입국 시 소액물품 자가사용 인정기준(면세 통관범위)을 초과하는 것은?

① 인삼 3kg　　　② 더덕 3kg

③ 고사리 5kg　　④ 참깨 5kg

08 국내 크루즈업에 관한 설명으로 옳은 것은?

① 크루즈로 기항 할 수 있는 부두는 제주항이 유일하다.

② 1970년대부터 정기 취항을 시작하였다.

③ 법령상 관광객 이용시설업에 속한다.

④ 2010년 이후 입항 외래 관광객이 꾸준한 하락세를 보이고 있다.

09 해외 주요 도시 공항코드의 연결이 옳은 것은?

① 두바이(Dubai Int'l) – DUB

② 로스앤젤레스(Los Angeles Int'l) – LAS

③ 홍콩(Hong Kong Int'l) – HGK

④ 시드니(Sydney Kingsford) – SYD

10 문화체육관광부가 선정한 2016년 대한민국 문화관광축제가 아닌 것은?

① 광주 비엔날레

② 봉화 은어축제

③ 강진 청자축제

④ 자라섬 국제재즈페스티벌

11 한국관광공사가 인증한 우수 외국인관광 도시민 박 브랜드는?

① 굿스테이(GOOD STAY)

② 베스트스테이(BEST STAY)

③ 코리아스테이(KOREA STAY)

④ 베니키아(BENIKEA)

12 한국 일반여권 소지자가 무비자로 90일까지 체류할 수 있는 국가는?

① 필리핀　　　　② 캄보디아

③ 대만　　　　　④ 베트남

13 한국에서 개최되었거나 개최 예정인 메가스포츠 이벤트와 마스코트 연결이 옳은 것은?

① 1988 서울 올림픽 – 곰돌이

② 2002 한일 월드컵 – 살비

③ 2011 대구 세계육상선수권대회 – 아토

④ 2018 평창 동계올림픽 – 수호랑

14 관광구성요소에 관한 설명으로 옳지 않은 것은?

① 관광객체는 관광매력물인 관광자원, 관광시설 등을 포함한다.

② 관광객체는 관광대상인 국립공원, 테마파크 등을 포함한다.

③ 관광매체는 관광사업인 여행업, 교통업 등을 포함한다.

④ 관광매체는 관광매력물인 관광목적지, 관광명소 등을 포함한다.

15 세계관광기구(UNWTO)의 국제관광객 분류 상 관광통계에 포함되는 자는?

① 승무원　　　　② 이민자

③ 국경통근자　　④ 군 주둔자

16 2015년 국적별 방한 외래객수가 많은 순으로 바르게 나열한 것은?

① 중국 – 일본 – 미국 – 대만 – 필리핀

② 중국 – 일본 – 미국 – 싱가포르 – 대만

③ 중국 – 일본 – 대만 – 태국 – 싱가포르

④ 중국 – 일본 – 미국 – 필리핀 – 대만

17 서양의 관광역사 중 Mass Tourism 시대에 관한 설명으로 옳은 것을 모두 고른 것은?

> ㄱ. 역사교육, 예술문화학습 등을 목적으로 하는 그랜드 투어가 성행했다.
> ㄴ. 생산성 향상, 노동시간 감축, 노동운동 확산 등으로 여가시간이 증가하기 시작했다.
> ㄷ. 과학기술 발달로 인한 이동과 접근성이 편리해져 여행수요 증가가 가능해졌다.
> ㄹ. 자유개별여행, 대안관광, 공정여행 등 새로운 관광의 개념이 등장했다.

① ㄱ, ㄴ　　　　② ㄱ, ㄹ

③ ㄴ, ㄷ　　　　④ ㄷ, ㄹ

18 유네스코(UNESCO) 세계기록유산 등재목록에 해당하지 않는 것은?

① 조선왕조의궤　　② 새마을운동기록물

③ 난중일기　　　　④ 징비록

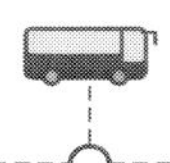

19 관광유형의 설명으로 옳지 않은 것은?

① S.I.T : 특별목적관광

② Dark Tourism : 야간관광

③ Fair Travel : 공정여행

④ Incentive Travel : 포상여행

20 비수기 수요의 개발, 예약시스템의 도입 등은 관광서비스 특징 중 어떤 문제점을 극복하기 위한 마케팅 전략인가?

① 무형성(Intangibility)

② 비분리성(Inseparability)

③ 소멸성(Perishability)

④ 이질성(Heterogeneity)

21 우리나라 인바운드 관광수요에 부정적 영향을 미치는 요인을 모두 고른 것은?

ㄱ. 일본 아베 정부의 엔저 정책 추진
ㄴ. 미국의 기준금리 인상으로 인한 달러가치 상승
ㄷ. 중동위기 해소로 인한 국제유가 하락
ㄹ. 북한의 핵미사일 위협 확대

① ㄱ, ㄴ   ② ㄱ, ㄹ

③ ㄷ, ㄹ   ④ ㄴ, ㄷ, ㄹ

22 국민의 국내관광 활성화 차원에서 추진한 정책이 아닌 것은?

① 의료관광   ② 구석구석캠페인

③ 여행주간   ④ 여행바우처

23 관광(觀光)이라는 단어가 언급되어 있는 문헌과 그 내용의 연결이 옳지 않은 것은?

① 삼국사기 – 관광육년(觀光六年)

② 고려사절요 – 관광상국(觀光上國) 진손숙습(盡損宿習)

③ 조선왕조실록 – 관광방(觀光坊)

④ 열하일기 – 위관광지상국래(爲觀光之上國來)

24 우리나라에서 최초로 제정된 관광법규는?

① 관광기본법   ② 관광사업진흥법

③ 관광사업법   ④ 관광진흥개발기금법

25 한국관광공사의 사업에 해당하는 것은?

① 국민관광상품권 발행

② 국민관광 진흥사업

③ 관광경찰조직 운영

④ 관광진흥개발기금 관리

363

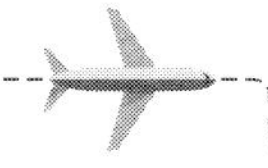

01 2017년 현재 우리나라의 국제공항이 아닌 것은?

① 대구국제공항　　② 광주국제공항

③ 김해국제공항　　④ 양양국제공항

02 다음 설명에 해당하는 것은?

> 교통약자 및 출입국우대자는 이용하는 항공사의 체크인카운터에서 대상자임을 확인받은 후 전용 출국장을 이용할 수 있다.

① 셀프체크인　　② 셀프백드랍

③ 패스트트랙　　④ 자동출입국심사

03 항공기 내 반입금지 위해물품 중 해당 항공운송사업자의 승인을 받고 국토교통부고시에 따른 항공위험물 운송기술기준에 적합한 경우 객실 반입이 가능한 것은?

① 소화기 1kg

② 드라이아이스 1kg

③ 호신용 스프레이 20㎖

④ 장애인의 전동휠체어 1개

04 항공사가 전략적으로 공동의 서비스를 제공하는 항공 동맹체가 아닌 것은?

① 윈 월드(Win World)

② 스카이 팀(Sky Team)

③ 유플라이 얼라이언스(U–Fly Alliance)

④ 스타 얼라이언스(Star Alliance)

05 관광구조의 기본 체계 중 관광객체에 관한 설명으로 옳지 않은 것은?

① 관광안내, 관광정보 등을 포함한다.

② 관광객을 유인하는 관광매력물을 의미한다.

③ 관광자원이나 관광시설을 포함한다.

④ 관광객의 욕구를 만족시키는 역할을 한다.

06 UNWTO의 국적과 국경에 의한 관광분류(1994년)에 관한 설명으로 옳지 않은 것은?

① Internal 관광은 Domestic Tourism과 Inbound Tourism을 결합한 것이다.

② National 관광은 Domestic Tourism과 Outbound Tourism을 결합한 것이다.

③ International 관광은 Inbound Tourism과 Outbound Tourism을 결합한 것이다.

④ Intrabound 관광은 Internal Tourism과 National Tourism을 결합한 것이다.

07 관광의 경제적 효과 중 소득효과가 아닌 것은?

① 투자소득효과

② 소비소득효과

③ 직접조세효과와 간접조세효과

④ 관광수입으로 인한 외화획득효과

08 역내관광(Intra–regional Tourism)의 예로 옳은 것은?

① 한국인의 일본여행

② 독일인의 태국여행

③ 중국인의 캐나다여행

④ 일본인의 콜롬비아여행

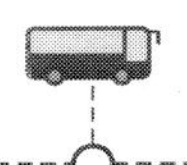

09 카지노산업의 긍정적 효과가 아닌 것은?

① 사행성 심리 완화

② 조세수입 확대

③ 외국인 관광객 유치

④ 지역경제 활성화

10 마케팅전략 개발에 유용하게 이용될 수 있는 AIO분석에 관한 설명으로 옳지 않은 것은?

① 소비자의 관찰가능한 일상의 제반 행동이 측정 대상이다.

② 특정 대상, 사건, 상황에 대한 관심 정도가 측정 대상이다.

③ 소비자에게 강점과 약점으로 인식되는 요소를 찾아내는 것이다.

④ 소비자의 특정 사물이나 사건에 대한 의견을 파악한다.

11 크루즈 유형의 분류기준이 다른 것은?

① 해양크루즈　　② 연안크루즈

③ 하천크루즈　　④ 국제크루즈

12 외국인 전용으로 허가받아 개설된 우리나라 최초의 카지노는?

① 제주 라마다 카지노

② 인천 올림포스 카지노

③ 부산 파라다이스 카지노

④ 서울 워커힐 카지노

13 서양의 중세시대 관광에 관한 설명으로 옳지 않은 것은?

① 관광의 암흑기

② 성지순례 발달

③ 도로의 발달로 인한 숙박업의 호황

④ 십자군 전쟁 이후 동양과의 교류 확대

14 문화체육관광부가 지정한 2017년 올해의 관광도시로 선정되지 않은 곳은?

① 광주광역시 남구

② 강원도 강릉시

③ 경상북도 고령군

④ 전라북도 전주시

15 다음 설명에 해당하는 것은?

> 관광산업의 사회적 인지도를 증진시키기 위해 1990년에 설립된 민간 국제조직으로 영국 런던에 본부를 둔다.

① PATA　　　　② WTTC

③ UNWTO　　　④ ASTA

16 관광진흥법령상 국외여행 인솔자의 자격요건이 아닌 것은?

① 관광통역안내사 자격을 취득할 것

② 여행업체에서 6개월 이상 근무하고 국외여행 경험이 있는 자로서 문화체육관광부장관이 정하는 소양교육을 이수할 것

③ 문화체육관광부장관이 지정하는 교육기관에서 국외여행 인솔에 필요한 양성교육을 이수할 것

④ 고등교육법에 의한 전문대학 이상의 학교에서 관광분야를 전공하고 졸업할 것

17 다음 설명에 해당하는 것은?

> 지역주민이 주도하여 지역을 방문하는 관광객을 대상으로 숙박, 여행알선 등의 관광사업체를 창업하고 자립 발전하도록 지원하는 사업이다.

① 관광두레　　　② 여행바우처

③ 슬로시티　　　④ 굿스테이

18 제 3차 관광개발기본계획(2012년~2021년)의 개발전략이 아닌 것은?

① 미래 환경에 대응한 명품 관광자원 확충

② 국민이 행복한 생활관광 환경 조성

③ 저탄소 녹색성장을 선도하는 지속가능한 관광 확산

④ 남북한 및 동북아 관광협력체계 구축

19 여행업의 기본 기능이 아닌 것을 모두 고른 것은?

ㄱ. 예약 및 수배	ㄴ. 수속대행
ㄷ. 여정관리	ㄹ. 공익성
ㅁ. 상담	ㅂ. 저렴한 가격

① ㄱ, ㄴ

② ㄷ, ㄹ

③ ㄹ, ㅂ

④ ㅁ, ㅂ

20 다음 설명에 해당하는 것은?

여행목적, 여행기간, 여행코스가 동일한 형태로 정기적으로 실시되는 여행

① Series Tour

② Charter Tour

③ Interline Tour

④ Cruise Tour

21 다음 설명에 해당하는 것은?

취침 전에 간단한 객실의 정리·정돈과 잠자리를 돌보아 주는 서비스

① Turn Away Service

② Turn Down Service

③ Uniformed Service

④ Pressing Service

22 다음 설명에 해당하는 것은?

컨벤션산업 진흥을 위해 관련단체들이 참여하여 마케팅 및 각종 지원 사업을 수행하는 전담기구

① CMP

② KNTO

③ CVB

④ CRS

23 의료관광에 관한 설명으로 옳지 않은 것은?

① 치료·관광형의 경우 관광과 휴양이 발달한 지역에서 많이 나타난다.

② 외국인 환자유치를 포함하는 의료서비스와 관광이 융합된 새로운 관광 상품 트렌드이다.

③ 환자중심의 서비스와 적정수준 이상의 표준화된 서비스를 제공하기 위해 의료서비스 인증제도가 확산되고 있다.

④ 주목적이 의료적인 부분이기 때문에 일반 관광객에 비해 체류기간이 짧고 체류비용이 저렴하다.

24 2017년 현재 출국을 앞둔 내국인 홍길동이 국내 면세점에서 면세품을 구입할 수 있는 한도액은?

① 미화 400$

② 미화 600$

③ 미화 2,000$

④ 미화 3,000$

25 2017년 현재 컨벤션센터 중 전시면적이 큰 순서대로 나열한 것은?

① ICC Jeju – EXCO – COEX

② BEXCO – EXCO – ICC Jeju

③ EXCO – BEXCO – ICC Jeju

④ COEX – ICC Jeju – BEXCO

2018년 9월 관광학개론 기출문제

01 2018년 한국관광공사 선정 KOREA 유니크베뉴가 아닌 장소는?

① 서울 국립중앙박물관   ② 부산 영화의 전당
③ 광주 월봉서원   ④ 전주 한옥마을

02 다음 관광자가 즐기는 카지노 게임은?

> 내가 선택한 플레이어 카드 두 장의 합이 9이고, 딜러의 뱅커 카드 두 장의 합이 8이어서 내가 배팅한 금액의 당첨금을 받았다.

① 바카라   ② 키노
③ 다이사이   ④ 다이스

03 2017년 UIA(국제협회연합)에서 발표한 국제회의 유치실적이 높은 국가 순서대로 나열한 것은?

① 한국 – 미국 – 일본 – 오스트리아
② 미국 – 벨기에 – 한국 – 일본
③ 한국 – 싱가포르 – 오스트리아 – 일본
④ 미국 – 한국 – 싱가포르 – 벨기에

04 관광진흥법령상 일반여행업에서 기획여행을 실시할 경우 보증보험 가입금액 기준이 옳지 않은 것은?

① 직전사업년도 매출액 10억원 이상 50억원 미만 – 1억원
② 직전사업년도 매출액 50억원 이상 100억원 미만 – 3억원
③ 직전사업년도 매출액 100억원 이상 1,000억원 미만 – 5억원
④ 직전사업년도 매출액 1,000억원 이상 – 7억원

05 관광진흥법령상 다음 관광사업 중 업종대상과 지정권자 연결이 옳은 것은?

① 관광펜션업 – 지역별 관광협회
② 관광순환버스업 – 지역별 관광협회
③ 관광식당업 – 특별자치도지사·시장·군수·구청장
④ 관광유흥음식점업 – 특별자치도지사·시장·군수·구청장

06 호텔 객실 요금에 조식만 포함되어 있는 요금 제도는?

① European Plan
② Continental Plan
③ Full American Plan
④ Modified American Plan

07 국내 컨벤션센터와 지역 연결이 옳지 않은 것은?

① DCC – 대구
② CECO – 창원
③ SETEC – 서울
④ GSCO – 군산

08 항공 기내특별식 용어와 그 내용의 연결이 옳은 것은?

① BFML – 유아용 음식
② NSML – 이슬람 음식
③ KSML – 유대교 음식
④ VGML – 힌두교 음식

09 다음 설명에 해당하는 객실 가격 산출 방법은?

> 연간 총 경비, 객실 수, 객실 점유율 등에 의해 연간 목표이익을 계산하여 이를 충분히 보전할 수 있는 가격으로 호텔 객실 가격을 결정한다.

① 하워드 방법

② 휴버트 방법

③ 경쟁가격 결정방법

④ 수용률 가격 계산방법

10 문화체육관광부 선정 대한민국 테마여행 10선에 속하지 않는 도시는?

① 전주　　　　　　② 충주

③ 제주　　　　　　④ 경주

11 항공사와 여행사가 은행을 통하여 항공권 판매대금 및 정산업무 등을 간소화 하는 제도는?

① PNR　　　　　　② CMS

③ PTA　　　　　　④ BSP

12 관광진흥법령상 한국관광 품질인증 대상 사업으로 옳은 것을 모두 고른 것은?

> ㄱ. 관광면세업　　　　　ㄴ. 한옥체험업
> ㄷ. 관광식당업　　　　　ㄹ. 관광호텔업
> ㅁ. 관광공연장업

① ㄱ, ㄴ, ㄷ　　　　② ㄱ, ㄷ, ㄹ

③ ㄴ, ㄷ, ㄹ　　　　④ ㄴ, ㄹ, ㅁ

13 2018년 문화체육관광부 지정 글로벌 육성축제를 모두 고른 것은?

> ㄱ. 김제지평선축제　　ㄴ. 자라섬국제재즈페스티벌
> ㄷ. 진주남강유등축제　ㄹ. 보령머드축제
> ㅁ. 화천산천어축제

① ㄱ, ㄴ, ㄹ　　　　② ㄱ, ㄷ, ㄹ

③ ㄱ, ㄷ, ㅁ　　　　④ ㄴ, ㄷ, ㅁ

14 관광의 긍정적 영향으로 옳지 않은 것은?

① 국제수지 개선　　② 고용창출 증대

③ 기회비용 증대　　④ 환경인식 증대

15 서양 중세시대 관광에 관한 설명으로 옳은 것은?

① 증기기관차 등의 교통수단이 발달되었다.

② 문예부흥에 의해 관광이 활성화되었다.

③ 십자군전쟁에 의한 동·서양 교류가 확대되었다.

④ 패키지여행상품이 출시되었다.

16 관광의 유사 개념으로 옳지 않은 것은?

① 여행　　　　　　② 예술

③ 레크리에이션　　④ 레저

17 다음 이론을 주장한 학자는?

> 욕구 5단계 이론: 생리적 욕구 – 안전의 욕구 – 사회적 욕구 – 존경의 욕구 – 자아실현의 욕구

① 마리오티(A. Mariotti)

② 맥그리거(D. McGregor)

③ 밀(R. C. Mill)

④ 매슬로우(A. H. Maslow)

18 재난 현장이나 비극적 참사의 현장을 방문하는 관광을 의미하는 것은?

① Eco Tourism
② Dark Tourism
③ Soft Tourism
④ Low Impact Toursim

19 관광의 구조가 바르게 연결된 것은?

① 관광주체 – 교통기관
② 관광객체 – 관광행정조직
③ 관광매체 – 자연자원
④ 관광주체 – 관광자

20 2018년 현재 출국 내국인의 면세물품 총 구매한 도액으로 옳은 것은?

① 미화 2,000달러　② 미화 2,500달러
③ 미화 3,000달러　④ 미화 3,500달러

21 국민관광에 관한 설명으로 옳은 것을 모두 고른 것은?

ㄱ. 국민관광 활성화 일환으로 1977년 전국 36개소의 국민관광지가 지정되었다.
ㄴ. 국민관광은 관광에 대한 국제협력 증진을 목표로 한다.
ㄷ. 국민관광은 출입국제도 간소화 정책을 실시하고 있다.
ㄹ. 국민관광은 장애인, 노약자 등 관광 취약계층을 지원한다.

① ㄱ, ㄴ　② ㄱ, ㄹ
③ ㄴ, ㄷ　④ ㄷ, ㄹ

22 다음 설명에서 A의 관점에 해당하는 관광은?

한국에 거주하고 있는 A는 미국에 거주하고 있는 B로부터 중국 여행을 마치고 뉴욕 공항에 잘 도착했다고 연락을 받았다.

① Outbound Tourism
② Overseas Tourism
③ Inbound Tourism
④ Domestic Tourism

23 슬로시티가 세계 최초로 시작된 국가는?

① 이탈리아　② 노르웨이
③ 포르투갈　④ 뉴질랜드

24 다음을 정의한 국제 관광기구는?

국제관광객은 타국에서 24시간 이상 6개월 이내의 기간 동안 체재하는 자를 의미한다.

① UNWTO　② IUOTO
③ ILO　④ OECD

25 다음 관광 관련 국제기구 중 바르게 연결된 것은?

① PATA – 아시아·태평양경제협력체
② IATA – 미국여행업협회
③ ICAO – 국제민간항공기구
④ UFTAA – 국제항공운송협회

01 관광숙박업을 등록하고자 하는 홍길동이 다음 조건의 시설을 갖추고 있을 경우 등록할 수 있는 숙박업은?

> - 욕실이나 샤워시설을 갖춘 객실이 **29**실이며, 부대시설의 면적 합계가 건축 연면적의 **50%** 이하이다.
> - 홍길동은 임대차 계약을 통해 사용권을 확보하고 있으며, 영어를 잘하는 동생이 매니저로 일할 수 있다.
> - 조식을 제공하고 두 종류 이상의 부대시설을 갖추고 있다.

① 가족호텔업   ② 관광호텔업
③ 수상관광호텔업   ④ 소형호텔업

02 관광사업의 공익적 특성 중 사회·문화적 측면에서의 효과가 아닌 것은?

① 국제문화의 교류   ② 국민보건의 향상
③ 근로의욕의 증진   ④ 외화획득과 소득효과

03 아래 게임의 종류는 무엇이며 누구의 승리인가?

> 홍길동이 카지노에서 게임을 벌이던 중 홍길동이 낸 카드 두 장의 합이 8이고 뱅커가 낸 카드 두 장의 합이 7이다.

① 바카라, 홍길동의 승리
② 바카라, 뱅커의 승리
③ 블랙잭, 홍길동의 승리
④ 블랙잭, 뱅커의 승리

04 2019년 9월 7일 현재, 출국 시 내국인의 면세물품 총 구매한도액은?

① 미화 4,000달러
② 미화 5,000달러
③ 미화 6,000달러
④ 미화 7,000달러

05 국제회의기준을 정한 공인 단체명과 이에 해당하는 용어의 연결이 옳은 것은?

① AACVA – 아시아 콩그레스 VIP 연합회
② ICAO – 국제 컨벤션 연합 조직
③ ICCA – 국제 커뮤니티 컨퍼런스 연합
④ UIA – 국제회의 연합

06 특정 국가의 출입국 절차를 위해 승객의 관련 정보를 사전에 통보하는 입국심사 제도는?

① APIS   ② ARNK
③ ETAS   ④ WATA

07 제주항공, 진에어, 이스타 등과 같은 저비용 항공사의 운영형태나 특징에 관한 설명으로 옳은 것은?

① 중·단거리에 비해 주로 장거리 노선을 운항하고 제1공항이나 국제공항을 이용한다.
② 중심공항(Hub)을 지정해 두고 주변의 중·소도시를 연결(Spoke)하는 방식으로 운영한다.
③ 항공권 판매의 주요 통로는 인터넷이며 항공기 가동률이 매우 높다.
④ 여러 형태의 항공기 기종으로 차별화된 다양한 서비스를 제공한다.

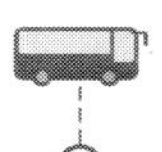

08 우리나라의 의료관광에 관한 설명으로 옳은 것은?

① 웰빙과 건강추구형 라이프스타일 변화에 따라 융·복합 관광분야인 웰니스관광으로 확대되고 있다.

② 최첨단 의료시설과 기술로 외국인을 유치하며 시술이나 치료 등의 의료에만 집중하고 있다.

③ 휴양, 레저, 문화활동은 의료관광의 영역과 관련이 없다.

④ 의료관광서비스 이용가격이 일반 서비스에 비해 저렴한 편이며, 체류 일수가 짧은 편이다.

09 국내 크루즈 산업의 발전방안으로 옳은 것은?

① 크루즈 여행일수를 줄이고 특정 계층만이 이용할 수 있도록 하여 상품의 가치를 높인다.

② 계절적 수요에 상관없이 정기적인 운영이 필요하다.

③ 특별한 목적이나 경쟁력 있는 주제별 선상프로그램의 개발을 통해 체험형 오락거리가 풍부한 여행상품으로 개발해야 한다.

④ 까다로운 입·출항 수속절차를 적용해 질 좋은 관광상품이라는 인식을 심어준다.

10 여행상품 가격결정요소 중 상품가격에 직접적인 영향을 미치지 않는 것은?

① 출발인원 수　　　　② 광고·선전비

③ 교통수단 및 등급　　④ 식사내용과 횟수

11 관광진흥법상 관광숙박업 분류 중 호텔업의 종류가 아닌 것은?

① 수상관광호텔업　　② 한국전통호텔업

③ 휴양콘도미니엄업　④ 호스텔업

12 다음 설명에 해당하는 여행업의 산업적 특성으로 옳은 것은?

> 여행업은 금융위기나 전쟁, 허리케인, 관광목적지의 보건·위생 등에 크게 영향을 받는다.

① 계절성 산업　　　　② 환경민감성 산업

③ 종합산업　　　　　④ 노동집약적 산업

13 A는 국제회의업 중 국제회의기획업을 경영하려고 한다. 국제회의기획업의 등록기준으로 옳은 것을 모두 고른 것은?

> ㄱ. 2천명 이상의 인원을 수용할 수 있는 대회의실이 있을 것
> ㄴ. 자본금이 5천만원 이상일 것
> ㄷ. 사무실에 대한 소유권이나 사용권이 있을 것
> ㄹ. 옥내와 옥외의 전시면적을 합쳐서 2천제곱미터 이상 확보하고 있을 것

① ㄱ, ㄴ　　　　　　② ㄱ, ㄹ

③ ㄴ, ㄷ　　　　　　④ ㄷ, ㄹ

14 한국 국적과 국경을 기준으로 국제관광의 분류가 옳은 것은?

① 자국민이 자국 내에서 관광 –
Inbound Tourism

② 자국민이 타국에서 관광 –
Outbound Tourism

③ 외국인이 자국 내에서 관광 –
Outbound Tourism

④ 외국인이 외국에서 관광 –
Inbound Tourism

15 1960년대 관광에 관한 설명으로 옳지 않은 것은?

① 관광기본법 제정

② 국제관광공사 설립

③ 관광통역안내원 시험제도 실시

④ 국내 최초 국립공원으로 지리산 지정

16 연대별 관광정책으로 옳은 것은?

① 1970년대 – 국제관광공사법 제정

② 1980년대 – 관광진흥개발기금법 제정

③ 1990년대 – 관광경찰제도 도입

④ 2000년대 – 제2차 관광진흥 5개년 계획 시행

17 국제관광의 의의로 옳은 것을 모두 고른 것은?

ㄱ. 세계평화 기여	ㄴ. 문화교류 와해
ㄷ. 외화가득률 축소	ㄹ. 지식확대 기여

① ㄱ, ㄷ   ② ㄱ, ㄹ

③ ㄴ, ㄷ   ④ ㄴ, ㄹ

18 세계관광기구(UNWTO)에 관한 설명으로 옳지 않은 것은?

① 1975년 정부 간 협력기구로 설립

② 문화적 우호관계 증진

③ 2003년 UNWTO로 개칭

④ 경제적 비우호관계 증진

19 근접국가군 상호 간 관광진흥 개발을 위한 국제관광기구로 옳은 것은?

① ASTA   ② ATMA

③ IATA   ④ ISTA

20 마케팅 시장세분화의 기준 중 인구통계적 세부변수에 해당하지 않는 것은?

① 성별

② 종교

③ 라이프스타일

④ 가족생활주기

21 관광매체 중 공간적 매체로서의 역할을 하는 것은?

① 교통시설

② 관광객이용시설

③ 숙박시설

④ 관광기념품 판매업자

22 관광의 사회적 측면에서 긍정적인 효과가 아닌 것은?

① 국제친선 효과

② 직업구조의 다양화

③ 전시 효과

④ 국민후생복지 효과

23 관광의사결정에 영향을 미치는 개인적 요인으로 옳은 것은?

① 가족   ② 학습

③ 문화   ④ 사회계층

24 2018년에 UNESCO 세계유산에 등재된 한국의 산사에 해당하지 않는 것은?

① 통도사   ② 부석사

③ 법주사   ④ 청량사

25 국내 전시 · 컨벤션센터와 지역의 연결이 옳지 않은 것은?

   ① 대구 – DXCO

   ② 부산 – BEXCO

   ③ 창원 – CECO

   ④ 고양 – KINTEX

001 PCO란?

답 국제회의 전문용역업으로 Professional Congress Organizer의 약자이다.

002 우리나라 최초의 호텔은?

답 1888년 대불호텔

003 마케팅 믹스의 4P란?

답 Product(제품), Place(장소), Price(가격), Promotion(판매촉진)

004 관광정책 목표는?

답 ① 한국 관광의 세계화를 위한 국제 협력 활동 강화
② 한국적인 문화관광 상품 개발
③ 지방 정부와 협력하는 균형있는 관광자원 개발
④ 외국인 관광객 유치를 위한 차별화된 시장 전략의 추진

005 귀환예정 소비설을 주장한 사람은?

답 F.W.Oglivie

006 BSP란?

답 은행집중 결제방식(Bank Settlement Plan)

007 일반 Restaurant에서 많이 사용하는 Style은?

답 American Style

008 ASTA란?

답 미국여행자협회(American Society of Travel Agents)

009 PATA란?

답 태평양 아시아지역 여행협회(Pacific Asia Travel Association)

010 세계 최초의 국립공원은?

답 Yellowstone National Park

011 서비스의 3S란?

답 Speed, Smile, Sincerity

012 세계 최대의 국립공원은?

답 Jasper National Park

013 최근 지정된 해양관광단지는 어디인가?

답 제주 성산포 해안관광단지

014 7대 광역관광권은?

답 수도권, 강원권, 충청권, 부 · 울 · 경 관광권, 대 · 경 관광권, 호남관광권, 제주관광권

015 국립공원은 누가 지정하나?

답 환경부장관(현재 22개소 지정)

016 해외여행 자유화는 언제 실시?

답 1989.1.1 전면 실시(1983년부터 50세 이상)

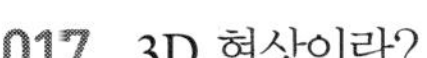

017 3D 현상이란?

답 Difficult, Dangerous, Dirty한 작업 기피 현상

018 호텔에서 Comp란?

답 무료요금을 말함

019 관광의 구조는?

답 주체 : 관광객
객체 : 관광대상
매체 : 관광사업

020 Principal이란?

답 시설제공업자를 말한다.

021 천연기념물 27호는 무엇인가?

답 무태장어(서식지)

022 최초의 국립공원은?

답 지리산 국립공원

023 조선 태조의 3대 국시는?

답 숭유억불정책, 농본정책, 사대교린정책

024 금강산의 4계절 명칭은?

답 봄 – 금강산, 여름 – 봉래산, 가을 – 풍악산, 겨울 – 개골산

025 서울성곽의 4대문은?

답 숭례문(남문), 흥인문(동문), 돈의문(서문), 숙정문(북문)

026 창경궁의 정문은?

답 홍화문

027 관광산업을 국가전략 산업으로 육성하는 이유는?

답 무형사업으로서 외화를 획득 국제수지를 개선하고 국민경제를 향상시키며 국제친선을 도모하고 국위를 선양함은 물론 상호 이해에 의한 세계평화를 도모하므로

028 관광법규는 왜 필요합니까?

답 여행자의 적절한 활동을 촉진시키고 여행의 안정성과 공공성을 확보하여 여행자의 이익을 증진시키기 때문입니다.

029 T/C란?

답 Traveler's Check 즉 여행자수표

030 Midnight Charge?

답 야간객실요금

031 Double Room의 면적은?

답 19㎡ 이상

032 호텔의 Check out time?

답 12시

033 무태장어의 서식지는?

답 천지연 폭포

034 Load Factor란?

답 항공기 좌석 점유율

035 관광의 효과에 대하여 말하시오.

답 외화획득, 국제친선, 문화교류, 국위선양, 여가선용, Recreation

036 관광법규의 종류를 말하시오.

> 답 관광기본법, 관광진흥법, 관광진흥개발기금법, 한국관광공사법, 국제회의산업 육성에 관한 법률

037 관광사업의 종류를 말하시오.

> 답 여행업, 관광숙박업, 관광객 이용시설업, 국제회의업, 카지노업, 유원시설업, 관광편의시설업

038 무형문화재 2호는?

> 답 양주 별산대놀이

039 조선시대의 대표적 도요지는?

> 답 (경기도) 광주

040 민며느리제도는 어느 나라의 풍속인가?

> 답 옥저

041 Meeting Service란?

> 답 외국 관광객을 공항으로 가서 영접하는 일

042 한강 유람선의 코스는?

> 답 여의도 – 잠실

043 바다가 갈라지는 곳은?

> 답 진도

044 동서고속도로 인근에 있는 국립공원은?

> 답 지리산, 덕유산, 가야산 국립공원

045 한국의 무인도는 몇 개나 되는가?

> 답 약 3,000여 개

046 안압지에 대하여 말하시오.

> 답 나라의 경사 때 잔치를 베풀고 국빈을 영접하는 전당

047 우리나라에서 유속이 가장 빠른 강은?

> 답 섬진강(남한), 청천강(전국)

048 동학농민운동에 대하여 아는 바를 말하시오.

> 답 조선 고종 때(1894) 동학교도 전봉준이 중심이 되어 일어난 농민혁명. 조선 봉건 사회의 억압적인 구조에 대한 일대의 농민운동으로 이 운동의 결과로 청·일 전쟁이 일어나고 우리나라에는 일본 세력이 더 깊이 침투하게 되었다.

049 조선시대 역사를 관할했던 기관은?

> 답 춘추관

050 관광사업 등록갱신 유효 기간은?

> 답 제한 없음

051 Hotel에서 Europe식 지불 방법은?

> 답 객실요금과 식사요금 별도 지불방식

052 한국(남한)에서 가장 긴 강은?

> 답 낙동강(525㎞)

053 관광객 이용시설업의 종류는?

> 답 전문휴양업, 종합휴양업, 관광유람선업, 관광공연장업, 야영장업

054 칠백의총은 어디에 있는가?

> 답 금산

055 잠실 올림픽 주경기장의 모형은?

> 답 고려청자

056 가장 최초에 지정된 도립공원?

> 답 금오산(경상북도) 도립공원(1976.6.1)

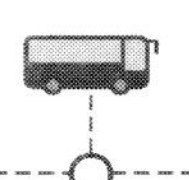

057 천연보호구역으로 지정된 곳은?

답 한라산, 설악산, 홍도

058 관동팔경은?

답 통천 총석정, 고성 삼일포, 간성 청간정, 양양 낙산사, 강릉 경포대, 삼척 죽서루, 울진 망양정, 평해 월송정

059 태백산맥에 있는 산 이름은?

답 설악산, 오대산, 태백산

060 관광특구란?

답 외국인 관광객의 유치 촉진 등을 위하여 관광사업과 관련된 관계 법령의 적용이 배제되거나 완화되는 지역으로서 진흥법에 의하여 지정된 곳을 말한다.

061 DINK족이란?

답 Double Income, No Kids. 아이를 갖지 않는 맞벌이 부부들로서 돈과 출세를 인생의 목표로 삼는 족속

062 국제회의 기획업이란?

답 대규모 관광수요를 유치하는 국제회의의 계획, 준비 진행 등 필요한 업무의 행사를 주관하는 자로부터 위탁받아 대행하는 업

063 관광종사원의 금지행위는?

답 ① 관광객으로부터 부당한 요금을 수수하거나 약관을 위반하는 행위
② 관광객에게 물품의 판매, 기타 알선과 관련하여 판매업자, 기타 관계인으로부터 금품을 수수하는 행위
③ 자격증을 타인에게 대여하는 행위
④ 기타 관광진흥을 저해하는 행위

064 PACKAGE TOUR란?

답 주최여행 또는 모집여행이라고 하며 주최자의 계획에 따라 관광객을 모집하여 비용, 여정 및 조건서를 작성한 범위 내에서 여행하는 것

065 문화 예술제에 대해 말해보시오.

답
● 석전제 : 성균관의 문묘에서 공자에 드리는 제례
● 종묘제례 : 5월 첫째 일요일 종묘에서 조선조 역대 제왕에 드리는 제례
● 단오제 : 음력 5월 5일에 강릉에서 풍년을 기원하여 지내던 행사
● 기타 : 진도 영등제, 광주의 남도 문화제, 충주의 우륵 문화제, 영월의 단종제, 부여 · 공주의 백제 문화제 등이 있다.

066 국보 1호부터 5호까지는?

답 1호 : 숭례문
2호 : 원각사지 10층석탑
3호 : 북한산 순수비
4호 : 고달사지부도
5호 : 법주사 사자석등

067 보물 1호부터 5호까지는?

답 1호 : 흥인지문
2호 : 보신각종
3호 : 대원각사비
4호 : 중초사지 당간지주
5호 : 없음

068 사적 1호부터 3호까지는?

답 1호 : 경주 포석정지
2호 : 김해 패총
3호 : 화성

069 관광임대농원이란?

답 농민들이 돈을 받고 도시민에게 농토를 빌려준 뒤 파종과 비료, 농약주기 등은 농민이 맡고 수확은 도시인이 거두는 농원

070 환경영향평가제란?

답 건설이나 개발이 주변환경과 인간에게 미치는 영향을 미리 측정하여 대책을 세우는 것

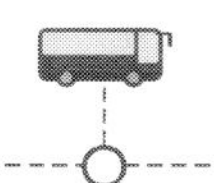

정답 제1장 ● 적중예상문제

1	2	3	4	5	6	7	8	9	10
④	②	③	①	④	③	②	④	①	②
11	12	13	14	15	16	17	18	19	20
④	④	①	②	④	③	②	①	①	④
21	22	23	24	25	26	27	28	29	30
②	③	①	④	③	④	①	②	④	③
31	32	33	34	35	36	37	38	39	40
②	①	③	④	②	①	③	②	④	③
41	42	43	44	45	46	47	48	49	50
①	②	④	③	①	②	③	④	①	④
51	52	53	54	55	56	57	58	59	60
②	①	③	②	④	①	③	②	①	④
61	62	63	64	65	66	67	68	69	70
②	③	①	②	④	④	③	①	②	④
71	72	73	74	75	76	77	78	79	80
①	②	③	②	④	①	③	③	③	③
81	82	83	84	85	86	87	88	89	90
①	④	②	③	①	④	②	③	④	②
91	92	93	94	95	96	97	98	99	100
①	③	④	②	③	①	④	①	④	④
101	102	103	104	105	106	107	108	109	110
①	④	②	③	③	②	④	①	③	②
111	112	113	114	115	116	117	118	119	120
④	②	④	①	③	①	④	①	③	②
121	122	123	124	125	126	127	128	129	130
③	②	④	②	③	④	③	③	③	②
131	132	133	134	135	136	137	138	139	140
③	③	④	③	①	④	③	②	①	③
141	142	143	144	145	146	147	148	149	150
③	②	③	①	②	④	②	①	④	③
151	152	153	154	155	156	157	158	159	160
②	④	①	③	④	①	②	③	②	④
161	162	163	164	165	166	167	168	169	170
①	③	②	①	④	②	①	③	②	④
171	172	173	174	175	176	177	178	179	180
②	③	①	④	①	③	③	②	④	③

181	182	183	184	185	186	187	188	189	190
③	③	④	①	④	②	④	④	③	③

191	192	193	194	195	196	197	198	199	200
①	④	②	④	③	①	②	④	①	③

201	202	203	204	205	206	207	208	209	210
④	②	②	③	②	④	③	①	③	④

211	212	213	214	215	216	217	218	219	220
④	②	④	②	①	①	④	③	①	②

221	222	223	224	225	226	227	228	229	230
①	②	③	③	②	③	④	①	②	④

231	232	233	234	235	236	237	238	239	240
③	②	①	③	②	④	④	①	④	③

241	242	243	244	245	246	247	248	249	250
②	③	③	②	②	④	④	③	④	③

251	252	253	254	255	256	257	258	259	260
③	②	③	①	③	②	②	②	③	③

261	262	263	264	265	266	267	268	269	270
②	④	③	②	④	③	④	④	②	③

271	272	273	274	275	276	277	278	279	280
②	②	③	②	④	③	④	③	④	①

281	282	283	284	285	286	287	288	289	290
①	③	④	③	②	③	③	①	③	③

291	292	293	294	295	296	297	298	299	300
④	②	①	①	①	①	③	④	③	④

301	302	303	304	305	306	307	308	309	310
④	③	④	③	①	②	①	④	③	③

311	312	313	314	315	316	317	318	319	320
④	④	④	④	①	④	③	④	①	④

321	322	323	324	325	326	327	328	329	330
②	③	④	②	③	①	③	④	①	②

331	332	333	334	335	336	337	338	339	340
①	①	①	④	④	④	④	①	③	①

341	342	343	344	345	346	347	348	349	350
②	④	③	④	②	②	①	①	②	①

351	352	353	354	355	356	357	358	359	360
①	④	①	①	①	①	④	③	④	③

361	362	363	364	365	366	367	368	369	370
④	③	④	④	③	②	④	④	④	③

371	372	373	374	375	376	377	378	379	380
①	②	②	①	②	③	④	②	①	④

381	382	383	384	385	386	387	388	389	390
④	②	③	③	④	②	①	④	②	③

391	392	393	394	395	396	397	398	399	400
②	④	①	②	①	③	②	④	②	④

401	402	403	404	405	406	407	408	409	410
④	③	②	④	③	④	①	③	②	③

411	412	413	414	415	416	417	418	419	420
③	③	③	②	①	③	③	①	③	④

421	422	423	424	425	426	427	428	429	430
③	④	②	③	②	④	④	①	①	②

431	432	433	434	435	436	437	438	439	440
①	③	②	②	②	③	③	④	④	②

441	442	443	444	445	446	447	448	449	450
③	④	④	③	④	④	④	①	④	①

451	452	453	454	455	456	457	458	459	460
①	④	②	①	③	④	①	①	①	②

461	462	463	464	465	466	467	468	469	470
③	②	③	①	②	②	②	③	③	③

471	472	473	474	475	476	477	478	479	480
②	③	③	①	③	①	④	③	④	③

481	482	483	484	485	486	487	488	489	490
④	③	④	④	③	④	④	④	①	②

491	492	493	494	495	496	497	498	499	500
③	①	①	③	③	②	①	①	④	①

501	502	503	504	505	506	507	508	509	510
①	③	②	④	④	②	④	②	①	④

511	512	513	514	515	516	517	518	519	520
③	①	①	③	③	①	③	④	②	①

521	522	523	524	525	526	527	528	529	530
②	③	②	④	④	②	③	④	④	②

531	532	533	534	535	536	537	538	539	540
③	②	①	②	②	①	①	③	③	④

541	542	543	544	545	546	547	548	549	550
②	②	③	④	③	①	④	④	③	④

551	552	553	554	555	556	557	558	559	560
④	③	①	②	③	③	②	④	③	②

561	562	563	564	565	566	567	568	569	570
③	④	①	②	④	①	④	②	④	③

571	572	573	574	575	576	577	578	579	580
④	④	①	②	④	④	③	①	④	③

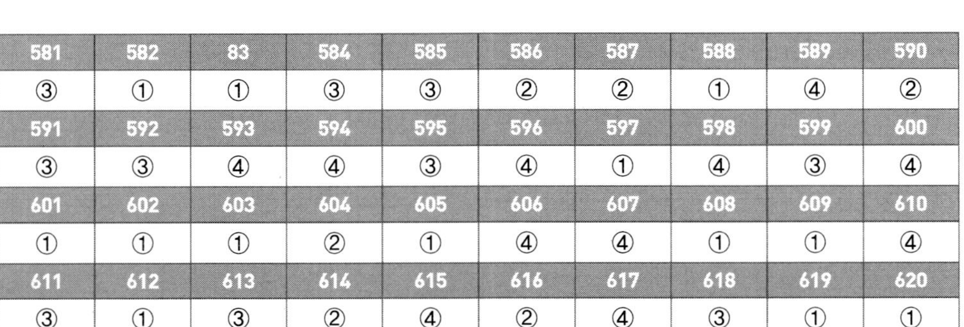

581	582	83	584	585	586	587	588	589	590
③	①	①	③	③	②	②	①	④	②
591	592	593	594	595	596	597	598	599	600
③	③	④	④	③	④	①	④	③	④
601	602	603	604	605	606	607	608	609	610
①	①	①	②	①	④	④	①	①	④
611	612	613	614	615	616	617	618	619	620
③	①	③	②	④	②	④	③	①	①
621	622	623							
③	③	③							

정답 제2장 ● 2014년~2019년 관광학개론 기출문제

2014년 4월 관광학개론 기출문제

1	2	3	4	5	6	7	8	9	10
②	③	②	③	②	①	①	④	②	③
11	**12**	**13**	**14**	**15**	**16**	**17**	**18**	**19**	**20**
④	①	④	③	③	④	④	④	②	③
21	**22**	**23**	**24**	**25**					
④	③	②	①	①					

2014년도 9월 관광학개론 기출문제

1	2	3	4	5	6	7	8	9	10
④	③	②	①	③	③	①	④	①	②
11	**12**	**13**	**14**	**15**	**16**	**17**	**18**	**19**	**20**
④	④	①	②	①	③	③	②	②	④
21	**22**	**23**	**24**	**25**					
①	③	④	②	④					

2015년도 4월 관광학개론 기출문제

1	2	3	4	5	6	7	8	9	10
①	④	④	③	②	①	④	③	②	④
11	**12**	**13**	**14**	**15**	**16**	**17**	**18**	**19**	**20**
①	②	②, ③, ④	①	④	③	②	③	①	②
21	**22**	**23**	**24**	**25**					
①	②	②	③	③					

2015년도 9월 관광학개론 기출문제

1	2	3	4	5	6	7	8	9	10
②	④	③	④	④	④	②	③	①	②
11	**12**	**13**	**14**	**15**	**16**	**17**	**18**	**19**	**20**
①	①	②	③	②	③	①	③	①	②
21	**22**	**23**	**24**	**25**					
③	④	③	①	④					

2016년 4월 관광학개론 기출문제

1	2	3	4	5	6	7	8	9	10
④	①	②	③	①	①	④	③	②	①
11	12	13	14	15	16	17	18	19	20
③	③	②	④	③	②	④	①	②	②
21	22	23	24	25					
④	④	④	①	③					

2016년도 9월 관광학개론 기출문제

1	2	3	4	5	6	7	8	9	10
④	③	③	②	④	①	①	③	④	①
11	12	13	14	15	16	17	18	19	20
③	③	④	④	①	①	③	④	②	③
21	22	23	24	25					
②	①	①	②	②					

2017년도 9월 관광학개론 기출문제

1	2	3	4	5	6	7	8	9	10
②	③	②	①	①	④	③	①	①	③
11	12	13	14	15	16	17	18	19	20
④	②	③	④	②	④	①	④	③	①
21	22	23	24	25					
②	③	④	④	②					

2018년도 9월 관광학개론 기출문제

1	2	3	4	5	6	7	8	9	10
④	①	③	①	④	②	①	③	②	③
11	12	13	14	15	16	17	18	19	20
④	①	②	③	③	②	④	②	④	③
21	22	23	24	25					
②	②	①	④	③					

2019년도 9월 관광학개론 기출문제

1	2	3	4	5	6	7	8	9	10
④	④	①	②	④	①	③	①	③	②
11	12	13	14	15	16	17	18	19	20
③	②	③	②	①	④	②	④	②	③
21	22	23	24	25					
①	③	②	④	①					

참고문헌

01. 「2018년 기준 관광동향에 관한 연차보고서」, 문화체육관광부, 2019. 8

02. 윤대순, 「관광경영학원론」, 백산출판사, 2001

03. 정찬종, 「여행사 경영원론」, 백산출판사, 1997

04. 김성혁, 「관광마케팅론」, 대왕사, 1997

05. 한국관광공사, 각종 통계 및 용어, 2017

06. 김진섭, 「관광학원론」, 대왕사, 1990

07. 안종윤, 「관광용어사전」, 법문사, 1985

08. 「전문용어사전」, (주)세방, 1986

09. 오정환, 「호텔케이터링 원론」, 기문사, 1986

10. 「한국관광연감」, 관광개발연구원, 1989, 1990

11. 김충호, 「호텔경영학」, 형설출판사, 1985

12. 김상훈, 「관광학개론」, 집문당, 1986

13. 윤대순, 「항공업무론」, 백산출판사, 1989

14. 조송빈, 「신관광학개론」, 형설출판사, 1985

15. 이선희 외, 「항공운송사업개론」, 기문사, 1988

16. 이선희, 「여행경영론」, 기문사, 1989

17. P. Kotler, Marketing Management Analysis Planning and Control, Prentice Hall, 1984

18. 「항공업무」, 한국관광공사, 관광교육원, 1989

19. 진전승, 「국제관광론」, 동양경제신문사, 1969

20. 오정환 외, 「관광사업개론」, 기문사, 1987

21. 「해외여행 Business 용어사전」, Travel Press, 1982

22. 김재민 외, 「현대호텔경영론」, 대왕사, 1984

23. 전중희일, 「관광사업론」, 관광사업연구회, 1950

24. 최태광, 「관광마아케팅」, 서하문화사, 1989

25. 김광득, 「현대여가론」, 백산출판사, 1990

26. 이장춘, 「관광계획개발론」, 대왕사, 1997

27. 김홍철, 「관광마케팅관리」, 도서출판 두남, 1997

저자 강익준

- 제주 출생
- 중앙대학교 법과대학 법학과 졸업
- 경희대학교 경영대학원 관광경영학과 졸업
- 스위스 CHUR Hotel Management & Tourism 대학 졸업

| 현 |

- (주)동아아카데미 관광교육원장
- 한양여자대학 강사
- 한국산업인력공단 강사
- 한서전문학교 강사
- 신흥대학 사회교육원 강사
- 한국표준협회 관광통역안내원 과정 강사
- 한영신학대학교 강사
- 서울외국어아카데미학원 강사
- 부산외국어대학교 동남아 창의인재사업단 강사
- 세종외국어학원 강사
- 한국관광학회 정회원

| 저서 |

- 관광법규(삼영서관)
- 면접시험가이드 일본어 · 일반과목(삼영서관)
- Interview English(삼영서관)
- 관광학개론 · 관광법규 요점 및 기출 · 예상문제집(삼영서관)

관광학개론

2020년 1월 10일 개정판 1쇄 인쇄
2020년 1월 15일 개정판 1쇄 발행

엮 은 이 강익준
펴 낸 이 이장희
펴 낸 곳 삼영서관
디 자 인 디자인클립

주   소 서울 동대문구 한천로 229, 3F
전   화 02) 2242-3668
팩   스 02) 6499-3658
홈페이지 www.sysk.kr
이 메 일 syskbooks@naver.com
등 록 일 2018년 7월 5일
등록번호 제 2018-000032호
책   값 19,000원
ISBN   979-11-965243-9-5   13980

※ 파본은 교환하여 드립니다.